工程量计算与定额应用实例导读系列丛书

市政工程工程量计算与定额应用实例导读

（第2版）

张国栋 主编

中国建材工业出版社

图书在版编目(CIP)数据

市政工程工程量计算与定额应用实例导读 / 张国栋主编.—2 版.—北京：中国建材工业出版社,2015.1
(工程量计算与定额应用实例导读系列丛书)
ISBN 978-7-5160-0990-1

Ⅰ.①市… Ⅱ.①张… Ⅲ.①市政工程-工程造价-案例 Ⅳ.①TU723.3

中国版本图书馆 CIP 数据核字(2014)第 238152 号

内 容 简 介

本书是根据《市政工程工程量计算规范》(GB 50857—2013)和《全国统一市政工程预算定额》编写的,在每一章的开始采用框架形式将本章所含知识点罗列汇总在一起,每个知识点对应的例题题号清晰地标在该知识点的框架内,给读者一种层次分明的知识框架体系。

本书在编写的过程中力求循序渐进、层层剖析,尽可能全面系统地阐明市政工程各分部分项工程清单工程量与定额工程量计算。在学会正确计算工程量的同时,还教读者怎样正确套用定额子目,从而正确且快速地进行算价。该系列书简单易懂、实用性强、实际可操作性强。

本书可供市政施工、监理(督)、工程咨询单位的工程造价人员、工程造价管理人员、工程审计人员等相关专业人士参考,也可作为高等院校经济类、工程管理类相关专业师生的实用参考书。

市政工程工程量计算与定额应用实例导读(第 2 版)
张国栋　主编

出版发行:中国建材工业出版社
地　　址:北京市海淀区三里河路 1 号
邮　　编:100044
经　　销:全国各地新华书店
印　　刷:北京鑫正大印刷有限公司
开　　本:787mm×1092mm　1/16
印　　张:18.5
字　　数:446 千字
版　　次:2015 年 1 月第 2 版
印　　次:2015 年 1 月第 1 次
定　　价:55.00 元

本社网址:www.jccbs.com.cn　　微信公众号:zgjcgycbs

本书如出现印装质量问题,由我社营销部负责调换。联系电话(010)88386906

编写人员名单

主　　编　张国栋

参　　编　赵小云　郭芳芳　马　波　洪　岩　郭小段
李　锦　荆玲敏　李　雪　杨进军　冯雪光
蔡利红　张　涛　刘海永　张甜甜　刘金玲
李振阳　刘晓锐　何婷婷　惠　丽　后亚男
李晶晶　王春花　武　文　高印喜　唐　晓
李　瑶　吕艳艳　高朋朋　王文芳　郑倩倩
李丹娅　邓　磊

前　　言

在工作和教学中我们发现：一方面，许多从事与工程建设相关专业的人员预算编制水平较低，造成所编制的预算不能反映施工的实际情况，不利于企业控制成本，降低造价，为企业创造效益；另一方面，大量初学人员和取得预算员岗位证书人员，由于没有实际施工或预算编制经验，不了解施工工艺、规范和预算如何结合，不能胜任与预算、造价相关的工作 。鉴于此，我们特组织编写了此系列书。

此系列书具有不同于其他造价类书的显著特点如下：

1. 通过具体的工程实例，依据清单工程量计算规则和定额工程量计算规则把市政工程各分部分项工程的工程量计算进行了详细讲解，手把手教读者学预算，从根本上帮读者解决实际问题，特别适合初学预算人员使用学习。

2. 本书图文表并举，简单易懂，每章的例题统一按照《市政工程工程量计算规范》中相应的内容所设置的项目编码排列，所选例题全而精，别出心裁的是每道例题的题号都标在每章的知识点罗列框架内，和每个知识点一一对应，在阅读中给读者提供极大的方便。

3. 一切以《市政工程工程量计算规范》（GB 50857—2013）为准则，捕捉最新信息，把握新动向，对清单中出现的新情况、新问题加以分析，开拓实践工作者的思路，以使他们能及时了解实际操作过程中清单的最新发展情况。

4. 详细的工程量计算为读者提供了便利，同时将清单工程量与定额工程量对照，让读者可以在最短的时间内达到事半功倍的效果。

5. 在解析的过程当中，对个别的疑难点、易错项以及清单工程量计算规则与定额工程量计算规则的不同之处都加有小注或说明，切合实际地做到一问题一解决，疑难问题注重解决的思路与方法。

6. 该书结构清晰、层次分明、内容丰富、覆盖面广，适用性和实用性强，简单易懂，是初学造价工作者的一本理想参考书。

本书在编写过程中得到了许多同行的支持与帮助，在此表示感谢。由于编者水平有限和时间紧迫，书中难免有错误和不妥之处，望广大读者批评指正。如有疑问，请与编者联系。

编　者

2014. 10

目　　录

第一章　土石方工程

第一节　土石方工程定额项目划分

市政土石方工程在《全国统一市政工程预算定额》第一册“通用项目”中的项目划分可归纳为两大类：人工土石方和机械土石方，如图 1-1 所示。

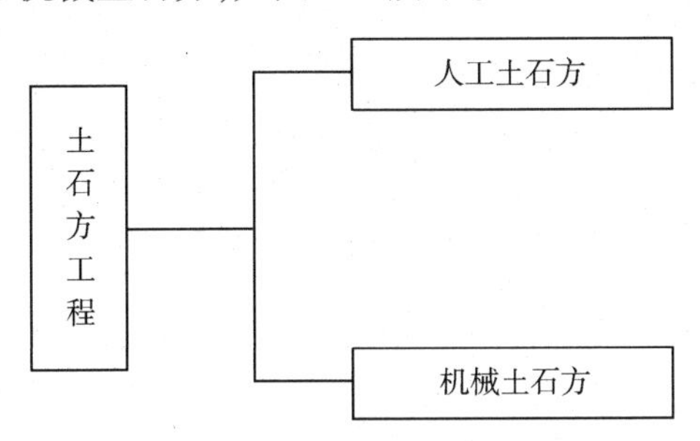

图 1-1　人工土石方项目划分

(1)人工土石方工程具体的项目划分如图 1-2 所示。

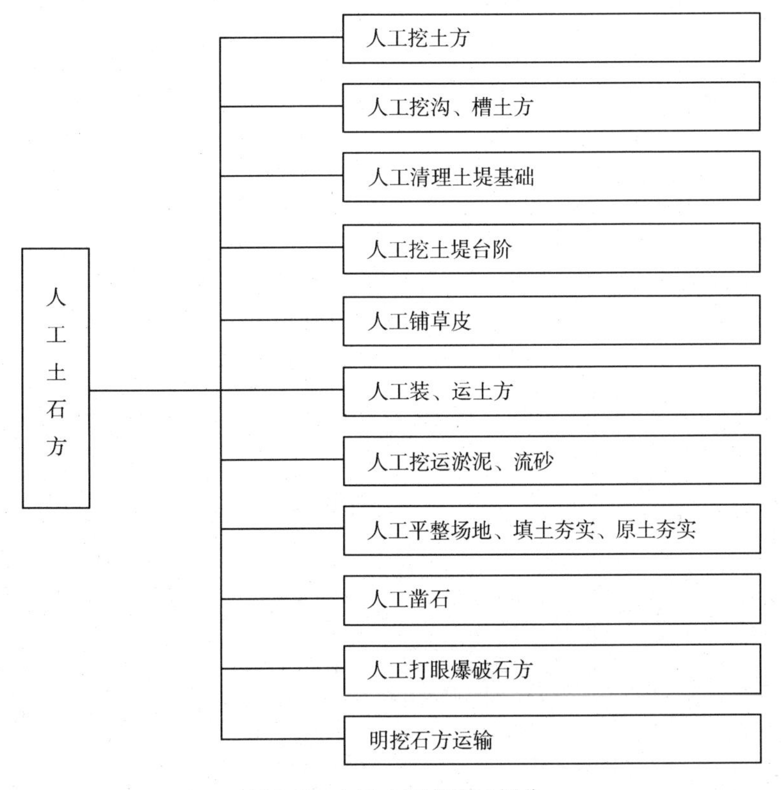

图 1-2　人工土石方项目划分

(2)机械土石方工程具体的项目划分如图 1-3 所示。

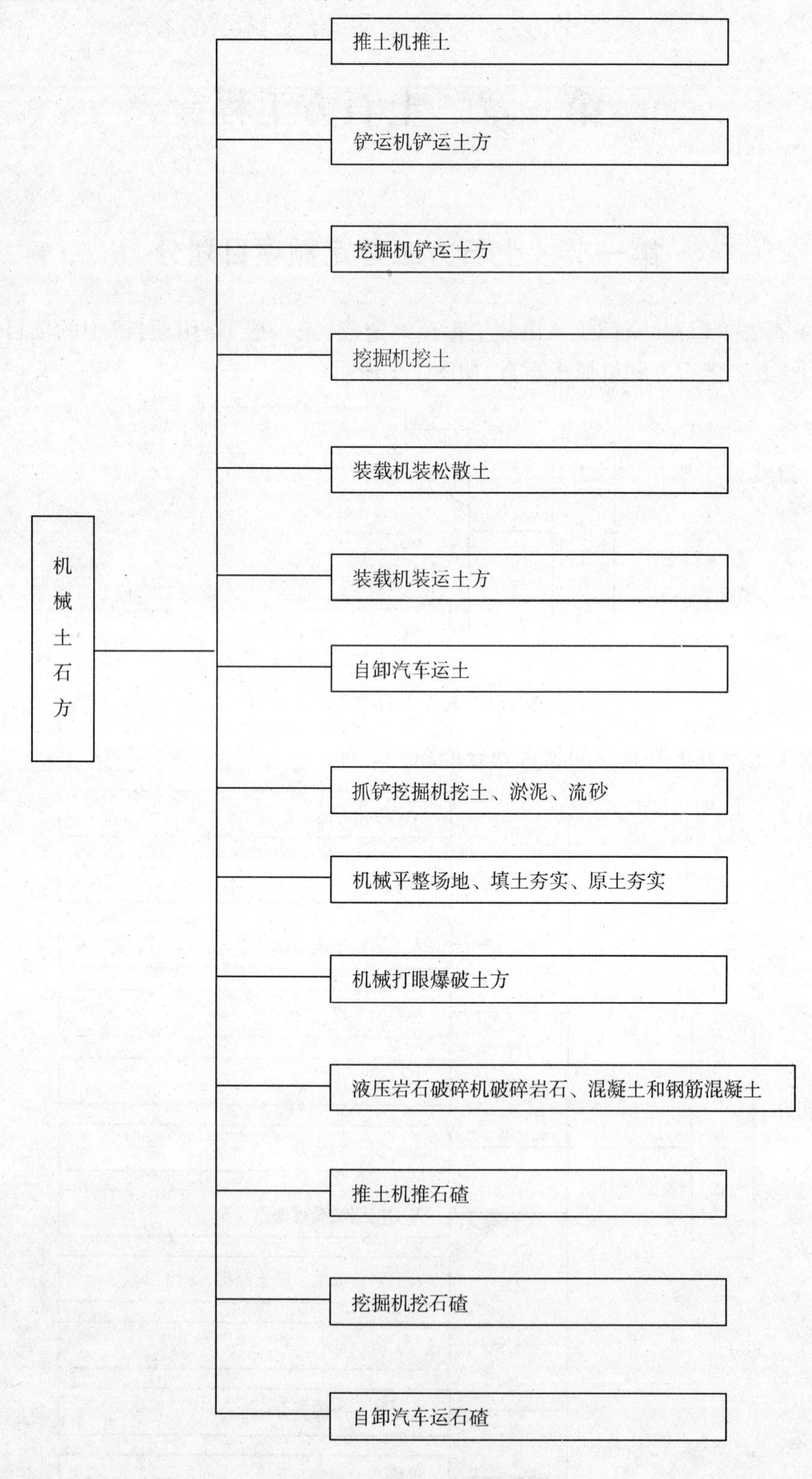

图 1-3　机械土石方项目划分

第二节　土石方工程清单项目划分

市政土石方工程在《市政工程工程量计算规范》(GB 50857—2013)中的项目划分如图1-4所示。

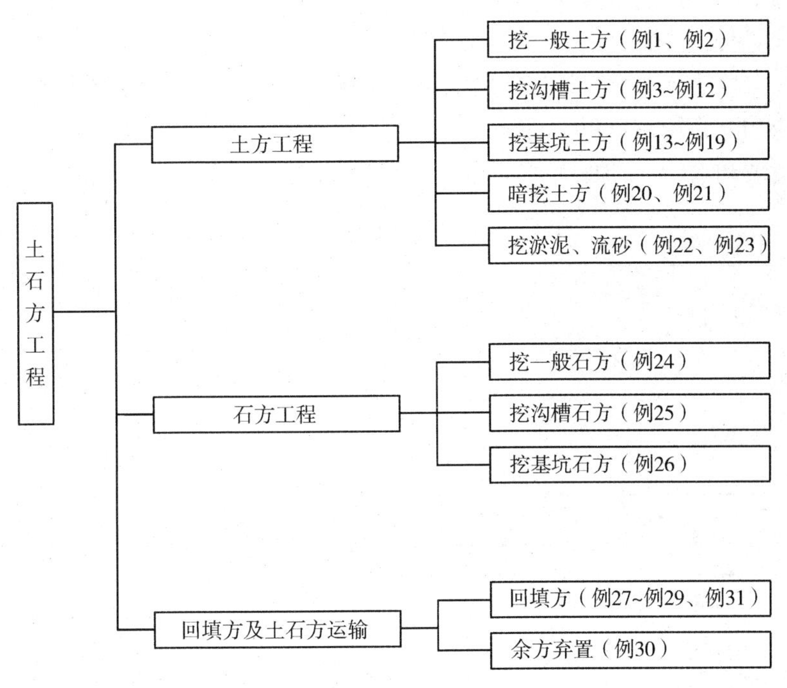

图1-4　土石方工程清单项目划分

第三节　土石方工程定额与清单工程量计算规则对照

一、土石方工程定额工程量计算规则

1. 市政土石方工程定额均适用于各类市政工程。

2. 市政土石方工程定额的土、石方体积均以天然密实体积(自然方)计算,回填土按照碾压后的体积(实方)计算。土方体积换算见表1-1。

表1-1　土方体积换算表

虚方体积	天然密实度体积	夯实后体积	松填体积
1.00	0.77	0.67	0.83
1.30	1.00	0.87	1.08
1.50	1.15	1.00	1.25
1.20	0.92	0.80	1.00

3. 土方工程量按图纸尺寸计算,修建机械上下坡的便道土方量并入土方工程量内。石方工程量按图纸尺寸加允许超挖量。开挖坡面每侧允许超挖量:松、次坚石 20cm,普、特坚石

15cm。

4. 夯实土堤按设计断面计算。清理土堤基础按设计规定以水平投影面积计算，清理厚度为30cm内，废土运距按30m计算。

5. 人工挖土堤台阶工程量，按挖前的堤坡斜面积计算，运土应另行计算。

6. 人工铺草皮工程量以实际铺设的面积计算，花格铺草皮中的空格部分不扣除：花格铺草皮，设计草皮面积与定额不符时可以调整草皮数量，人工按草皮增加比例增加，其余不调整。

7. 管道接口作业坑和沿线各种井室所需增加开挖的土石方工程量按有关规定如实计算。管沟回填土应扣除管径在200mm以上的管道、基础、垫层和各种构筑物所占的体积。

8. 挖土放坡和沟、槽底加宽应按图纸尺寸计算，如无明确规定，可按表1-2、表1-3计算。

表1-2　放坡系数

土壤类别	放坡起点深度/m	机械开挖		人工开挖
		坑内作业	坑上作业	
一、二类土	1.20	1:0.33	1:0.75	1:0.50
三类土	1.50	1:0.25	1:0.67	1:0.33
四类土	2.00	1:0.10	1:0.33	1:0.25

表1-3　管沟底部每侧工作面宽度

管道结构宽/cm	混凝土管道基础90°	混凝土管道基础>90°	金属管道	构筑物	
				无防潮层	有防潮层
50以内	40	40	30	40	60
100以内	50	50	40		
250以内	60	50	40		

挖土交接处产生的重复工程量不扣除。如在同一断面内遇有数类土壤，其放坡系数可按各类土占全部深度的百分比加权计算。

管道结构宽：无管座按管道外径计算，有管座按管道基础外缘计算，构筑物按基础外缘计算，如设挡土板则每侧增加10cm。

9. 土石方运距应以挖土重心至填土重心或弃土重心最近距离计算，挖土重心、填土重心、弃土重心按施工组织设计确定。如遇下列情况应增加运距：

(1)人力及人力车运土、石方上坡坡度在15%以上，推土机、铲运机重车上坡坡度大于5%，斜道运距按斜道长度乘以表1-4的系数。

表1-4　斜道运距系数表

项目	推土机、铲运机				人力及人力车
坡度/%	5~10	15以内	20以内	25以内	15以上
系数	1.75	2	2.25	2.5	5

(2)采用人力垂直运输土、石方，垂直深度每米折合水平运距7m计算。

(3)拖式铲运机$3m^3$加27m转向距离，其余型号铲运机加45m转向距离。

10. 沟槽、基坑、平整场地和一般土石方的划分：底宽7m以内，底长大于底宽3倍以上按沟槽计算；底长小于底宽3倍以内按基坑计算，其中基坑底面积在150m^2以内执行基坑定额。厚度在30cm以内就地挖、填土按平整场地计算。超过上述范围的土、石方按挖土方和石方计算。

11. 机械挖土方中如需人工辅助开挖（包括切边、修整底边），机械挖土按实挖土方量计算，人工挖土方量按实套相应定额乘以系数1.5。

12. 人工装土汽车运土时，汽车运土定额乘以系数1.1。

13. 干、湿土的划分首先以地质勘察资料为准，含水率≥25%为湿土；或以地下常水位为准，常水位以上为干土，以下为湿土。挖湿土时，人工和机械乘以系数1.18，干、湿土工程量分别计算。采用井点降水的土方应按干土计算。

14. 挖土机在垫板上作业，人工和机械乘以系数1.25，搭拆垫板的人工、材料和辅机摊销费另行计算。

15. 在支撑下挖土，按实挖体积人工乘以系数1.43，机械乘以系数1.20。先开挖后支撑的不属支撑下挖土。

16. 0.2m^3抓斗挖土机挖土、淤泥、流砂按0.5m^3抓铲挖掘机挖土、淤泥、流砂定额消耗量乘以系数2.50计算。

17. 自卸汽车运土，如系反铲挖掘机装车，则自卸汽车运土台班数量乘以系数1.10；拉铲挖掘机装车，自卸汽车运土台班数量乘以系数1.20。

18. 挖密实的钢渣，按挖四类土人工乘以系数2.50，机械乘以系数1.50。

二、土石方工程清单工程量计算规则

1. 挖一般土方。按设计图示开挖线以体积计算。

2. 挖沟槽土方。原地面线以下按构筑物最大水平投影面积乘以挖土深度（原地面平均标高至槽坑底高度）以体积计算。

3. 挖基坑土方。原地面线以下按构筑物最大水平投影面积乘以挖土深度（原地面平均标高至坑底高度）以体积计算。

4. 竖井挖土方。按设计图示尺寸以体积计算。

5. 暗挖土方。按设计图示断面乘以长度以体积计算。

6. 挖淤泥。按设计图示的位置及界限以体积计算。

7. 挖一般石方。按设计图示开挖线以体积计算。

8. 挖沟槽石方。原地面线以下按构筑物最大水平投影面积乘以挖石深度（原地面平均标高至槽底高度）以体积计算。

9. 挖基坑石方。按设计图示尺寸以体积计算。

10. 填方

(1)按设计图示尺寸以体积计算。

(2)按挖方清单项目工程量减基础、构筑物埋入体积加原地面线至设计要求标高间的体积计算。

11. 余方弃置。按挖方清单项目工程量减利用回填方体积（正数）计算。

12. 缺方内运。按挖方清单项目工程量减利用回填方体积（负数）计算。

注：挖方应按天然密实度体积计算，填方应按压实后体积计算。

第四节　土石方工程经典实例导读

项目编码:040101001　　项目名称:挖一般土方

项目编码:040103001　　项目名称:回填方

【例1】 某建筑物场地的地形方格网如图1-5(a)所示,方格网边长20m,试计算土方量。(四类土,填方密实度96%)

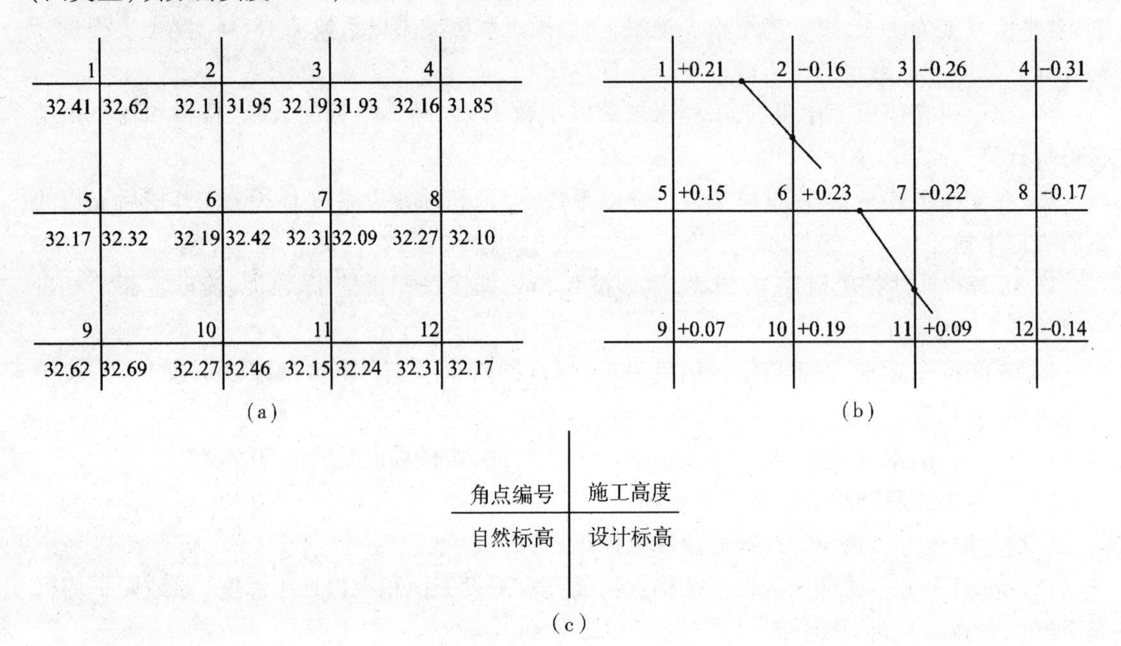

图1-5　场地地形方格网

【解】 (1)定额工程量:

以(+)为填方,(-)为挖方。

1)计算施工高度

$h_1 = 32.62 - 32.41 = 0.21\text{m}$

$h_2 = 31.95 - 32.11 = -0.16\text{m}$

其余计算从略,如图1-5(b)所示。

2)确定"零线"

1~2线　$x_1 = [0.21/(0.21+0.16)] \times 20 = 11.35\text{m}$　即零点距角点1为11.35m

6~7线　$x_6 = [0.23/(0.23+0.22)] \times 20 = 10.22\text{m}$　即零点距角点6为10.22m

2~6线　$x_2 = [0.16/(0.16+0.23)] \times 20 = 8.21\text{m}$　即零点距角点2为8.21m

7~11线　$x_7 = [0.22/(0.22+0.09)] \times 20 = 14.19\text{m}$　即零点距角点7为14.19m

11~12线　$x_{11} = [0.09/(0.09+0.14)] \times 20 = 7.83\text{m}$　即零点距角点11为7.83m

连接各零点即得零线,如图1-5(b)所示。

3)土方计算

①全挖或全填方格

$$V_{56910}^{(+)}=\frac{20^2}{4}\times(0.15+0.23+0.07+0.19)=64\text{m}^3$$

$$V_{3478}^{(-)}=\frac{20^2}{4}\times(0.26+0.31+0.22+0.17)=96\text{m}^3$$

②一挖三填或三填一挖方格

$$V_{1256}^{(-)}=\frac{20^2}{6}\times\frac{0.16^3}{(0.16+0.21)(0.16+0.23)}=1.89\text{m}^3$$

$$V_{1256}^{(+)}=\frac{20^2}{6}\times(2\times0.21+0.15+2\times0.23-0.16)+1.89=59.89\text{m}^3$$

$$V_{2367}^{(+)}=\frac{20^2}{6}\times\frac{0.23^3}{(0.23+0.16)(0.23+0.22)}=4.62\text{m}^3$$

$$V_{2367}^{(-)}=\frac{2}{3}\times(16\times2+26+22\times2-23)+4.62=57.29\text{m}^3$$

$$V_{671011}^{(-)}=\frac{20^2}{6}\times\frac{0.22^3}{(0.22+0.23)(0.22+0.09)}=5.09\text{m}^3$$

$$V_{671011}^{(+)}=\frac{2}{3}\times(23\times2+19+9\times2-22)+5.09=45.76\text{m}^3$$

$$V_{781112}^{(+)}=\frac{20^2}{6}\times\frac{0.09^3}{(0.09+0.22)(0.09+0.14)}=0.68\text{m}^3$$

$$V_{781112}^{(-)}=\frac{2}{3}\times(2\times22+17+2\times14-9)+0.68=54.01\text{m}^3$$

$$V_{挖}=96+1.89+57.29+5.09+54.01=214.28\text{m}^3$$

$$V_{填}=64+59.89+4.62+45.76+0.68=174.95\text{m}^3$$

(2)清单工程量:

清单工程量计算同定额工程量。

清单工程量计算见表1-5。

表1-5　清单工程量计算表

序号	项目编码	项目名称	项目特征描述	计量单位	工程量
1	040101001001	挖一般土方	四类土	m^3	214.28
2	040103001001	回填方	密实度96%	m^3	174.95

项目编码:040101001　　项目名称:挖一般土方

项目编码:040103001　　项目名称:回填方

【例2】 某市政工程场地方格网如图1-6所示,角点标注如图1-7所示,方格边长 $a=20\text{m}$,试计算其土方量(地面标高与设计标高已给出)。

【解】 (1)定额工程量:

施工高程 = 地面实测标高 − 设计标高

1)求零线(如图1-8所示):

0	13.24	+0.28	13.44	+0.29	13.64
1	13.24	2	13.72	3	13.93
−0.20	13.10	+0.23	13.10	+0.14	13.20
4	12.90	5	13.33	6	13.34
−0.67	12.97	−0.21	12.76	0	13.00
7	12.30	8	12.55	9	13.00

图 1-6　场地方格网坐标图

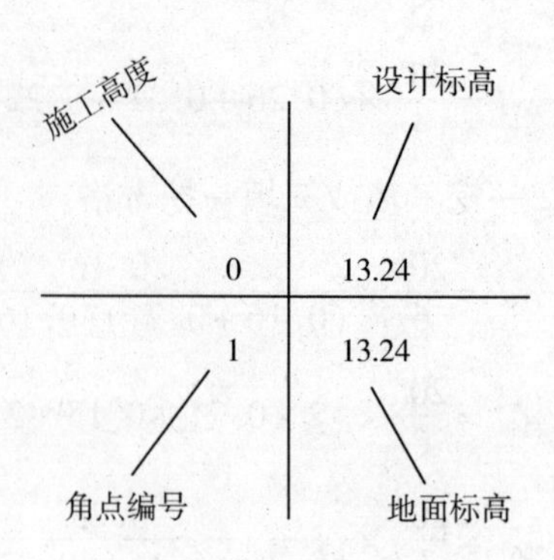

图 1-7　角点标注图

由图 1-9 可知 1 和 9 为零点,4 ~5 线上的零点为:

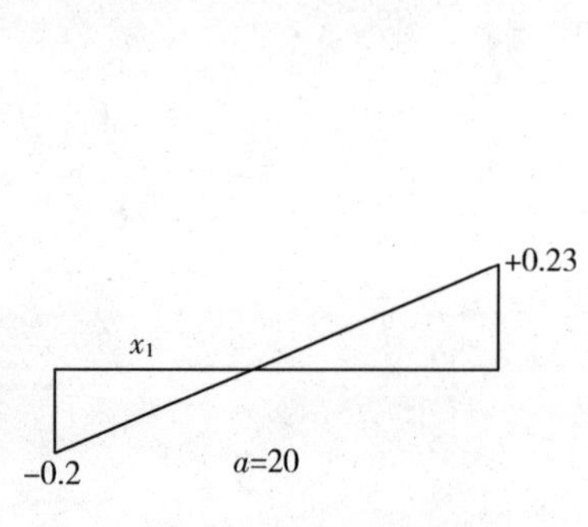

图 1-8　零点求解图

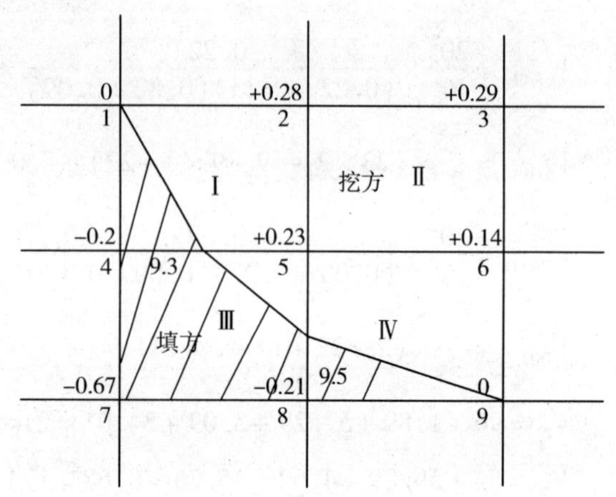

图 1-9　方格网示意图

$$x_1=\frac{0.2\times 20}{0.23+0.2}=9.30\text{m}$$

同理,求得 5 ~8 线上零点为

$$x_2=\frac{ah_1}{h_1+h_2}=\frac{0.21\times 20}{0.23+0.21}=9.50\text{m}$$

求出零点后,连接各零点即为零线。

2)计算土方工程量:

方格网Ⅰ底面为一个三角形、一个梯形。

三角形 040:$V_{\text{Ⅰ填}}=\frac{1}{2}\times 20\times 9.3\times\frac{0.2}{3}=6.20\text{m}^3$

梯形 0250:$V_{\text{Ⅰ挖}}=\frac{1}{2}\times(20+20-9.30)\times 20\times\frac{0.28+0.23}{4}=39.14\text{m}^3$

方格网Ⅱ底面为一个正方形。

正方形 2563:$V_{\text{Ⅱ挖}}=20\times 20\times\frac{0.28+0.29+0.23+0.14}{4}=94.00\text{m}^3$

方格网Ⅲ底面为一个三角形、一个五边形。

$$V=\frac{a^2}{4}(h_1+h_2-h_3+h_4)$$

三角形 050：$V_{Ⅲ挖}=\frac{1}{2}\times(20-9.5)\times(20-9.3)\times\frac{0.23}{3}=4.31\text{m}^3$

多边形 04780：$V_{Ⅲ填}=\left[20\times9.5+\frac{1}{2}\times(20+9.3)\times10.5\right]\times\frac{0.2+0.67+0.21}{5}=74.27\text{m}^3$

方格网Ⅳ底面为一个三角形、一个梯形。

三角形 080：$V_{Ⅳ填}=\frac{1}{2}\times20\times9.5\times\frac{0.21}{3}=6.65\text{m}^3$

梯形 5600：$V_{Ⅳ挖}=\frac{1}{2}\times(20+10.5)\times20\times\frac{0.23+0.14}{4}=28.21\text{m}^3$

3）全部挖方量、全部填方量：

$\sum V_{挖}=39.14+94+4.31+28.21=165.66\text{m}^3$

$\sum V_{填}=6.2+74.27+6.65=87.12\text{m}^3$

4）土方平衡后，余土弃运工程量：

$V_{弃}=165.66-87.12=78.54\text{m}^3$

（2）清单工程量：

清单工程量计算同定额工程量。

清单工程量计算见表 1-6。

表 1-6　清单工程量计算表

序号	项目编码	项目名称	项目特征描述	计量单位	工程量
1	040101001001	挖一般土方	人工挖三类土	m^3	165.66
2	040103001001	回填方	三类土回填，密实度 97%	m^3	87.12
3	040103001002	回填方	三类土弃置	m^3	78.54

项目编码：040101002　　项目名称：挖沟槽土方

【例 3】 如图 1-10 所示，某沟槽采用人工挖土，沟长为 12m，沟底宽为 1.8m；沟槽深度为 3.6m，土壤类别分为两层：下层为四类土，厚度为 2.4m；上层为三类土，厚度为 1.2m，每边各留工作面 200mm，试分别求出三、四类土的挖方量。

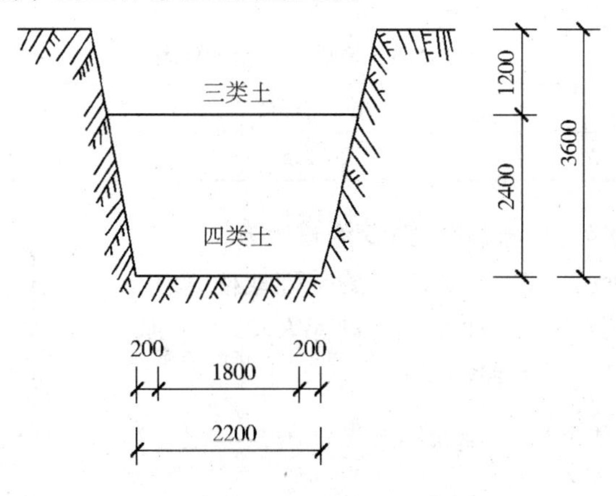

图 1-10　沟槽挖土示意图　（单位：mm）

【解】（1）定额工程量：

由“放坡系数”表可查得四类土放坡起点深为2.0m,放坡系数为0.25;三类土放坡起点深度为1.5m,放坡系数为0.33。

1)求加权平均放坡系数:

①三类土深度占沟槽总深度的权数 $=\dfrac{1.2}{3.6}=0.333$

②四类土深度占沟槽总深度的权数 $=\dfrac{2.4}{3.6}=0.667$

③加权平均放坡系数 $=0.33\times0.333+0.25\times0.667=0.277$

2)三类土下口宽度 $=0.2\times2+1.8+0.277\times2.4\times2=3.53\text{m}$

三类土挖方量 $=1.2\times(3.53+0.277\times1.2)\times12=55.62\text{m}^3$

3)四类土挖方量 $=2.4\times(1.8+0.2\times2+0.277\times2.4)\times12=82.51\text{m}^3$

(2)清单工程量:

清单工程量计算见表1-7。

表1-7　清单工程量计算表

序号	项目编码	项目名称	项目特征描述	计量单位	工程量	计算式
1	040101002001	挖沟槽土方	三类土,深1.2m	m^3	25.92	$1.8\times1.2\times12$
2	040101002002	挖沟槽土方	四类土,深2.4m	m^3	51.84	$1.8\times2.4\times12$

项目编码:040101002　　项目名称:挖沟槽土方

【例4】　如图1-11所示,长 $L=15.0\text{m}$ 的基础地槽,不放坡,不支挡土板,不留工作面,基底垫层宽 $b=2.0\text{m}$,槽深 $h=2.5\text{m}$,试求挖土工程量。

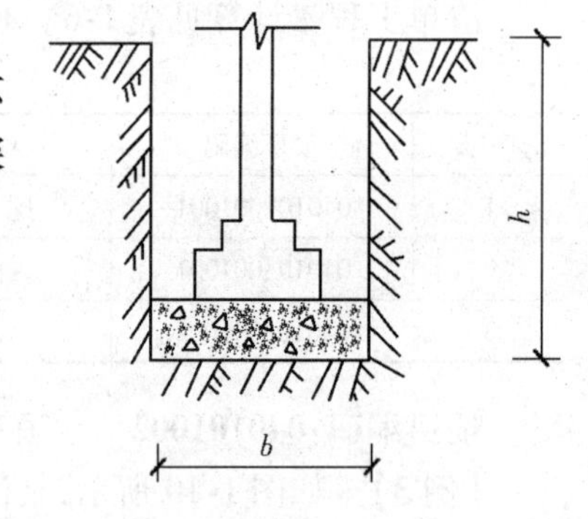

图1-11　基础地槽示意图

【解】　(1)定额工程量:

所求挖土定额工程量 $V=b\times h\times l$

$=2.0\times2.5\times15.0$

$=75\text{m}^3$

(2)清单工程量:

清单工程量计算同定额工程量。

清单工程量计算见表1-8。

表1-8　清单工程量计算表

项目编码	项目名称	项目特征描述	计量单位	工程量
040101002001	挖沟槽土方	深2.5m	m^3	75.00

项目编码:040101002　　项目名称:挖沟槽土方

【例5】　图1-12所示长为 $l=20.0\text{m}$ 的基础地槽,不放坡,不支挡土板,工作面每边各增加0.3m,槽深 $h=2.4\text{m}$,基础底部宽 $b=1.8\text{m}$,试求挖土工程量。

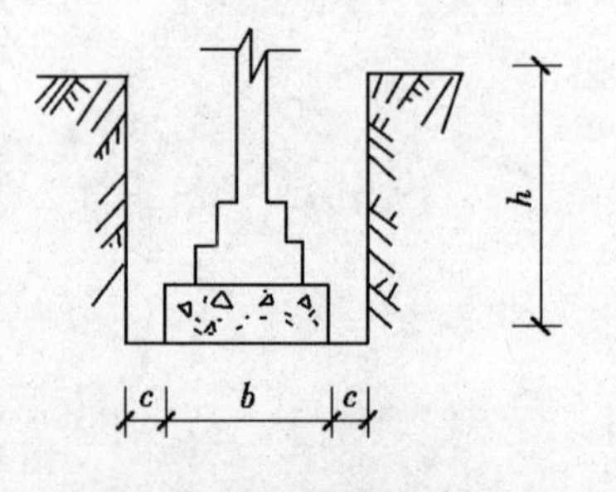

图1-12　基础地槽示意图

【解】　(1)定额工程量:

所求挖土定额工程量为

$V=(b+2c)\times h\times l$

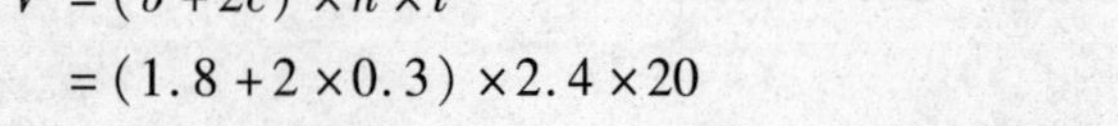

$=(1.8+2\times0.3)\times2.4\times20$

$=115.2\text{m}^3$

(2)清单工程量:

挖土工程量:$V=1.8\times2.4\times20=86.40\text{m}^3$

清单工程量计算见表1-9。

表1-9 清单工程量计算表

项目编码	项目名称	项目特征描述	计量单位	工程量
040101002001	挖沟槽土方	深2.4m	m^3	86.40

项目编码:040101002　　项目名称:挖沟槽土方

【例6】 如图1-13所示的长为18.0m的基础地槽,基底垫层宽为$b=2.0\text{m}$,槽深$h=2.5\text{m}$,不放坡,双面支挡土板,挡土板厚为0.1m,工作面每边各增加0.3m,求挖土工程量。

【解】 (1)定额工程量:

挖土工程量 $V=(b+2c+2\times0.1)\times h\times l$

$=(2.0+2\times0.3+2\times0.1)\times2.5\times18.0$

$=126\text{m}^3$

(2)清单工程量:

挖土工程量 $V=2\times2.5\times18=90\text{m}^3$

清单工程量计算见表1-10。

表1-10 清单工程量计算表

项目编码	项目名称	项目特征描述	计量单位	工程量
040101002001	挖沟槽土方	深2.5m	m^3	90.00

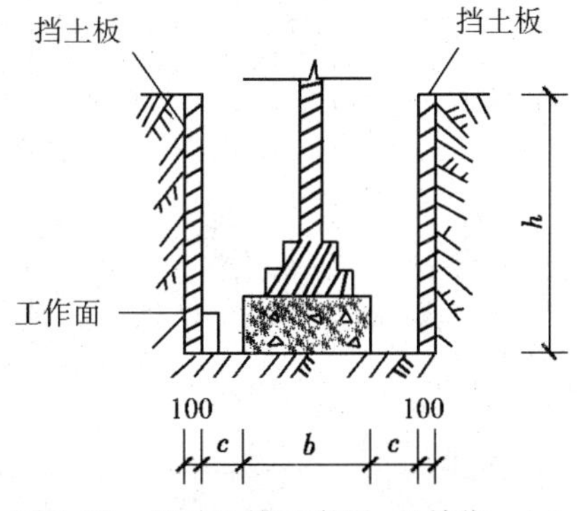

图1-13 基础地槽示意图 (单位:mm)

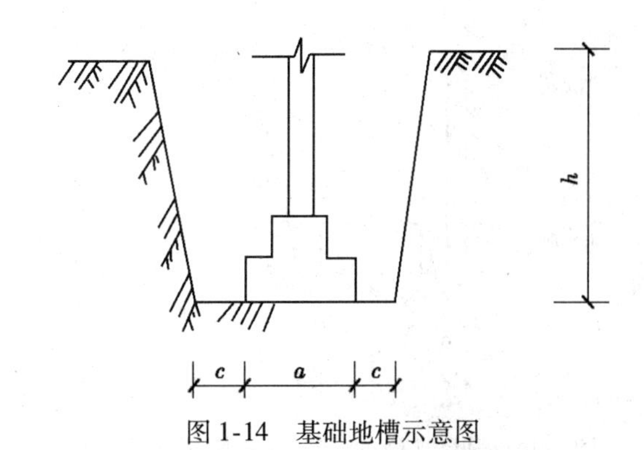

图1-14 基础地槽示意图

项目编码:040101002　　项目名称:挖沟槽土方

【例7】 如图1-14所示,一基础地槽长$L=22\text{m}$,基础底部宽$a=1.8\text{m}$,槽深$h=2.6\text{m}$,放坡,不支挡土板,工作面每边各增加0.3m,一、二类土,人工开挖,试计算地槽挖土工程量。

【解】 (1)定额工程量:

查得放坡系数$k=0.5$

工程量:$V=(a+2c+2kh)\times h\times L$

$=(1.8+2\times0.3+2\times0.5\times2.6)\times2.6\times22$

$=286\text{m}^3$

(2)清单工程量:

地槽土方工程量 $=1.8\times2.6\times22=102.96\text{m}^3$

清单工程量计算见表1-11。

表1-11 清单工程量计算表

项目编码	项目名称	项目特征描述	计量单位	工程量
040101002001	挖沟槽土方	一、二类土,深2.6m	m^3	102.96

项目编码:040101002　　项目名称:挖沟槽土方

【例8】 如图1-15所示,一基础地槽长 $l=20\text{m}$,基础底 $a=2.0\text{m}$,槽深 $h=2.2\text{m}$,单面放坡,单面设挡土板板厚为0.1m,留工作面每边各0.3m,放坡系数 $k=0.5$,试求挖土工程量。

【解】 (1)定额工程量:

$$工程量=\left(a+2c+0.1+\frac{1}{2}kh\right)\times h\times l$$

$$=\left(2.0+2\times0.3+0.1+0.5\times2.2\times\frac{1}{2}\right)\times2.2\times20$$

$$=143\text{m}^3$$

(2)清单工程量:

地槽挖土工程量 $=2\times2.2\times20=88.00\text{m}^3$

清单工程量计算见表1-12。

表1-12 清单工程量计算表

项目编码	项目名称	项目特征描述	计量单位	工程量
040101002001	挖沟槽土方	一、二类土,深2.2m	m^3	88.00

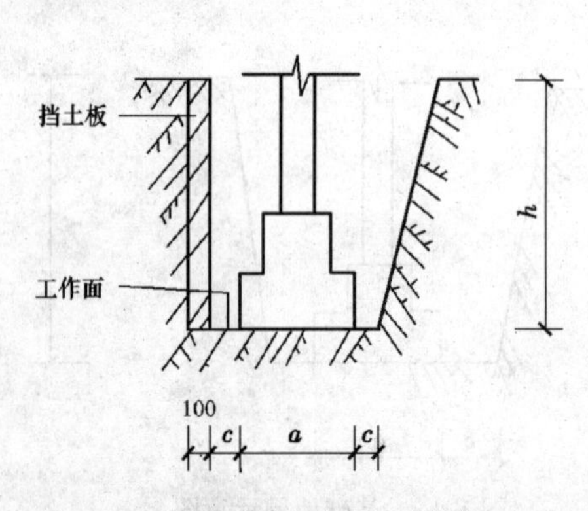

图1-15 基础地槽示意图 (单位:mm)

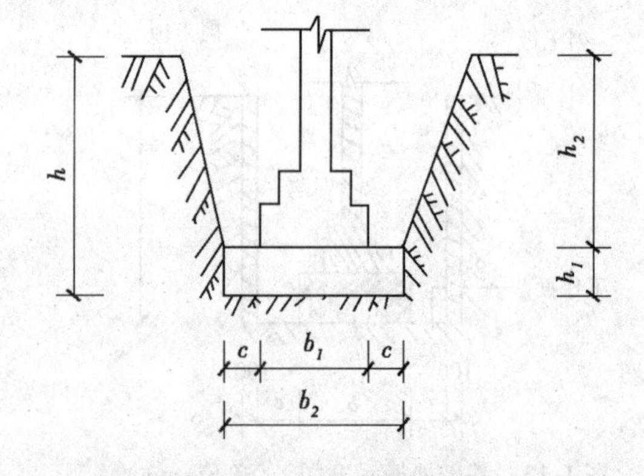

图1-16 基础地槽断面图

项目编码:040101002　　项目名称:挖沟槽土方

【例9】 图1-16所示为一基础地槽,槽长 $l=25\text{m}$,槽深 $h=1.9\text{m}$,土质类别为三类,做0.4m厚的垫层,然后在垫层上做混凝土基础,基础底部宽为 $b_1=1.2\text{m}$,每边各留工作面0.2m,试计算挖槽土方工程量。

【解】 (1)定额工程量:

由题得,放坡系数 $k=0.33$,$h_1=0.4\text{m}$,$h_2=1.5\text{m}$,$b_2=b_1+2c=1.2+2\times0.2=1.6\text{m}$,则挖槽土方工程量为

$$V=(b_1+2c+kh_2)\times h_2\times l+b_2\times h_1\times l$$

$=(1.2+2\times0.2+0.33\times1.5)\times1.5\times25+1.6\times0.4\times25$

$=94.56\text{m}^3$

(2)清单工程量：

$(1.2+0.2\times2)\times1.9\times25=76.00\text{m}^3$

清单工程量计算见表1-13。

表1-13　清单工程量计算表

项目编码	项目名称	项目特征描述	计量单位	工程量	计算式
040101002001	挖沟槽土方	三类土，深1.9m	m^3	76.00	$(1.2+0.2\times2)\times1.9\times2.5$

项目编码：040101002　　项目名称：挖沟槽土方

【例10】　图1-17所示为一基础地槽，槽长为 $l=20\text{m}$，槽深 $h=2.0\text{m}$，做 $h_1=0.3\text{m}$ 厚的基础底面垫层，垫层宽为 $b_1=1.1\text{m}$，基础底部宽 $b_2=0.8\text{m}$，自垫层上表面开始放坡，土质类别为三类，每边各留工作面 $c=0.3\text{m}$，试求挖槽土方工程量。

【解】　(1)定额工程量：

查表1-2可得，放坡系数 $k=0.33$，$h_1=0.3$，$h_2=h-h_1=(2.0-0.3)\text{m}=1.7\text{m}$，则挖槽土方工程量为

$V=b_1\times h_1\times l+(b_2+2c+kh_2)\times h_2\times l$

$=1.1\times0.3\times20+(0.8+2\times0.3+0.33\times1.7)\times1.7\times20$

$=73.27\text{m}^3$

(2)清单工程量：

$1.1\times2\times20=44.00\text{m}^3$

清单工程量计算见表1-14。

表1-14　清单工程量计算表

项目编码	项目名称	项目特征描述	计量单位	工程量
040101002001	挖沟槽土方	三类土，深2m	m^3	44.00

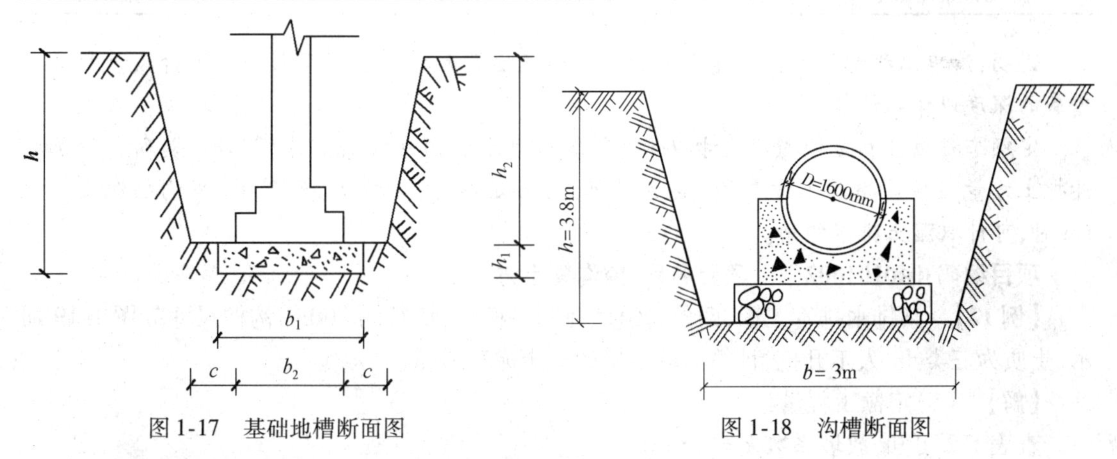

图1-17　基础地槽断面图　　　　图1-18　沟槽断面图

项目编码：040101002　　项目名称：挖沟槽土方

项目编码：040103001　　项目名称：回填方

【例11】　某项排水工程，地下1m开始有地下水。排管管径为1600mm，长度为600m，梯形沟槽，挖土深度为3.8m，工作面宽度为0.5m，如图1-18所示。采用机械挖土，土质为三类土，求该工程中土方部分的工程量。

【解】 (1)定额工程量:

查表1-2可知,放坡系数 $k=0.25$。

1)挖土体积:

$V_1=(b+hk)hl\times1.025=(3+0.25\times3.8)\times3.8\times600\times1.025=9231.15\text{m}^3$

2)湿土排水体积:

$$\begin{aligned}V_2&=[b+(h-1)k]\times(h-1)l\times1.025\\&=[3+(3.8-1)\times0.25]\times(3.8-1)\times600\times1.025\\&=6371.4\text{m}^3\end{aligned}$$

3)回填土工程量:

$$V_3=V_1-\frac{1}{4}\pi D^2l=9231.15-\frac{1}{4}\times3.14\times1.6^2\times600=8025.39\text{m}^3$$

(2)清单工程量:

1)挖土体积:

$V=(b-2c)hl=(3-0.5\times2)\times3.8\times600=4560.0\text{m}^3$

2)湿土排水体积:

$V_2=(b-2c)(h-1)l=(3-0.5\times2)\times(3.8-1)\times600=3360\text{m}^3$

3)回填土工程量:

$$V_3=V_1-\frac{\pi D^2}{4}l=4560.0-\frac{1}{4}\times3.14\times1.6^2\times600=3354.24\text{m}^3$$

清单工程量计算见表1-15。

表1-15 清单工程量计算表

序号	项目编码	项目名称	项目特征描述	计量单位	工程量
1	040101002001	挖沟槽土方	机械挖土,三类土,深3.8m	m^3	4560.00
2	040101002002	挖沟槽土方	湿土排水挖土	m^3	3360
3	040103001001	回填方	机械回填,密实度97%	m^3	3354.24

说明:清单工程量计算挖沟槽土方量应按构筑物最大水平投影面积乘以室外设计标高到槽底的深度以体积计算。

定额工程量计算是按图示尺寸以体积计算。排水管沟槽断面若为梯形时,其所需增加的开挖土方量应按沟槽总土方量的2.5%计算;若为矩形时,应按7.5%计算,当沟槽深度超过1m时,可计取湿土排水费用。

项目编码:040101002　　项目名称:挖沟槽土方

【例12】 某排水排管工程,两条管道埋在同一槽内,槽长为800m,沟槽尺寸如图1-19所示,土质为三类土,人工开挖,计算该联合槽的挖土方工程量。

【解】 (1)定额工程量:

查表1-2可知,放坡系数 $k=0.33$。

$$\begin{aligned}V&=\left[\left(b+\frac{1}{2}kh'\right)h'+\left(a+\frac{1}{2}kh\right)h\right]\times l\times1.025\\&=\left[\left(2.1+\frac{1}{2}\times3\times0.33\right)\times3+\left(1.8+\frac{1}{2}\times2.5\times0.33\right)\times2.5\right]\times800\times1.025\\&=10919.33\text{m}^3\end{aligned}$$

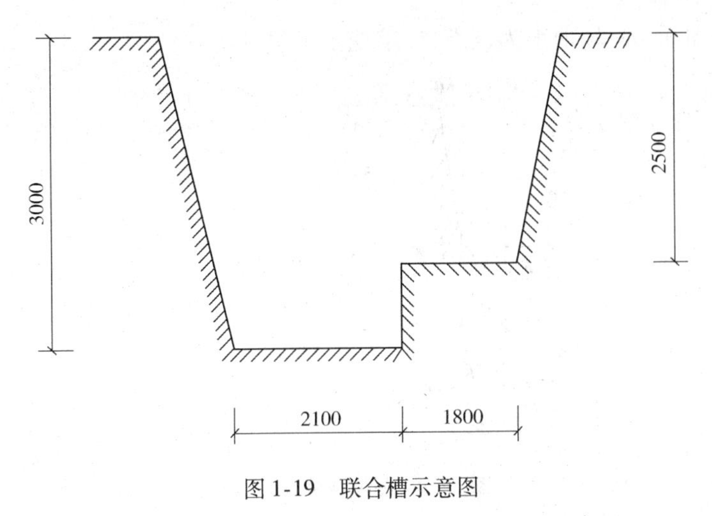

图 1-19　联合槽示意图

(2)清单工程量:

$V=(2.1\times3.0+1.8\times2.5)\times800=8640.00m^3$

清单工程量计算见表 1-16。

表 1-16　清单工程量计算表

项目编码	项目名称	项目特征描述	计量单位	工程量
040101002001	挖沟槽土方	三类土,人工开挖,深度为 3m	m^3	8640.00

项目编码:040101003　　项目名称:挖基坑土方

【例 13】　如图 1-20 所示,不放坡,不支挡土板的圆形地坑,为三类土,深 1.5m,半径为 0.8m,求人工挖地坑工程量。

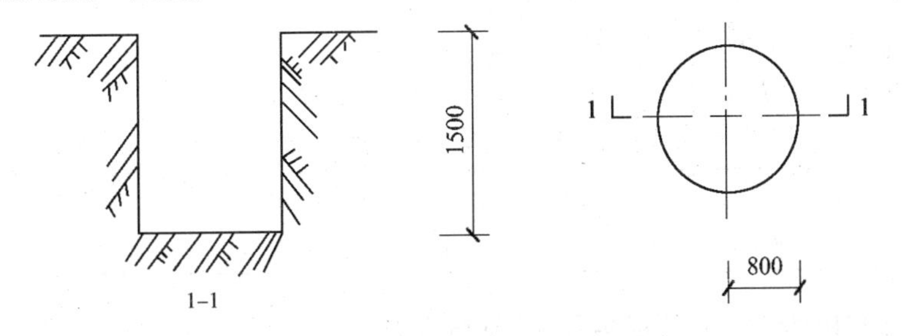

图 1-20　圆形地坑示意图　(单位:mm)

【解】　(1)定额工程量:

$V=H\pi R^2=1.5\times3.14\times0.8^2=3.01m^3$

(2)清单工程量:

清单工程量计算同定额工程量。

清单工程量计算见表 1-17。

表 1-17　清单工程量计算表

项目编码	项目名称	项目特征描述	计量单位	工程量
040101003001	挖基坑土方	三类土,深 1.5m	m^3	3.01

项目编码:040101003　　项目名称:挖基坑土方

【例 14】　有一圆形建筑物的基础,如图 1-21 所示,采用人工挖土,基底垫层半径为 4m,

工作面每边各增加0.3m,场地土为三类,试求挖土工程量。

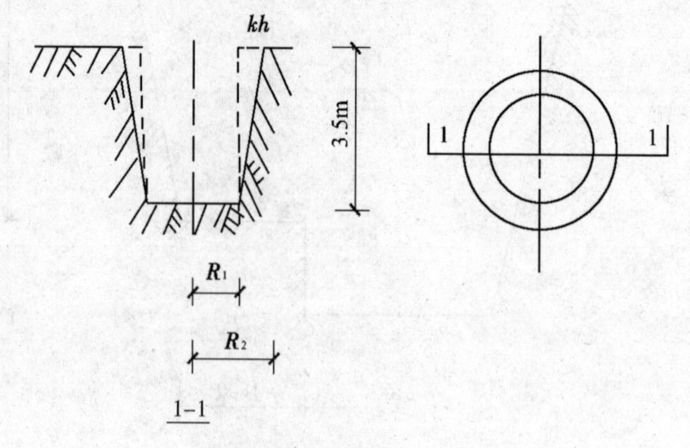

图1-21　圆形基坑示意图

【解】 (1)定额工程量:

查表1-2得,$k=0.33$。

$R_1=R+C=4+0.3=4.3\text{m}$;

$R_2=R_1+kh=4.3+0.33\times3.5=5.46\text{m}$。

挖土工程量:$V=\frac{\pi h}{3}(R_1^2+R_2^2+R_1R_2)$

$=\frac{1}{3}\times3.14\times3.5\times(4.3^2+5.46^2+4.3\times5.46)$

$=262.95\text{m}^3$

(2)清单工程量:

挖土工程量:$V=\pi R^2h=3.14\times4^2\times3.5=175.84\text{m}^3$

清单工程量计算见表1-18。

表1-18　清单工程量计算表

项目编码	项目名称	项目特征描述	计量单位	工程量
040101003001	挖基坑土方	三类土,深3.5m	m^3	175.84

项目编码:040101003　　项目名称:挖基坑土方

【例15】 图1-22所示圆形基坑,挖深为$h=2.0\text{m}$,基坑底部半径$R=2.8\text{m}$,不放坡,支挡土板,板厚为0.1m,计算基坑挖土工程量。

【解】 (1)定额工程量:

工程量:$V=\pi(R+0.1\times2)^2h=3.14\times(2.8+0.1\times2)^2\times2.0$

$=56.52\text{m}^3$

(2)清单工程量:

工程量:$V=\pi R^2h=3.14\times2.8^2\times2=49.24\text{m}^3$

清单工程量计算见表1-19。

表1-19　清单工程量计算表

项目编码	项目名称	项目特征描述	计量单位	工程量
040101003001	挖基坑土方	深2m	m^3	49.24

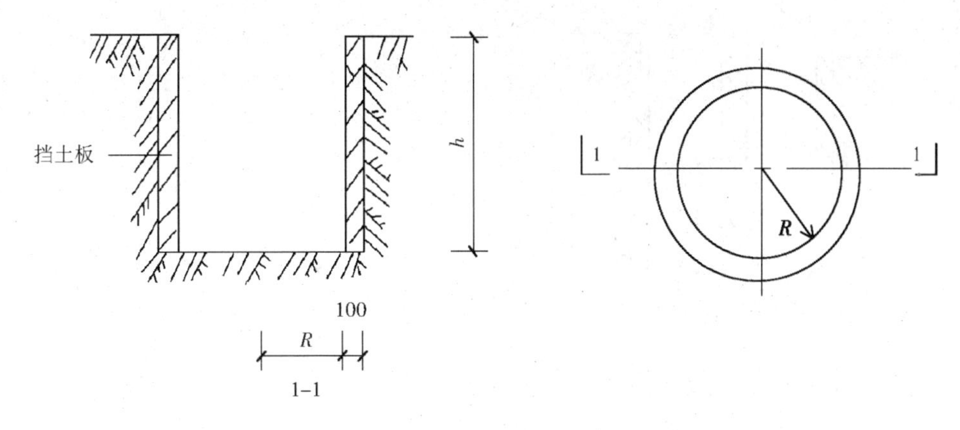

图 1-22　圆形基坑示意图　（单位：mm）

项目编码：040101003　　项目名称：挖基坑土方

【例 16】　参照图 1-23 计算放坡矩形地坑挖土方体积，其中 $a=1.5\text{m}$，$b=0.8\text{m}$，$c=0.3\text{m}$，$h=1.8\text{m}$，$k=0.6$。

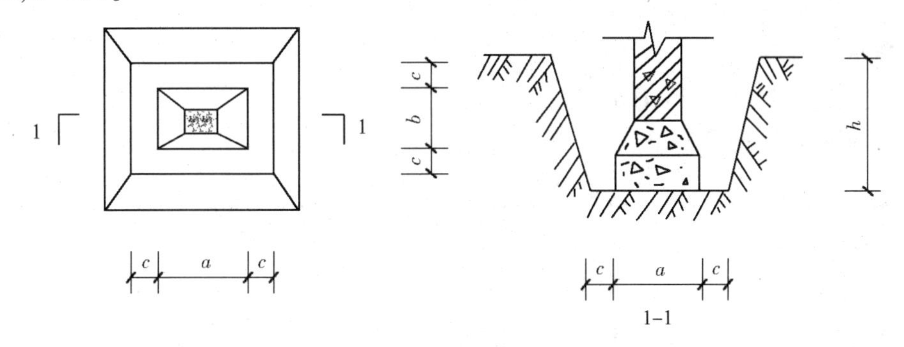

图 1-23　矩形地坑示意图

【解】　(1)定额工程量：

$$
\begin{aligned}
V &= (a+2c+kh)\times(b+2c+kh)\times h\\
&=(1.5+2\times0.3+0.6\times1.8)\times(0.8+2\times0.3+0.6\times1.8)\times1.8\\
&=14.20\text{m}^3
\end{aligned}
$$

(2)清单工程量：

地坑挖土方体积：$V=1.5\times0.8\times1.8=2.16\text{m}^3$

清单工程量计算见表 1-20。

表 1-20　清单工程量计算表

项目编码	项目名称	项目特征描述	计量单位	工程量
040101003001	挖基坑土方	深 1.8m	m^3	2.16

项目编码：040101003　　项目名称：挖基坑土方

【例 17】　如图 1-24 所示，一留工作面的矩形基坑，不放坡，支挡土板，板厚 0.1m，基底垫层长 $a=2.0\text{m}$，宽 $b=1.5\text{m}$，工作面每边各增加 0.3m，挖深为 3.2m，场地土为一、二类，采用人工挖土，求挖土工程量。

【解】　(1)定额工程量：

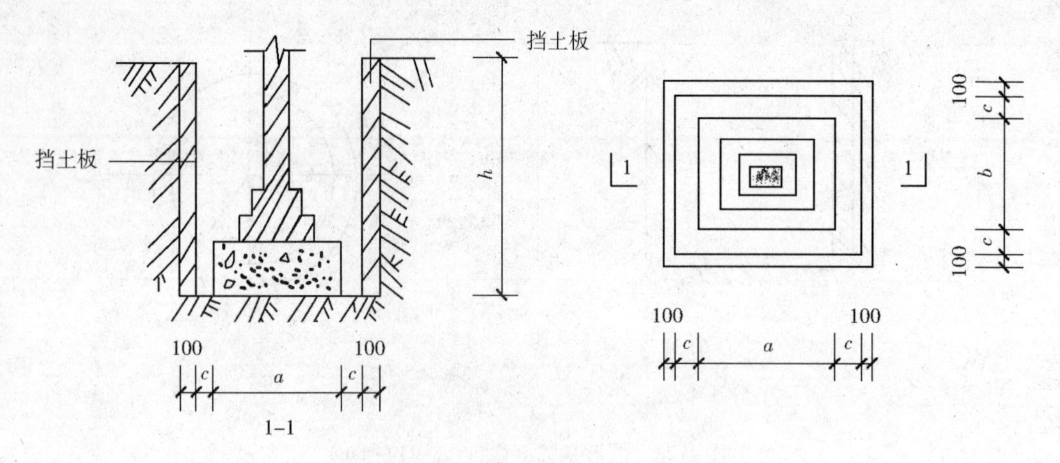

图 1-24　矩形基坑示意图　（单位:mm）

工程量 $V=(a+2c+0.2)\times(b+2c+0.2)\times h$

$=(2.0+2\times0.3+0.2)\times(1.5+2\times0.3+0.2)\times3.2$

$=20.61\text{m}^3$

(2)清单工程量:

基坑挖土工程量:$V=2\times1.5\times3.2=9.6\text{m}^3$

清单工程量计算见表 1-21。

表 1-21　清单工程量计算表

项目编码	项目名称	项目特征描述	计量单位	工程量
040101003001	挖基坑土方	一、二类土,深 3.2m	m^3	9.60

项目编码:040101003　　项目名称:挖基坑土方

【例 18】　某桥梁工程中采用挖孔桩,其断面和结构示意图如图 1-25、图 1-26 所示,试计算该挖孔桩的土方工程量(三类土)。

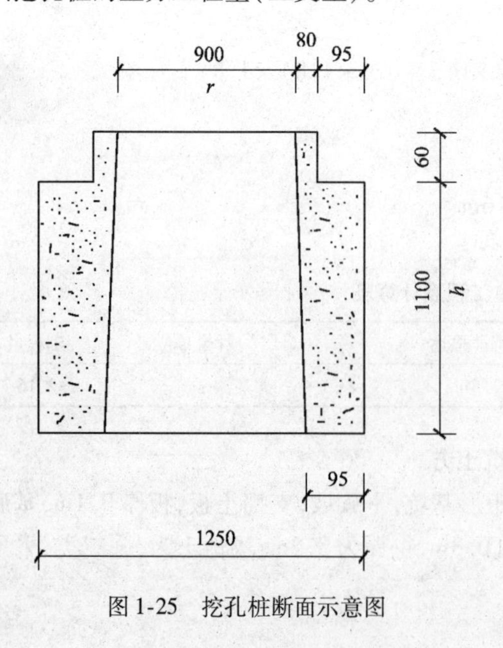

图 1-25　挖孔桩断面示意图

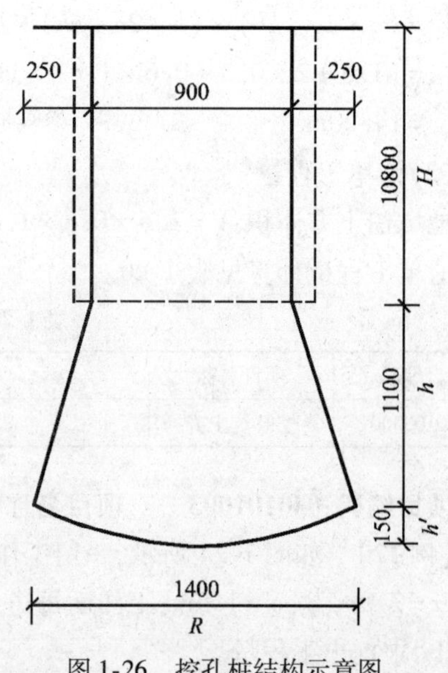

图 1-26　挖孔桩结构示意图

【解】 (1)定额工程量：

1)桩身部分：

$$V_1 = \pi r^2 H = \pi \times \left(\frac{1.25}{2}\right)^2 \times 10.8 = 13.25\text{m}^3$$

2)圆台部分：

$$V_2 = \frac{1}{3}\pi h(r^2 + R^2 + rR)$$

$$= \frac{\pi}{3} \times 1.1 \times \left[\left(\frac{0.9}{2}\right)^2 + \left(\frac{1.4}{2}\right)^2 + \frac{0.9}{2} \times \frac{1.4}{2}\right]$$

$$= 1.16\text{m}^3$$

3)球冠部分：

$$R' = \frac{R^2 + h'^2}{2h'} = \frac{\left(\frac{1.4}{2}\right)^2 + 0.15^2}{2 \times 0.15} = 1.71\text{m}$$

$$V_3 = \pi h'^2\left(R' - \frac{h'}{3}\right) = \pi \times 0.15^2 \times \left(1.71 - \frac{0.15}{3}\right) = 0.12\text{m}^3$$

挖孔桩挖土方工程量：

$$V = V_1 + V_2 + V_3 = (13.25 + 1.16 + 0.12)\text{m}^3 = 14.53\text{m}^3$$

(2)清单工程量：

清单工程量计算同定额工程量。

清单工程量计算见表 1-22。

表 1-22　清单工程量计算表

项目编码	项目名称	项目特征描述	计量单位	工程量
040101003001	挖基坑土方	三类土	m^3	14.53

项目编码:040101003　　项目名称:挖基坑土方

【例 19】 某一工程施工，需要采用挖掘机挖基坑，如图1-27 所示，基坑是矩形，地面标高为 5.7m，基坑地面标高为 2.2m，宽度为 8.4m，设计基坑长度为 200m，无防潮层，坑上作业，土质为二类土，试确定挖掘机挖土方工程量。

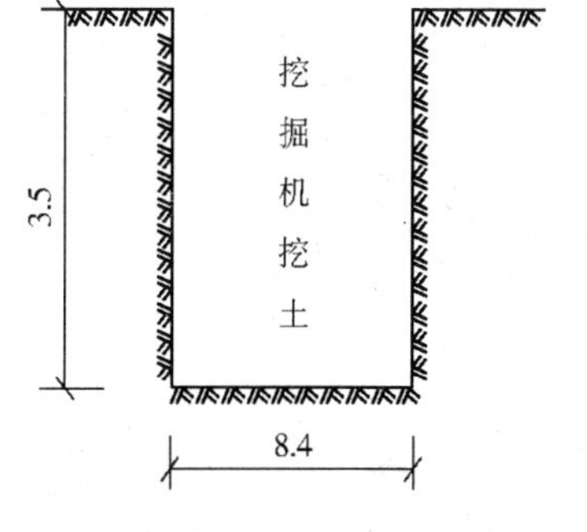

图 1-27　矩形基坑断面图(单位:m)

【解】 (1)定额工程量：

查第一册《通用项目》第一章《土石方工程》工程量计算规则第 7 条可知：二类土机械开挖坑上作业，放坡系数为 1∶0.75，无防潮层构筑物按基础外缘每侧增加工作面宽度 40cm，则：

底面长：$200 + 0.4 \times 2 = 200.80\text{m}$

底面宽：$8.4 + 0.4 \times 2 = 9.20\text{m}$

基坑上面长：$200.8 + 2 \times 0.75 \times (5.7 - 2.2) = 206.05\text{m}$

基坑上面宽：$9.2 + 2 \times 0.75 \times (5.7 - 2.2) = 14.45\text{m}$

则挖掘机挖土方量：

$$V = (5.7 - 2.2)/6 \times (206.05 \times 14.45 + 200.8 \times 9.2 + 406.85 \times 23.65)$$

$=3.5/6\times(2977.4+1847.4+9622)$

$=8427.00\text{m}^3$

说明：定额中计算规则规定，构筑物基坑无防潮层工程量按基础外缘每侧增加工作面宽度40cm以体积计算。

(2)清单工程量：

$V=8.4\times200\times3.5=5880.00\text{m}^3$

清单工程量计算见表1-23。

表1-23　清单工程量计算表

项目编码	项目名称	项目特征描述	计量单位	工程量
040101003001	挖基坑土方	二类土，深3.5m	m^3	5880.00

项目编码：040101004　　项目名称：暗挖土方

【例20】 某隧道工程采用竖井增加工作面，竖井深度为100m，竖井直径为5m，其断面图与平面图如图1-28、图1-29所示。采用人工开挖，土质为四类土，井内衬砌厚度为25cm，试计算其挖土方工程量。

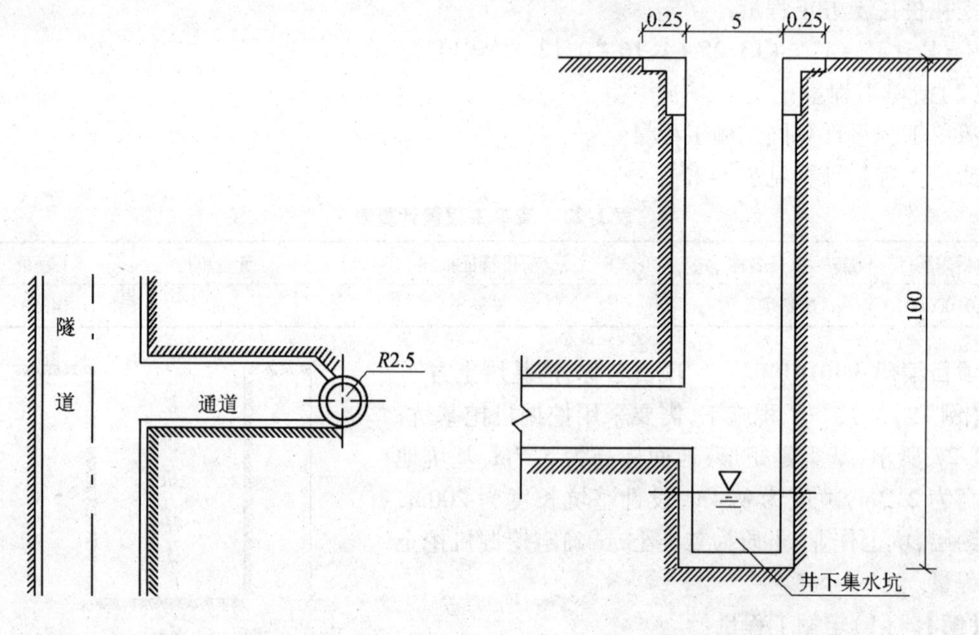

图1-28　竖井平面图　(单位：m)　　　图1-29　竖井断面图　(单位：m)

【解】 (1)定额工程量：

$V=\pi\times(2.5+0.25)^2\times100=2374.63\text{m}^3$

(2)清单工程量：

清单工程量计算同定额工程量。

清单工程量计算见表1-24。

表1-24　清单工程量计算表

项目编码	项目名称	项目特征描述	计量单位	工程量
040101004001	暗挖土方	四类土，深100m	m^3	2374.63

项目编码:040101004　　项目名称:暗挖土方

【例 21】 某隧道在开挖过程中,为了施工方便,在隧道旁挖一竖井;竖井半径为 1.25m,周围砌混凝土 0.1m,竖井深 110m,竖井平面图及立面图分别如图 1-30、图 1-31 所示,试计算竖井开挖土方工程量。

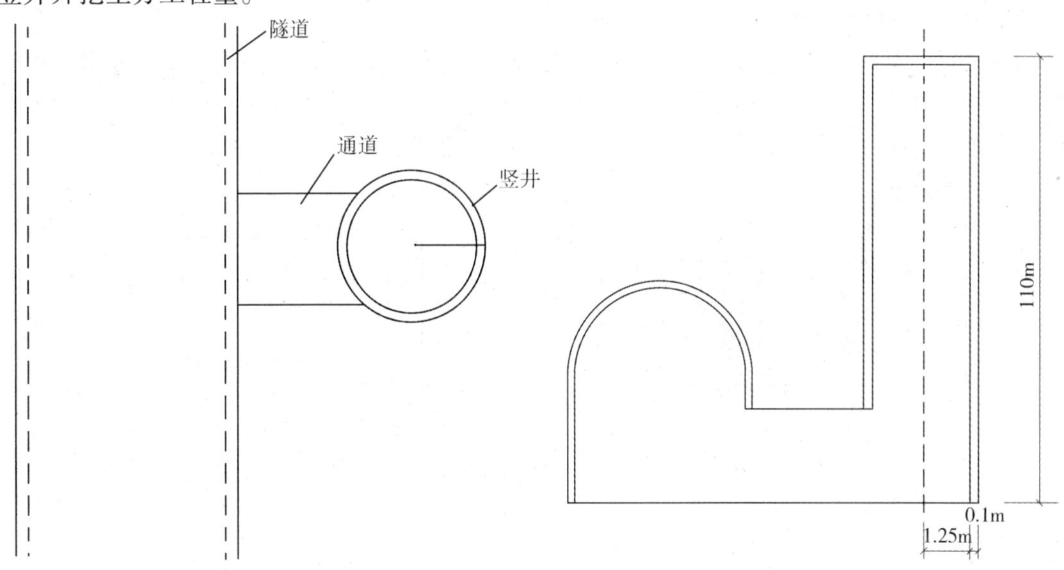

图 1-30　竖井平面图　　　　图 1-31　竖井立面图

【解】 (1)定额工程量:

$$V = \pi(R+0.1)^2 \times h = 3.14 \times (1.25+0.1)^2 \times 110 = 629.49\text{m}^3$$

(2)清单工程量:

清单工程量计算同定额工程量。

清单工程量计算见表 1-25。

表 1-25　清单工程量计算表

项目编码	项目名称	项目特征描述	计量单位	工程量
040101004001	盖挖土方	竖井深 110m,三类土	m^3	629.49

项目编码:040101005　　项目名称:挖淤泥

【例 22】 某城市隧道工程采用浅埋暗挖法施工,利用上台阶分部开挖法。设该隧道总长 500m,采用机械开挖,四类土质,其暗挖横截面如图 1-32 所示,试求该隧道暗挖土方量。

【解】 (1)定额工程量:

$$V = \left(3 \times 2.5 + \pi r^2 - \frac{\pi r^2}{360}2\arccos\frac{0.5}{1.5} + \frac{1}{2} \times 0.5 \times 2 \times \sqrt{1.5^2 - 0.5^2}\right) \times 500$$

$$= (7.5 + 4.299 + 0.707) \times 500$$

$$= 6253.00\text{m}^3$$

(2)清单工程量:

清单工程量计算同定额工程量。

清单工程量计算见表 1-26。

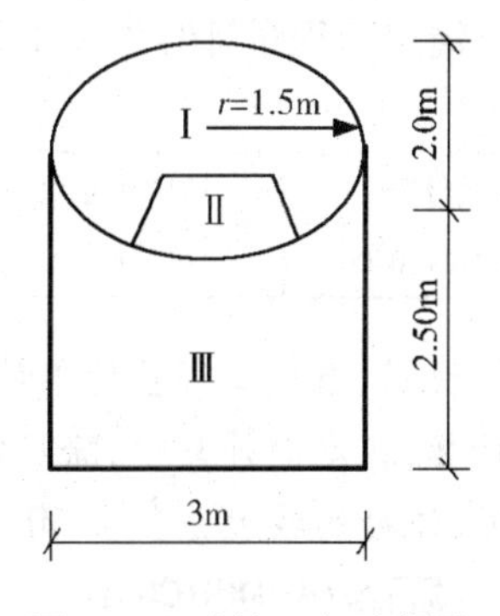

图 1-32　暗挖土方示意图

表 1-26　清单工程量计算表

项目编码	项目名称	项目特征描述	计量单位	工程量
040101005001	挖淤泥	四类土	m^3	6253.00

项目编码:040101005　　项目名称:挖流砂

【例 23】 某桥梁工程修筑基础时,由于该河段多流砂、淤泥,因此其基坑开挖采用挖掘机挖土,经研究拟采用 0.2m³ 抓铲挖掘机挖土,其基坑的示意图如图 1-33 所示,已知共需要挖 10 个这样的基坑,试计算该工程中挖掘机挖土、淤泥、流砂的工程量。

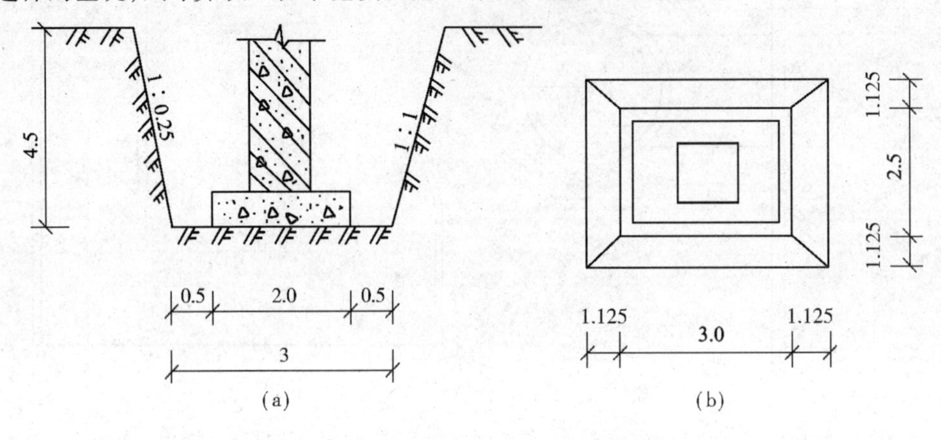

图 1-33　桥梁基础结构示意图　(单位:m)

(a)横断面图;(b)平面图

【解】 (1)定额工程量:

基坑放坡,留工作面的挖土方工程量计算公式为:

$$V=(a+2c+kh)(b+2c+kh)\times h+\frac{1}{3}k^2h^3$$

本工程中 $k=0.25$, $h=4.5$,因此$\frac{1}{3}k^2h^3$ 可查表得 1.90m³,所以定额工程量为:

$$V=[(3+0.25\times4.5)\times(2.5+0.25\times4.5)\times4.5+1.90]\times10$$
$$=69.19\times10=691.9\text{m}^3$$

(2)清单工程量:

$$V=2.00\times1.5\times4.5\times10=135.00\text{m}^3$$

清单工程量计算见表 1-27。

表 1-27　清单工程量计算表

项目编码	项目名称	项目特征描述	计量单位	工程量
040101005001	挖流砂	深 4.5m	m^3	135.00

说明:根据工程量清单计算规则,挖基坑应按构筑物最大水平投影面积乘以挖土深度以体积计算,在定额计算中,除应按定额计算规则进行计算外,还应乘以 0.2m³ 抓斗挖土机挖土、淤泥、流砂的放大系数 2.50。

项目编码:040102001　　项目名称:挖一般石方

【例 24】 某峒库工程施工现场为坚硬岩石,其峒库工程断面图如图 1-34 所示,试计算峒库挖石方工程量。

【解】 (1)定额工程量:

$$V=\frac{F_1+F_2}{2}\times L$$

式中 V——相邻两截面间的石方工程量(m^3);

F_1、F_2——相邻两截面的截面面积(m^2);

L——相邻两截面的距离(m)。

则石方工程量:$V=\frac{30+40}{2}\times 50=1750m^3$

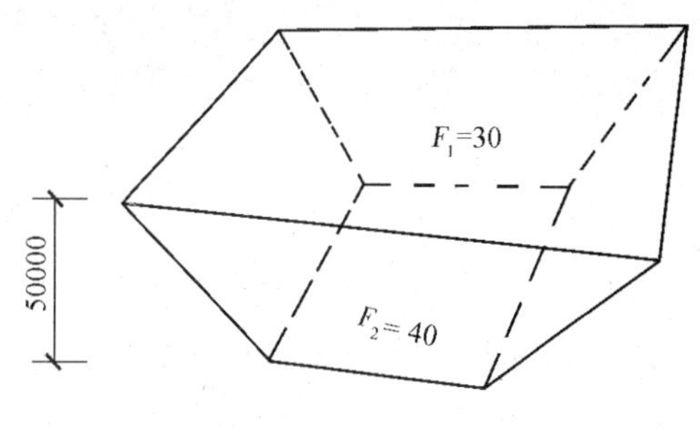

图 1-34 峒库断面图

(2)清单工程量:

清单工程量计算同定额工程量

清单工程量计算见表 1-28。

表 1-28 清单工程量计算表

项目编码	项目名称	项目特征描述	计量单位	工程量
040102001001	挖一般石方	坚硬岩石	m^3	1750.00

说明:石方工程量计算一般采用横断面法,峒库工程断面图,可按直接测成峒后的断面所得数据绘制。

项目编码:040102002 项目名称:挖沟槽石方

【例 25】 如图 1-35 所示,一工地施工现场用普通岩石,墙地槽开挖长度为 55m,试计算挖沟槽石方工程量。

【解】 (1)定额工程量:

工程量:$V=h\times(a+2c)\times l$

$=2.0\times(1.4+2\times 0.3)\times 55$

$=220m^3$

(2)清单工程量:

工程量 $V=1.4\times 2\times 55=154m^3$

清单工程量计算见表 1-29。

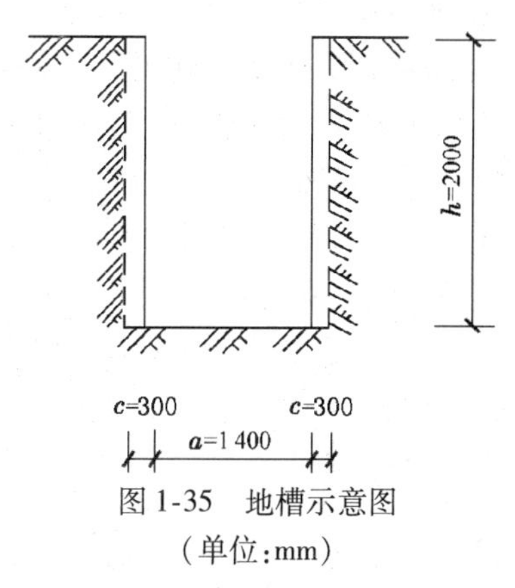

图 1-35 地槽示意图
(单位:mm)

表 1-29 清单工程量计算表

项目编码	项目名称	项目特征描述	计量单位	工程量
040102002001	挖沟槽石方	普通岩石,深 2m	m^3	154.00

项目编码:040102003 项目名称:挖基坑石方

【例 26】 某桩基础基坑底面为矩形,长为 2.5m,宽为 2.1m,工作面宽度为 0.15m,坑深 2.0m,施工现场为普通岩石,基坑断面如图 1-36 所示,试计算其工程量。

【解】 (1)定额工程量:

$$V=(2.5+2\times 0.15+2\times 0.25)\times(2.1+2\times 0.15+2\times 0.25)\times 2+\frac{1}{3}\times 0.25^2\times 2^3$$

$=19.31m^3$

(2)清单工程量:

$V=2.5\times 2.1\times 2.0m^3=10.5m^3$

清单工程量计算见表 1-30。

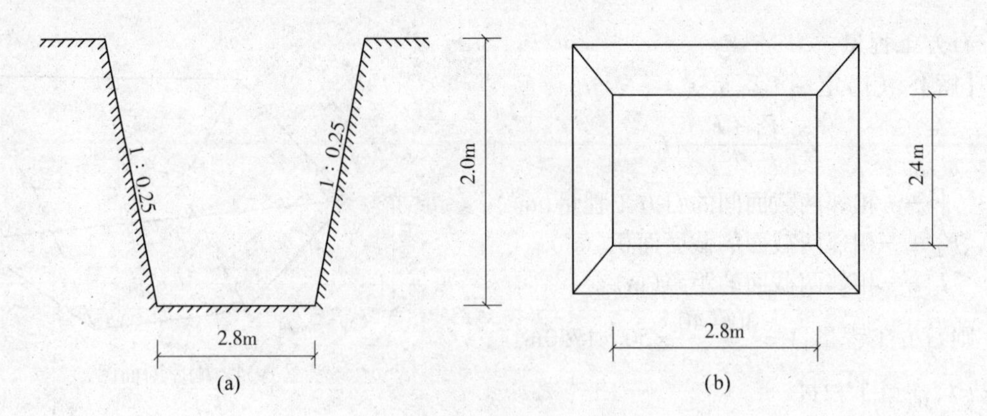

图 1-36　矩形基坑示意图

(a)断面图;(b)平面图

表 1-30　清单工程量计算表

项目编码	项目名称	项目特征描述	计量单位	工程量
040102003001	挖基坑石方	普通岩石,深 2.0m	m^3	10.50

说明:挖基坑石方,清单工程量是按图示尺寸以体积计算,定额工程量是加上超挖部分以体积计算。

项目编码:040103001　　项目名称:回填方

【例 27】 如图 1-37 所示地槽,长 $l=20m$,基础底部宽 $b=1.2m$,不放坡,支挡土板,板厚为 0.1m,工作面每边各增加 $c=0.2m$,基础细部尺寸槽底标高、室内外设计标高分别如图 1-37 中所示。求该地槽回填土工程量(密实度为 98%)。

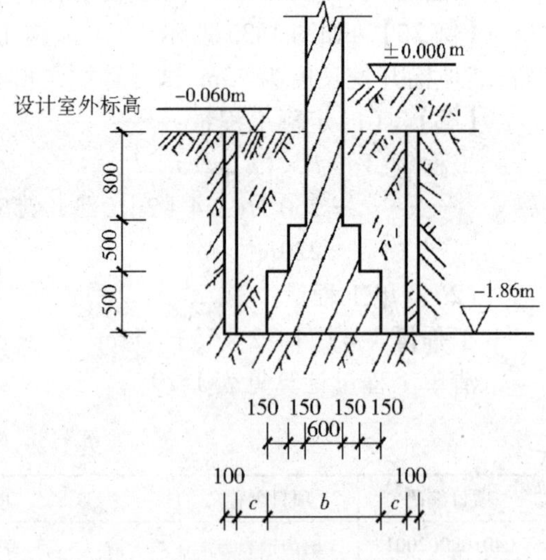

图 1-37　基础地槽示意图(单位:mm)

【解】 (1)定额工程量:

地槽挖方工程量:

$V_1=(1.2+2\times0.2+0.2)\times1.8\times20=64.8m^3$

室外设计标高以下构筑物体积为

$V_2=(1.2\times0.5+0.9\times0.5+0.6\times0.8)\times20$

$=30.6m^3$

则地槽回填土定额工程量:

$V=V_1-V_2=(64.8-30.6)m^3=34.2m^3$

(2)清单工程量:

地槽挖方工程量 $V_1=1.2\times1.8\times20=43.2m^3$

则地槽回填土清单工程量:

$V=(43.2-30.6)m^3=12.6m^3$

清单工程量计算见表 1-31。

表 1-31　清单工程量计算表

项目编码	项目名称	项目特征描述	计量单位	工程量
040103001001	回填方	密实度 98%	m^3	12.60

项目编码:040103001　　项目名称:回填方

【例 28】 某铸铁管道工程,管道沟槽底面宽 2.6m,放坡开挖,土质为三类土,管径为 800mm,沟槽长 200m,槽深 2.2m,试计算其填方工程量。

【解】 (1)定额工程量:

查表 1-2 可知,三类土放坡系数 $k=0.33$。

1)挖土工程量:

$V_0=(b+kh)hl\times1.025$

$=(2.6+0.33\times2.2)\times2.2\times200\times1.025$

$=1500.03\text{m}^3$

2)填方工程量:

$V_1=V_0-0.49\times200=(1500.03-0.49\times200)\text{m}^3=1402.03\text{m}^3$

(2)清单工程量:

1)挖土工程量:

$V=bhl=2.6\times2.2\times200=1144\text{m}^3$

2)填方工程量:

查表 1-33 可知,每米管道所占体积为 0.49m^3。

$V_1=$挖土体积$-$管径所占体积$=(1144-0.49\times200)\text{m}^3=1046\text{m}^3$

清单工程量计算见表 1-32。

表 1-32　清单工程量计算表

项目编码	项目名称	项目特征描述	计量单位	工程量
040103001001	回填方	三类土,沟槽回填,密实度 97%	m^3	1046.00

说明:清单工程量计算时,原地面以下按构筑物最大水平投影面积乘以挖土深度以体积计算;定额工程量按图示尺寸以体积计算。铺设铸铁管道时,其接口等处的土方增加量,可按铸铁管道沟槽土方总量的 2.5% 计算。

管径在 500mm 以下的管道所占体积不予扣除;管径超过 500mm(>500mm)时,按表 1-33 规定扣除管道所占体积(表中为每米管道应扣除的土方量,单位:m^3)。

表 1-33　管道扣除土方体积表

管道名称	管道直径/mm					
	501~600	601~800	801~1000	1001~1200	1201~1400	1401~1600
钢管	0.21	0.44	0.71	1.15	1.35	1.55
铸铁管	0.24	0.49	0.77			
混凝土管	0.33	0.60	0.92			

项目编码:040101001　　项目名称:挖一般土方

项目编码:040103001　　项目名称:回填方

【例 29】 某道路工程,修筑起点 0+000,终点 0+400,路面修筑路宽度 10m,路肩各宽 1m,余方运至 10km 处弃置点,其余已知数据见表 1-34,求运土方量(三类土,填方密实度 95%,运距 3km)。

表 1-34　道路工程各断面填挖面积

桩　号	距离/m	挖　土	填　土
		断面积/m^2	断面积/m^2
0+000	50	2.80	2.60
0+050	50	3.10	2.40
0+100	50	3.50	3.10
0+150	50	4.10	3.80
0+200	50	5.20	5.00
0+250	50	5.80	4.90
0+300	50	5.60	5.40
0+350	50	6.70	4.40
0+400		8.20	6.20

【解】　挖、填土方量：

$$0+000\sim0+050 \quad V_{挖}=\frac{1}{2}\times(2.80+3.10)\times50=147.5\mathrm{m}^3$$

$$V_{填}=\frac{1}{2}\times(2.60+2.40)\times50=125\mathrm{m}^3$$

其余计算结果见表 1-35。

表 1-35　填挖方量计算汇总表

桩号	距离/m	挖土			填土		
		断面积/m^2	平均断面积/m^2	体积/m^3	断面积/m^2	平均断面积/m^2	体积/m^3
0+000	50	2.80	2.95	147.5	2.60	2.50	125
0+050	50	3.10	3.30	165	2.40	2.75	137.5
0+100	50	3.50	3.80	190	3.10	3.45	172.5
0+150	50	4.10	4.65	232.5	3.80	4.40	220
0+200	50	5.20	5.50	275	5.00	4.95	247.5
0+250	50	5.80	5.70	285	4.90	5.15	257.5
0+300	50	5.60	6.15	307.5	5.40	4.90	245
0+350	50	6.70	7.45	372.5	4.40	5.30	265
0+400		8.20			6.20		

则　$V_{挖}=147.5+165+190+232.5+275+285+307.5+372.5=1975\mathrm{m}^3$

$V_{填}=125+137.5+172.5+220+247.5+257.5+245+265=1670\mathrm{m}^3$

则运土方工程量 $=V_{挖}-V_{填}=305\mathrm{m}^3$

余方弃置工程量在清单中不单独计算。

清单工程量计算见表 1-36。

表 1-36　清单工程量计算表

序号	项目编码	项目名称	项目特征描述	计量单位	工程量
1	040101001001	挖一般土方	三类土	m^3	1975.00
2	040103001001	回填方	密实度 95%	m^3	1670.00

项目编码：040103001　　项目名称：缺方内运

项目编码:040103002　　项目名称:余方弃置

【例 30】 某市修建一条二级公路,公路挖方 1500m³(其中松土 350m³、普通土 600m³、硬土 550m³),填方数量为 1100m³。本公路挖方可利用方量为 900m³(松土 200m³、普通土 500m³、硬土 200m³),远运利用方量为普通土 250m³(天然方),试计算土石方工程量。

【解】 (1)定额工程量:

查表 1-37 可知,二级公路松土天然密实方的换算系数为 1.23,普通土为 1.16,硬土为 1.09。

表 1-37　天然密实方换算系数

土类 / 公路等级	土方				石方
	松土	普通土	硬土	运输	
二级及以上等级公路	1.23	1.16	1.09	1.19	0.92
三四级公路	1.11	1.05	1.00	1.08	0.84

1)本桩利用方(压实方):$\frac{200}{1.23}+\frac{500}{1.16}+\frac{200}{1.09}=777.12\text{m}^3$

2)远运利用方(压实方):$\frac{250}{1.16}=215.52\text{m}^3$

3)借方(压实方):$1100-777.12-215.52=107.36\text{m}^3$

4)弃方(自然方):$1500-900=600\text{m}^3$

说明:根据定额规定,土方挖方按天然密实体积计算,填方按压(夯)实后的体积计算;石方爆破按天然密实体积计算。当工程量为填方压实体积,选用以天然密实方为计算单位的定额时,所采用的定额工程量应乘以换算系数,见表 1-37。

(2)清单工程量:

清单工程量计算见表 1-38。

表 1-38　清单工程量计算表

序号	项目编码	项目名称	项目特征描述	计量单位	工程量
1	040103001001	缺方内运	借方	m³	107.36
2	040103002001	余方弃置	弃方	m³	600

项目编码:040103001　　项目名称:缺方内运

【例 31】 某沟槽开挖,挖方 1000m³(天然密实度体积),填方量为 900m³(夯实后体积),挖方全部用于填方,试计算其工程量。

【解】 (1)定额工程量:

查表 1-1 可知,1m³ 天然密实方换算 0.87m³ 压实方。

1)本桩利用方(压实方):$1000\times0.87=870\text{m}^3$。

2)借方:$900-870=30\text{m}^3$。

3)弃方:$870-900=-30\text{m}^3$。

(2)清单工程量:

清单工程量计算见表 1-39。

表 1-39　清单工程量计算表

序号	项目编码	项目名称	项目特征描述	计量单位	工程量
1	040103001001	缺方内运	借方	m³	30

第二章　道 路 工 程

第一节　道路工程定额项目划分

《全国统一市政工程预算定额》第二册“道路工程”中包含:路床(槽)整形道路基层、道路面层、人行道侧缘石及其他,共350个子目,此定额适用于城镇基础设施中的新建和扩建工程,项目划分如图2-1所示。

(1)路床(槽)整形具体的项目划分如图2-2所示。

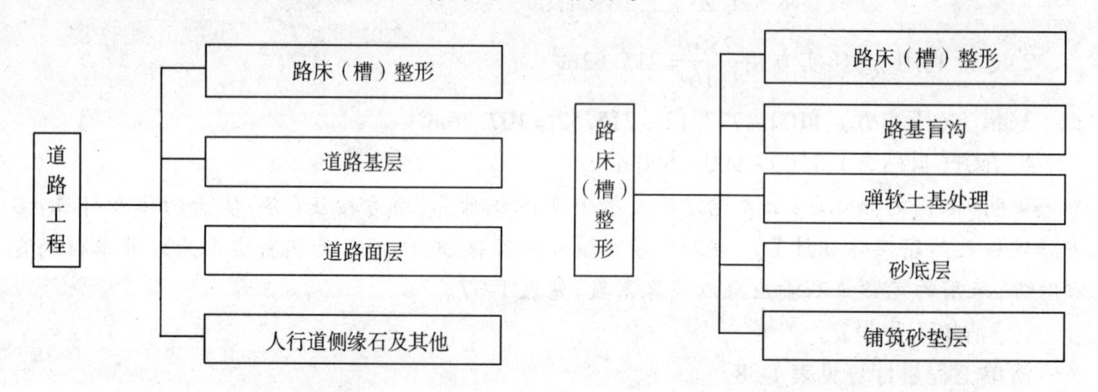

图2-1　道路工程项目划分　　图2-2　路床(槽)整形项目划分

(2)道路基层具体的项目划分如图2-3所示。

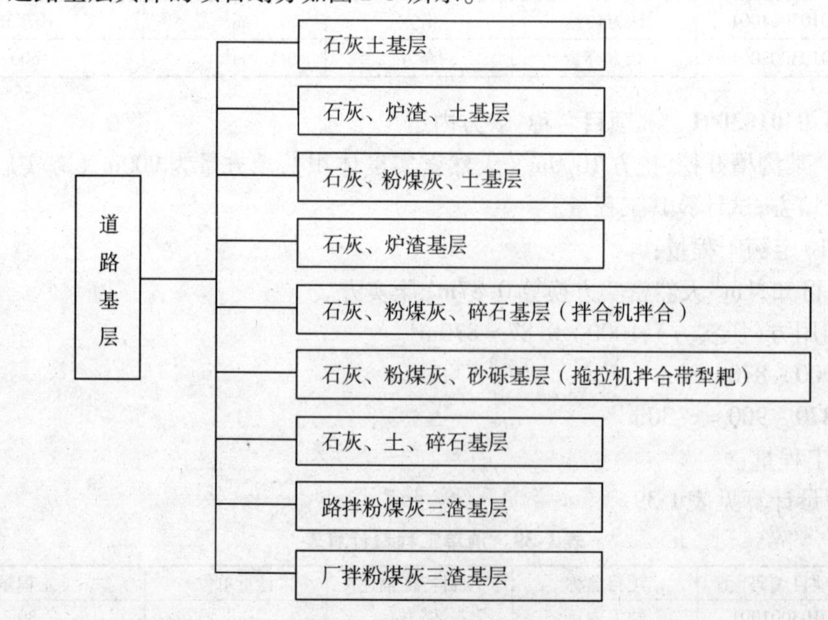

图2-3　道路基层项目划分

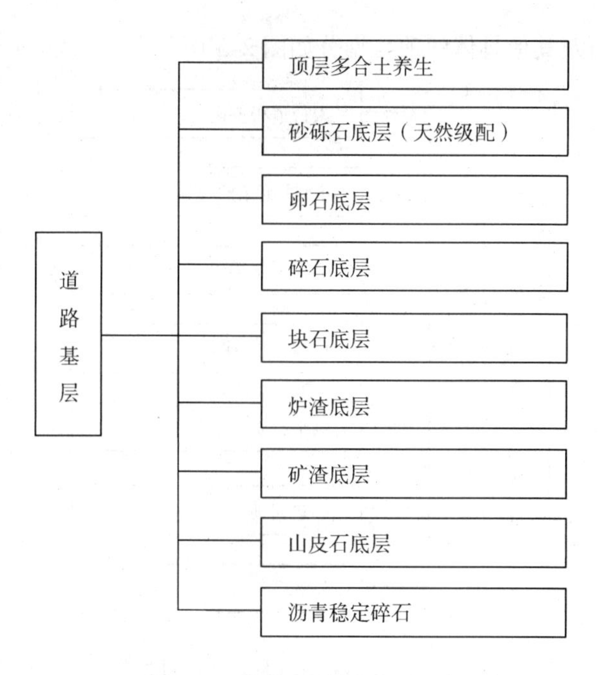

图 2-3　道路基层项目划分(续)

(3)道路面层具体的项目划分如图 2-4 所示。

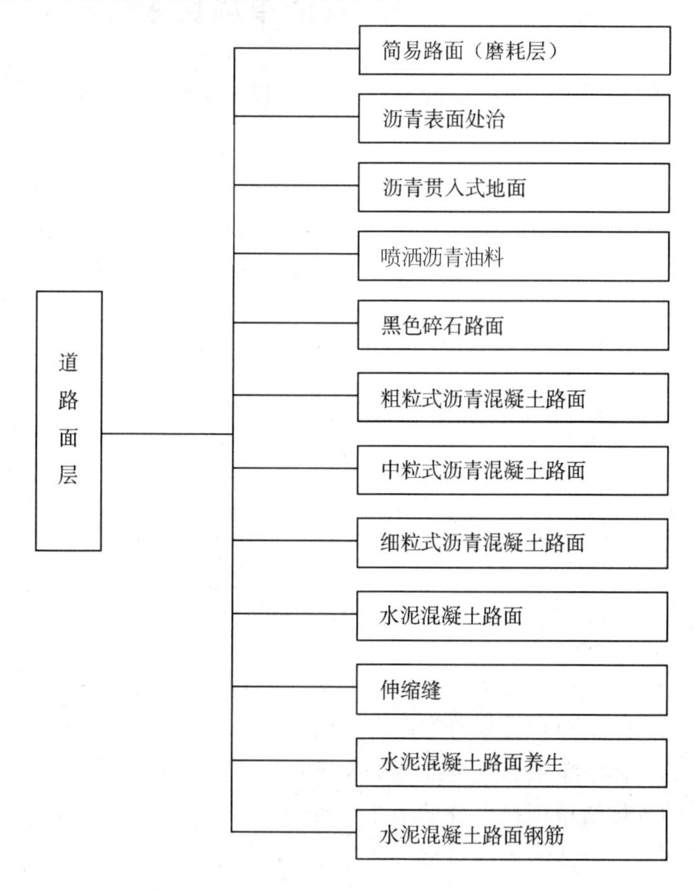

图 2-4　道路面层项目划分

(4)人行道侧缘石及其他具体的项目划分如图 2-5 所示。

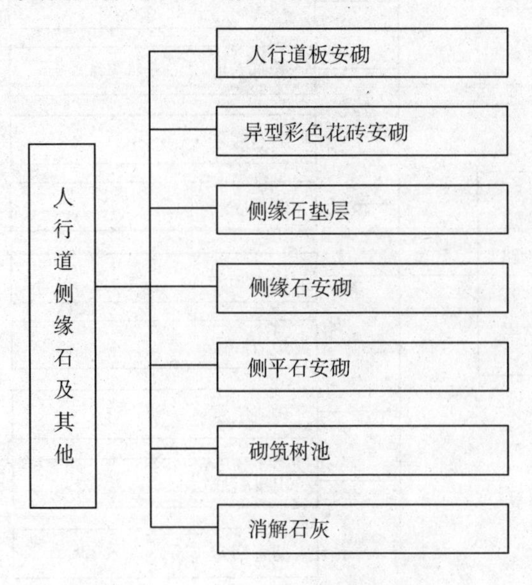

图 2-5　人行道侧缘石及其他项目划分

第二节　道路工程清单项目划分

道路工程在《市政工程工程量计算规范》(GB 50857—2013)中的项目可划分为五大类,具体如图 2-6 所示。

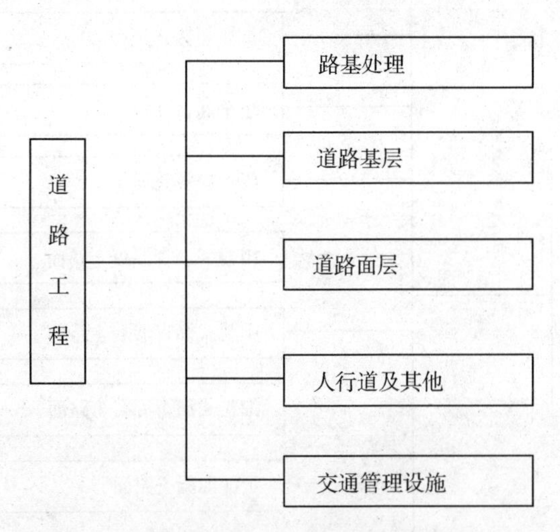

图 2-6　道路工程清单项目划分

(1)路基处理的具体清单项目划分如图 2-7 所示。

(2)道路基层的具体清单项目划分如图 2-8 所示。

(3)道路面层的具体清单项目划分如图 2-9 所示。

(4)人行道及其他的具体清单项目划分如图 2-10 所示。

(5)交通管理设施的具体清单项目划分如图 2-11 所示。

图 2-7　路基处理清单项目划分

图 2-8　道路基层清单项目划分

图 2-9　道路面层清单项目划分

图 2-10　人行道及其他清单项目划分

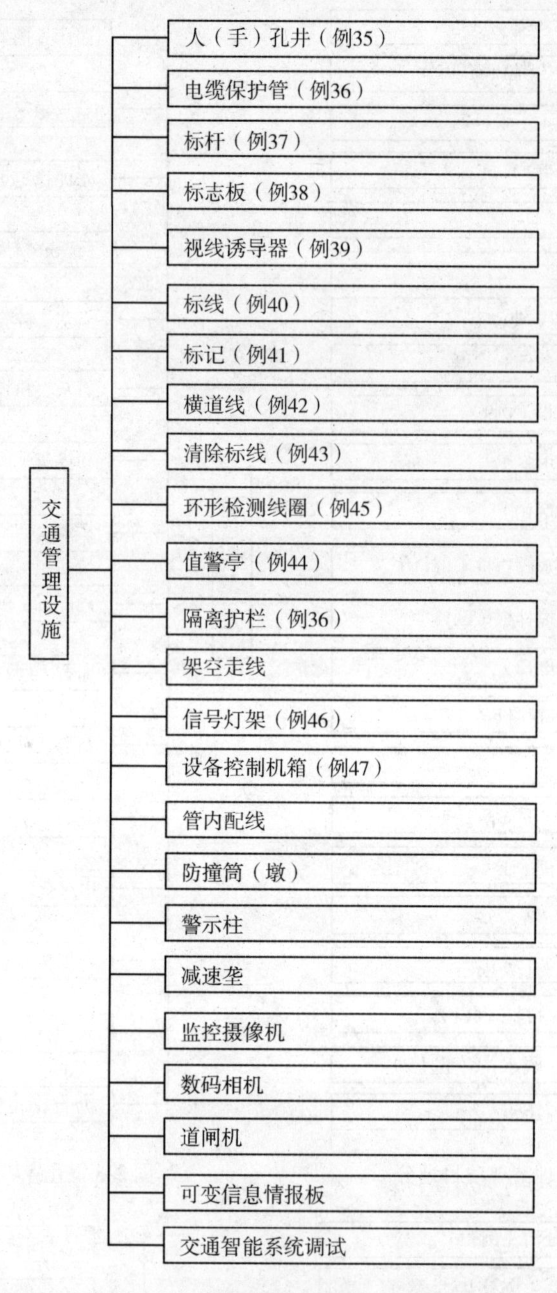

图 2-11　交通管理设施清单项目划分

第三节　道路工程定额与清单工程量计算规则对照

一、道路工程定额工程量计算规则

1. 道路工程路床(槽)碾压宽度计算应按设计车行道宽度另计两侧加宽值,加宽值的宽度由各省、自治区、直辖市自行确定。两侧加宽利于路基的压实。

2. 道路工程路基应按设计车行道宽度另计两侧加宽值,加宽值的宽度由各省、自治区、直辖市自行确定。

3. 道路工程石灰土、多合土养生面积按设计基层、顶层的面积计算。

4. 道路基层计算不扣除各种井位所占的面积。

5. 道路工程的侧缘(平)石、树池等项目以延米计算,包括各转弯处的弧形长度。

6. 水泥混凝土路面以平口为准,如设计为企口时,其用工量按本定额相应项目乘以系数1.01。木材摊销量按本定额相应项目摊销量乘以系数1.051。

7. 道路工程沥青混凝土、水泥混凝土及其他类型路面工程量以设计长乘以设计宽计算(包括转弯面积),不扣除各类井所占面积。

8. 伸缩缝以面积为计量单位,此面积为缝的断面积,即设计宽×设计厚。

9. 道路面层按设计图所示面积(带平石的面层应扣除平石面积)以“平方米”计算。

10. 人行道板、异型彩色花砖安砌面积按实铺面积计算。

二、道路工程清单工程量计算规则

1. 强夯土方。按设计图示尺寸以面积计算。

2. 掺石灰、掺干土、掺石、抛石挤淤。按设计图示尺寸以体积计算。

3. 袋装砂井、塑料排水板、石灰砂桩、碎石桩、喷粉桩、深层搅拌桩。按设计图示以长度计算。

4. 土工布。按设计图示尺寸以面积计算。

5. 排水沟、截水沟、盲沟。按设计图示以长度计算。

6. 道路基层。按设计图示尺寸以面积计算,不扣除各种井所占面积。

7. 道路面层。按设计图示尺寸以面积计算,不扣除各种井所占面积。

8. 人行道块料铺设、现浇混凝土人行道及进口坡。按设计图示尺寸以面积计算,不扣除各种井所占面积。

9. 安砌侧(平、缘)石、现浇侧(平、缘)石。按设计图示中心线长度计算。

10. 检查井升降。按设计图示路面标高与原有的检查井发生正负高差的检查井的数量计算。

11. 树池砌筑。按设计图示数量计算。

12. 接线工作井、标杆、标志板、视线诱导器。按设计图示数量计算。

13. 电缆保护管、环形检测线安装、隔离护栏安装。按设计图示以长度计算。

14. 标记、交通信号灯安装、值警亭安装、立电杆、信号机箱、信号灯架。按设计图示数量计算。

15. 横道线、清除标线。按设计图示尺寸以面积计算。

16. 信号灯架空走线、管内穿线、标线。按设计图示以长度计算。

说明:道路工程厚度均应以压实后为准。

第四节 道路工程经典实例导读

项目编码:040202001　　项目名称:路床(槽)整形

【例1】 如图2-12所示,计算整理路床工程量(沥青路面长500m)。

【方法】 (1)道路工程路床(槽)碾压宽度应按设计道路底层宽度加宽值计算,加宽值无明确规定时按底层两侧各加25cm计算,人行道碾压加宽按一侧加宽值计算。

(2)路床(槽)整形项目的内容,包括平均厚10cm以内的人工挖高填低平整路床,并用重型压路机碾压密实,路床碾压检验(一般叫整车行道路基,指平侧石基础面积和道路基层面积之和),人行道整形碾压(一般叫整人行道路基)。

(3)整理土路肩、绿化带套用平整场地子目,一般套人工平整场地。

(4)在道路土方工程完成后均计算一次整理路床工程量面积:

道路基层面积+平侧石+人行道铺装面积,车行道宽度包括平石宽,人行道宽度包括侧石宽。

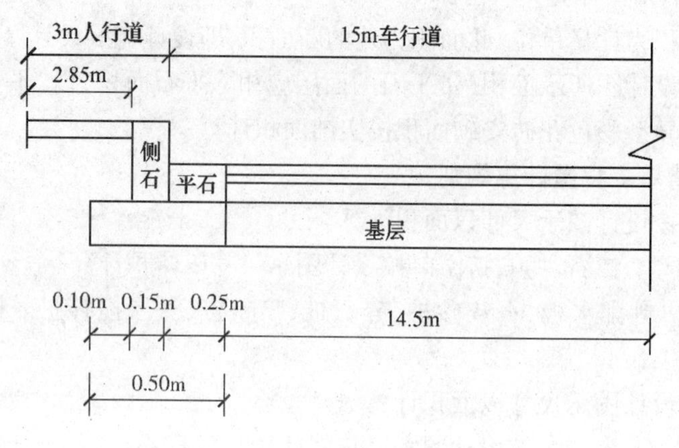

图2-12 某公路平面示意图

【解】 (1)定额工程量 $=14.5\times500+0.5\times2\times500+2.85\times2\times500$

$=7250+500+2850=10600\text{m}^2$

(2)清单工程量:

清单工程量计算见表2-1。

表2-1 清单工程量计算表

序号	项目编码	项目名称	项目特征描述	计量单位	工程量
1	040202001001	路床(槽)整形	路床整理	m^2	10600

项目编码:040201002　　项目名称:强夯地基

【例2】 某道路全长690m,路面宽度为21m,由于该段土质比较疏松,为保证路基的稳定性,对路基进行处理,强夯土方以达到规定的压实度,路肩宽度为1m,路基加宽值为30cm,试计算强夯土方的工程量。

【解】 (1)定额工程量:

强夯土方面积:$690\times(21+1\times2+2\times0.3)=16284\text{m}^2$

(2)清单工程量:

强夯土方面积:$690\times21=14490\text{m}^2$

清单工程量计算见表2-2。

表2-2 清单工程量计算表

项目编码	项目名称	项目特征描述	计量单位	工程量
040201002001	强夯地基	土方压实度达到规定的压实值	m^2	14490.00

项目编码:040201004　　项目名称:掺石灰

【例 3】 某道路 K0 + 230 ~ K0 + 810 之间为混凝土路面，路面宽度为 12m，路肩为 1m，道路横断面图如图 2-13 所示，由于土质较湿软，对其掺入石灰以保证路基稳定性，增加道路的使用年限，试计算掺石灰工程量。

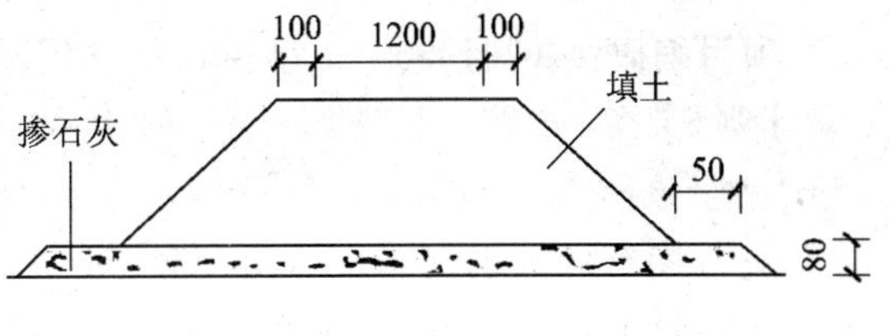

图 2-13 路堤断面图 （单位：cm）

【解】 (1)定额工程量：

掺入石灰的体积 $= (810-230) \times (12+1\times 2+2a) \times 0.8 = (6496+928a)\mathrm{m}^3$

说明：a 为路基一侧加宽值。

(2)清单工程量：

掺入石灰的体积 $= (810-230) \times 12 \times 0.8 = 5568\mathrm{m}^3$

清单工程量计算见表 2-3。

表 2-3 清单工程量计算表

项目编码	项目名称	项目特征描述	计量单位	工程量
040201004001	掺石灰	路基掺石灰，含灰量 10%	m^3	5568.00

项目编码：040201005 项目名称：掺干土

【例 4】 某段道路 K0 + 120 ~ K0 + 870 段为水泥混凝土路面，路面宽 15m，两侧路肩各宽 1m，路堤断面图如图 2-14 所示。由于该段道路的土质为湿软的黏土，影响了路基的稳定性，故在该土中掺入干土，以增加路基的稳定性，延长道路的使用年限，试计算掺干土(密实度为 90%)的工程量。

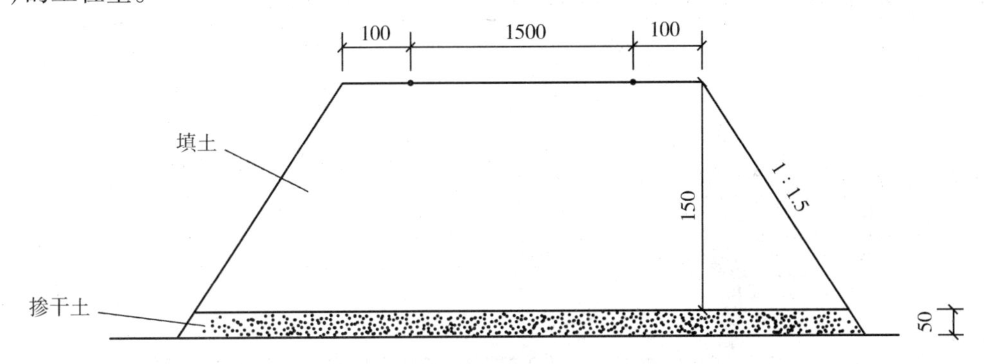

图 2-14 路堤断面图 （单位：cm）

【解】 (1)定额工程量：

路基掺入干土的体积：$(870-120) \times (15+1\times 2+1.5\times 1.5\times 2+0.5\times 1.5+2a) \times 0.5$

$= (8343.75+750a)\mathrm{m}^3$

说明：a 为路基一侧加宽值。

(2)清单工程量：

路基掺入干土的体积：$(870-120) \times (15+1\times 2+1.5\times 1.5\times 2+0.5\times 1.5) \times 0.5$

$= 8343.75\mathrm{m}^3$

清单工程量计算见表 2-4。

表 2-4 清单工程量计算表

项目编码	项目名称	项目特征描述	计量单位	工程量
040201005001	掺干土	干土密实度 90%	m^3	8343.75

项目编码:040201006　　项目名称:掺石

【例 5】 某道路全长 940m,路面宽度为 15m,由于该路段比较湿软,地基不太稳定,对其进行掺石处理确保路基压实,路堤断面图如图 2-15 所示,试求掺石工程量。

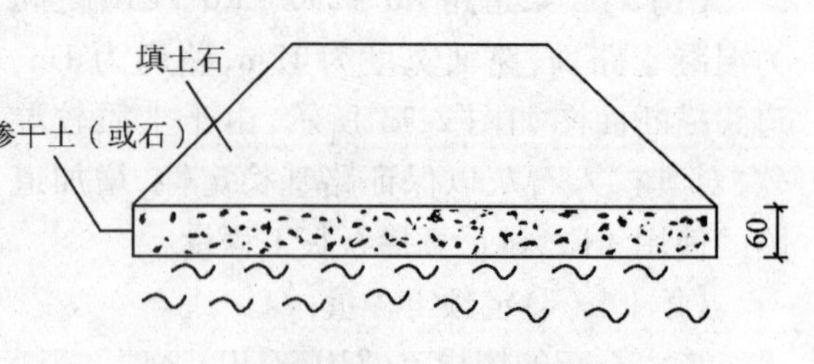

图 2-15　路堤断面图　(单位:cm)

【解】 (1)定额工程量:

掺石工程量: $940 \times (15 + 2a) \times 0.6$

$= (8460 + 1128a)\text{m}^3$

说明:a 为路基一侧加宽值。

(2)清单工程量:

掺石工程量: $940 \times 15 \times 0.6 = 8460\text{m}^3$

清单工程量计算表 2-5。

表 2-5　清单工程量计算表

项目编码	项目名称	项目特征描述	计量单位	工程量
040201006001	掺石	路基掺石,掺石率 90%	m^3	8460.00

项目编码:040201007　　项目名称:抛石挤淤

【例 6】 某段道路在 K0 + 320 ~ K0 + 960 之间为排水困难的洼地,且软弱层土易于流动,厚度又较薄,表层也无硬壳,因而采用在基底抛投不小于 30cm 的片石对路基进行加固处理,抛石挤淤断面图如图 2-16 所示,路面宽度为 15m,试求抛石挤淤工程量。

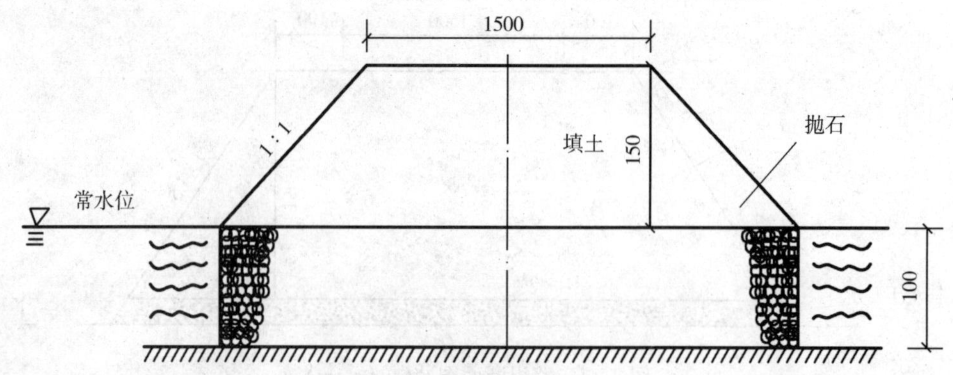

图 2-16　抛石挤淤断面图　(单位:cm)

【解】 (1)定额工程量:

抛石工程量: $(960 - 320) \times (15 + 1.5 \times 1 \times 2 + 2a) \times 1$

$= (11520 + 1280a)\text{m}^3$

说明:a 为路基一侧加宽值。

(2)清单工程量:

抛石工程量 $= (960 - 320) \times (15 + 1 \times 1.5 \times 2) \times 1 = 11520\text{m}^3$

清单工程量计算见表 2-6。

表 2-6　清单工程量计算表

项目编码	项目名称	项目特征描述	计量单位	工程量
040201007001	抛石挤淤	片石	m^3	11520.00

项目编码:040201007　　项目名称:抛石

【例 7】 有一抛石工程,如图 2-17 所示,采用片石填冲刷坑,坑深2.8m,宽 16m,试计算抛石工程量。

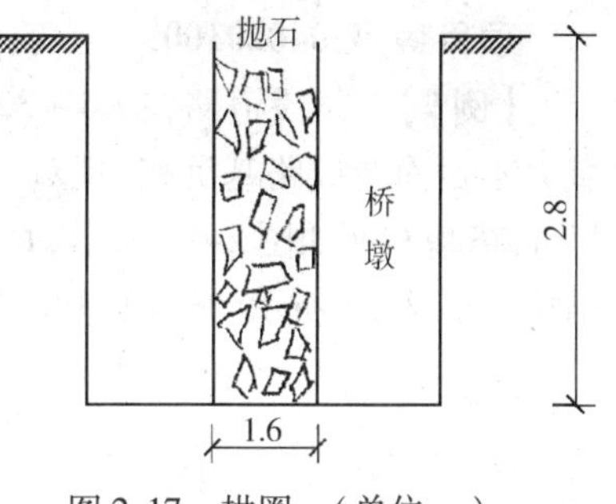

图 2-17　拱圈　(单位:m)

【解】 (1)定额工程量:

$V = 1.6 \times 1.6 \times 2.8 = 7.17\text{m}^3$

(2)清单工程量:

清单工程量计算同定额工程量。

清单工程量计算见表 2-7。

表 2-7　清单工程量计算表

项目编码	项目名称	项目特征描述	计量单位	工程量
040201007001	抛石	采用片石填冲刷坑,坑深 2.8m,宽 1.6m	m^3	7.17

说明:该工程坑是按方形计算,抛石工程是在软土地基中采用的,其填石料尽可能重些,以免被水流冲走。

项目编码:040201008　　项目名称:袋装砂井

【例 8】 某条道路 K0 +090 ~ K0 +160 路段泥沼厚度超过 5m,且填土高度超过天然地基承载力,并且工期比较紧迫,对路基进行排水砂井处理,前后间距为 5m。该路段路面宽度为 8m,路肩宽度为 1m,填土高度为 3m,道路横断面图如图 2-18 所示,试求排水砂井的工程量。

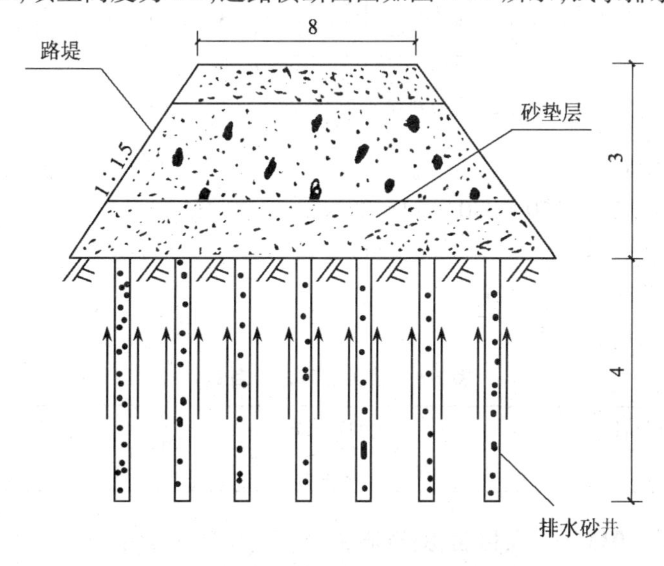

图 2-18　道路横断面示意图　(单位:m)

【解】 (1)定额工程量:

砂井的长度:$[(160-90)/5+1] \times 7 \times 4 = 420.00\text{m}$

(2)清单工程量:

清单工程量计算同定额工程量。

清单工程量计算见表 2-8。

表 2-8　清单工程量计算表

项目编码	项目名称	项目特征描述	计量单位	工程量
040201008001	袋装砂井	路基排水砂井,前后间距为 5m	m	420.00

项目编码:040201009　　项目名称:塑料排水板

【例9】 某段道路在 K0 + 320 ~ K0 + 550 之间的路基为湿软的土质,为了防止路基因承载力不足而造成路基沉陷,现对该段路基进行处理,采用安装塑料排水板的方法,路面宽度为15m,路基断面如图2-19 所示,每个断面铺两层塑料排水板,每块板宽为5m,板长20m,塑料板结构如图2-20 所示,试计算塑料排水板的工程量。

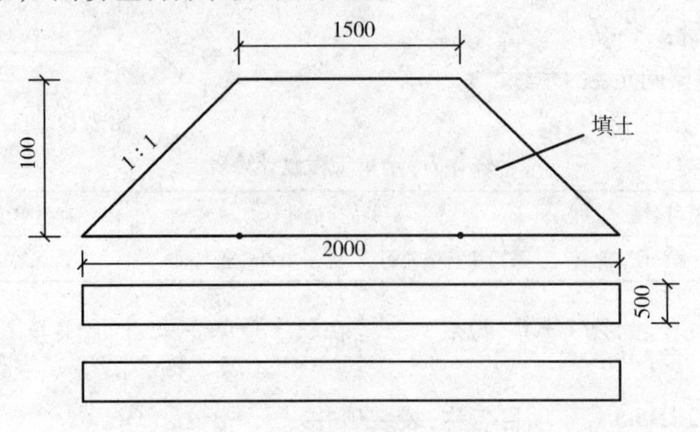

图2-19　路堤断面图　(单位:cm)

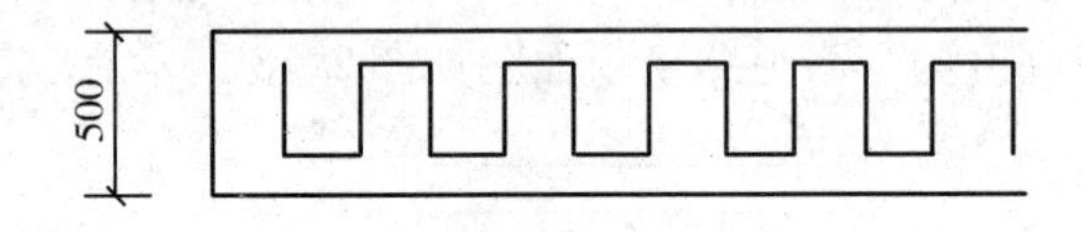

图2-20　塑料排水板结构图　(单位:cm)

【解】 (1)定额工程量:

塑料排水板工程量:[(550 − 320)/5] × 20 × 2 = 1840.00m

(2)清单工程量:

清单工程量计算同定额工程量。

清单工程量计算见表2-9。

表2-9　清单工程量计算表

项目编码	项目名称	项目特征描述	计量单位	工程量
040201009001	排水板	塑料排水板,板宽5m,板长20m	m	1840.00

项目编码:040201011　　项目名称:砂石桩

【例10】 道路某段由于土基较湿、较软,容易沉陷,需要对其进行处理,现对其打入石灰砂桩,每个砂桩直径为20cm,桩长2m,桩间距为20cm,该路段长为330m,路面宽度为11m,路肩宽度为1m,砂桩示意图如图2-21 所示,试求石灰砂桩的工程量。

【解】 (1)定额工程量:

石灰砂桩个数:$[(11+1\times2+2a)/0.2+1]\times[(330/0.2)+1]$

$=(108966+18161a)$个

每个砂桩的体积:$2\pi(0.2/2)^2\approx0.06\text{m}^3$

石灰砂桩的体积:$(108966+18161a)\times0.06\approx(6537.96+1089.66a)\text{m}^3$

说明:a 为路基一侧加宽值。

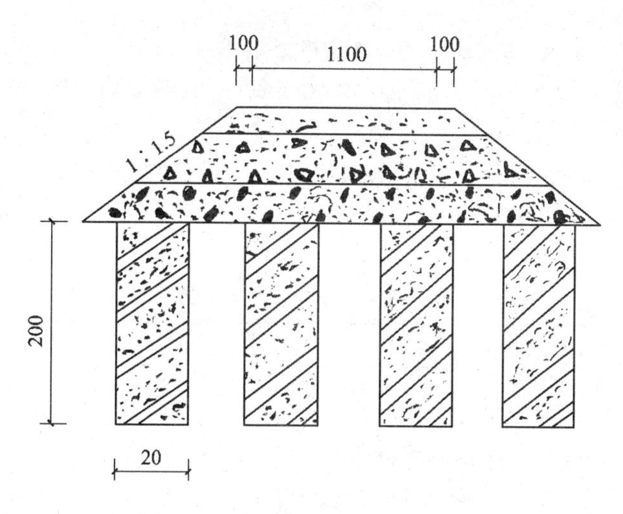

图 2-21　路堤断面图　（单位:cm）

(2)清单工程量:

石灰砂桩个数:[(11+1×2)/0.2+1]×[(330/0.2)+1]≈108966 个

石灰砂桩的长度:108966×2=217932m

清单工程量计算见表 2-10。

表 2-10　清单工程量计算表

项目编码	项目名称	项目特征描述	计量单位	工程量
040201011001	砂石桩	桩径为 20cm;桩长 2m;桩间距 20cm	m	217932.00

项目编码:040201012　　项目名称:水泥粉煤灰碎石桩

【例 11】 某路段长为 250m,路面宽为 15m,两侧路肩各宽 1m,经现场取样分析,该段路的路基土质湿软,结构不稳定,承载力低,故采用在土中打入碎石桩的方法对路基进行处理,且桩长与宽均为 50cm,桩高为 1.5m,各个桩间距(轴线间距)为 2m,路基断面如图 2-22 所示,试求碎石桩的工程量。

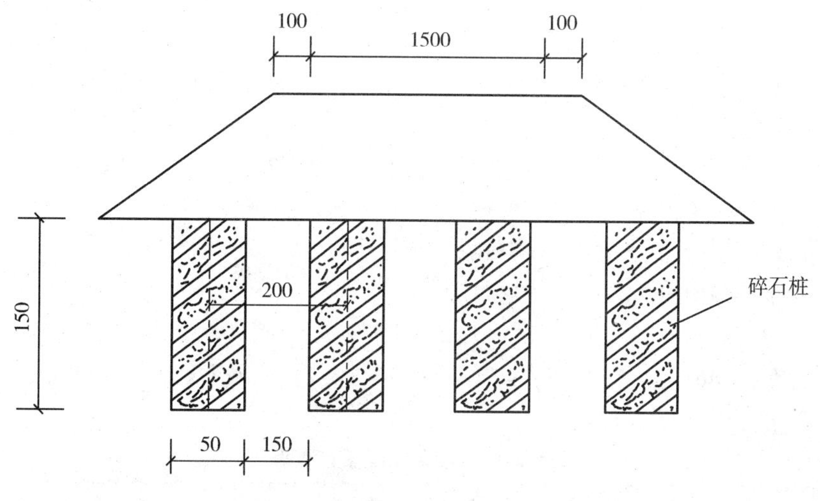

图 2-22　路基断面示意图　（单位:cm）

【解】 (1)定额工程量:

碎石桩的个数:$(250/2+1)\times[(15+1\times2+2a)/2+1]\approx(1197+126a)$个

碎石桩的长度：$(1197+126a)\times1.5=(1795.5+189a)$m

则碎石桩的体积：$(1795.5+189a)\times0.5\times0.5=(448.88+47.25a)$m^3

(2)清单工程量：

碎石桩的个数：$(250/2+1)\times[(15+1\times2)/2+1]\approx1197$ 个

碎石桩的长度：$1197\times1.5=1795.50$m

清单工程量计算见表2-11。

表2-11 清单工程量计算表

项目编码	项目名称	项目特征描述	计量单位	工程量
040201012001	水泥粉煤灰碎石桩	桩长与宽均为50cm，桩高为1.5m	m	1795.50

项目编码：040201014　　项目名称：粉喷桩

【例12】 某道路全长为1460m，路面宽度为12m，两侧路肩宽各为1m，路基加宽值为30cm，由于路基湿软进行喷粉桩对路基进行处理，其中路堤断面图、喷粉桩示意图分别如图2-23、图2-24所示，试计算喷粉桩的工程量。

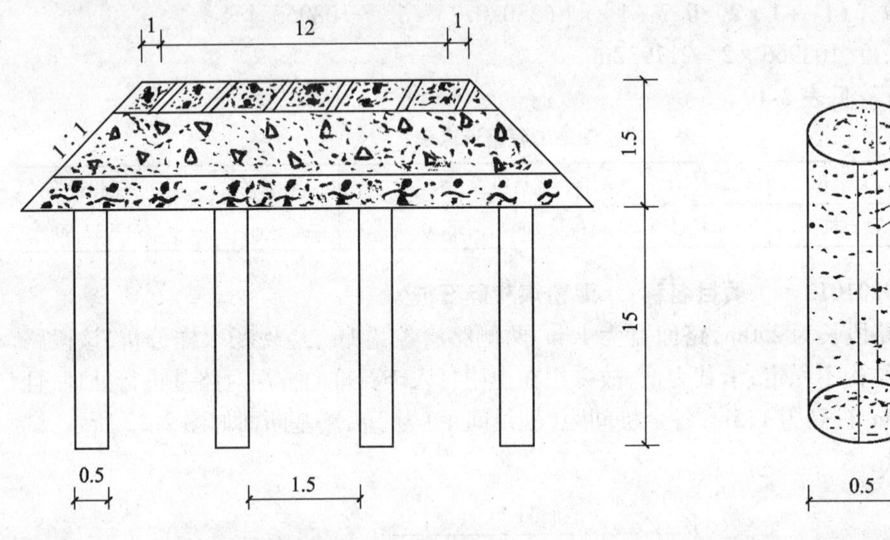

图2-23　路堤断面图　（单位：m）　　图2-24　喷粉桩示意图　（单位：m）

【解】 (1)定额工程量：

喷粉桩长度：$[1460/(1.5+0.5)+1]\times[(12+1\times2+2\times0.3)/2+1]\times15$

$=91010$m

喷粉桩的截面积：$\pi(0.5/2)^2=0.196$m^2

喷粉桩的体积：$91010\times0.196=17837.96$m^3

(2)清单工程量：

喷粉桩长度：$[1460/(1.5+0.5)+1]\times[(12+1\times2)/2+1]\times15=87720$m

清单工程量计算见表2-12。

表2-12 清单工程量计算表

项目编码	项目名称	项目特征描述	计量单位	工程量
040201014001	粉喷桩	桩径0.5m，桩长15m	m	87720.00

项目编码：040201013　　项目名称：深层水泥搅拌桩

【例 13】 某道路 K0 + 140 ~ K0 + 260 段为水泥混凝土结构路面，路面宽度为 14m，路肩宽度为 1.5m，填土高度为 2.5m。由于该路段比较潮湿，土质较差，为了保证路基的稳定性，对其进行深层搅拌桩处理，前后桩间距为 6m，桩径为 80cm，道路横断面图如图 2-25 所示，试求深层搅拌桩的工程量。

【解】 (1)定额工程量：

搅拌桩长度：$[(260-140)/(6+0.8)+1]\times 2\times 5=187.00\text{m}$

搅拌桩体积：$\pi\times 0.4^2\times 187=94\text{m}^3$

(2)清单工程量：

搅拌桩长度：$[(260-140)/(6+0.8)+1]\times 5\times 2=187.00\text{m}$

清单工程量计算见表 2-13。

表 2-13 清单工程量计算表

项目编码	项目名称	项目特征描述	计量单位	工程量
040201013001	深层搅拌桩	深层搅桩前后桩间距为 6m，桩径为 80cm	m	187.00

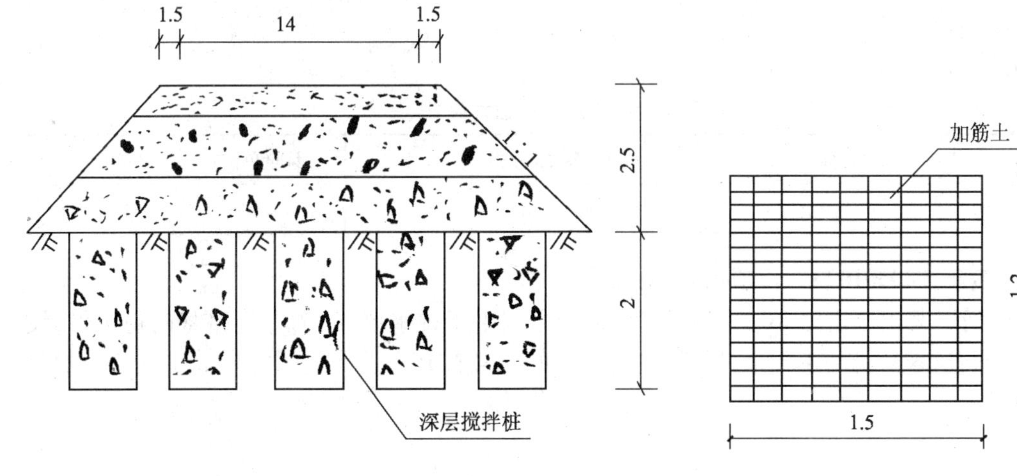

图 2-25 道路横断面图 （单位：m） 图 2-26 土工布平面图 （单位：m）

项目编码：040201021 项目名称：土工合成材料

【例 14】 某条道路路面为混凝土路面，全长为 1700m，其路面宽度为 12m，两侧路肩宽度各为 1.5m，K0 + 500 ~ K0 + 550 为软土地基，为了保证路基的压实度以及满足道路的设计使用年限，需对软土地基用土工布进行处理，土工布紧密布置，土工布的厚度为 20cm，土工布的平面图如图 2-26 所示，试求土工布的工程量。

【解】 (1)定额工程量：

土工布的个数：$[(550-500)\times(12+1.5\times 2+2a)/(1.5\times 1.2)+1]$

$=(418+56a)$个

土工布的面积：$(418+56a)\times 1.5\times 1.2=(752.4+100.8a)\text{m}^2$

土工布的体积：$(752.4+100.8a)\times 0.2=(150.48+20.16a)\text{m}^3$

说明：a 为路基一侧加宽值。

(2)清单工程量：

土工布的个数：$[(550-500)\times(12+1.5\times 2)/(1.5\times 1.2)+1]=418$ 个

土工布工程量在清单中不单独计算。

清单工程量计算见表2-14。

表2-14　清单工程量计算表

项目编码	项目名称	项目特征描述	计量单位	工程量
040201021	土工布	加筋土土工布1.5×1.2m	m^2	752.40

项目编码:040201022　　项目名称:排水沟、截水沟

【例15】　山区某道路全长410m,由于山坡上水流量较大,影响路基稳定,一边设置边沟,以便及时排除流向路基的雨水,道路横断面图如图2-27所示,试求边沟的工程量。

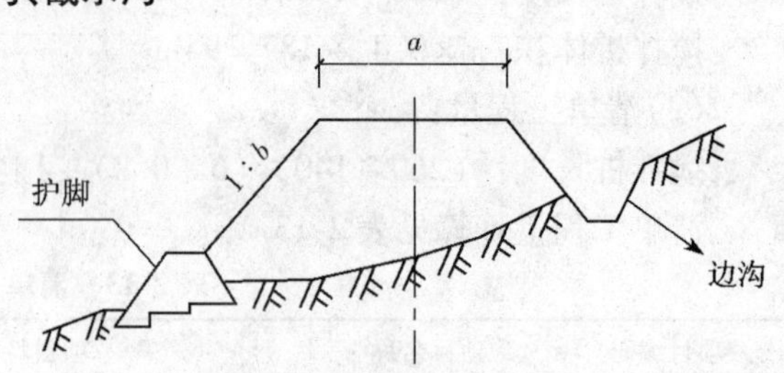

图2-27　道路横断面示意图

【解】　(1)定额工程量:

边沟长度:410m

(2)清单工程量:

清单工程量计算同定额工程量。

清单工程量计算见表2-15。

表2-15　清单工程量计算表

项目编码	项目名称	项目特征描述	计量单位	工程量
040201022001	排水沟、截水沟	排水边沟	m	410.00

项目编码:040201023　　项目名称:盲沟

【例16】　某山区道路K0+130～K0+290之间由于排水困难,为保证路基的稳定性,设置盲沟排水,试求盲沟的工程量,道路横断面图如图2-28所示。

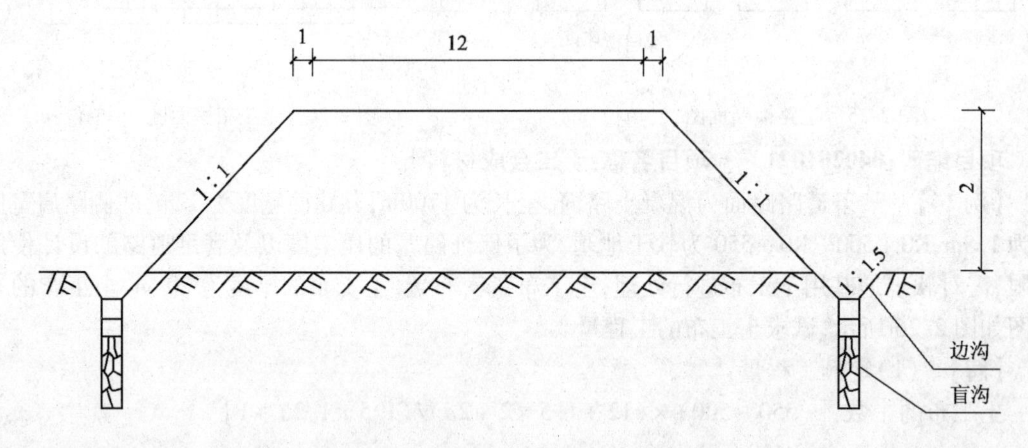

图2-28　道路横断面示意图　(单位:m)

【解】　(1)定额工程量:

盲沟长度:(290－130)×2＝320.00m

(2)清单工程量:

清单工程量计算同定额工程量。

清单工程量计算见表2-16。

表 2-16　清单工程量计算表

项目编码	项目名称	项目特征描述	计量单位	工程量
040201023001	盲沟	碎石盲沟	m	320.00

项目编码:040201020　　项目名称:褥垫层

项目编码:040202003　　项目名称:水泥稳定土

项目编码:040203007　　项目名称:水泥混凝土

项目编码:040202004　　项目名称:石灰、粉煤灰土

项目编码:040204002　　项目名称:人行道块料铺设

【例 17】 某市道路工程 K0 +000 ~ K0 +170 路段,如图 2-29、图 2-30 所示,路总宽为 22m,其中车行道单向宽为 8m,人行道单向宽为 3m。车行道基层为 15cm 厚石粉垫层、20cm 厚 6% 水泥稳定层,面层为 22cm 厚 C35 混凝土;人行道基层为 6cm 厚石粉层,面层镶贴 300mm ×300mm(对角) ×60mm 六角形人行阶砖。在新旧路面间及 K0 +036 处设有胀缝。路面采用粗糙防滑面,表面拉毛。试计算道路工程的清单工程量。

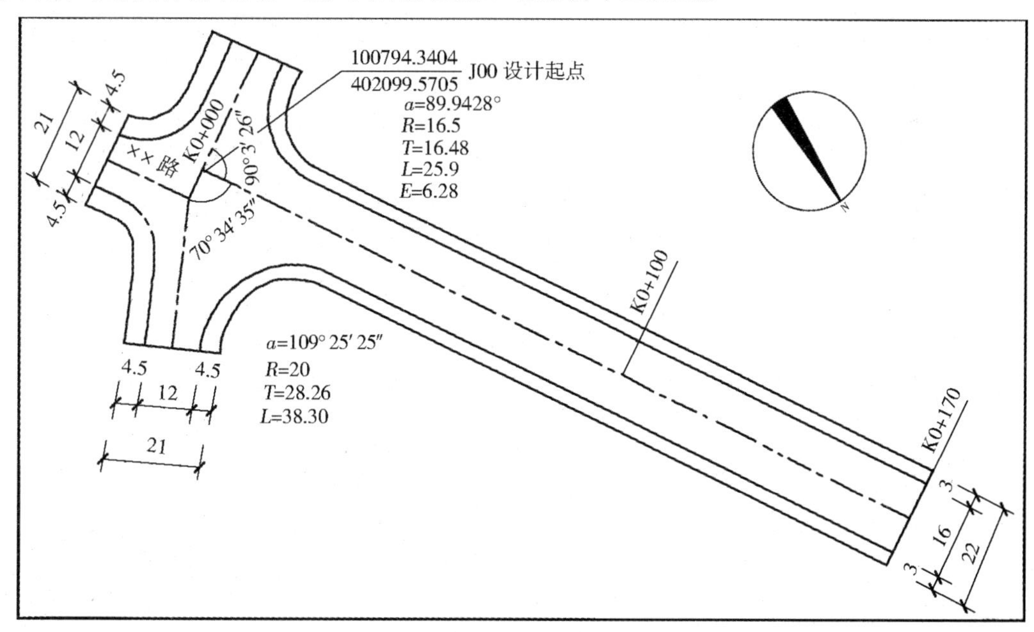

图 2-29　某道路平面图(单位:m)

【解】 (1)石粉垫层 15cm 厚

$S_1 = (170-6) \times [16 + (0.15+0.1+0.25) \times 2] = 2788.00\text{m}^2$

(2)6% 水泥稳定层 20cm 厚

$S_2 = (170-6) \times 16 = 2624.00\text{m}^2$

(3)22cm 厚 C35 混凝土面层

$S_3 = (170-6) \times 16 = 2624.00\text{m}^2$

(4)人行道基层 6cm 厚石粉层及 300mm ×300mm(对角) ×60mm 六角形块料铺设

$S_4 = (170-6-16.48) \times (3-0.15-0.1) \times 2 = 811.36\text{m}^2$

清单工程量计算见表 2-17。

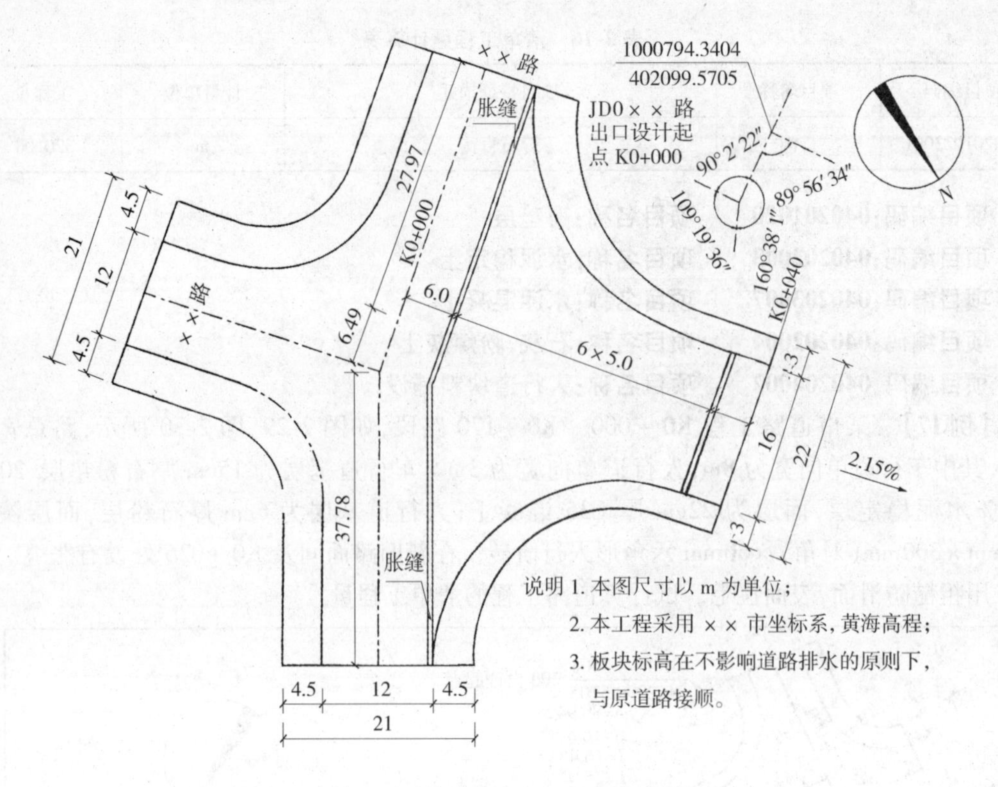

图 2-30　某道路交叉口竖向设计图

表 2-17　清单工程量计算表

序号	项目编码	项目名称	项目特征描述	计量单位	工程量
1	040201020001	褥垫层	石粉，厚 15cm	m^2	2788.00
2	040202003001	水泥稳定土	6%，厚 20cm	m^2	2624.00
3	040203007001	水泥混凝土	C35，厚 22cm	m^2	2624.00
4	040202004001	石灰、粉煤灰土	厚 6cm	m^2	811.36
5	040204002001	人行道块料铺设	尺寸：300mm × 300mm（对角）× 60mm 六角形	m^2	811.36

项目编码:040202002　　项目名称:石灰稳定土

项目编码:040203006　　项目名称:沥青混凝土

【例 18】 上海市某道路工程路面结构为两层石油沥青混凝土路面，路面结构设计如图 2-31 所示。路段里程 K4+100 ~ K4+800，路面宽度 15m，基层宽度 15.5m，石灰土基层的灰剂量为 10%。面层分两层：上层为 LH-15 细粒式沥青混凝土，下层为 LH-20 中粒式沥青混凝土。计算该路面工程的清单工程量。

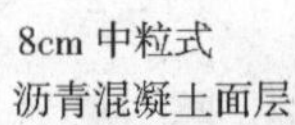

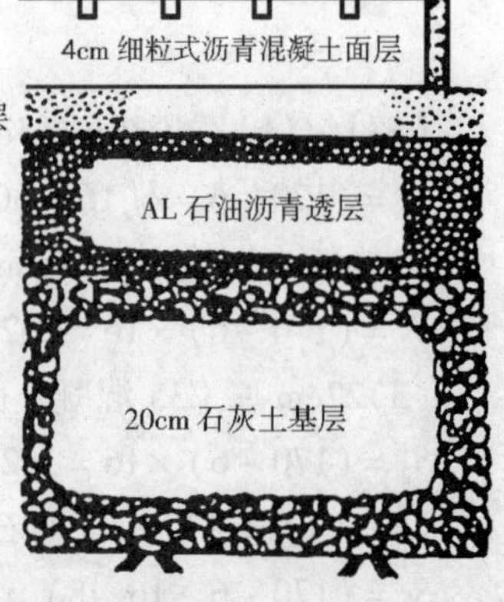

图 2-31　沥青路面结构

【解】（1）10%石灰稳定土基层

$700 \times 15.5 = 10850.00m^2$

（2）LH-20 中粒式沥青混凝土面层

$700 \times 15 = 10500.00m^2$

(3)LH－15 细粒式沥青混凝土

$700 \times 15 = 10500.00m^2$

清单工程量计算见表2-18。

表2-18　清单工程量计算表

序号	项目编码	项目名称	项目特征描述	计量单位	工程量
1	040202002001	石灰稳定土	灰剂量10%	m^2	10850.00
2	040203006001	沥青混凝土	LH－20 中粒式	m^2	10500.00
3	040203006002	沥青混凝土	LH－15 细粒式	m^2	10500.00

【例19】　图2-32所提供资料，计算该道路工程的路面面层定额工程量。

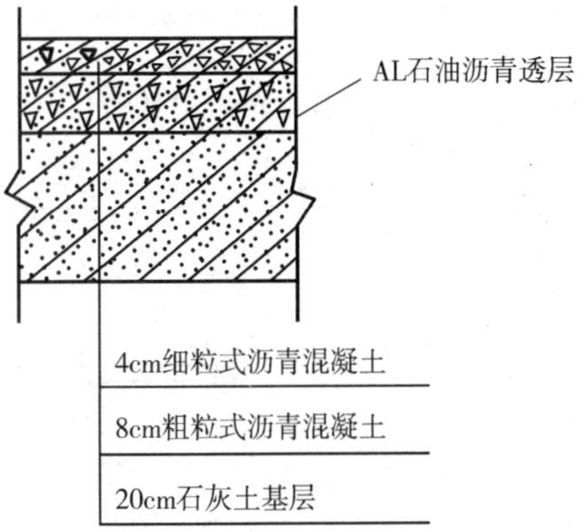

AL石油沥青透层

4cm细粒式沥青混凝土

8cm粗粒式沥青混凝土

20cm石灰土基层

图2-32　道路结构层

【解】　该路面分上下两层，上层4cm细粒式沥青混凝土应包括混合料的拌制、运输及摊铺碾压，下层8cm粗粒式沥青混凝土除包括混合料的拌制、运输及摊铺碾压外，还应将AL石油沥青透层施工项目考虑在内。

沥青混合料以体积计，喷洒沥青以面积计。

摊铺4cm细粒式沥青混凝土：

$700 \times 12 \times 0.04 = 336m^3$

运输、拌制4cm细粒式沥青混凝土：

$700 \times 12 \times 0.04 \times 1.04 = 349.44m^3$

摊铺8cm粗粒式沥青混凝土：

$700 \times 12 \times 0.08 = 672m^3$

运输、拌制8cm粗粒式沥青混凝土：

$700 \times 12 \times 0.08 \times 1.04 = 698.88m^3$

喷洒石油沥青透层：$700 \times 12 = 8400m^2$

熬制沥青：$8400 \times 0.104 \times 0.01 = 8.736t$

说明：本例中的沥青混凝土混合料的拌制、运输工程量应是施工工程量，可以计入加工、运输、操作损耗量，这些合理损耗已经在《市政综合定额》中考虑，反映的是社会平均水平。实际工程分析计算时，应根据具体工程的施工条件，施工单位采取的节约措施等因素综合考虑确定。

项目编码：040202003　　项目名称：水泥稳定土

项目编码：040202011　　项目名称：碎石

项目编码：040203006　　项目名称：沥青混凝土

项目编码：040204004　　项目名称：安砌侧（平、缘）石

项目编码：040305001　　项目名称：垫层

项目编码：040204002　　项目名称：人行道块料铺设

【例20】　某道路工程，路段里程为K0＋050～K1＋550，车行道宽度为10m，两边的人行道各宽3m，路面结构如图2-33所示，土方工程已完成。车行道路面两侧铺砌预制混凝土立缘石。人行道铺设混凝土彩色方砖，人行道两侧安砌花岗岩立缘石，试计算道路工程的清单工程量。

【解】　(1)5%水泥稳定土15cm：　　$1500 \times 10 = 15000m^2$

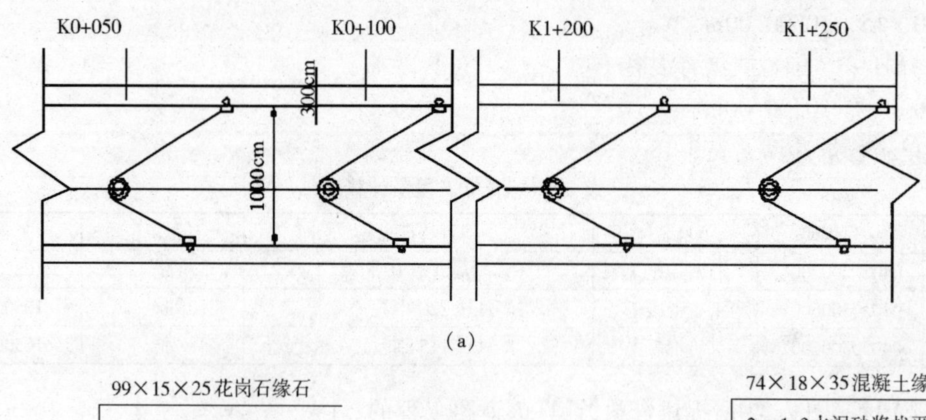

(a)

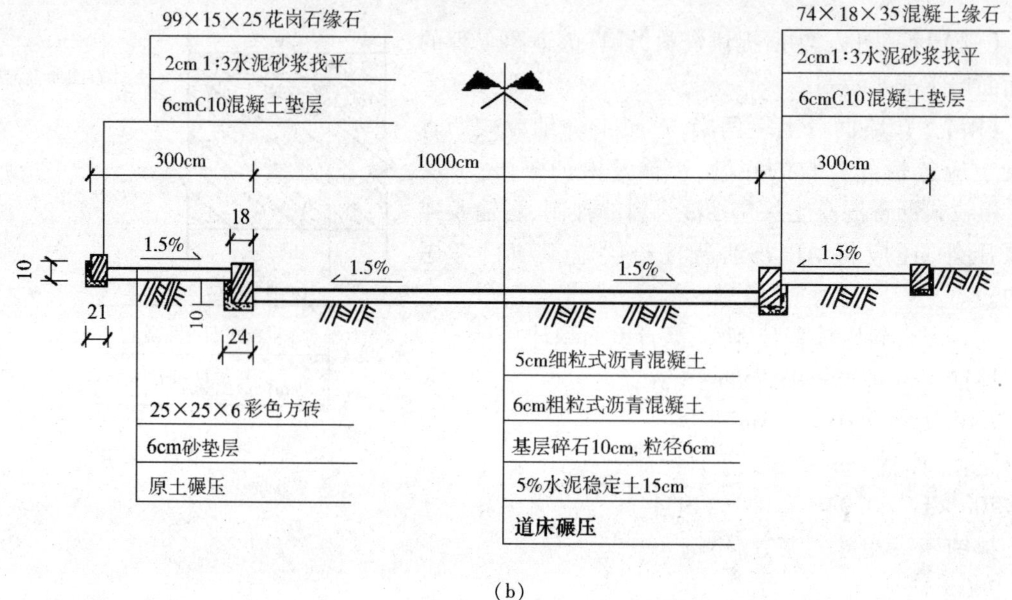

(b)

图 2-33 道路示意图

(a)平面图;(b)剖面图

(2)基层碎石 10cm,粒径 6cm: $1500\times10=15000m^2$

(3)粗粒式沥青混凝土 6cm: $1500\times10=15000m^2$

(4)细粒式沥青混凝土 5cm: $1500\times10=15000m^2$

(5)花岗岩立缘石 99cm×15cm×25cm: $1500\times2=3000m$

(6)混凝土立缘石 74cm×18cm×35cm: $1500\times2=3000m$

(7)人行道混凝土彩色方砖 25mm×25mm×6mm:

1500×[3－0.15(花岗岩边石宽)－0.18(混凝土边石宽)]×2＝$8010m^2$

(8)道路基层、水泥混凝土、基层碎石、道路面层、粗粒式沥青混凝土、细粒式沥青混凝土均为 $1500\times10=15000m^2$

(9)人行道铺彩色方砖:混凝土方砖 25cm×25cm×6cm、砂垫层 6cm(整形碾压、垫层、基础铺筑、块料铺设)

$1500\times(3-0.15-0.18)\times2=8010m^2$

(10)安砌边石:矩形花岗岩立缘石 99cm×15cm×25cm、C20 混凝土垫层 6cm(垫层、基础铺筑、侧平缘石安砌)1500×2＝3000m

(11)安砌边石：矩形预制混凝土立缘石 74cm×18cm×35cm、C20 混凝土垫层 6cm(垫层铺筑、混凝土浇筑、养护)1500×2=3000m

清单工程量计算见表 2-19。

表 2-19 清单工程量计算表

序号	项目编码	项目名称	项目特征描述	计量单位	工程量
1	040202003001	水泥稳定土	5%，厚 15cm	m^2	15000.00
2	040202011001	碎石	厚 10cm，粒径 6cm	m^2	15000.00
3	040203006001	沥青混凝土	粗粒式，厚 6cm	m^2	15000.00
4	040203006002	沥青混凝土	细粒式，厚 5cm	m^2	15000.00
5	040204004001	安砌侧(平、缘)石	花岗岩，99cm×15cm×25cm	m	3000.00
6	040204004002	安砌侧(平、缘)石	混凝土，74cm×18cm×35cm	m	3000.00
7	040305001001	垫层	砂垫层，厚 6cm	m^2	8010.00
8	040305001002	垫层	C20 混凝土垫层，厚 6cm	m^2	6000.00
9	040204002001	人行道块料铺设	混凝土彩色方砖 25mm×25mm×6mm	m^2	8010.00

项目编码：040202004　　项目名称：石灰、粉煤灰、土

【例 21】 某道路工程人工拌和混合料基层为：石灰、粉煤灰、土设计配比为 10:40:55；压实厚度为 16cm，请计算石灰、粉煤灰、土的消耗量。

【解】 当石灰、粉煤灰、土的干密度、压实密度和损耗率系数等数据不掌握时，利用定额进行换算。

换算公式：$C_l = C_d \times L_i / L_d$

查定额：2－129 石灰、粉煤灰、土 12:35:53 厚度 15cm

石灰用量 2.65t；粉煤灰用量 10.32m^3，黄土用量 10.30m^3

2－131 石灰、粉煤灰每增减 1cm，石灰用量 0.18t；粉煤灰用量 0.69m^3，黄土用量 0.69m^3

(1)15cm 厚度换算材料用量

石灰用量：$C_d \times L_i / L_d = 2.65 \times 10/12 = 2.21t$

粉煤灰用量：$10.32 \times 40/35 = 11.79m^3$

黄土用量：$10.32 \times 55/53 = 10.71m^3$

(2)每减少 1cm 厚度换算材料

石灰用量：$2.21t/15cm = 0.15t/cm$

粉煤灰用量：$11.79m^3/15cm = 0.79m^3/cm$

黄土用量：$10.71m^3/15cm = 0.71m^3/cm$

材料数量换算后代入消耗量定额 2－129，2－131 中，取代原配比中的材料数量。

项目编码：040204003　　项目名称：安砌侧(平、缘)石

项目编码：040202004　　项目名称：石灰、粉煤灰、土

项目编码：040202014　　项目名称：粉煤灰三渣

项目编码：040202003　　项目名称：水泥稳定土

项目编码：040305001　　项目名称：垫层

项目编码：040202002　　项目名称：石灰稳定土

项目编码：040204002　　项目名称：人行道块料铺设

【例22】 某条城市道路 K0 + 000 ~ K0 + 670 段路面为水泥混凝土路面，路面宽度为21.4m，其中人行道各宽3m，行车道宽为15m，在两个快车道中央设有一条伸缩缝，在慢车道与人行道之间设有缘石，如图2-34 ~ 图2-37所示，试求道路工程量。

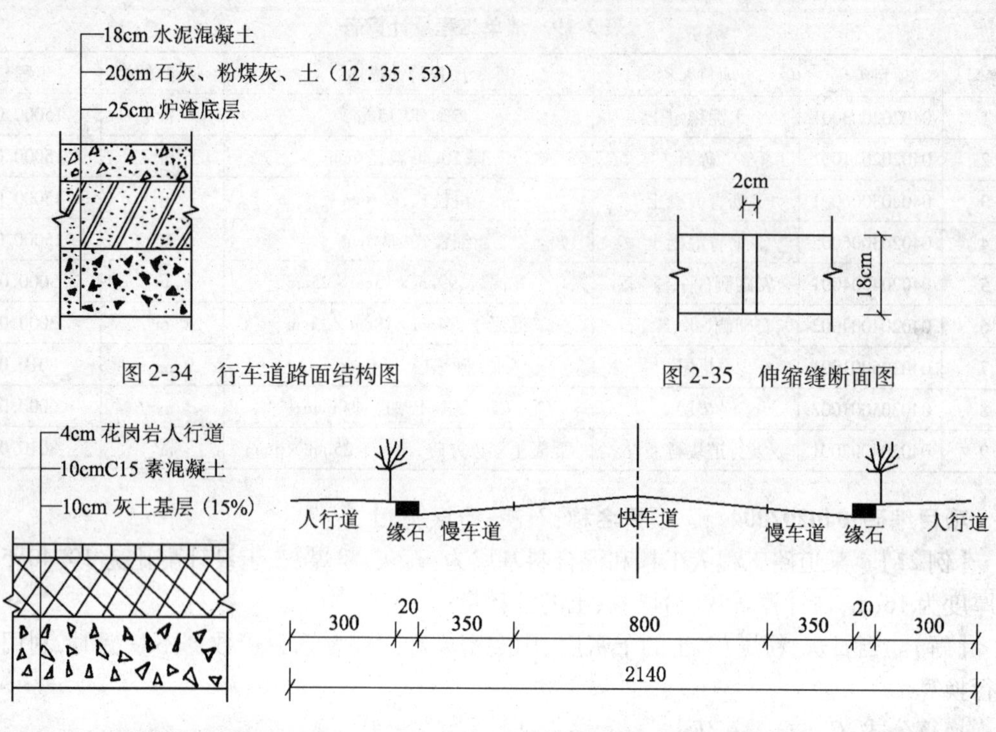

图2-34 行车道路面结构图

图2-35 伸缩缝断面图

图2-36 人行道路面结构图

图2-37 道路横断面图 （单位：cm）

【解】 (1)定额工程量：

炉渣底层面积：$670 \times 15 = 10050.00\text{m}^2$

石灰、粉煤灰、土基层(12∶35∶53)面积：$670 \times 15 = 10050.00\text{m}^2$

水泥混凝土面层面积：$670 \times 15 = 10050.00\text{m}^2$

灰土基层(15%)面积：$2 \times 670 \times (3 + a) = (4020 + 1340a)\text{m}^2$

素混凝土面积：$(3 + a) \times 2 \times 670 = (4020 + 1340a)\text{m}^2$

素混凝土体积：$(3 + a) \times 2 \times 0.1 \times 670 = (4020 + 1340a)\text{m}^3$

花岗岩人行道面积：$3 \times 2 \times 670 = 4020.00\text{m}^2$

伸缩缝面积：$670 \times 0.02 = 13.40\text{m}^2$

缘石长度：$670 \times 2 = 1340.00\text{m}$

说明：a 为路基一侧加宽值。

(2)清单工程量：

炉渣底层面积：$670 \times 15 = 10050.00\text{m}^2$

石灰、粉煤灰、土基层(12∶35∶53)面积：$670 \times 15 = 10050.00\text{m}^2$

水泥混凝土面层面积：$670 \times 15 = 10050.00\text{m}^2$

灰土基层(15%)面积：$3 \times 2 \times 670 = 4020.00\text{m}^2$

素混凝土面积：$3 \times 2 \times 670 = 4020.00\text{m}^2$

素混凝土体积：$3 \times 2 \times 670 \times 0.1 = 402.00\text{m}^3$

花岗岩人行道面积:$3\times2\times670=4020.00\text{m}^2$

伸缩缝面积:$670\times0.02=13.40\text{m}^2$

缘石长度:$670\times2=1340.00\text{m}$

清单工程量计算见表 2-20。

表 2-20 清单工程量计算表

序号	项目编码	项目名称	项目特征描述	计量单位	工程量
1	040305001001	垫层	10cm 厚 C15 素混凝土	m^2	4020.00
2	040202014001	粉煤灰三渣	25cm 厚炉渣底层	m^2	10050.00
3	040202004001	石灰、粉煤灰、土	20cm 厚石灰、粉煤灰、土基层(12:35:53)	m^2	10050.00
4	040202002001	石灰稳定土	10cm 厚灰土基层,含灰量 15%	m^2	4020.00
5	040204002001	人行道块料铺设	4cm 厚花岗岩人行道铺设板	m^2	4020.00
6	040202003001	水泥稳定土	18cm 厚水泥混凝土面层	m^2	10050.00
7	040202003002	水泥稳定土	伸缩缝缝宽 2cm	m^2	13.40
8	040204004001	安砌侧(平、缘)石	C20 混凝土缘石安砌	m	1340.00

项目编码:040202005　　项目名称:石灰、碎石、土

项目编码:040202003　　项目名称:水泥稳定土

项目编码:040204004　　项目名称:安砌侧(平、缘)石

【例 23】 某道路为改建工程,原路面面层为黑色碎石。由于年代已久,表面出现裂缝,现对其采取翻挖后用水泥混凝土作为面层。处理时在全线范围内铺玻璃纤维格栅,其上铺 20cm 厚石灰土碎石,然后用 15cm 厚水泥混凝土加封。该道路长 100m,宽 12m,改建后路幅宽度不变,道路结构如图 2-38 所示,试求路基、路面、路缘石、玻璃纤维格栅的工程量。

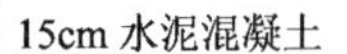

图 2-38 路面结构图

【解】 (1)定额工程量:

石灰、土、碎石底基层(10:60:30)面积:

$100\times(12+2a)=(1200+200a)\text{m}^2$

水泥混凝土面层面积:$100\times12=1200\text{m}^2$

路缘石长度:$100\times2=200\text{m}$

玻璃纤维格栅面积:$100\times12=1200\text{m}^2$

说明:a 为路基一侧加宽值。

(2)清单工程量:

石灰、土、碎石底基层(10:60:30)面积:$100\times12=1200.00\text{m}^2$

水泥混凝土面层面积:$100\times12=1200.00\text{m}^2$

路缘石长度:$100\times2=200.00\text{m}$

玻璃纤维格栅面积:$100\times12=1200.00\text{m}^2$

清单工程量计算见表 2-21。

表 2-21　清单工程量计算表

序号	项目编码	项目名称	项目特征描述	计量单位	工程量
1	040202005001	石灰、碎石、土	20cm 厚石灰、土、碎石(10∶60∶30)	m^2	1200.00
2	040202003001	水泥稳定土	15cm 厚水泥混凝土面层	m^2	1200.00
3	040204004001	安砌侧(平、缘)石	混凝土缘石安砌	m	200.00

项目编码:040201006　　项目名称:掺石

项目编码:040202006　　项目名称:石灰、粉煤灰、碎(砾)石

项目编码:040202012　　项目名称:块石

项目编码:040203005　　项目名称:黑色碎石

【例 24】　某山区道路为黑色碎石路面,全长为1300m,路面宽度为12m,路肩宽度为1m,道路结构如图2-39所示。由于该路段路基处于湿软工作状态,为了保证路基的稳定性以及道路的使用年限,对路基进行掺石处理,计算道路工程量。

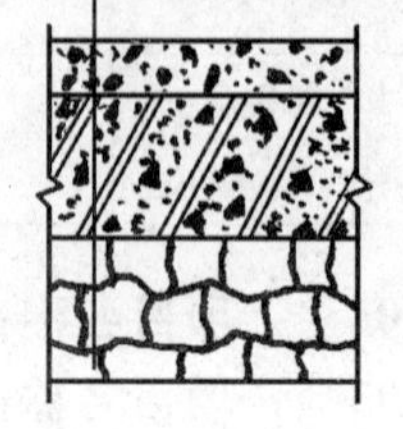

图 2-39　道路结构图

【解】　(1)定额工程量:

块石底层面积:$1300\times(12+1\times2+2a)$

$=(18200+2600a)\text{m}^2$

块石底层掺石体积:$1300\times(12+1\times2+2a)\times0.2$

$=(3640+520a)\text{m}^3$

石灰、粉煤灰、碎石基层(10∶20∶70)面积:$1300\times(12+1\times2+2a)=(18200+2600a)\text{m}^2$

黑色碎石面层面积:$1300\times12=15600.00\text{m}^2$

说明:a 为路基一侧加宽值。

(2)清单工程量:

块石底层掺石体积:

$1300\times12\times0.2=3120.00\text{m}^3$

石灰、粉煤灰、碎石基层(10∶20∶70)面积:

$1300\times12=15600.00\text{m}^2$

黑色碎石面层面积:$1300\times12=15600.00\text{m}^2$

块石底层面积:$1300\times12=15600.00\text{m}^2$

清单工程量计算见表 2-22。

表 2-22　清单工程量计算表

序号	项目编码	项目名称	项目特征描述	计量单位	工程量
1	040201006001	掺石	路基掺石	m^3	3120.00
2	040202006001	石灰、粉煤灰、碎(砾)石	20cm 厚石灰、粉煤灰、碎石基层(10∶20∶70)	m^2	15600.00
3	040202012001	块石	20cm 厚块石底层	m^2	15600.00
4	040203005001	黑色碎石	10cm 厚黑色碎石面层,石料最大粒径 40mm	m^2	15600.00

项目编码:040202007　　项目名称:粉煤灰

项目编码:040305001　　项目名称:垫层

【例 25】 某城市四号道路全长 740m,路面宽度为 14.0m,路面结构为沥青混凝土路面,路肩宽度为 1m,道路结构图如图 2-40 所示,试求基层工程量。

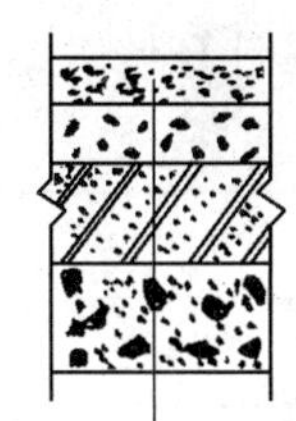

图 2-40　道路结构图

【解】 (1)定额工程量:

路拌粉煤灰基层面积:

$740 \times (14 + 1 \times 2 + 2a) = (11840 + 1480a)\text{m}^2$

山皮石底层面积:

$740 \times (14 + 1 \times 2 + 2a) = (11840 + 1480a)\text{m}^2$

说明:a 为路基一侧加宽值。

(2)清单工程量:

路拌粉煤灰基层面积:$740 \times 14.0 = 10360\text{m}^2$

山皮石底层面积:$740 \times 14.0 = 10360\text{m}^2$

清单工程量计算见表 2-23。

表 2-23　清单工程量计算表

序号	项目编码	项目名称	项目特征描述	计量单位	工程量
1	040202007001	粉煤灰	15cm 厚路拌粉煤灰基层	m^2	10360.00
2	040305001001	垫层	20cm 厚山皮石底基层	m^2	10360.00

项目编码:040202009　　项目名称:砂砾石

【例 26】 某城市道路 K0 + 170 ~ K0 + 630 之间用砂砾石做底基层,面层采用沥青贯入式,路面宽度为 15m,路基加宽值为 22cm,道路结构图如图 2-41 所示,试求砂砾石基层的工程量。

【解】 (1)定额工程量:

砂砾石基层的面积:$(630 - 170) \times (15 + 2 \times 0.22) = 7102.4\text{m}^2$

(2)清单工程量:

砂砾石基层的面积:$(630 - 170) \times 15 = 6900\text{m}^2$

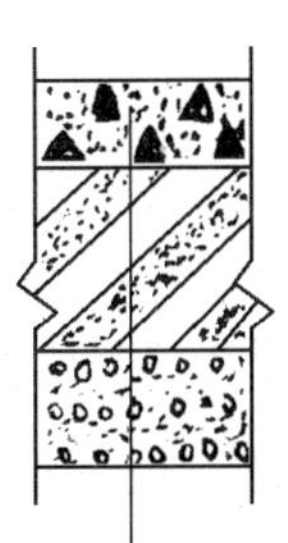

图 2-41　道路结构图

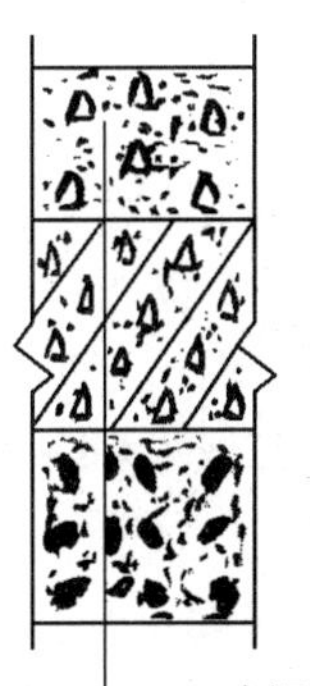

图 2-42　道路结构图

清单工程量计算见表 2-24。

表 2-24　清单工程量计算表

项目编码	项目名称	项目特征描述	计量单位	工程量
040202009001	砂砾石	15cm 厚砂砾石底层	m^2	6900.00

项目编码:040202010　　项目名称:卵石

【例 27】　某道路 K0 + 190 ~ K0 + 510 之间由于卵石材料比较丰富,采用卵石作为底基层,路面为水泥混凝土路面,道路结构图如图 2-42 所示,路面宽度为 23m,路肩宽度为 1m,路基加宽 30cm,试求卵石底基层的工程量。

【解】　(1)定额工程量:

卵石基层的面积:$(510-190)\times(23+1\times2+2\times0.3)=8192m^2$

(2)清单工程量:

卵石基层的面积:$(510-190)\times23=7360m^2$

清单工程量计算见表 2-25。

表 2-25　清单工程量计算表

项目编码	项目名称	项目特征描述	计量单位	工程量
040202010001	卵石	20cm 厚卵石底层	m^2	7360.00

项目编码:040203007　　项目名称:水泥混凝土

项目编码:040202014　　项目名称:粉煤灰三渣

项目编码:040305001　　项目名称:垫层

项目编码:040204002　　项目名称:人行道块料铺设

项目编码:040204004　　项目名称:安砌侧(平、缘)石

【例 28】　某公路平面图及构造图如图 2-43 所示,试计算路面的清单工程量。

【解】　路面工程量

平直段:$200\times18=3600m^2$

支路:$12\times(10+4)\times3=504m^2$

交叉口:$0.2146\times4^2\times6=20.6m^2$

道路面积:$3600+21+504=4125m^2$

侧石长度:$200\times2-(4+12+4)\times3+1.5\times2\times3.14\times4+10\times6$

$=438m$

人行道面积:$200\times4\times2-12\times4\times3-0.2146\times4^2\times6-438\times0.15+10\times2\times3\times4$

$=1610m^2$

混凝土面三渣基层:$4125+438\times0.25=4235m^2$

总三渣基层 $=4235\times0.3+1610\times0.15=1512m^3$

混凝土路面厚 24cm $=4125\times0.24=990m^3$

砂浆垫层 $=0.15\times0.02\times438+1610\times0.02=33.5m^3$

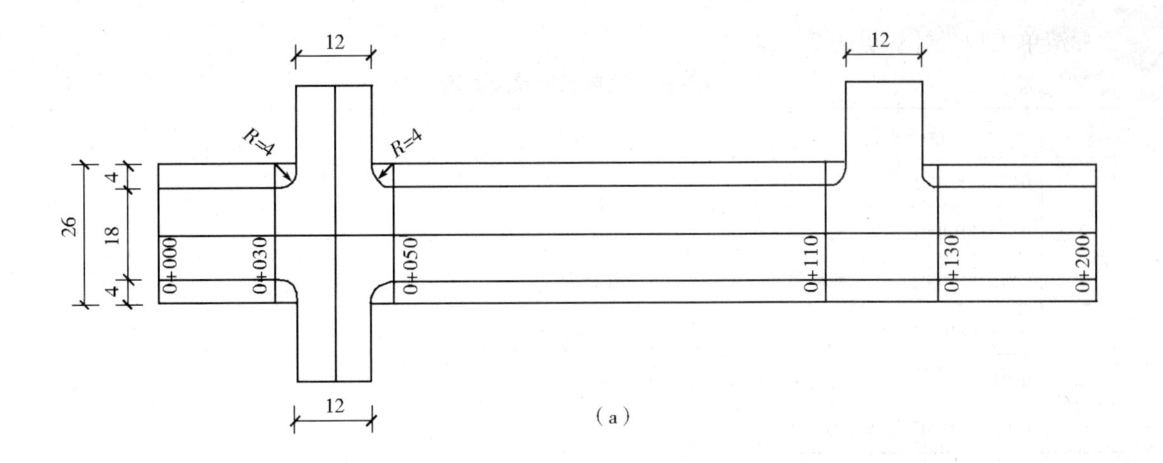

(a)

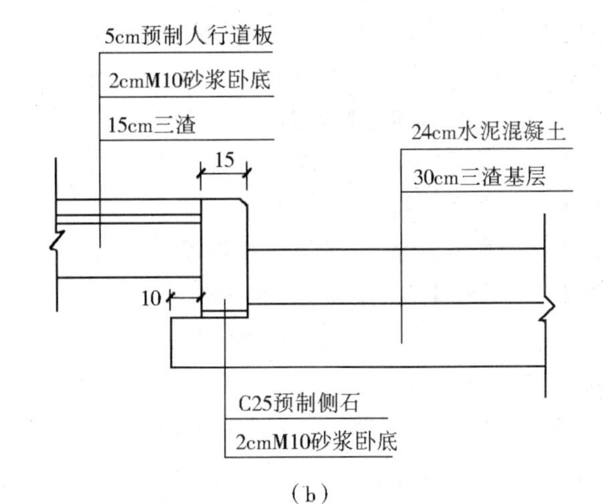

(b)

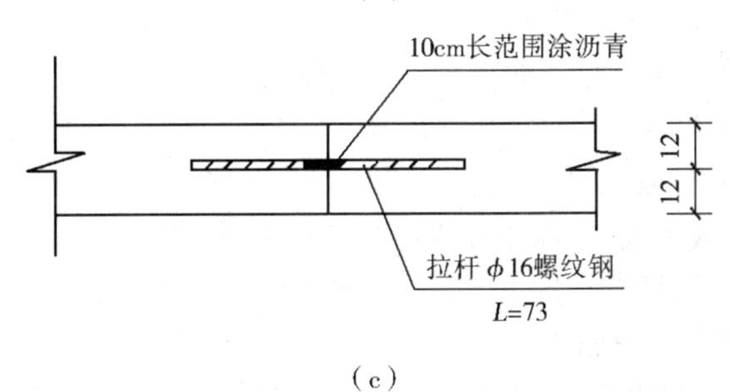

(c)

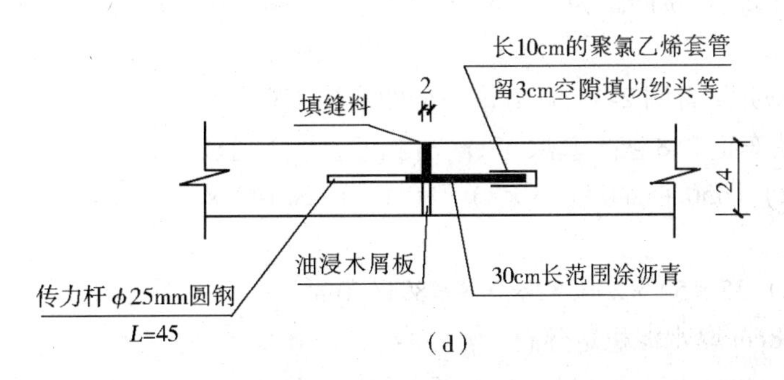

(d)

图2-43 公路平面及构造

(a)平面图；(b)路面结构图；(c)纵缝构造图；(d)胀缝构造图

清单工程量计算见表2-26。

表2-26 清单工程量计算表

序号	项目编码	项目名称	项目特征描述	计量单位	工程量	计算式
1	040203007001	水泥混凝土	厚24cm	m^2	4125.00	
2	040202014001	粉煤灰三渣	厚30cm	m^2	4235.00	
3	040202014002	粉煤灰三渣	厚15cm	m^2	1610.00	
4	040305001001	垫层	M10砂浆,2cm	m^2	1675.70	$438\times0.15+1610$
5	040204002001	人行道块料铺设	5cm预制人行道板	m^2	1610.00	
6	040204004001	安砌侧(平、缘)石	C25预制侧石	m	438.00	

项目编码:040202015　　项目名称:水泥稳定碎(砾)石

项目编码:040203005　　项目名称:黑色碎石

项目编码:040204007　　项目名称:树池砌筑

项目编码:040202002　　项目名称:石灰稳定土

项目编码:040203006　　项目名称:沥清混凝土

项目编码:040204002　　项目名称:人行道块料铺设

项目编码:040204004　　项目名称:安砌侧(平、缘)石

【例29】 北京市某开发区内有1号路及2号路,路面宽度均为20m,本次计划新建3号路将1号、2号路连接起来,有关设计资料如下:

道路起点为2号路,终点为1号路,道路全长800m,该段横向结构:30m车行道+2×2m隔离带+5×2m慢车道+3×2m人行道+0.5×2m土路肩,道路全宽51m;快车道结构:35cm 2:8灰土+18cm水泥稳定碎石+8cm黑色碎石+5cm中粒式沥青混凝土;慢车道结构:30cm 2:8灰土+15cm水泥稳定碎石+5cm中粒式沥青混凝土;人行道结构:15cm 2:8灰土+3cm水泥砂浆+5cm彩色花砖。快车道及慢车道两侧安砌花岗岩立缘石,锯解,断面尺寸为40cm×15cm,不定尺寸长度80~100cm。人行道外侧镶边石采用20×10cm水泥混凝土预制。

该道路全线设平曲线一处,平曲半径为100m,最大纵坡为0.3%。

花坛全线设开口4处,开口长度10m,花坛端部为半圆,花坛之间按慢车道结构施工,与1号、2号路接口处花坛按快车道施工。

人行道预设树坑,树坑间距为6m,树坑尺寸为100cm×100cm结构,用106cm长的混凝土预制板砌筑。

利用以上数据并结合图2-44,计算该部分的清单工程量。

【解】 (1)快车道2:8灰土基层35cm

$(30+0.3\times2)\times650+(44+0.3\times2)\times80+(4-3.14)\times15\times15=23651.5m^2$

(2)灰土用土

$(20.18\times2+1.35\times5)\times236.52\times0.8=8914.0m^3$

(3)快车道18cm厚水泥稳定碎石

$30\times650+44\times80+(4-3.14)\times15\times15=23213.5m^2$

(4)快车道黑色碎石8cm

$30\times650+44\times80+(4-3.14)\times15\times15=23213.5m^2$

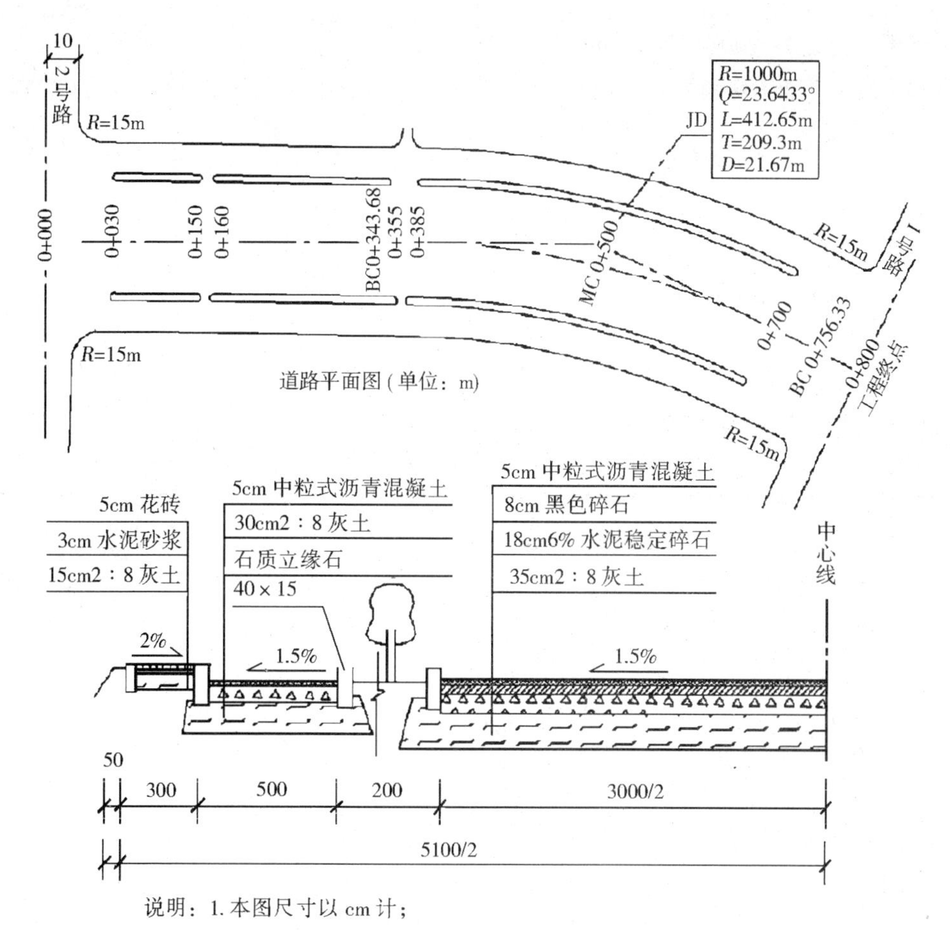

图 2-44　路面结构图

(5)快车道 5cm 中粒式沥青混凝土

$30\times650+44\times80+(4-3.14)\times15\times15=23213.5\text{m}^2$

(6)慢车道 2∶8 灰土基层 30cm

$(5+0.3\times2)\times2\times650+10.6\times2\times4+(4-3.14)\times1\times1\times4=7368.2\text{m}^2$

(7)灰土用土

$20.18\times73.68\times0.8=1189.5\text{m}^3$

(8)慢车道 15cm 厚水泥稳定碎石

$5\times2\times650+10\times2\times4+(4-3.14)\times1\times1\times4=6583.4\text{m}^2$

(9)慢车道 5cm 厚中粒式沥青混凝土

$5\times2\times650+10\times2\times4+(4-3.14)\times1\times1\times4=6583.4\text{m}^2$

(10)人行道 2∶8 灰土 15cm

$3\times(780\times2-10)=4650\text{m}^2$

(11)灰土用土

$20.18\times46.5\times0.8=750.7\text{m}^3$

(12)人行道花砖铺砌

$2.75\times(780\times2-10)=4262.5m^2$

(13)立缘石安装(花岗岩)

$$650\times4-(10-0.57\times2)\times4+780\times2+\left(\frac{3.14}{2}-1\right)\times15\times4-\left[10-\left(\frac{3.14}{2}-1\right)\times2\times5\right]$$

$=4154.5m$

(14)培路肩

$(780\times2-10)\times2\times0.5=1550m^2$

(15)砌树池

780/6+1=131 个

清单工程量计算见表2-27。

表2-27 清单工程量计算表

序号	项目编码	项目名称	项目特征描述	计量单位	工程量
1	040202002001	石灰稳定土	2:8,厚35cm	m^2	23651.50
2	040202015001	水泥稳定碎(砾)石	厚18cm	m^2	23213.50
3	040203005001	黑色碎石	厚8cm	m^2	23213.50
4	040203006001	沥青混凝土	中粒式,厚5cm,快车道	m^2	23213.50
5	040202002002	石灰稳定土	2:8,厚30cm	m^2	7368.20
6	040202015001	水泥稳定碎(砾)石	厚15cm	m^2	6583.40
7	040203006002	沥青混凝土	中粒式,厚5cm,慢车道	m^2	6583.40
8	040202002003	石灰稳定土	2:8,厚15cm	m^2	4650.00
9	040204002001	人行道块料铺设	花砖	m^2	4262.50
10	040204004001	安砌侧(平、缘)石	花岗岩	m	4154.50
11	040204007001	树池砌筑	103cm长混凝土预制板,树池尺寸100cm×100cm	个	131

项目编码:040203001　　项目名称:沥青表面处治

【例30】 某四级城市道路为沥青表面处治路面,该道路全长720m,路面宽度为7m,基层为石灰土碎石,道路结构图如图2-45所示,试求沥青表面处治面层的工程量。

【解】 (1)定额工程量:

沥青表面处治面层面积:$720\times7=5040.00m^2$

(2)清单工程量:

清单工程量计算同定额工程量。

清单工程量计算见表2-28。

表2-28 清单工程量计算表

项目编码	项目名称	项目特征描述	计量单位	工程量
040203001001	沥青表面处治	30cm厚单层式沥青表面处治面层	m^2	5040.00

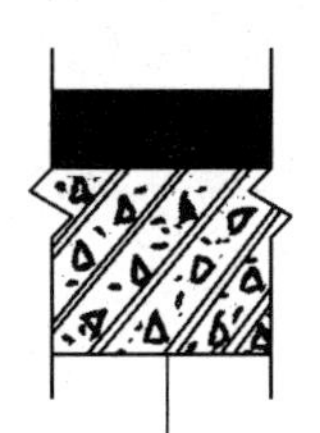

图 2-45　道路结构图

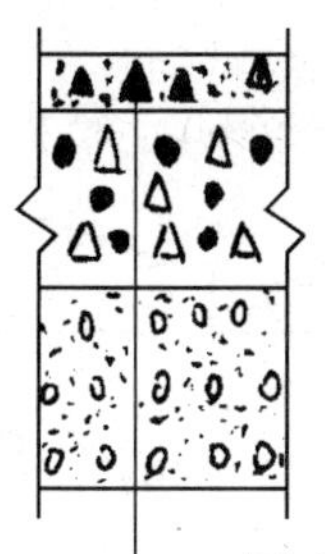

图 2-46　道路结构图

项目编码:040203002　　项目名称:沥青贯入式

【例 31】　某市区道路全长为 980m,路面采用 12m 宽的沥青贯入式路面,基层采用泥灰结碎石,底基层采用天然砂砾,道路结构图如图 2-46 所示,试求沥青贯入路面的工程量。

【解】　(1)定额工程量:

沥青贯入路面面积:$980 \times 12 = 11760.00\text{m}^2$

(2)清单工程量:

清单工程量计算同定额工程量。

清单工程量计算见表 2-29。

表 2-29　清单工程量计算表

项目编码	项目名称	项目特征描述	计量单位	工程量
040203002001	沥青贯入式	4cm 厚沥青贯入式面层	m^2	11760.00

项目编码:040203009　　项目名称:橡胶、塑料弹性面层

【例 32】　某运动场为橡胶、塑料面层,路宽 8m,长 1000m,试求橡胶、塑料面层的工程量。

【解】　(1)定额工程量:

橡胶、塑料面层面积:$1000 \times 8 = 8000.00\text{m}^2$

(2)清单工程量:

清单工程量计算同定额工程量。

清单工程量计算见表 2-30。

表 2-30　清单工程量计算表

项目编码	项目名称	项目特征描述	计量单位	工程量
040203009001	橡胶、塑料弹性面层	橡胶、塑料面层	m^2	8000.00

项目编码:040204003　　项目名称:现浇混凝土人行道及进口坡

【例 33】　某城市道路全长 2300m,道路横断面为四幅路的形式,如图 2-47 所示,已知该道路两侧人行道路面为现浇混凝土路面,人行道的宽度为 1.5m,人行道结构如图 2-48 所示,试计算现浇混凝土人行道工程量。

【解】　(1)定额工程量:

现浇混凝土人行道　$2300 \times 1.5 \times 2 = 6900.00\text{m}^2$

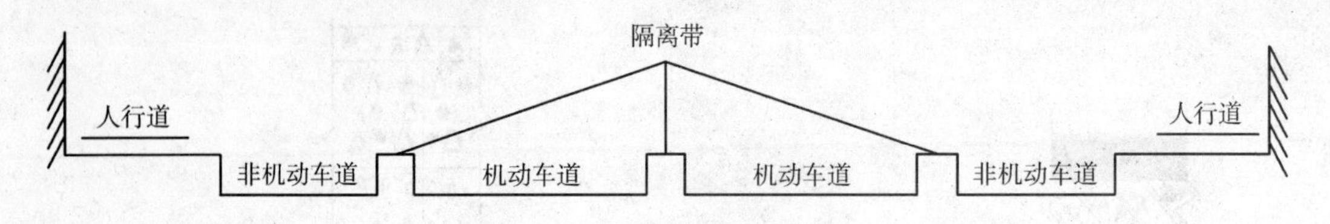

图 2-47　四幅路横断面示意图

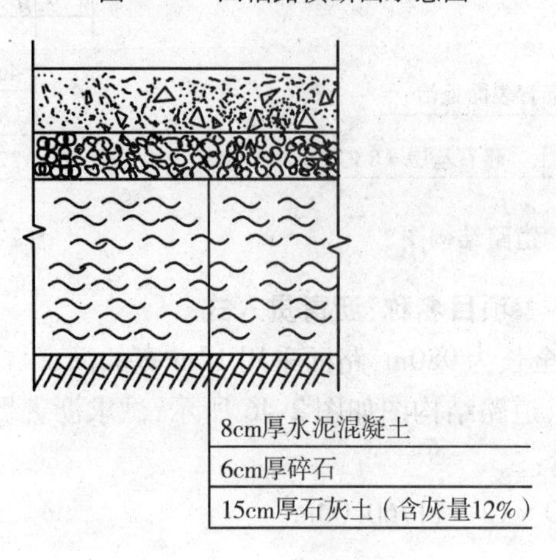

图 2-48　人行道结构图

(2)清单工程量:

清单工程量计算同定额工程量。

清单工程量计算见表 2-31。

表 2-31　清单工程量计算表

项目编码	项目名称	项目特征描述	计量单位	工程量
040204003001	现浇混凝土人行道及进口坡	现浇混凝土人行道 8cm 厚,15cm 厚石灰土(12%)垫层	m^2	6900.00

项目编码:040204006　　项目名称:检查井升降

【例 34】 某市区道路全长为 1930m,路两侧安设升降检查井,间距为 50m,检查井布置图如图 2-49 所示,且检查井与路面标高均发生正负高差,试计算检查井的工程量。

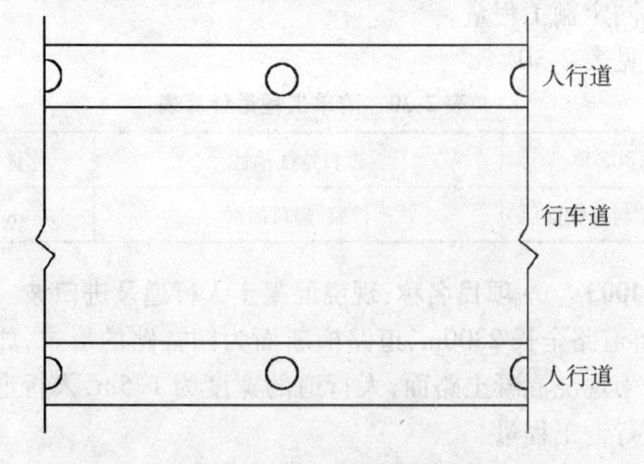

图 2-49　检查井布置图

【解】 (1)定额工程量：

检查井的座数：(1930/50 + 1) × 2 = 80 座

(2)清单工程量：

清单工程量计算同定额工程量。

清单工程量计算见表 2-32。

表 2-32 清单工程量计算表

项目编码	项目名称	项目特征描述	计量单位	工程量
040204006001	检查井升降	升降检查井与路面标高均发生正负高差	座	80

项目编码:040205001　　项目名称:人(手)孔井

【例 35】 城市四号道路一边设有接线工作井,以便于地下管线的装拆,道路总长 890m,每 40m 设一座工作井,接线工作井的示意图如图 2-50 所示,试计算接线工作井的工程量。

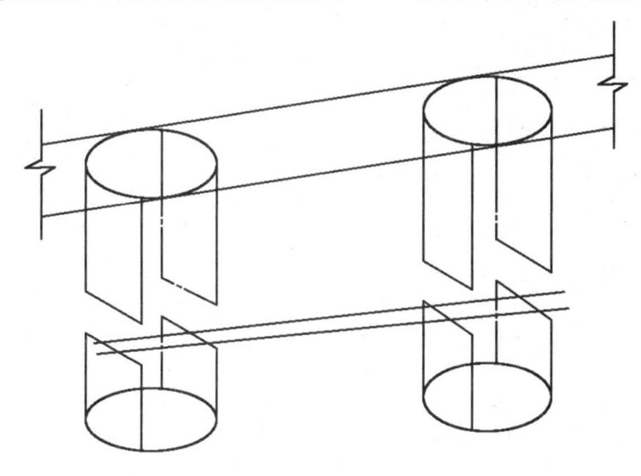

图 2-50 接线工作井示意图

【解】 (1)定额工程量：

890/40 + 1 = 23 座

(2)清单工程量：

清单工程量计算同定额工程量。

清单工程量计算见表 2-33。

表 2-33 清单工程量计算表

项目编码	项目名称	项目特征描述	计量单位	工程量
040205001001	人(手)孔井	接线工作井	座	23

项目编码:040205002　　项目名称:电缆保护管

项目编码:040205012　　项目名称:隔离护栏

项目编码:040205016　　项目名称:管内配线

【例 36】 某条新建道路全长为 627m,行车道的宽度为 8m,人行道宽度为 3m,在人行道下设有 18 座接线工作井,其邮电设施随路建设。已知邮电管道为 6 孔 PVC 管,小号直通井 9 座,小号四通井 1 座,管内穿线的预留长度共为 30m。工程竣工后,车行道中间的隔离护栏也委托该工程中标单位安装,试求 PVC 邮电塑料管、穿线管的铺排长度,管内穿线长度以及隔离护栏的长度。

【解】 (1)定额工程量：

邮电塑料管总长:627.00m

穿线管的铺排长度:627 ×6 =3762.00m

管内穿线长度:627 ×6 +30 =3792m =3.792km

隔离护栏的长度:627 ×2 =1254.00m

(2)清单工程量:

清单工程量计算同定额工程量。

清单工程量计算见表2-34。

表2-34　清单工程量计算表

序号	项目编码	项目名称	项目特征描述	计量单位	工程量
1	040205002001	电缆保护管	PVC 邮电塑料管,6 孔	m	627.00
2	040205002002	电缆保护管	穿线管	m	3762.00
3	040205016001	管内配线	管内穿线	km	3.792
4	040205012001	隔离护栏	隔离护栏安装	m	1254.00

项目编码:040205003　　项目名称:标杆

【例37】　某高速公路全长为1300m,宽为30m,路面为混凝土结构,每50m设一条标杆,标杆示意图如图2-51所示,试求标杆的工程量。

【解】　(1)定额工程量:

标杆套数　1300/50 +1 =27 套

(2)清单工程量:

清单工程量计算同定额工程量。

清单工程量计算见表2-35。

表2-35　清单工程量计算表

项目编码	项目名称	项目特征描述	计量单位	工程量
040205003001	标杆	标杆	套	27

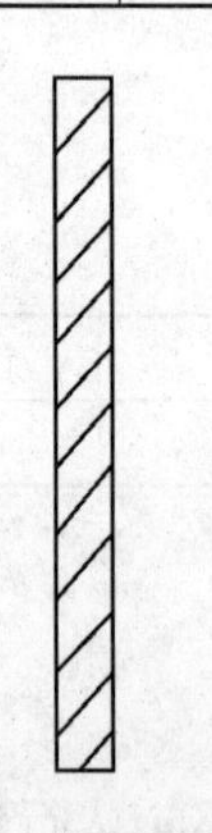

图2-51　标杆示意图

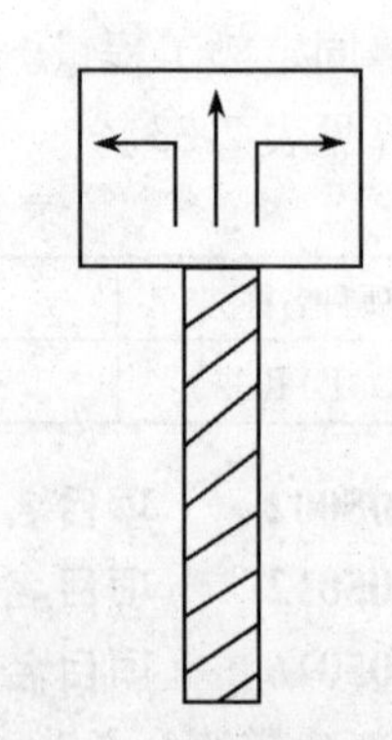

图2-52　标志板示意图

项目编码:040205004　　项目名称:标志板

【例38】　某高速公路全长2200m,宽为24m,路面为沥青混凝土路面,每60m设一个标志板,标志板示意图如图2-52所示,试求标志板的工程量。

【解】　(1)定额工程量:

标志板的块数:2200/60 +1 =38 块

(2)清单工程量:

清单工程量计算同定额工程量。

清单工程量计算见表 2-36。

表 2-36　清单工程量计算表

项目编码	项目名称	项目特征描述	计量单位	工程量
040205004001	标志板	沥青混凝土路面标志板	块	38

项目编码:040205005　　项目名称:视线诱导器

【例 39】　某新建道路全长为 1900m,宽为 15m,路面结构为水泥混凝土路面,在工程完成之后,视线诱导器亦由该施工方进行安装,每 100m 安装一只视线诱导器,试求视线诱导器的工程量。

【解】　(1)定额工程量:

视线诱导器只数:1900/100 +1 =20 只

(2)清单工程量:

清单工程量计算同定额工程量。

清单工程量计算见表 2-37。

表 2-37　清单工程量计算表

项目编码	项目名称	项目特征描述	计量单位	工程量
040205005001	视线诱导器	视线诱导器安装	只	20

项目编码:040205006　　项目名称:标线

【例 40】　某条道路全长为 1670m,路面宽度为 14m,为了行车安全,在行车道之间用标线标出,道路平面示意图如图 2-53 所示,试求标线的工程量。

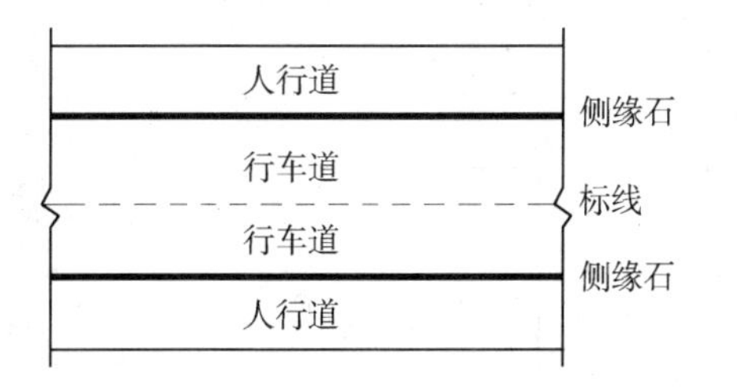

图 2-53　道路平面示意

【解】　(1)定额工程量:

标线长度:1670m =1.67km

(2)清单工程量:

清单工程量计算同定额工程量。

清单工程量计算见表 2-38。

表 2-38　清单工程量计算表

项目编码	项目名称	项目特征描述	计量单位	工程量
040205006001	标线	标线	km	1.67

项目编码:040205007　　项目名称:标记

【例 41】　城市中某次干道与路边建筑物相邻时,设置行车标记,如图 2-54 所示,共有 70 个此类建筑物,试求标记的工程量。

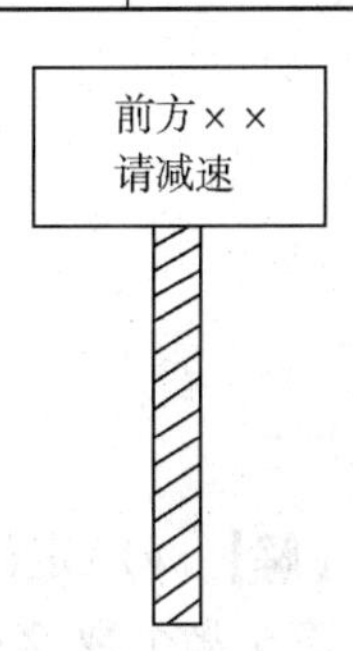

图 2-54　标记示意图

【解】　(1)定额工程量:

标记个数:70 个

(2)清单工程量:

清单工程量计算同定额工程量。

清单工程量计算见表 2-39。

表 2-39　清单工程量计算表

项目编码	项目名称	项目特征描述	计量单位	工程量
040205007001	标记	行车标记	个	70

项目编码:040205014　　项目名称:信号灯架

项目编码:040205012　　项目名称:隔离护栏

项目编码:040205008　　项目名称:横道线

【例 42】　城市某主干道与次干道交叉口处,为保证车辆行驶性能和保证行人的安全,设置信号灯、人行横道线、安全岛、中央分隔带。另外有车道分界线,交叉口主干线长为 25m,此主干线共长 2390m,人行横道线每条宽 10cm,长为 2.5m,如图 2-55 所示,试计算主干道的工程量。

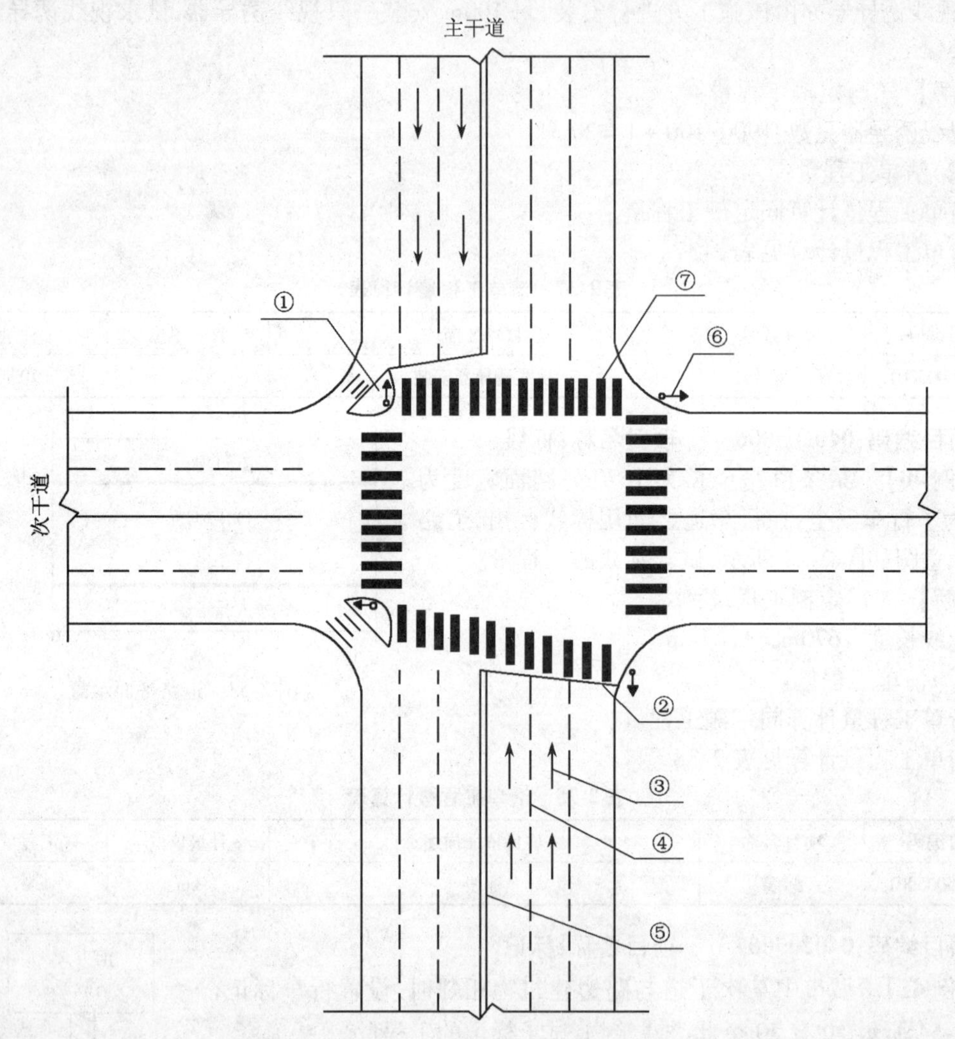

图 2-55　十字交叉口平面示意图

①安全岛;②停止线;③导向箭头;

④车道分界线;⑤中央分隔带;⑥信号灯;⑦人行横道线

【解】　(1)定额工程量:

安全岛个数:2 个

信号灯组数:4 组

车道分界线长度:(2390 - 25) × 4 = 9460.00m

中央分隔带长:2390 - 25 = 2365m

横道线的面积:$0.1 \times 2.5 \times (14 + 9 + 11 + 12) = 11.50m^2$

(2)清单工程量:

清单工程量计算同定额工程量。

清单工程量计算见表 2-40。

表 2-40 清单工程量计算表

序号	项目编码	项目名称	项目特征描述	计量单位	工程量
1	040205014001	信号灯架	信号灯架	组	4
2	040205012001	隔离护栏	车道分界	m	9460.00
3	040205008001	横道线	人行横道线	m^2	11.50

项目编码:040205009　　项目名称:清除标线

【例 43】 城市三号道路由于交通量变大,出现交通拥挤,因此对其进行改建,由原来的双向 4 车道变为双向 6 车道,所以对原有路面标线予以清除,原有 3 条标线,每条线宽 15cm,该路共长 810m,道路平面示意图如图 2-56 所示,试求清除标线的工程量。

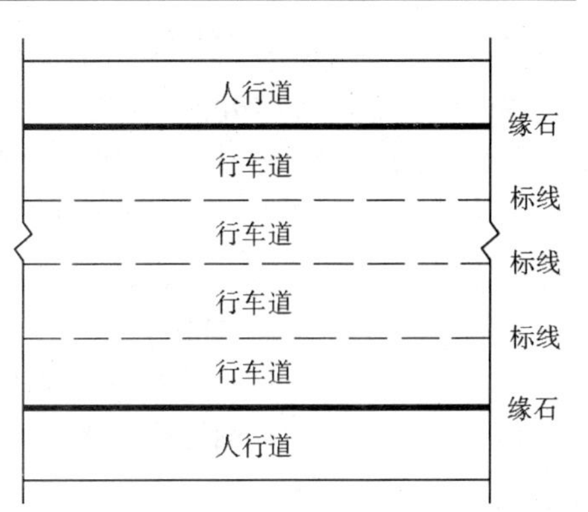

图 2-56 道路平面示意图

【解】 (1)定额工程量:

清除标线的面积:$3 \times 0.15 \times 810 = 364.50m^2$

(2)清单工程量:

清单工程量计算同定额工程量。

清单工程量计算见表 2-41。

表 2-41 清单工程量计算表

项目编码	项目名称	项目特征描述	计量单位	工程量
040205009001	清除标线	清除标线	m^2	364.50

项目编码:040205014　　项目名称:交通信号灯安装

项目编码:040205011　　项目名称:值警亭

【例 44】 某城市二号道路全长为 900m,其中有 6 个道路交叉口,每个交叉口设有一座值警亭,每个交叉口安装 4 套交通信号灯,试求值警亭与交通信号灯的安装工程量。

【解】 (1)定额工程量:

值警亭安装数量:6 座

交通信号安装套数:6 × 4 = 24 套

(2)清单工程量:

清单工程量计算同定额工程量。

清单工程量计算见表 2-42。

表 2-42 清单工程量计算表

序号	项目编码	项目名称	项目特征描述	计量单位	工程量
1	040205014001	交通信号灯安装	指挥灯信号安装	套	24
2	040205011001	值警亭	道路交叉口值警亭安装	座	6

项目编码:040205010　　项目名称:环形检测线安装

【例 45】 在某道路交叉口做交通量调查,每个车道下面安装一个环形电流线圈,每当车辆通过,线圈便产生电流,以此计量车辆通过数量。此道路交叉口共有 8 个出口道,每个线圈长度为 10m,试计算检测线的长度工程量。

【解】 (1)定额工程量:

环形检测线长度:10 ×8 =80.00m

(2)清单工程量:

清单工程量计算同定额工程量。

清单工程量计算见表 2-43。

表 2-43　清单工程量计算表

项目编码	项目名称	项目特征描述	计量单位	工程量
040205010001	环形检测线圈	环形检测线安装,线圈长度为 10m	m	80.00

项目编码:040802001　　项目名称:电杆组立

项目编码:040205014　　项目名称:信号灯架

【例 46】 某城市三号道路全长 1100m,其中每 50m 设一立电杆,上面架有电线,电话线和信号灯架空走线,试求立电杆和信号灯架空走线的工程量。

【解】 (1)定额工程量:

立电杆的数量:1100/50 +1 =23 根

信号灯架空走线的长度:1100m =1.10km

(2)清单工程量:

清单工程量计算同定额工程量。

清单工程量计算见表 2-44。

表 2-44　清单工程量计算表

序号	项目编码	项目名称	项目特征描述	计量单位	工程量
1	040802001001	电杆组立	钢筋混凝土电杆	根	23
2	040205014001	信号灯架	信号灯架空走线	km	1.10

项目编码:040205015　　项目名称:设备控制机箱

项目编码:040205014　　项目名称:信号灯架

【例 47】 城市次干道全长 1500m,与城市其他道路交叉口为 11 个,每个交叉口均设有两组信号灯架,每个信号灯架装有 2 个机箱,分别控制两个信号灯,试求信号机箱和信号灯架的工程量。

【解】 (1)定额工程量:

信号灯架的个数:11 ×2 =22 组

信号机箱的只数:11 ×2 ×2 =44 只

(2)清单工程量:

清单工程量计算同定额工程量。

清单工程量计算见表 2-45。

表 2-45　清单工程量计算表

序号	项目编码	项目名称	项目特征描述	计量单位	工程量
1	040205015001	设备控制机箱	信号机箱	只	44
2	040205014001	信号灯架	灯具为固定支架	组	22

第三章　桥涵护岸工程

第一节　桥涵护岸工程定额项目划分

桥涵护岸工程在《全国统一市政工程预算定额》第三册“桥涵工程”中可分为十大项目，具体如图3-1所示，共591个子目。此定额适用范围：(1)单跨100m以内的城镇桥梁工程；(2)单跨5m以内的各种板涵、拱涵工程(圆管涵套用《全国统一市政工程预算定额》第六册相应项目，其中管道铺设及基础项目人工、机械费乘以1.25系数)；(3)穿越城市道路及铁路的立交箱涵工程。

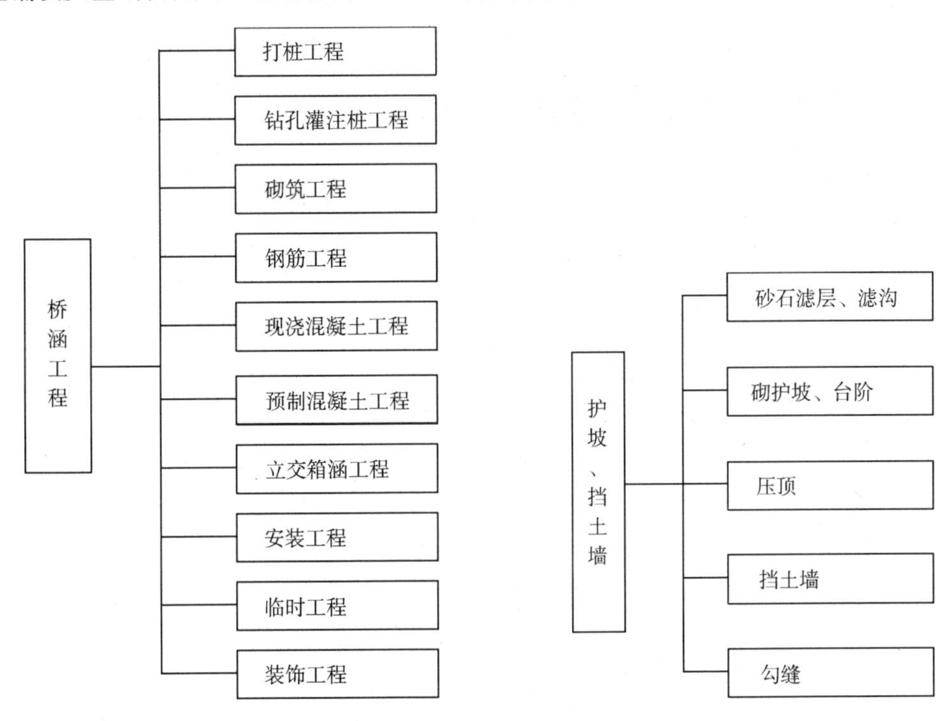

图3-1　桥涵工程定额项目划分

图3-2　护坡、挡土墙定额项目划分

另外，《全国统一市政工程预算定额》第一册通用项目中的“护坡、挡土墙”也可归纳到“桥涵护岸工程”项目中，“护坡、挡土墙”的定额项目划分如图3-2所示。

第二节　桥涵护岸工程清单项目划分

桥涵护岸工程《市政工程工程量计算规范》(GB 50857—2013)中的项目共划分为九大类，具体如图3-3所示。

(1)桩基具体的清单项目划分如图3-4所示。

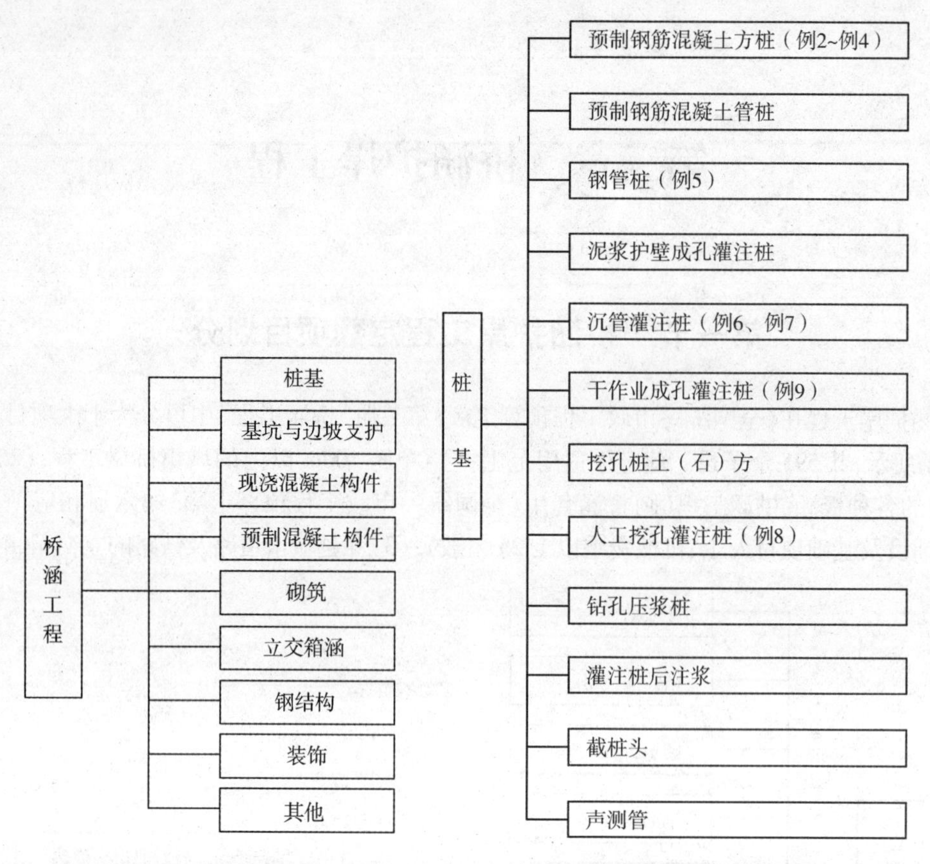

图 3-3　桥涵工程清单项目划分　　　图 3-4　桩基清单项目划分

(2)基坑与边坡支护清单项目划分如图 3-5 所示。

(3)现浇混凝土工程具体的清单项目划分如图 3-6 所示。

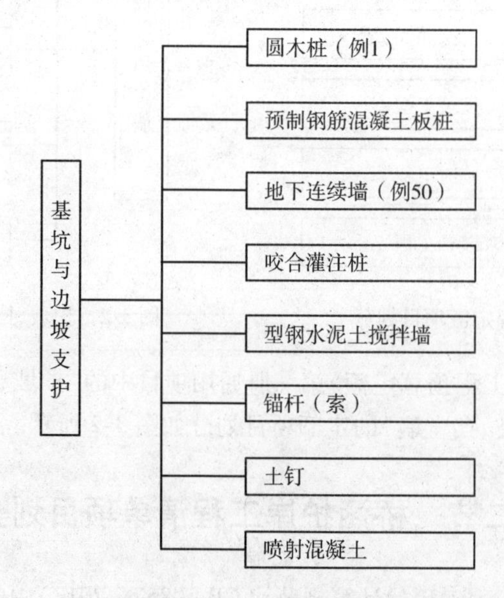

图 3-5　基坑与边坡支护清单项目划分

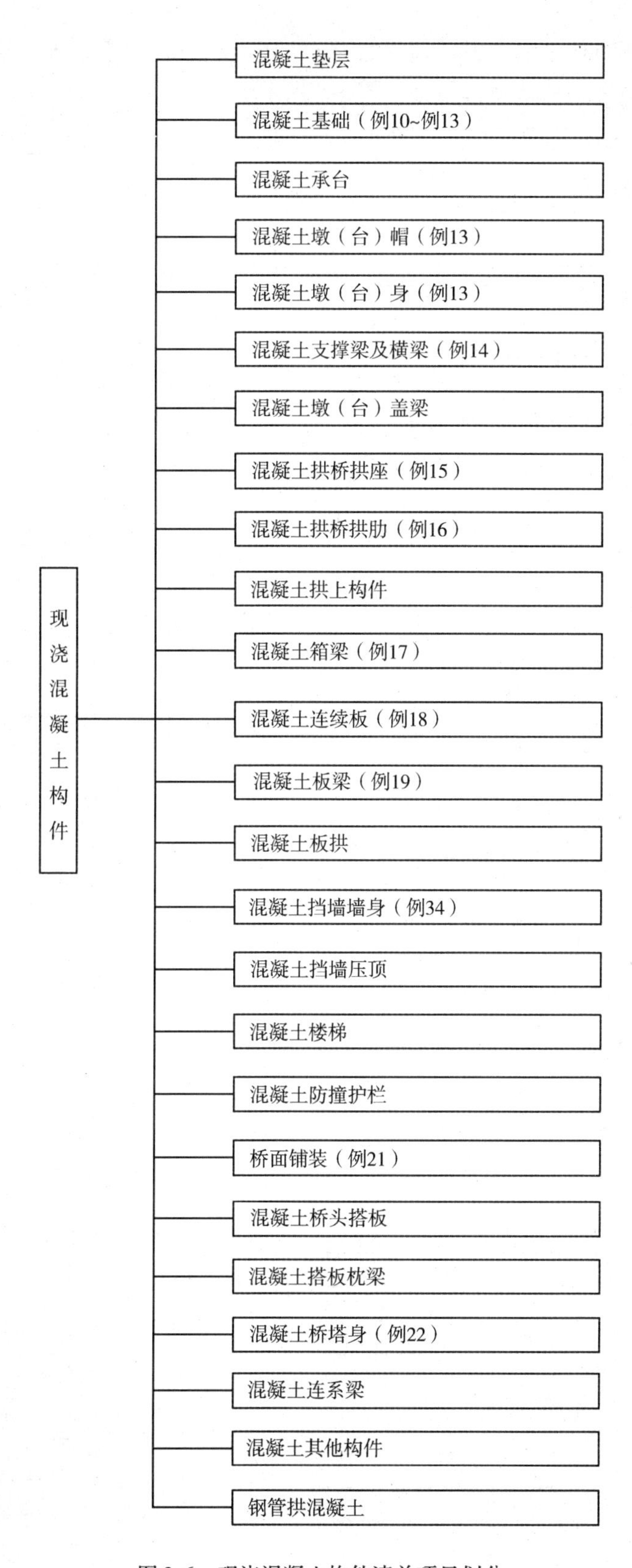

图 3-6　现浇混凝土构件清单项目划分

(4)预制混凝土具体的清单项目划分如图 3-7 所示。

(5)砌筑工程具体的清单项目划分如图 3-8 所示。

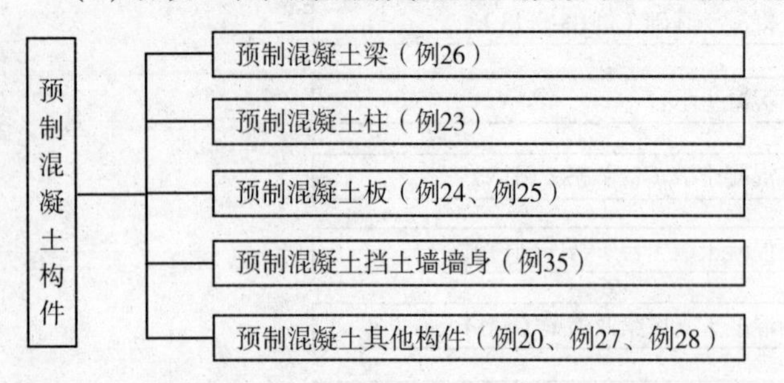

图 3-7　预制混凝土构件清单项目划分

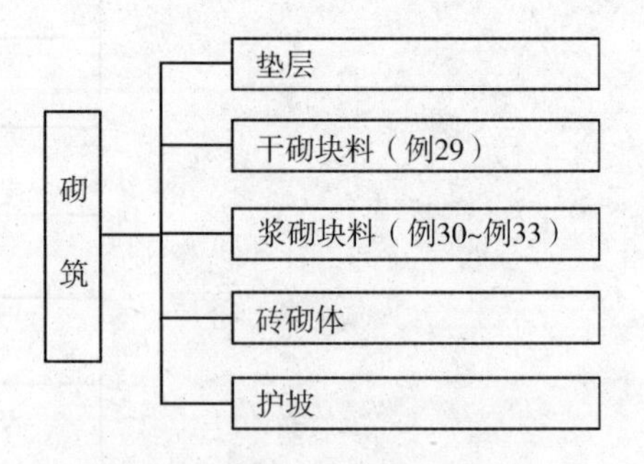

图 3-8　砌筑工程清单项目划分

(6)立交箱涵具体的清单项目划分如图 3-9 所示。

(7)钢结构具体的清单项目划分如图 3-10 所示。

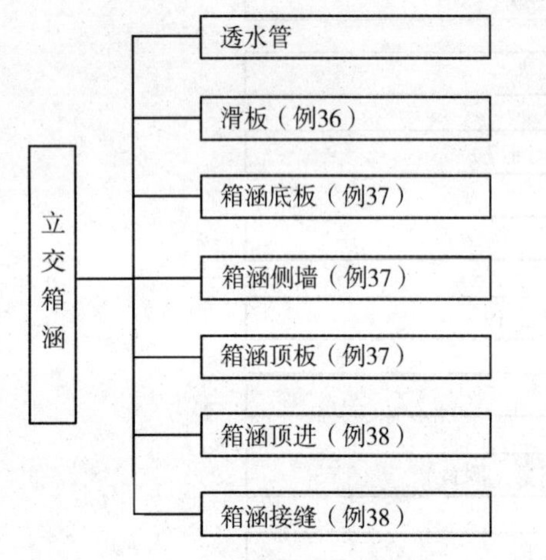

图 3-9　立交箱涵清单项目划分

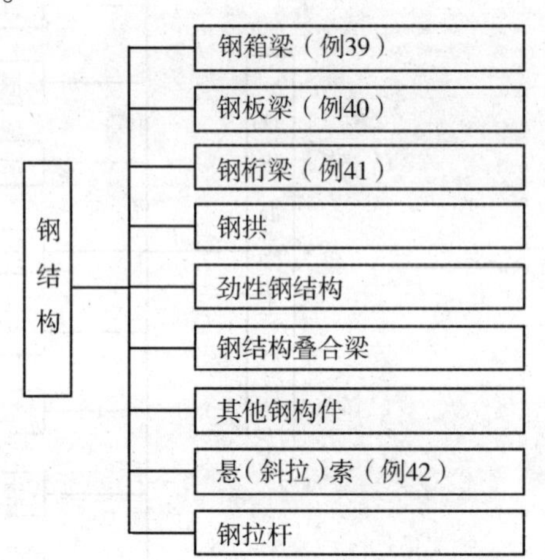

图 3-10　钢结构工程清单项目划分

(8)装饰工程具体的清单项目划分如图 3-11 所示。

(9)其他工程清单项目划分如图 3-12 所示。

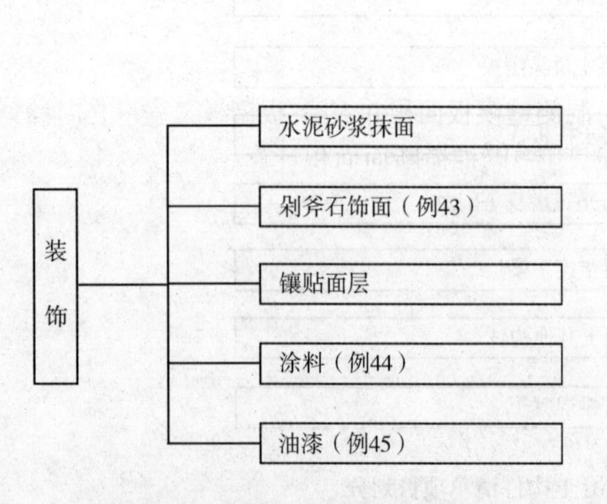

图 3-11　其他工程清单项目划分

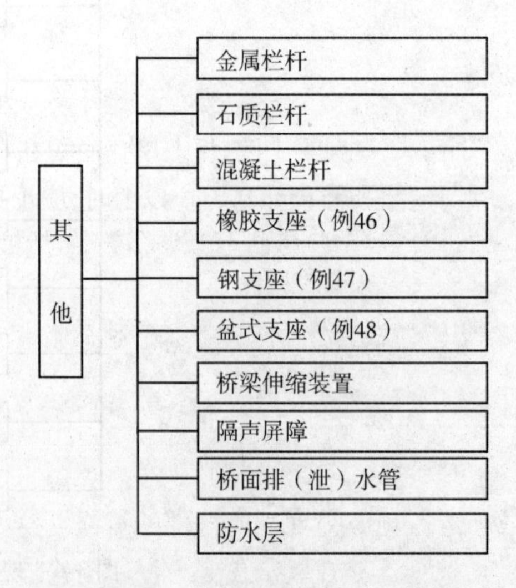

图 3-12　其他工程清单项目划分

第三节　桥涵护岸工程定额与清单工程量计算规则对照

一、桥涵护岸工程定额工程量计算规则

1. 钢筋混凝土方桩、板桩按桩长度(包括桩尖长度)乘以桩横断面面积计算。

2. 钢筋混凝土管桩按桩长度(包括桩尖长度)乘以桩横断面面积,减去空心部分体积计算。

3. 钢管桩按成品桩考虑,以吨计算。

4. 送桩:

(1)陆上打桩时,以原地面平均标高增加1m为界线,界线以下至设计桩顶标高之间的打桩实体积为送桩工程量;

(2)支架上打桩时,以当地施工期间的最高潮水位增加0.5m为界线,界线以下至设计桩顶标高之间的打桩实体积为送桩工程量;

(3)船上打桩时,以当地施工期间的平均水位增加1m为界线,界线以下至设计桩顶标高之间的打桩实体积为送桩工程量。

5. 送桩定额按送4m为界,如实际超过4m时,按相应定额乘以下列调整系数。

(1)送桩5m以内乘以1.2系数;

(2)送桩6m以内乘以1.5系数;

(3)送桩7m以内乘以2.0系数;

(4)送桩7m以上,以调整后7m为基础,每超过1m递增0.75系数。

6. 灌注桩成孔工程量按设计入土深度计算,定额中的孔深指护筒项目至桩底的深度。成孔定额中同一孔内的不同土质,不论其所在的深度如何,均执行总孔深度定额。

7. 人工挖桩孔土方工程量按护壁外缘包围的面积乘以深度计算。

8. 灌注桩水下混凝土工程量按设计桩长增加1.0m乘以设计横断面面积计算。

9. 砌筑工程量按设计砌体尺寸以立方米体积计算,嵌入砌体中的钢管、沉降缝、伸缩缝以及单孔面积0.3m^2以内的预留孔所占体积不予扣除。

10. 拱圈底模工程量按模板接触砌体的面积计算。

11. 混凝土工程量按设计尺寸以实体体积计算(不包括空心板、梁的空心体积),不扣除钢筋、铁丝、铁件、预留压浆孔道和螺栓所占的体积。

12. 模板工程量按模板接触混凝土的面积计算。

13 现浇混凝土墙、板上单孔面积在0.3m^2以内的孔洞体积不予扣除,洞侧壁模板面积亦不再计算;单孔面积在0.3m^2以上时,应予扣除,洞侧壁模板面积并入墙、板模板工程量之内计算。

14. 预制桩工程量按桩长度(包括桩尖长度)乘以桩横断面面积计算。

15. 预制空心构件按设计图示尺寸扣除空心体积,以实体积计算。空心板梁的堵头板体积不计入工程量内,其消耗量已在定额中考虑。

16. 预制空心板梁,凡采用橡胶囊做内模的,考虑其压缩变形因素,可增加混凝土数量,当梁长在16m以内时,可按设计计算体积增加7%。若梁长大于16m时,则按增加9%计算。如设计图已注明考虑橡胶囊变形时,不得再增加计算。

17. 预应力混凝土构件的封锚混凝土数量并入构件混凝土工程量计算。

18. 预制构件中预应力混凝土构件及T形梁、I形梁、双曲拱、桁架拱等构件均按模板接触混凝土的面积(包括侧模、底模)计算。

19. 灯柱、端柱、栏杆等小型构件按平面投影面积计算。

20. 预制构件中非预应力构件按模板接触混凝土的面积计算，不包括胎、地模。

21. 空心板中空心部分，可按模板接触混凝土的面积计算工程量。

22. 预制构件中的钢筋混凝土桩、梁及小型构件，可按混凝土定额基价的2%计算其运输、堆放、安装损耗，但该部分不计材料用量。

23. 箱涵滑板下的肋楞，其工程量并入滑板内计算。

24. 箱涵混凝土工程量，不扣除单孔面积0.3m^2以下的预留孔洞体积。

25. 顶柱、中继间护套及挖土支架均属专用周转性金属构件，定额中已按摊销量计列，不得重复计算。

26. 箱涵顶进定额分空顶、无中继间实土顶和有中继间实土顶三类，其工程量计算如下：

(1)空顶工程量按空顶的单节箱涵重量以箱涵位移距离计算；

(2)实土顶工程量按被顶箱涵的重量乘以箱涵位移距离分段累计计算。

27. 气垫只考虑在预制箱涵底板上使用，按箱涵底面积计算。气垫的使用天数由施工组织设计确定，但采用气垫后在套用顶进定额时应乘以0.7系数。

28. 驳船不包括进出场费，其吨天单价由各省、自治区、直辖市确定。

29. 搭拆打桩工作平台面积计算。

(1)桥梁打桩： $F = N_1F_1 + N_2F_2$

每座桥台(桥墩)： $F_1 = (5.5 + A + 2.5) \times (6.5 + D)$

每条通道： $F_2 = 6.5 \times [L - (6.5 + D)]$

(2)钻孔灌注桩： $F = N_1F_1 + N_2F_2$

每座桥台(桥墩)： $F_1 = (A + 6.5) \times (6.5 + D)$

每条通道： $F_2 = 6.5 \times [L - (6.5 + D)]$

式中 F——工作平台总面积(m^2)；

F_1——每座桥台(桥墩)工作平台面积(m^2)；

F_2——桥台至桥墩间或桥墩至桥墩间通道工作平台面积(m^2)；

N_1——桥台和桥墩总数量；

N_2——通道总数量；

D——两排桩之间距离(m)；

L——桥梁跨径或护岸的第一根桩中心至最后一根桩中心之间的距离(m)；

A——桥台(桥墩)每排桩的第一根桩中心至最后一根桩中心之间的距离(m)。

30. 桥涵护岸装饰工程定额除金属面油漆以t计算外，其余项目均按装饰面积计算。

31. 桥涵拱盔体积按起拱线以上弓形侧面积乘以(桥宽+2m)计算。

32. 桥涵支架体积为结构底至原地面(水上支架为水上支架平台顶面)平均标高乘以纵向距离再乘以(桥宽+2m)计算。

二、桥涵护岸工程清单工程量计算规则

1. 圆木桩。按设计图示以桩长(包括桩尖)计算。

2. 钢筋混凝土板桩。按设计图示桩长(包括桩尖)乘以桩的断面积以体积计算。

3. 钢筋混凝土方桩(管桩)、钢管桩、钢管成孔灌注桩。按设计图示桩长(包括桩尖)计算。

4. 挖孔灌注桩、机械成孔灌注桩。按设计图示以长度计算。

5. 混凝土基础、混凝土承台、墩(台)帽、墩(台)身、支撑梁及横梁、墩(台)盖梁、拱桥拱座、拱桥拱肋、拱上构件、混凝土箱梁、混凝土连续板、混凝土板梁、拱板。按设计图示尺寸以体积计算。

6. 混凝土楼梯。按设计图示尺寸以体积计算。

7. 混凝土防撞护栏。按设计图示尺寸以长度计算。

8. 混凝土小型构件。按设计图示尺寸以体积计算。

9. 桥面铺装。按设计图示尺寸以面积计算。

10. 桥头搭板。按设计图示尺寸以体积计算。

11. 桥塔身、连系梁。按设计图示尺寸以实体积计算。

12. 预制混凝土立柱、预制混凝土板、预制混凝土桁架拱构件、预制混凝土小型构件。按设计图示尺寸以体积计算。

13. 干砌块料、浆砌块料、浆砌拱圈、抛石。按设计图示尺寸以体积计算。

14. 挡墙基础、现浇混凝土挡墙墙身、预制混凝土挡墙墙身、挡墙混凝土压顶。按设计图示尺寸以体积计算。

15. 护坡。按设计图示尺寸以面积计算。

16. 滑板、箱涵底板、箱涵侧墙、箱涵顶板。按设计图示尺寸以体积计算。

17. 箱涵顶进。按设计图示尺寸以被顶箱涵的质量乘以箱涵的位移距离分节累计计算。

18. 箱涵接缝。按设计图示止水带长度计算。

19. 钢箱梁、钢板梁、钢桁梁、钢拱、钢构件、劲性钢结构、钢结构叠合梁。按设计图示尺寸以质量计算(不包括螺栓、焊缝质量)。

20. 钢拉索、钢拉杆。按设计图示尺寸以质量计算。

21. 水泥砂浆抹面、水刷石饰面、剁斧石饰面、拉毛、水磨石饰面、镶贴面层、水质涂料、油漆。按设计图示尺寸以面积计算。

22. 金属栏杆。按设计图示尺寸以质量计算。

23. 橡胶支座、钢支座、盆式支座。按设计图示以数量计算。

24. 油毛毡支座。按设计图示尺寸以面积计算。

25. 桥梁伸缩装置。按设计图示尺寸以延长米计算。

26. 隔音屏障。按设计图示尺寸以面积计算。

27. 桥面泄水管 。按设计图示尺寸以长度计算。

28. 防水层。按设计图示尺寸以面积计算。

29. 钢桥维修设备。按设计图示数量计算。

注:1. 除箱涵顶进土方、桩土方以外,其他(包括顶进工作坑)土方,应按市政土石方工程中相关项目编码列项。

2. 台帽、后盖梁均应包括耳墙、背墙。

第四节　桥涵护岸工程经典实例导读

项目编码:040302001　　项目名称:圆木桩

【例1】 打圆木桩,桩长500mm,外径180mm,其截面如图3-13所示,求打桩工程量。

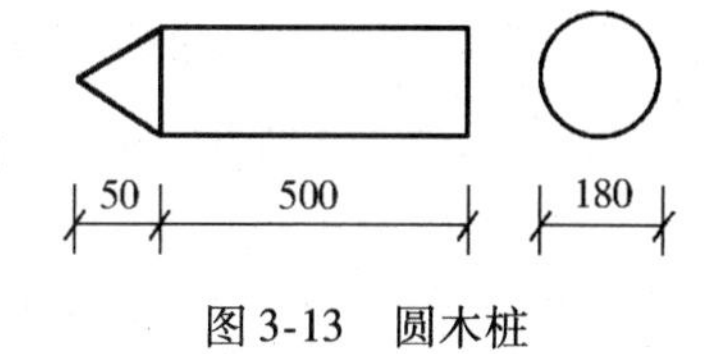

图3-13　圆木桩

【解】 (1)定额工程量:

打桩工程量：$V=0.55\times\pi\times0.09^2=0.014\text{m}^3$

(2)清单工程量：

根据清单工程量计算规则，圆木桩按设计图示以桩长(包括桩尖)计算。

$l=0.05+0.5=0.55\text{m}$

清单工程量计算见表3-1。

表3-1 清单工程量计算表

项目编码	项目名称	项目特征描述	计量单位	工程量
040302001001	圆木桩	圆木桩，尾径180mm，桩长500mm，桩尖长50mm	m	0.55

项目编码：040301001　　项目名称：预制钢筋混凝土方桩

【例2】 某工程采用柴油打桩机打钢筋混凝土板桩，如图3-14所示，桩长为10000mm，截面为500mm×200mm，求打桩机打桩工程量。

【解】 (1)定额工程量：

$V=S\times l=(0.2\times0.5)\times10=1.00\text{m}^3$

(2)清单工程量：

$V=S\times l=(0.2\times0.5)\times10=1.00\text{m}^3$

清单工程量计算见表3-2。

图3-14 钢筋混凝土板桩

表3-2 清单工程量计算表

项目编码	项目名称	项目特征描述	计量单位	工程量
040301001001	预制钢筋混凝土方桩	200mm×500mm，桩长10m，桩基础	m^3	1.00

项目编码：040301001　　项目名称：预制钢筋混凝土方桩

【例3】 某桥梁工程需预制钢筋混凝土方桩共300根，如图3-15所示。根据施工条件采用柴油打桩机打方桩，在距工地5km的具有蒸汽养生设备的预制厂预制，最终用汽车运输到工地，试计算各项工程量。

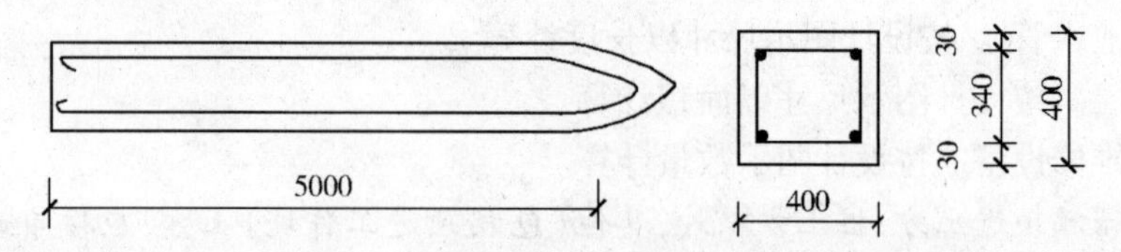

图3-15 某工程钢筋混凝土方桩示意图 (单位：mm)

【解】 (1)定额工程量：

钢筋混凝土方桩工程量按设计桩长乘以截面面积以体积(m^3)计算，其中桩长包括桩尖(不扣减桩尖虚体积)。

$V=0.4\times0.4\times5\times300=240\text{m}^3$

制作混凝土工程量：$240\times(1+2\%)=244.8\text{m}^3$

运输混凝土工程量：$240\times(1+1.8\%)=244.32\text{m}^3$

打桩工程量：$240\times(1+1.5\%)=243.6\text{m}^3$

(2)清单工程量:

钢筋混凝土方桩工程量 = 300 × 5 = 1500.00m

清单工程量计算见表 3-3。

表 3-3 清单工程量计算表

项目编码	项目名称	项目特征描述	计量单位	工程量
040301001001	预制钢筋混凝土方桩	方桩 400mm × 400mm	m	1500.00

注:定额规定,定额项目中未包括预制钢筋混凝土桩制作废品率、运输堆放损耗和打桩损耗,编制预算时,应按图示用量加上损耗量计算。

项目编码:040301001　　项目名称:预制钢筋混凝土方桩

【例 4】 某桥梁工程采用钢筋混凝土方桩基础,因其工程量小,在工地用柴油打桩机打预制钢筋混凝土方桩 100 根,如图 3-16 所示,试计算打方桩定额工程量和定额直接费用。

【解】 (1)打桩工程量:

V = 桩截面 × 设计全长 × 桩数 = 0.3 × 0.3 × 12 × 100 = 108m³

(2)分项工程定额直接费:

由于本桥梁工程方桩体积 108m³ 小于 150m³,属于小型打桩工程,按定额规定,小型打桩工日量和机械用量乘以系数 1.25 计算,人工、机械用量的调整:

①2.2 × 1.25 = 2.75 工日

②0.14 × 1.25 = 0.175 台班

③0.03 × 1.25 = 0.0375 台班

定额基价调整:

这里 6.22 元为人工工日工资单价,2.2 工日、0.14 台班、0.03 台班为人工机械用量。

6.22 × 2.75 + 0.175 × 416.96 + 0.0375 × 288.54 + 3.58 = 104.47 元

分项工程直接费:104.47 × 108 = 11282.76 元

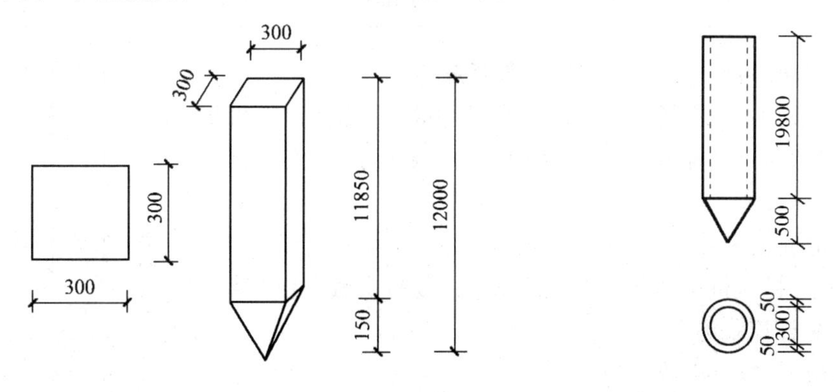

图 3-16 某桥梁工程预制方柱 (单位:mm)　　图 3-17 钢管桩

项目编码:040301003　　项目名称:钢管桩

【例 5】 某桥梁工程采用混凝土空心管桩如图 3-17 所示,求用打桩机打钢管桩的工程量。

【解】 (1)定额工程量:

1)管桩体积: $V_1 = \frac{\pi \times 0.4^2}{4} \times (19.8 + 0.5) = 2.55\text{m}^3$

2)空心部分体积:$V_2=\frac{\pi\times0.3^2}{4}\times19.8=1.40m^3$

空心管桩总体积:$V=V_1-V_2=2.55-1.40=1.15m^3$

(2)清单工程量:

19.8+0.5=20.30m

清单工程量计算见表3-4。

表3-4　清单工程量计算表

项目编码	项目名称	项目特征描述	计量单位	工程量
040301003001	钢管桩	混凝土空心管桩,外径400mm,内径300mm	m	20.30

项目编码:040301005　　项目名称:沉管灌注桩

【例6】 某桥采用现场灌注混凝土桩共65根,如图3-18所示,用柴油打桩机打孔,钢管外径500mm,桩深10m,采用扩大桩复打一次,计算灌注混凝土桩的工程量。

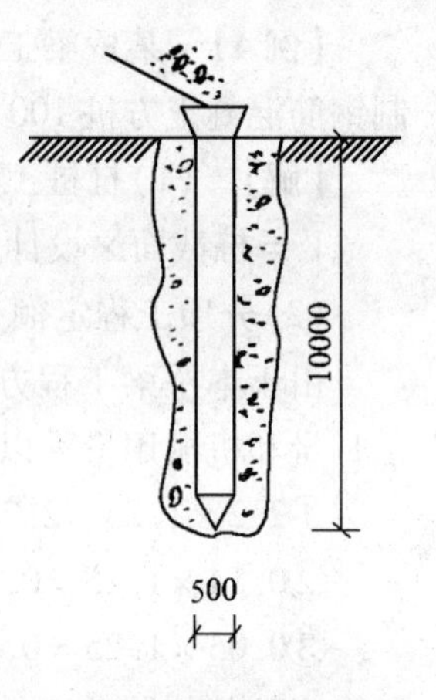

图3-18　灌注混凝土桩

【解】 (1)定额工程量:

$V=\frac{1}{4}\times3.14\times0.5^2\times10\times65\times2=255.13m^3$

说明:桩采用复打时,定额工程量乘以复打次数。

(2)清单工程量(按图示桩长计算):

$l=10\times65=650.00m$

清单工程量计算见表3-5。

表3-5　清单工程量计算表

项目编码	项目名称	项目特征描述	计量单位	工程量
040301005001	沉管灌注桩	桩径500mm,深度10m	m	650.00

项目编码:040301005　　项目名称:沉管灌注桩

【例7】 某桥梁工程,现场灌注混凝土桩共100根,用柴油打桩机打孔,钢管外径300mm,桩深6m,如图3-19所示,采用扩大桩复打二次。计算扩大桩工程量。

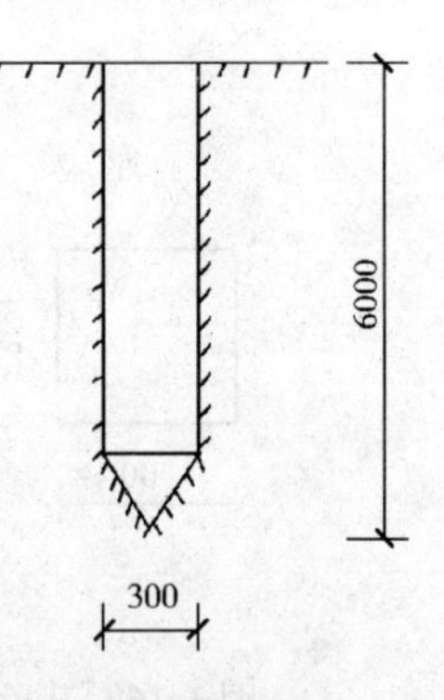

图3-19　现场灌注混凝土桩示意图

【解】 (1)定额工程量:

在预算定额中,扩大桩的体积按单桩体积乘以复打次数+1计算。

扩大桩工程量计算式为

$V=$单桩体积×(复打次数+1)

$=0.3\times0.3\times\frac{1}{4}\times3.14\times(6+0.25)\times(2+1)\times100$

$=132.469m^3$

(2)清单工程量:

扩大桩工程量:$6\times100=600.00m$

清单工程量计算见表3-6。

表 3-6　清单工程量计算表

项目编码	项目名称	项目特征描述	计量单位	工程量
040301005001	沉管灌注桩	外径 300mm，桩深 6m	m	600.00

项目编码：040301008　　项目名称：人工挖孔灌注桩

【例 8】　某桥梁工程需人工挖孔扩底灌注混凝土桩，如图 3-20 所示，试计算其工程量。

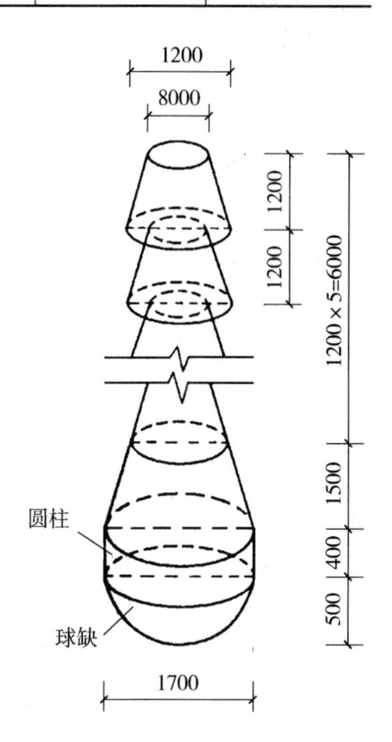

图 3-20　某工程人工挖孔扩底混凝土桩示意图　（单位：mm）

【解】　（1）定额工程量：

由图知计算可分 5 个圆台，1 个扩大圆台，1 个圆柱，一个球缺。

圆台：$V_1 = \frac{1}{3} \times 3.1416 \times 1.2 \times (0.6^2 + 0.4^2 + 0.6 \times 0.4) \times 5$

$= 4.78 m^3$

扩大圆台：$V_2 = \frac{1}{3} \times 3.1416 \times 1.5 \times (0.85^2 + 0.6^2 + 0.85 \times 0.6)$

$= 2.5 m^3$

圆柱：$V_3 = 3.1416 \times 0.85^2 \times 0.4 = 0.91 m^3$

球缺：$V_4 = \frac{1}{6} \times 3.1416 \times 0.5 \times (3 \times 0.85^2 + 0.5^2)$

$= 0.63 m^3$

工程量 $V = V_1 + V_2 + V_3 + V_4 = 4.78 + 2.5 + 0.91 + 0.63$

$= 8.82 m^3$

（2）清单工程量：

清单工程量同定额工程量。

清单工程量计算见表 3-7。

表 3-7　清单工程量计算表

项目编码	项目名称	项目特征描述	计量单位	工程量
040301008001	人工挖孔灌注桩	人工挖孔扩底灌注混凝土桩	m^3	8.82

项目编码：040301006　　项目名称：干作业成孔灌注桩

【例 9】　某桥梁工程，需要机械钻孔灌注桩（如图 3-21 所示），其中桩深 $h = 28m$，孔径 $\phi = 1.0m$，计算其灌注桩成孔的工程量。

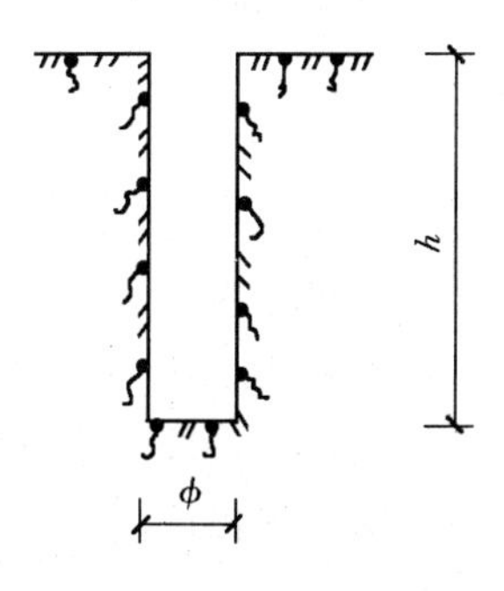

图 3-21　钻孔灌注桩示意图

【解】　（1）定额工程量：

灌注桩成孔 $= \left(\frac{1.0}{2}\right)^2 \times \pi \times 28 = 21.98 m^3$

（2）清单工程量：

灌注桩工程量 $= 28.00m$

清单工程量计算见表 3-8。

表 3-8　清单工程量计算表

项目编码	项目名称	项目特征描述	计量单位	工程量
040301006001	干作业成孔灌注桩	孔径 $\phi = 1000mm$	m	28.00

说明:采用定额计价时,应区分不同机械分别列项;而采用工程量清单计价时,还应综合其他工作内容,例如工作平台搭拆、泥浆制作护筒埋设等。

项目编码:040303002　　项目名称:混凝土基础

【例 10】 求图 3-22 所示 C30 现浇钢筋混凝土满堂基础的工程量。

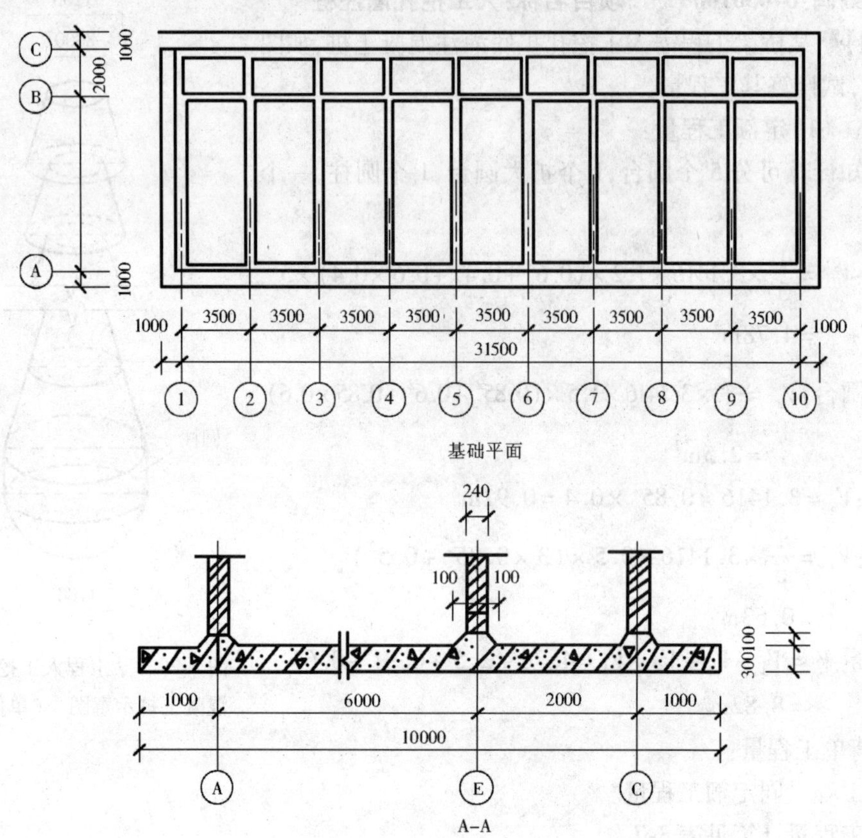

图 3-22　某工程钢筋混凝土满堂基础示意图　(单位:mm)

【解】 (1)定额工程量:

混凝土满堂基础的工程量 = 底板体积 + 墙下部凸出部分体积

$= 33.5 \times 10 \times 0.3 + [(31.5 + 8) \times 2 + (6.0 - 0.24) \times 8 + (31.5 - 0.24) + (2.0 - 0.24) \times 8] \times (0.24 + 0.44) \times 1/2 \times 0.1$

$= 100.5 + (79 + 46.08 + 31.26 + 14.08) \times 0.034$

$= 106.29\text{m}^3$

(2)清单工程量:

清单工程量计算同定额工程量。

清单工程量计算见表 3-9。

表 3-9　清单工程量计算表

项目编码	项目名称	项目特征描述	计量单位	工程量
040303002001	混凝土基础	C30 钢筋混凝土	m^3	106.29

项目编码:040303002　　项目名称:混凝土基础

【例 11】 在某桥梁工程中,桥梁柱基础为 C30 现浇钢筋混凝土独立基础,形式采用棱台柱基础,如图 3-23 所示。试求该基础的工程量。

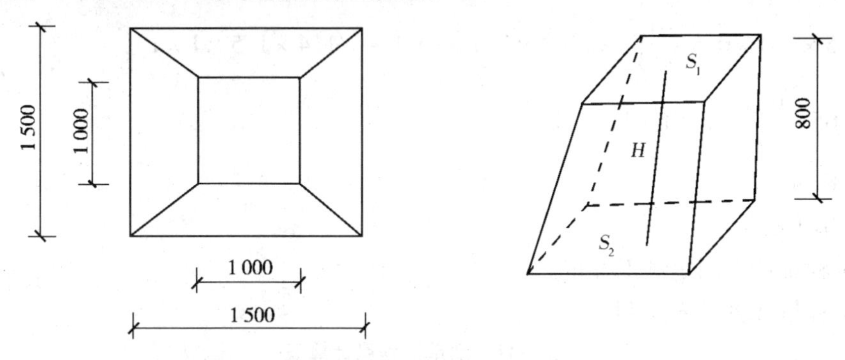

图 3-23 某桥梁工程柱基础示意图 (单位:mm)

【解】 (1)定额工程量:

$$V = H \cdot \frac{1}{3}(S_1 + S_2 + \sqrt{S_1 S_2})$$

$$= \frac{0.8}{3} \times (1.0 \times 1.0 + 1.5 \times 1.5 + \sqrt{1 \times 1 \times 1.5 \times 1.5})$$

$$= 1.27\text{m}^3$$

(2)清单工程量:

清单工程量计算同定额工程量。

清单工程量计算见表 3-10。

表 3-10 清单工程量计算表

项目编码	项目名称	项目特征描述	计量单位	工程量
040303002001	混凝土基础	C30 混凝土	m^3	1.27

项目编码:040303002　　项目名称:混凝土基础

【例 12】 在某桥梁工程中,桥梁柱基础为独立现浇的 C30 钢筋混凝土基础中的截锥式柱基,如图 3-24 所示,求其工程量。

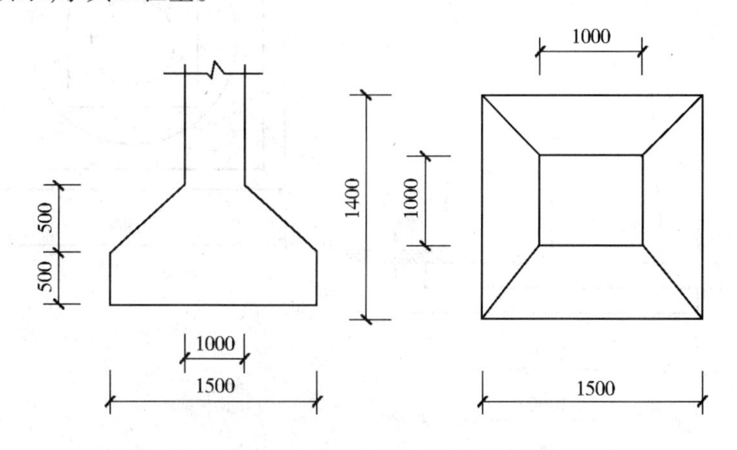

图 3-24 某桥梁工程柱基础示意图 (单位:mm)

【解】 (1)定额工程量:

$$V = a_1 b_1 h_1 + \frac{h_2}{3}(A_1 + A_2 + \sqrt{A_1 A_2})$$

$$= 1.5 \times 1.4 \times 0.5 + \frac{0.5}{3} \times (1.4 \times 1.5 + 1 \times 1 + \sqrt{1.4 \times 1.5 \times 1 \times 1})$$

$$= 1.05 + \frac{0.5}{3} \times (2.1 + 1 + 1.45)$$

$$= 1.81\text{m}^3$$

(2)清单工程量：

清单工程量计算同定额工程量。

清单工程量计算见表 3-11。

表 3-11 清单工程量计算表

项目编码	项目名称	项目特征描述	计量单位	工程量
040303002001	混凝土基础	C30 混凝土	m^3	1.81

项目编码:040303004　　项目名称:混凝土墩(台)帽

项目编码:040303005　　项目名称:混凝土墩(台)身

项目编码:040303002　　项目名称:混凝土基础

【例 13】 某桥墩各部尺寸如图 3-25 所示,采用 C20 混凝土浇筑,石料最大粒径 20mm,计算墩帽、墩身及基础的工程量。

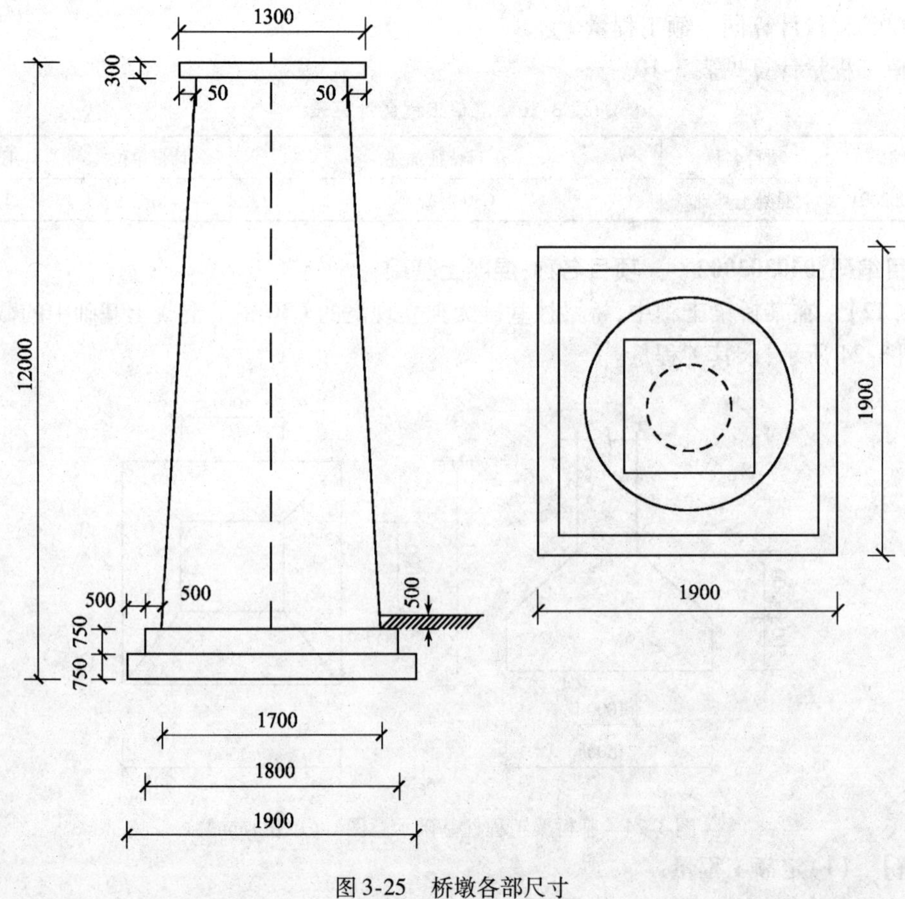

图 3-25 桥墩各部尺寸

【解】 (1)定额工程量:

1)墩帽:$V_1=1.3\times1.3\times0.3=0.51\text{m}^3$

2)墩身:$V_2=\frac{1}{3}\times3.142\times(12-0.3-0.75\times2)\times(0.6^2+0.85^2+0.6\times0.85)$

$=\frac{1}{3}\times3.142\times10.2\times1.59$

$=16.99\text{m}^3$

3)基础:$V_3=(1.8\times1.8+1.9\times1.9)\times0.75$

$=(3.24+3.61)\times0.75$

$=5.14\text{m}^3$

(2)清单工程量:

清单工程量计算同定额工程量。

清单工程量计算见表3-12。

表3-12 清单工程量计算表

序号	项目编码	项目名称	项目特征描述	计量单位	工程量
1	040303004001	混凝土墩(台)帽	墩帽,C20混凝土,石料最大粒径20mm	m^3	0.51
2	040303005001	混凝土墩(台)身	墩身,C20混凝土,石料最大粒径20mm	m^3	16.99
2	040303002001	混凝土基础	C20混凝土,石料最大粒径20mm	m^3	5.14

项目编码:040303006　　项目名称:混凝土支撑梁及横梁

【例14】 某T形预应力混凝土梁桥的横隔梁如图3-26所示,隔梁厚200mm,计算单横隔梁的工程量。

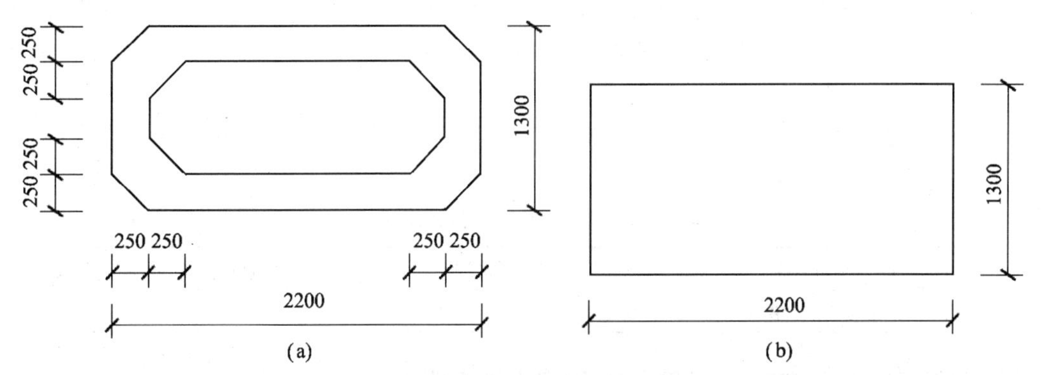

图3-26 横隔梁

(a)中横隔梁;(b)端横隔梁

【解】 (1)定额工程量:

1)中横隔梁:

$$V=\left[\left(2.2\times1.3-4\times\frac{1}{2}\times0.25\times0.25\right)-\left(1.7\times0.8-4\times\frac{1}{2}\times0.25\times0.25\right)\right]\times0.2$$

$=(2.735-1.235)\times0.2=0.30\text{m}^3$

2)端横隔梁:

$V=2.2\times1.3\times0.2=0.57\text{m}^3$

(2)清单工程量:

清单工程量计算同定额工程量。

清单工程量计算见表 3-13。

表 3-13　清单工程量计算表

序号	项目编码	项目名称	项目特征描述	计量单位	工程量
1	040303006001	混凝土支撑梁及横梁	T 形预应力混凝土梁桥中横隔梁	m^3	0.30
2	040303006002	混凝土支撑梁及横梁	T 形预应力混凝土梁桥端横隔梁	m^3	0.57

项目编码:040303008　　项目名称:混凝土拱桥拱座

【例 15】　某拱桥工程采用混凝土拱座,宽 8m,细部构造如图 3-27 所示,计算混凝土的工程量。

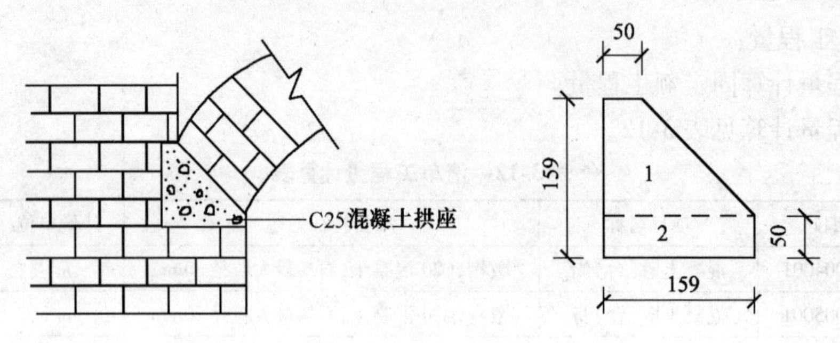

图 3-27　拱桥细部构造

【解】　(1)定额工程量:

$V_1 = \frac{1}{2} \times (0.05 + 0.159) \times (0.159 - 0.05) \times 8 = 0.091\text{m}^3$

$V_2 = 0.159 \times 0.05 \times 8 = 0.064\text{m}^3$

$V = (V_1 + V_2) \times 2 = (0.091 + 0.064) \times 2 = 0.31\text{m}^3$

(2)清单工程量:

清单工程量计算同定额工程量。

清单工程量计算见表 3-14。

表 3-14　清单工程量计算表

项目编码	项目名称	项目特征描述	计量单位	工程量
040303008001	混凝土拱桥拱座	C25 混凝土拱座,石料最大粒径 20mm	m^3	0.31

项目编码:040303009　　项目名称:混凝土拱桥拱肋

【例 16】　某空腹式肋拱桥,采用 C25 混凝土结构,石料最大料径 20mm,其结构构造及拱肋细部尺寸如图 3-28 所示,计算拱肋的工程量(该拱桥单孔跨径 30m,拱肋采用 $R = 20\text{m}$ 圆弧)。

【解】　(1)定额工程量:

单孔拱肋弧线对应圆心角度数:$2 \times \arcsin \frac{15}{20} = 2 \times 48.6° = 97.2°$

拱肋纵向截面面积近似:$S = \frac{n\pi(R^2 - r^2)}{360} = \frac{97.2}{360} \times 3.142 \times (20.5^2 - 20^2)$

$= 17.18\text{m}^2$

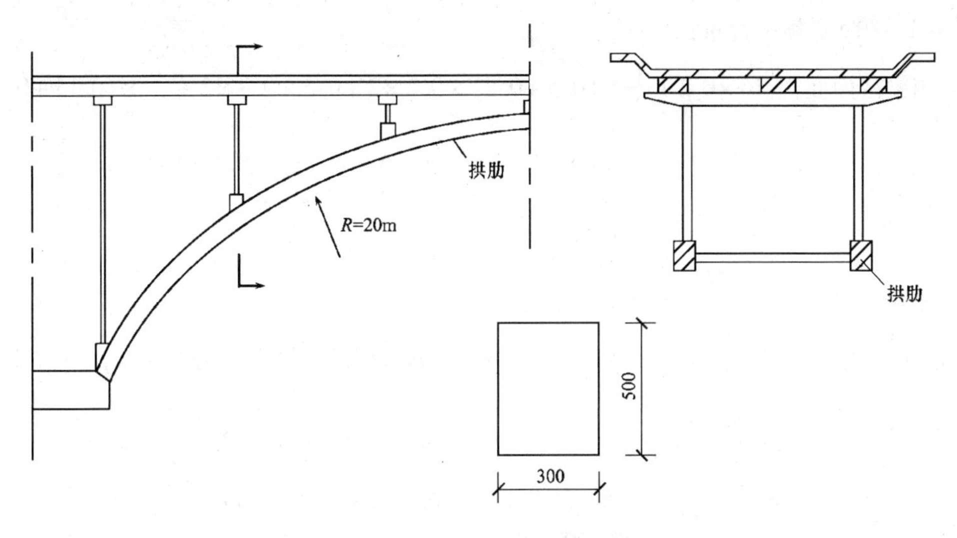

图 3-28　肋拱桥构造及拱肋细部尺寸

单孔拱肋工程量：$V = 2 \times 17.18 \times 0.3 = 10.31\text{m}^3$

(2)清单工程量：

清单工程量计算同定额工程量。

清单工程量计算见表 3-15。

表 3-15　清单工程量计算表

项目编码	项目名称	项目特征描述	计量单位	工程量
040303009001	混凝土拱桥拱肋	空腹式肋拱桥拱肋，C25 混凝土，石料最大粒径 20mm	m^3	10.31

项目编码：040303011　　项目名称：混凝土箱梁

【例 17】　某斜拉桥桥梁工程，其主梁采用如图 3-29 所示的分离式双箱梁，主梁跨度取为 120m，横梁厚取为 200mm，主梁内共设置横梁 15 个，计算该主梁工程量。

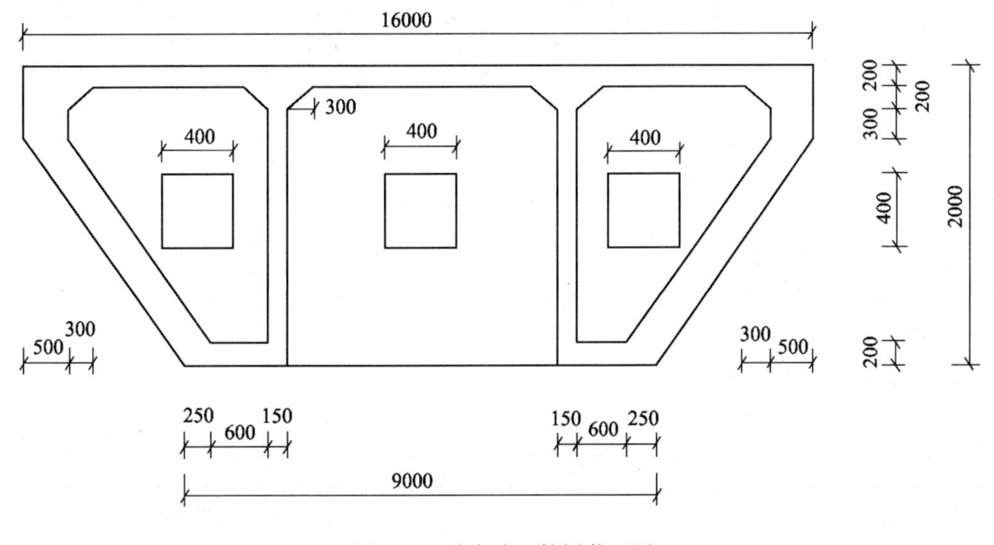

图 3-29　分离式双箱梁截面图

【解】 (1)定额工程量:

双箱梁截面面积:$16\times0.2+\frac{1}{2}\times(0.5+0.8)\times0.2\times2+0.5\times0.3\times2+\frac{1}{2}\times(0.15+0.75)\times0.2\times2+1.1\times0.5\times2+0.15\times1.6\times2+\frac{1}{2}\times0.5\times0.2\times2+\frac{1}{2}\times(0.6+0.85)\times0.2\times2$

$=3.2+0.26+0.3+0.18+1.1+0.48+0.1+0.29=5.91\text{m}^2$

双箱梁工程量:$5.91\times120=709.2\text{m}^3$

横梁截面面积:$\left[\frac{1}{2}\times(3.25+3.85)\times0.2+3.85\times0.3+\frac{1}{2}\times(0.6+3.85)\times1.1-0.4\times0.4\right]\times2+\left[\frac{1}{2}\times(6.4+7)\times0.2+7\times1.6-0.4\times0.4\right]$

$=(0.71+1.155+2.448-0.16)\times2+(1.34+11.2-0.16)$

$=8.31+12.38=20.69\text{m}^2$

横梁工程量:$20.69\times0.2\times15=62.07\text{m}^3$

主梁工程量:$709.2+62.07=771.27\text{m}^3$

(2)清单工程量:

清单工程量计算同定额工程量。

清单工程量计算见表3-16。

表3-16 清单工程量计算表

项目编码	项目名称	项目特征描述	计量单位	工程量
040303011001	混凝土箱梁	斜拉桥主梁采用分离式双箱梁	m^3	771.27

项目编码:040303012　　项目名称:混凝土连续板

【例18】 某桥为整体式连续板梁桥,其桥长为30m,板梁结构如图3-30所示,计算其工程量。

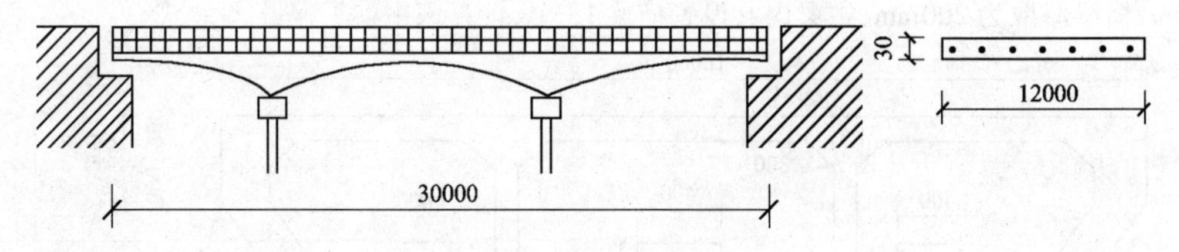

图3-30 连续板梁桥

【解】 (1)定额工程量:

$V=30\times12\times0.03=10.80\text{m}^3$

(2)清单工程量:

清单工程量计算同定额工程量。

清单工程量计算见表3-17。

表3-17 清单工程量计算表

项目编码	项目名称	项目特征描述	计量单位	工程量
040303012001	混凝土连续板	整体式连续板梁桥	m^3	10.80

项目编码:040303013　　项目名称:混凝土板梁

【例 19】　某混凝土空心板梁,如图 3-31 所示,现浇混凝土施工,板内设一直径为 67cm 的圆孔,截面形式和相关尺寸在图中已标注,求该空心板梁混凝土工程量。

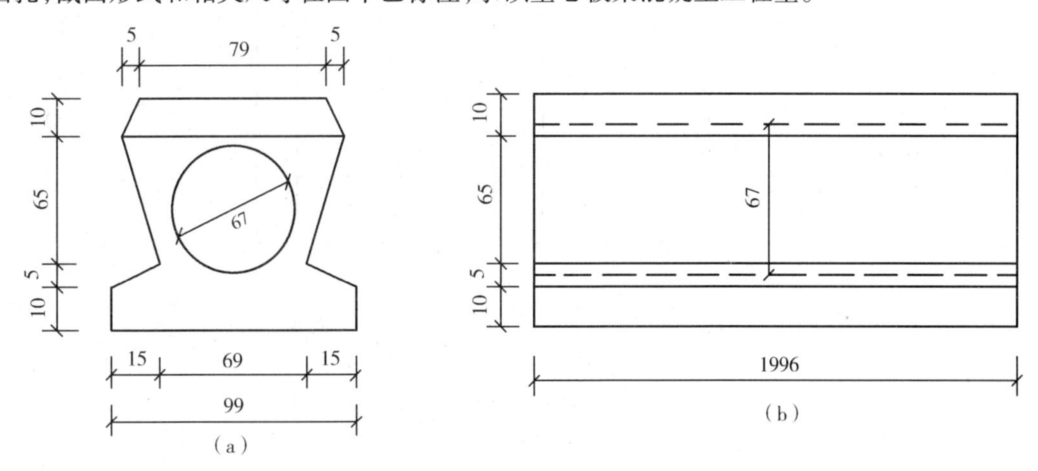

图 3-31　混凝土空心板梁示意图　(单位:cm)

(a)横截面图;(b)侧立面图

【解】　(1)定额工程量:

空心板梁横截面面积:

$$S=(0.79+0.89)\times 0.1/2+(0.89+0.69)\times 0.65/2+(0.69+0.99)\times 0.05/2+0.99\times 0.1-\frac{\pi\times 0.67^2}{4}$$

$$=0.084+0.514+0.042+0.099-0.352$$

$$=0.387\text{m}^2$$

空心板梁混凝土工程量:$V=SL=0.387\times 19.96=7.72\text{m}^3$

说明:空心板梁混凝土工程量按图示设计尺寸以体积计算。

(2)清单工程量:

清单工程量计算同定额工程量。

清单工程量计算见表 3-18。

表 3-18　清单工程量计算表

项目编码	项目名称	项目特征描述	计量单位	工程量
040303013001	混凝土板梁	混凝土空心板梁,现浇混凝土施工,板内设一直径为 67cm 的圆孔	m^3	7.72

项目编码:040304005　　项目名称:预制混凝土其他构件

【例 20】　某桥梁栏杆立柱及扶手采用混凝土工厂预制生产,其外观尺寸如图 3-32 所示,栏杆布置在桥梁两侧,长 96m,栏杆端部分别有一立柱,高 1.4m,沿栏杆长度范围内立柱间距 4m,其他相关尺寸如图 3-32 中标注,求该栏杆(包括立柱)的混凝土工程量。

【解】　(1)定额工程量:

单侧栏杆立柱个数:

96/4 + 1 = 25 个

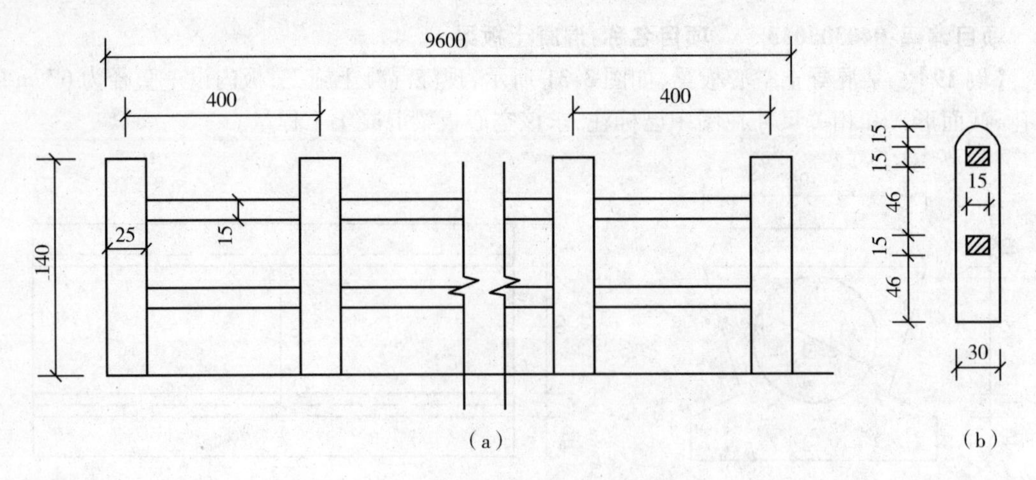

图 3-32　桥梁栏杆示意图　(单位:cm)

(a)栏杆立面图;(b)栏杆断面图

单个立柱混凝土工程量:

$$V=\left[\frac{\pi}{2}\times 0.15^2+(1.4-0.15)\times 0.3\right]\times 0.25=0.1026\text{m}^3$$

栏杆扶手混凝土工程量:

$V=0.15\times 0.15\times (96-25\times 0.25)\times 2=4.04\text{m}^3$

式中,0.15×0.15 表示扶手截面面积;(96－25×0.25)表示扶手实际长度,即由栏杆总长减去 25 个立柱侧宽求得。

合计:$2\times(25\times 0.1026+4.04)=13.21\text{m}^3$

即该桥栏杆混凝土工程量为 13.21m^3。

(2)清单工程量:

清单工程量计算同定额工程量。

清单工程量计算见表 3-19。

表 3-19　清单工程量计算表

项目编码	项目名称	项目特征描述	计量单位	工程量
040304005001	预制混凝土其他构件	栏杆布置在桥梁两侧,长 96m;栏杆端部分别有一立柱高 1.4m,沿栏杆长度范围内立柱间距 4m	m^3	13.21

项目编码:040304005　　项目名称:预制混凝土其他构件

【例 21】　某大城市一拱桥桁架,采用预制混凝土桁架构件,如图 3-33 所示,其构件附有上弦杆,杆长 4m,宽度 0.6m,竖杆高度 5m,宽度为 1m;斜杆与竖杆夹角 45°,杆宽 0.8m,杆长 3.5m,桁架构件杆均为方形,计算该预制混凝土桁架拱构件工程量。

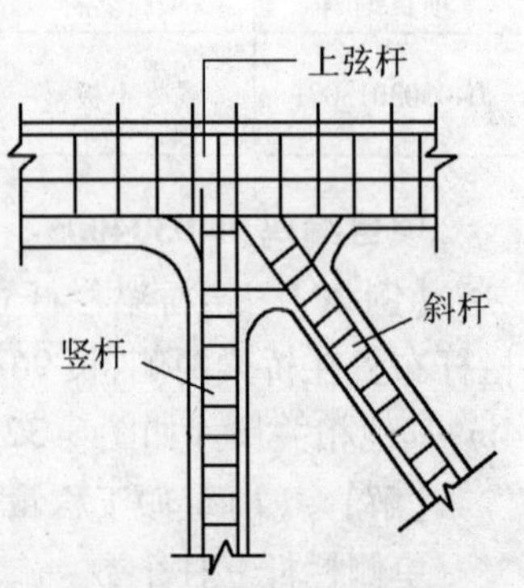

图 3-33　桁架示意图

【解】　(1)定额工程量:

$V_{上}=0.6\times 0.6\times 4=1.44\text{m}^3$

$V_{竖}=1\times 1\times 5=5.00\text{m}^3$

$V_{斜}=0.8\times 0.8\times 3.5=2.24\text{m}^3$

$V_{总}=1.44+5+2.24=8.68\text{m}^3$

(2)清单工程量：

清单工程量计算同定额工程量。

清单工程量计算见表3-20。

表3-20　清单工程量计算表

项目编码	项目名称	项目特征描述	计量单位	工程量
040304005001	预制混凝土其他构件	拱桥桁架，方形实心	m^3	8.68

说明：预制混凝土桁架拱构件采用方形实心，计算以设计尺寸按体积计算。

项目编码：040304005　　项目名称：预制混凝土其他构件

【例22】 某桥梁工程的桥面栏杆采用工厂混凝土预制，采用C30混凝土，该栏杆为方形立柱，如图3-35、图3-36所示，桥面总长70m，每2m设一栏杆，试求该栏杆的混凝土预制工程量。

【解】 (1)定额工程量：

棱锥计算简图如图3-34所示。

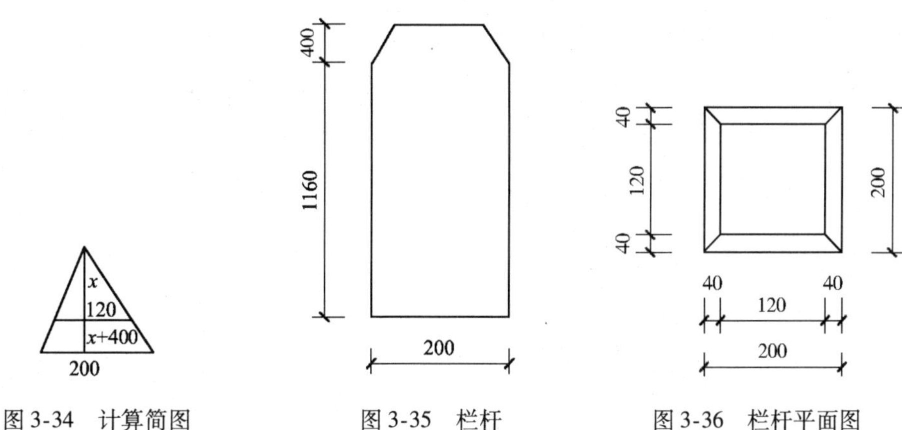

图3-34　计算简图　　图3-35　栏杆　　图3-36　栏杆平面图

计算上表面所在棱锥的高度 x，$\frac{x}{x+0.4}=\frac{0.12}{0.2}$，即 $x=\frac{0.12\times0.4}{0.08}=0.6\text{m}$

则一个栏杆的体积为

方法一：$V_0=0.2\times0.2\times1.16+\frac{1}{3}\times(0.2\times0.2\times1.0-0.12\times0.12\times0.6)$

$=0.057\text{m}^3$

方法二：$V_0=0.2\times0.2\times1.16+\frac{1}{3}\times0.4\times(0.2^2\times0.12^2+0.2\times0.12)$

$=0.057\text{m}^3$

则所有栏杆的混凝土预制工程量为

$V=0.057\times\left(\frac{70}{2}+1\right)=2.05\text{m}^3$

(2)清单工程量：

清单工程量计算同定额工程量。

清单工程量计算见表3-21。

表 3-21 清单工程量计算表

项目编码	项目名称	项目特征描述	计量单位	工程量
040304005001	预制混凝土其他构件	桥面栏杆为方形立柱,C30 混凝土	m^3	2.05

项目编码:040303019　　项目名称:桥面铺装

【例 23】 图 3-37 所示为某桥面的铺装构造,计算其分层工程量。

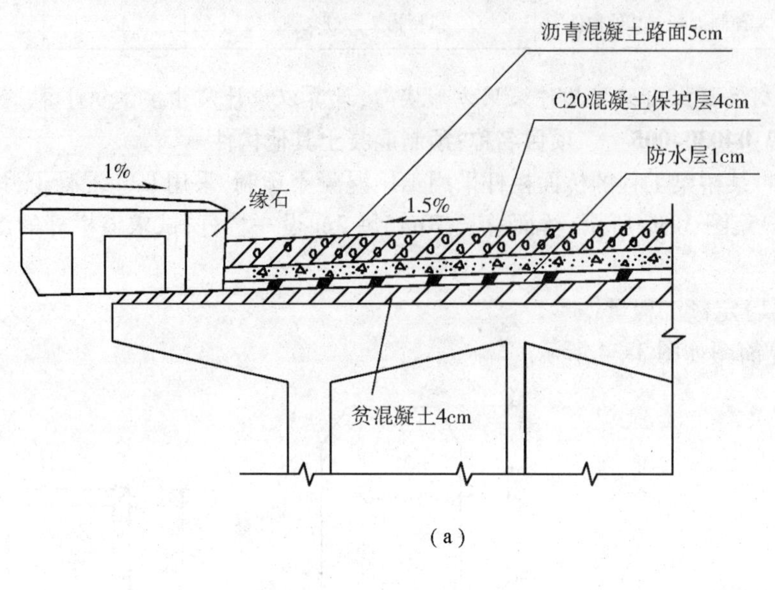

(a)

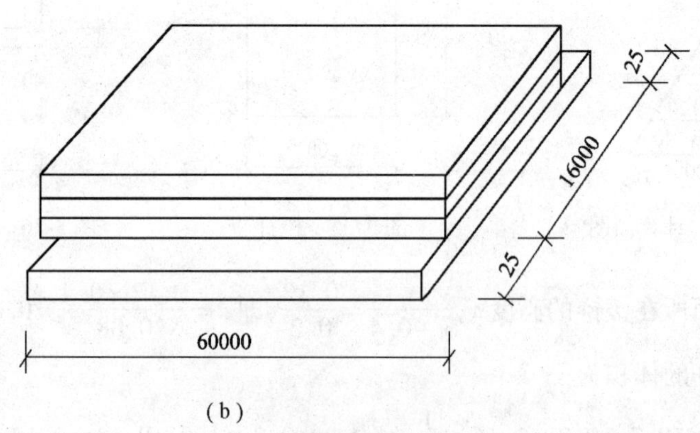

(b)

图 3-37 桥面铺装构造

(a)剖面图;(b)平面图

【解】 (1)定额工程量:

沥青混凝土路面体积:$V_1 = 60 \times 16 \times 0.05 = 48.00m^3$

C20 混凝土保护层:$V_2 = 60 \times 16 \times 0.04 = 38.40m^3$

防水层:$V_3 = 60 \times 16 \times 0.01 = 9.60m^3$

贫混凝土层:$V_4 = 60 \times (16 + 0.025 \times 2) \times 0.04 = 38.52m^3$

(2)清单工程量:

5cm 厚沥青混凝土路面面积:$S_1 = 60 \times 16 = 960.00m^2$

4cm 厚 C20 混凝土保护层:$S_2 = 60 \times 16 = 960.00m^2$

1cm 厚防水层：$S_3 = 60 \times 16 = 960.00\text{m}^2$

贫混凝土层：$S_4 = 60 \times (16 + 0.025 \times 2) = 963.00\text{m}^2$

清单工程量计算见表 3-22。

表 3-22　清单工程量计算表

序号	项目编码	项目名称	项目特征描述	计量单位	工程量
1	040303019001	桥面铺装	5cm 厚沥青混凝土路面	m^2	960.00
2	040303019002	桥面铺装	4cm 厚 C20 混凝土保护层	m^2	960.00
3	040303019003	桥面铺装	1cm 厚防水层	m^2	960.00
4	040303019004	桥面铺装	4cm 厚贫混凝土层	m^2	963.00

说明：路面铺装清单工程量按设计图示尺寸以面积计算，定额工程量按设计图示尺寸以体积计算。

项目编码：040303022　　项目名称：混凝土桥塔身

【例 24】 某斜拉桥的塔身如图 3-38 所示的 H 形塔身，计算其工程量。

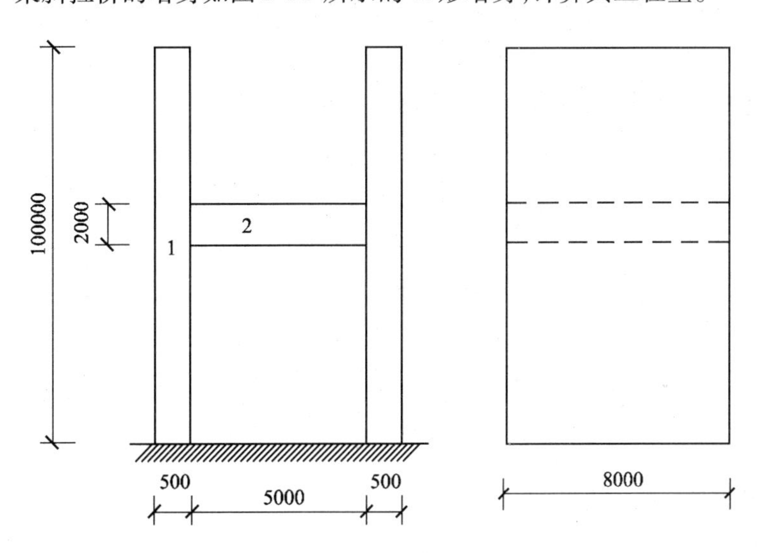

图 3-38　H 形塔身

【解】 (1)定额工程量：

$V_1 = 0.5 \times 8 \times 100 = 400\text{m}^3$

$V_2 = 5 \times 8 \times 2 = 80\text{m}^3$

$V = 2V_1 + V_2 = (2 \times 400 + 80) = 880.00\text{m}^3$

(2)清单工程量：

清单工程量计算同定额工程量。

清单工程量计算见表 3-23。

表 3-23　清单工程量计算表

项目编码	项目名称	项目特征描述	计量单位	工程量
040303022001	混凝土桥塔身	斜拉桥 H 形塔身	m^3	880.00

项目编码:040304002　　项目名称:预制混凝土立柱

【例25】 某桥梁工程中,用到预制 C30 钢筋混凝土柱,其图示尺寸如图 3-39 所示,试计算其工程量和定额费用。

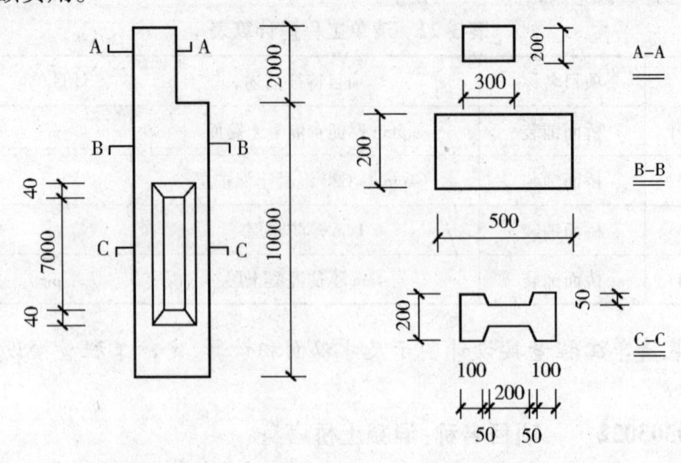

图 3-39　某工程钢筋混凝土柱示意图　(单位:mm)

【解】 (1)定额工程量:

钢筋混凝土柱工程量应按图示尺寸计算实体体积,其体积计算如下:

$$V = 0.3 \times 0.2 \times 2 + 0.5 \times 0.2 \times 10 - \left[7 \times 0.2 \times 0.05 + \frac{1}{3} \times 0.04 \times 0.05 \times 0.05 \times 4 + \frac{1}{2} \times (0.05 \times 0.05 \times 7 + 0.04 \times 0.05 \times 0.2) \times 2\right]$$

$$= 0.12 + 1 - (0.07 + 0.000133 + 0.0179)$$

$$= 1.03\text{m}^3$$

人工费:$1.032 \times 413.0 = 426.216$ 元

材料费:$59.39 \times 1.032 = 61.29$ 元

机械费:$1.032 \times 253.58 = 261.69$ 元

总费用:$426.216 + 61.29 + 261.69 = 749.20$ 元

(2)清单工程量:

清单工程量计算同定额工程量。

清单工程量计算见表 3-24。

表 3-24　清单工程量计算表

项目编码	项目名称	项目特征描述	计量单位	工程量
040304002001	预制混凝土立柱	C30 混凝土	m^3	1.03

项目编码:040304003　　项目名称:预制混凝土板

【例26】 某桥梁采用了 C30 混凝土预制空心板,中板四块、边板两块,板厚 40cm,设计图如图 3-40 所示,试计算空心板、绞缝、M10 水泥砂浆勾缝工程量。

【解】 (1)定额工程量:

1)空心预制板:

①中板工程量:$[1.24 \times 0.4 - 0.12^2 \times 3.14 \times 3 - (0.08 + 0.04) \times 0.04 - (0.06 + 0.04) \times$

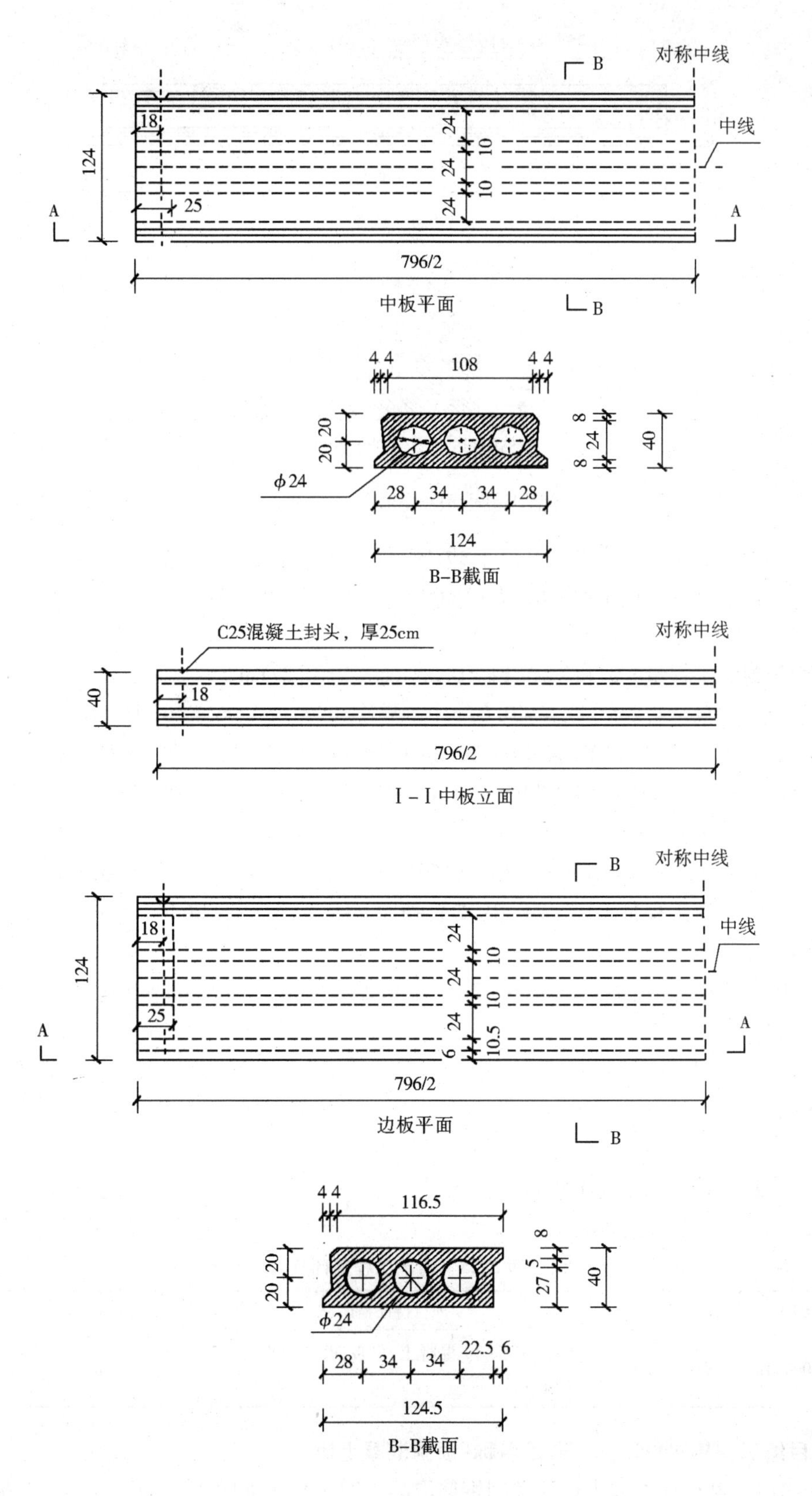

图 3-40　某工程混凝土预制空心板示意图　（单位：cm）

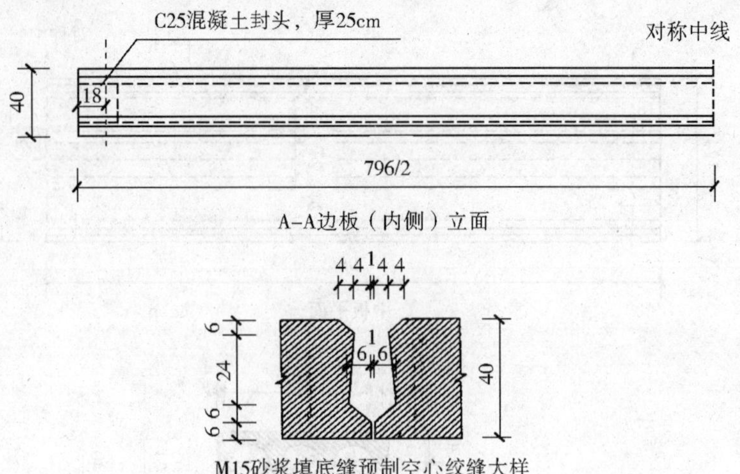

图 3-40　某工程混凝土预制空心板示意图(续)　(单位:cm)

$0.24-0.06\times0.06]\times7.96\times4$

$=(0.496-0.136-0.005-0.024-0.0036)\times7.96\times4$

$=10.424\text{m}^3$

②中板封头工程量 $=0.12^2\times3.14\times0.25\times6\times4=0.271\text{m}^3$

③边板工程量:$[1.245\times0.4-0.05\times0.06/2-0.27\times0.06-(0.08+0.04)\times0.04/2-(0.06+0.04)\times0.24/2-0.06\times0.06/2-0.12^2\times3\times3.14]\times7.96\times2$

$=(0.498-0.0015-0.0162-0.0024-0.012-0.0018-0.1356)\times7.96\times2$

$=5.23\text{m}^3$

④边板封头工程量 $=0.12^2\times3.14\times0.25\times6\times2=0.136\text{m}^3$

空心预制板总工程量 $=10.424+0.271+5.23+0.0136=16.06\text{m}^3$

2)绞缝工程量:

$[(0.09+0.17)\times0.04/2+(0.09+0.13)\times0.24/2+(0.01+0.13)\times0.06/2]\times7.96\times5$

$=1.425\text{m}^3$

3)M10 水泥砂浆勾缝:

$7.96\times5=39.8\text{m}$

(2)清单工程量:

清单工程量计算同定额工程量。

清单工程量计算见表 3-25。

表 3-25　清单工程量计算表

项目编码	项目名称	项目特征描述	计量单位	工程量
040304003001	预制混凝土板	空心板,C30 混凝土,中板四块,边板两块,板厚 40cm	m^3	16.06

项目编码:040304003　　项目名称:预制混凝土板

【例 27】　某桥梁工程用到的预制钢筋混凝土双 T 形板如图 3-41 所示,其尺寸在图上,试计算 20 块预制钢筋混凝土双 T 形板的工程量。

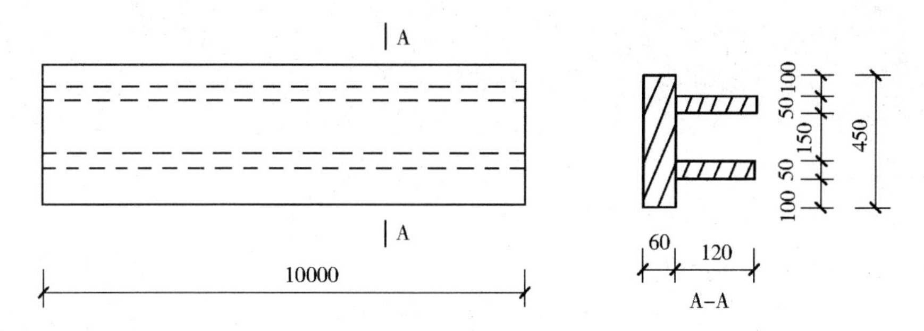

图 3-41 某工程钢筋混凝土双 T 形板示意图 （单位:mm）

【解】 (1)定额工程量:

预制钢筋混凝土双 T 形板混凝土图示工程量,按图示尺寸计算实体积。

$V=(0.06\times0.45+0.05\times0.12\times2)\times10\times20=(0.027+0.012)\times10\times20$

$=7.80\text{m}^3$

(2)清单工程量:

清单工程量计算同定额工程量。

清单工程量计算见表 3-26。

表 3-26 清单工程量计算表

项目编码	项目名称	项目特征描述	计量单位	工程量
040304003001	预制混凝土板	双 T 形	m^3	7.80

项目编码:040304001　　项目名称:预制混凝土梁

【例 28】 有一跨径为 30m 的桥,其采用非预应力预制混凝土 T 形梁如图 3-42 所示,计算其工程量。

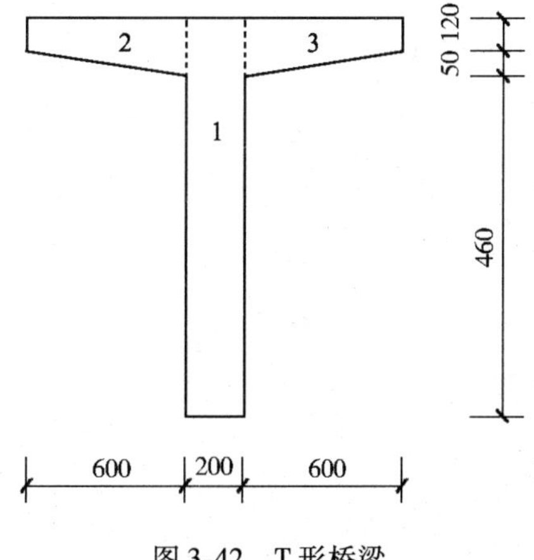

图 3-42 T 形桥梁

【解】 (1)定额工程量:

$V_1=0.2\times0.63\times30=3.78\text{m}^3$

$$V_2=V_3=\left(0.6\times0.17-\frac{1}{2}\times0.6\times0.05\right)\times30$$

$=0.087\times30$

$=2.61\text{m}^3$

$$V = V_1 + V_2 + V_3$$
$$= 3.78 + 2.61 + 2.61$$
$$= 9.00\text{m}^3$$

(2)清单工程量:

清单工程量计算同定额工程量。

清单工程量计算见表 3-27。

表 3-27　清单工程量计算表

项目编码	项目名称	项目特征描述	计量单位	工程量
040304001001	预制混凝土梁	T 形梁,非预应力	m^3	9.00

项目编码:040305002　　项目名称:干砌块料

【例 29】 某桥梁工程采用干砌块石锥形护坡,厚 40cm,其结构和锥形护坡示意图如图 3-43、图 3-44 所示,试计算干砌块石工程量。

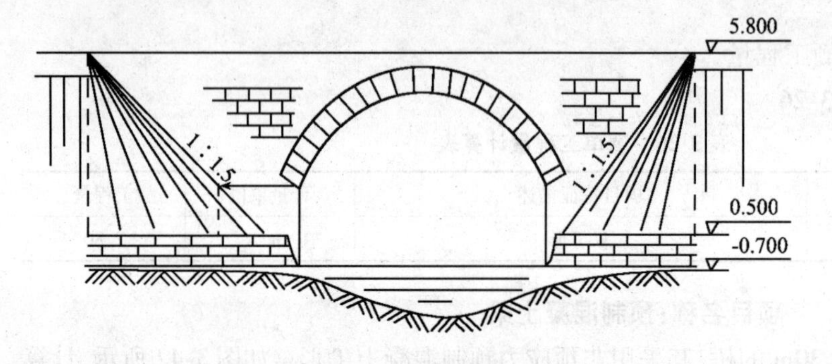

图 3-43　桥梁结构示意图

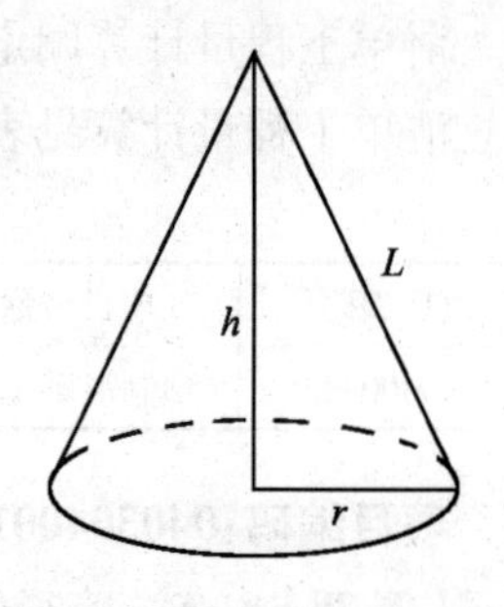

图 3-44　锥形护坡示意图

【解】 (1)定额工程量:

锥形护坡:$h = 5.80 - 0.50 = 5.30\text{m}$

$r = 5.30 \times 1.5 = 7.95\text{m}$

$$L = \sqrt{7.95^2 + 5.30^2} = \sqrt{63.2025 + 28.09} = 9.55\text{m}$$

锥形护坡干砌块石:$V = \frac{1}{2}\pi 2rl \times 0.4$

$$= \pi \times 7.95 \times 9.55 \times 0.4$$
$$= 95.45\text{m}^3$$

(2)清单工程量:

清单工程量计算同定额工程量。

清单工程量计算见表 3-28。

表 3-28　清单工程量计算表

项目编码	项目名称	项目特征描述	计量单位	工程量
040305002001	干砌块料	锥形护坡,干砌块石	m^3	95.45

项目编码:040305003　　项目名称:浆砌块料

项目编码:040305005　　项目名称:护坡

【例 30】 某桥梁工程，其护坡如图 3-45(a)所示，其计算简图如图 3-45(b)所示，试计算锥坡M7.5砂浆砌块石、锥坡边护坡、1∶2 水泥砂浆勾缝工程量。

【解】 (1)定额工程量：

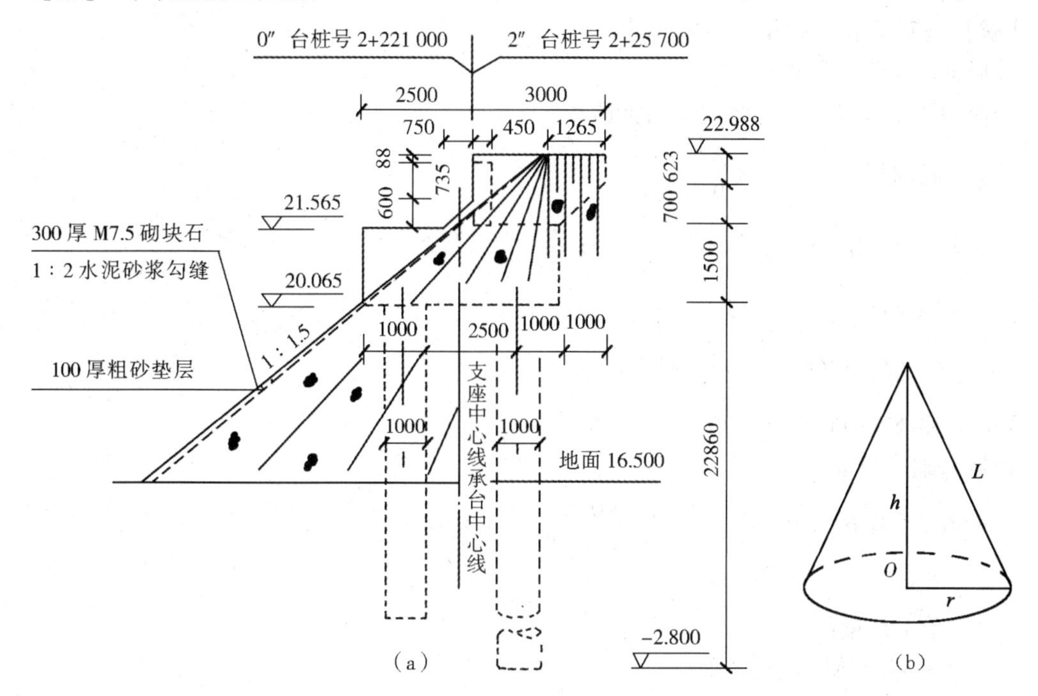

图 3-45 某桥梁工程护坡示意图 (单位：mm)

(a)护坡示意图；(b)计算简图

锥坡：$h = 22.988 - 16.5 = 6.488\text{m}$

$L = 6.488 \times 1.5 = 9.732\text{m}$

$r = \sqrt{L^2 - h^2} = \sqrt{9.732^2 - 6.488^2} = 7.254\text{m}$

1)锥坡 M7.5 砂浆砌块石

其工程量：$\pi r^2 L \times 0.3 = 3.14 \times 7.254^2 \times 9.732 \times 0.3 = 482.4\text{m}^3$

2)锥坡边护坡

其工程量：$9.732 \times 2.5 \times 4 = 97.32\text{m}^2$

3)1∶2 水泥砂浆勾缝

其工程量：$\pi \times 7.254 \times 9.732 + 9.732 \times 2.5 \times 4 + 1 \times (14.284 \times \pi + 2.5 \times 4) + 4.15 \times 1.5 \times 40 + 1 \times 40 = 221.67 + 97.3 + 54.87 + 249 + 40 = 662.84\text{m}^2$

(2)清单工程量：

清单工程量计算同定额工程量。

清单工程量计算见表 3-29。

表 3-29 清单工程量计算表

序号	项目编码	项目名称	项目特征描述	计量单位	工程量
1	040305003001	浆砌块料	M7.5 砂浆砌块石，锥坡	m^3	482.4
2	040305005001	护坡	30cm 厚，浆砌块石	m^2	97.32

项目编码:040305003　　项目名称:浆砌块料

【例 31】 某桥涵工程,护坡采用毛石锥形护坡,如图 3-46 所示,试计算其工程量。

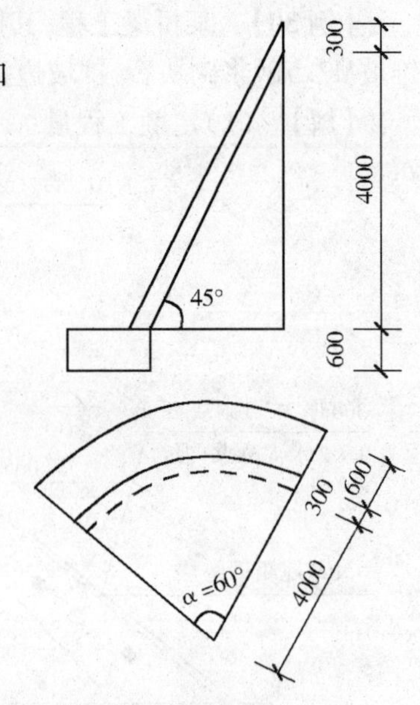

图 3-46 锥形护坡示意图（单位:mm）

【解】 (1)定额工程量:

锥形护坡工程量计算

锥形护坡工程量 = 外锥体积 - 内锥体积

$$V_{外锥} = 底面积 \times 高 \times \frac{1}{3} \times \frac{1}{6}$$

$$= (4.0+0.3)^2 \times 3.14 \times 4.3 \times \frac{1}{3} \times \frac{1}{6}$$

$$= 13.87\text{m}^3$$

$$V_{内锥} = 4^2 \times 3.14 \times 4 \times \frac{1}{3} \times \frac{1}{6} = 11.17\text{m}^3$$

$$V_{护坡} = 13.87 - 11.17 = 2.70\text{m}^3$$

护坡基础工程量计算

$$V = (0.3+0.6) \times 0.6 \times \left(4 + \frac{0.3+0.6}{2}\right) \times 2 \times 3.1416 \times \frac{1}{6}$$

$$= 2.52\text{m}^3$$

(2)清单工程量:

清单工程量计算同定额工程量。

清单工程量计算见表 3-30。

表 3-30 清单工程量计算表

序号	项目编码	项目名称	项目特征描述	计量单位	工程量
1	040305003001	浆砌块料	毛石,锥形护坡	m^3	2.70
2	040305003002	浆砌块料	毛石,锥形护坡基础	m^3	2.52

项目编码:040305003　　项目名称:浆砌块料

【例 32】 某桥涵工程护坡采用毛石护坡,全长 100m,如图 3-47 所示,试计算其工程量。

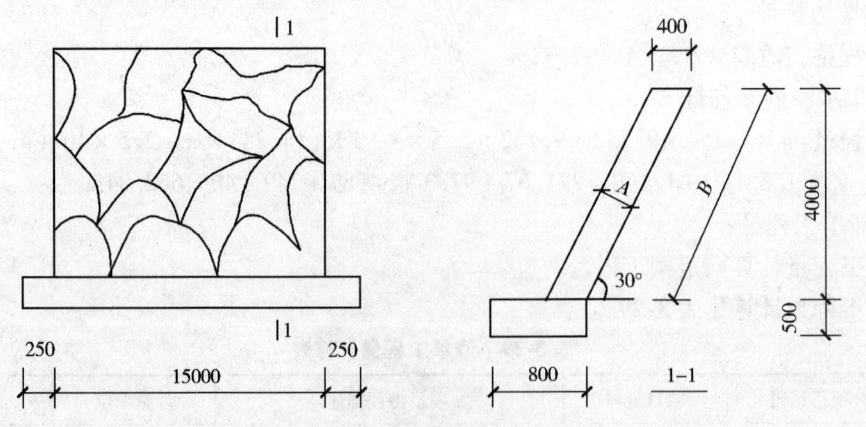

图 3-47 某桥涵工程护坡示意图 （单位:mm）

【解】 (1)定额工程量:

护坡工程量 V = 护坡断面积 × 护坡长度

护坡断面积：$A \times B$

$$A = 0.4 \times \cos 60° = 0.4 \times \frac{1}{2} = 0.2\text{m}$$

$$B = 4 \times \frac{1}{\cos 60°} = 4 \times \frac{1}{\frac{1}{2}} = 8\text{m}$$

护坡工程量：$V = 0.2 \times 8 \times 100 = 160.00\text{m}^3$

护坡基础工程量：$V = 0.5 \times 0.8 \times (15 + 0.25 \times 2) = 6.20\text{m}^3$

(2)清单工程量：

清单工程量计算同定额工程量。

清单工程量计算见表 3-31。

表 3-31 清单工程量计算表

序号	项目编码	项目名称	项目特征描述	计量单位	工程量
1	040305003001	浆砌块料	毛石，护坡	m^3	160.00
2	040305003002	浆砌块料	毛石，护坡基础	m^3	6.20

项目编码：040305003　　项目名称：浆砌块料

【例 33】 某拱桥的浆砌拱圈结构及细部尺寸如图 3-48 所示，计算拱圈工程量。

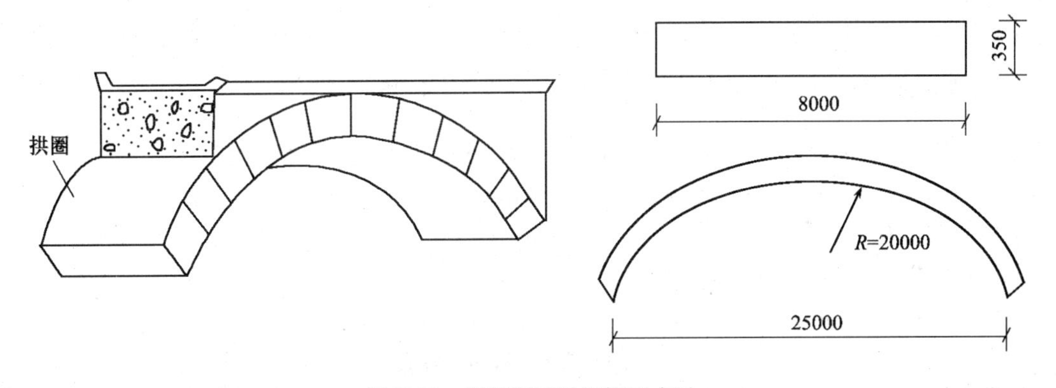

图 3-48　拱桥拱圈及细部尺寸图

【解】 (1)定额工程量：

拱圈对应圆心角：$2 \times \arcsin \frac{12.5}{20} = 77.4°$

拱圈工程量：$\frac{77.4}{360} \times 2 \times 3.142 \times 20 \times 0.35 \times 8 = 75.66\text{m}^3$

(2)清单工程量：

清单工程量计算同定额工程量。

清单工程量计算见表 3-32。

表 3-32 清单工程量计算表

项目编码	项目名称	项目特征描述	计量单位	工程量
040305003001	浆砌块料	拱圈半径 20000mm，截面尺寸为 8000mm × 350mm	m^3	75.66

项目编码:040304015　　项目名称:混凝土挡墙墙身

【例 34】 某现浇混凝土挡墙,如图 3-49 所示,挡墙长 10.6m,挡墙横截面形式及相关尺寸如图 3-49 标注,求该挡墙混凝土工程量(已知:挡墙墙身背面为竖直面,另一面倾斜)。

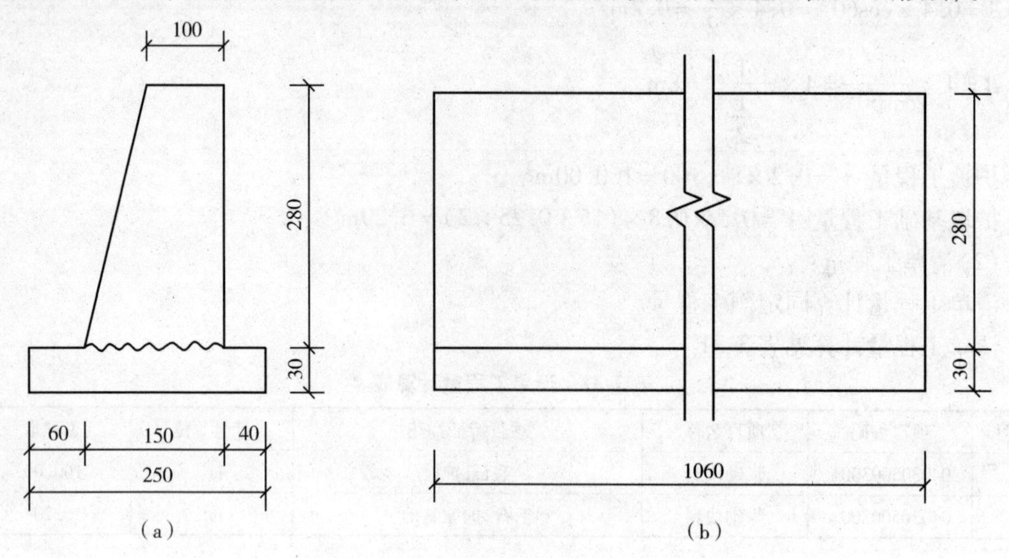

图 3-49　混凝土挡墙示意图　(单位:cm)

(a)横截面图;(b)侧立面图

【解】 (1)定额工程量:

挡墙横截面面积:$S=\dfrac{(1+1.5)\times 2.8}{2}+0.3\times 2.5=4.25\text{m}^2$

挡墙混凝土工程量:$V=SL=4.25\times 10.6=45.05\text{m}^3$

说明:挡墙混凝土工程量按图示设计尺寸以体积计算。

(2)清单工程量:

清单工程量计算同定额工程量。

清单工程量计算见表 3-33。

表 3-33　清单工程量计算表

项目编码	项目名称	项目特征描述	计量单位	工程量
040304015001	混凝土挡墙墙身	挡墙长 10.6m,挡墙墙身背面为竖直面,另一面倾斜	m^3	45.05

项目编码:040304015　　项目名称:混凝土挡墙墙身

【例 35】 在某桥梁工程中,其桥下边坡采用如图 3-50 所示的仰斜式预制混凝土挡土墙,其墙厚 3m,计算其工程量。

【解】 (1)定额工程量:

$V=8\times 2\times 3=48.00\text{m}^3$

(2)清单工程量:

清单工程量计算同定额工程量。

清单工程量计算见表 3-34。

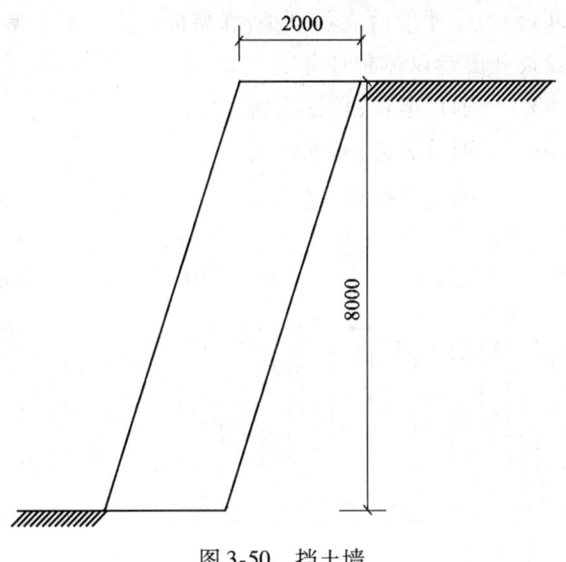

图 3-50　挡土墙

表 3-34　清单工程量计算表

项目编码	项目名称	项目特征描述	计量单位	工程量
040304015001	混凝土挡墙墙身	仰斜式挡土墙,墙厚 3m	m^3	48.00

项目编码:040306002　　项目名称:滑板

【例 36】 某道桥采用箱涵顶进法施工,在设计滑板时,为增加滑板底部与土层的摩阻力,防止箱体启动时带动滑板,在滑板底部每隔 6.5m 设置一个反梁,同时为减少启动阻力的增加,在滑板施工过程中埋入带孔的寸管,滑板长 19m,宽 3.5m,滑板结构示意图如图 3-51 所示,试计算该滑板的工程量。

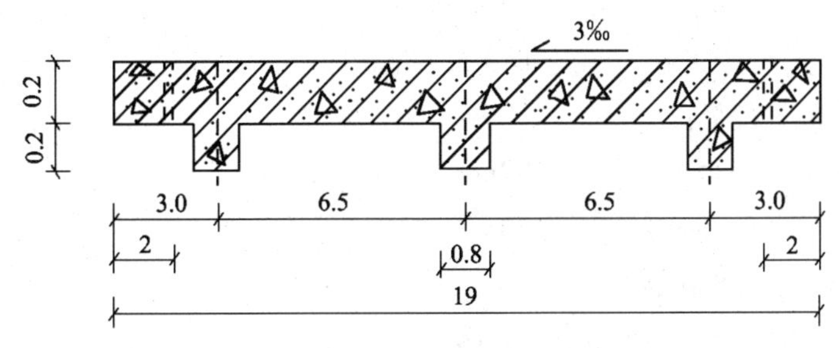

图 3-51　滑板结构示意图　(单位:m)

【解】 (1)定额工程量:

$V = (19 \times 0.2 + 0.8 \times 0.2 \times 3) \times 3.5 = 14.98\text{m}^3$

(2)清单工程量:

清单工程量计算同定额工程量。

清单工程量计算见表 3-35。

表 3-35　清单工程量计算表

项目编码	项目名称	项目特征描述	计量单位	工程量
040306002001	滑板	滑板施工过程中埋入带孔的寸管,滑板长 19m,宽 3.5m	m^3	14.98

说明：在工程量计算时，由于寸管的直径很小，在实际计算中可忽略不计，根据清单计算规则，滑板工程量计算应按设计图示以体积计算。

项目编码:040306003　　项目名称:箱涵底板

项目编码:040306004　　项目名称:箱涵侧墙

项目编码:040306005　　项目名称:箱涵顶板

【例 37】 某涵洞为箱涵形式，如图 3-52 所示，其箱涵底板表面为水泥混凝土板，厚度为 20cm，C20 混凝土箱涵侧墙厚 50cm，C20 混凝土顶板厚 30cm，涵洞长为 15m，计算各部分工程量。

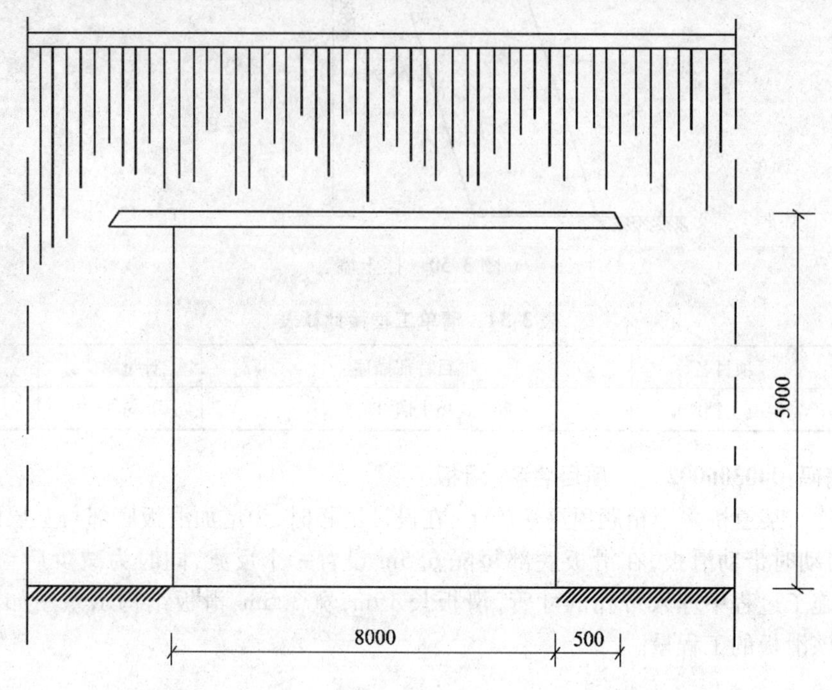

图 3-52　箱涵洞

【解】 (1)定额工程量：

1)箱涵底板：$V_1 = 8 \times 15 \times 0.2 = 24.00\text{m}^3$

2)箱涵侧墙：$V_2 = 15 \times 5 \times 0.5 = 37.50\text{m}^3$

$V = 2V_2 = 2 \times 37.5 = 75.00\text{m}^3$

3)箱涵顶板：$V = (8 + 0.5 \times 2) \times 0.3 \times 15 = 40.50\text{m}^3$

(2)清单工程量：

清单工程量计算同定额工程量。

清单工程量计算见表 3-36。

表 3-36　清单工程量计算表

序号	项目编码	项目名称	项目特征描述	计量单位	工程量
1	040306003001	箱涵底板	箱涵底板表面为水泥混凝土板，厚度为 20cm	m^3	24.00
2	040306004001	箱涵侧墙	侧墙厚 50cm，C20 混凝土	m^3	75.00
3	040306005001	箱涵顶板	顶板厚 30cm，C20 混凝土	m^3	40.50

项目编码:040306006　　项目名称:箱涵顶进

项目编码:040306007　　项目名称:箱涵接缝

【例38】 某道路下穿高速公路,在施工时采用预制分节顶入桥涵,箱涵的横截面如图3-53所示,整个箱涵分三节顶进完成施工,其纵剖面如图3-54所示,分节箱涵的节间接缝按设计要求设置有止水带,试计算该项工程箱涵接缝工程量及箱涵顶进工程量。

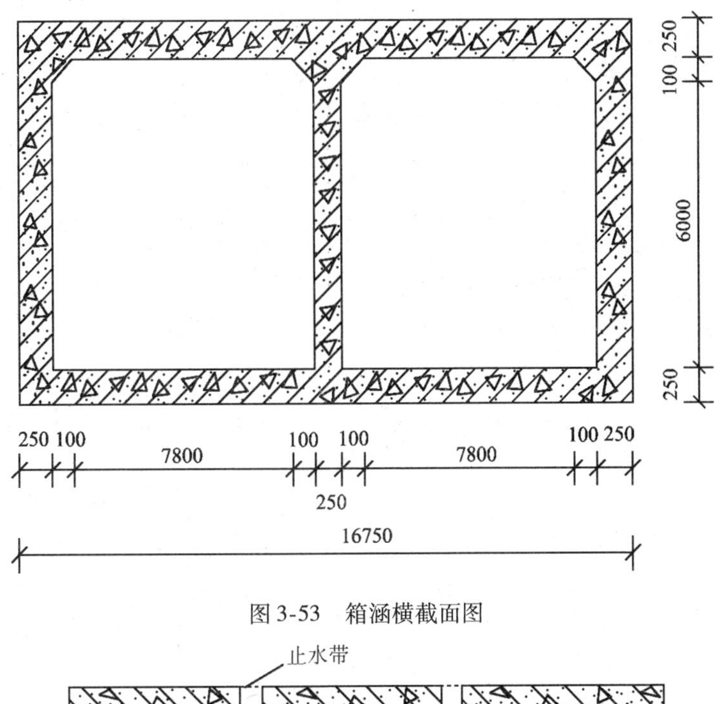

图3-53　箱涵横截面图

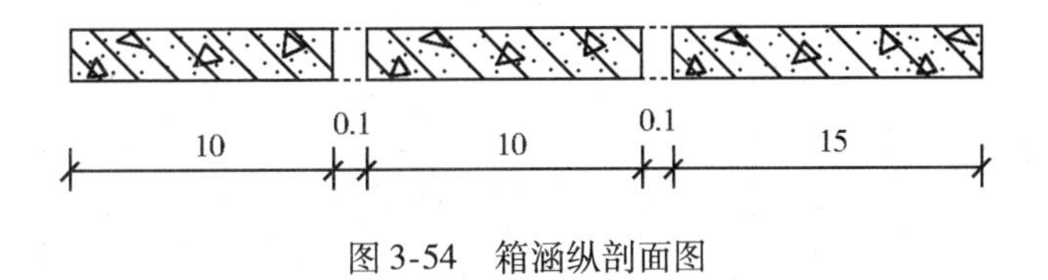

图3-54　箱涵纵剖面图

【解】 (1)定额工程量:

1)接缝工程量:

$L=[(16.75+6.6)\times2+6.6]\times2=106.60\text{m}$

2)箱涵顶进工程量:

$(2\times16.75\times0.25+3\times0.25\times6.1+2\times0.1\times0.1)\times2300\times(15\times35.2+10\times20.1+10\times10)$

$=12.97\times2300\times829$

$=24729899\text{kg}\cdot\text{m}$

$=24.730\text{kt}\cdot\text{m}$

(2)清单工程量:

清单工程量计算同定额工程量。

清单工程量计算见表3-37。

表3-37 清单工程量计算表

序号	项目编码	项目名称	项目特征描述	计量单位	工程量
1	040306006001	箱涵顶进	分三节顶进	kt·m	24.730
2	040306007001	箱涵接缝	分节箱涵的节间接缝按设计要求设置有止水带	m	106.60

说明：本项目涉及多节箱涵顶进，在预制分节顶入桥涵时，每节桥涵的端面必须垂直于桥涵轴线，分节箱涵的节间接缝应设置止水带或采取防水处理，根据清单计算规则，箱涵接缝按设计图示尺寸止水带的长度计算。

项目编码：040307001　　项目名称：钢箱梁

【例39】 某桥梁工程，采用钢箱梁的外形及尺寸如图3-55所示，箱两端过檐为100mm，箱长25m，两端竖板厚50mm，计算单个钢箱梁工程量。

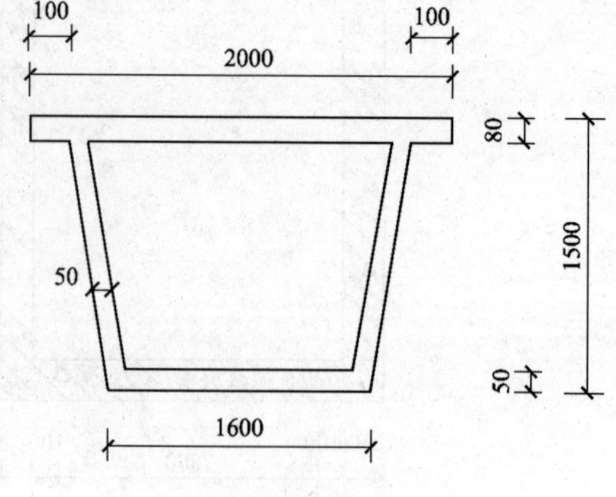

图3-55 钢箱梁中截面

【解】 (1)定额工程量：

两端过檐体积：$2\times2.0\times0.08\times0.1$

$=0.03m^3$

箱体钢体积：$(2.0\times0.08+2\times1.42\times0.05+1.5\times0.05)\times25+\frac{1}{2}\times(1.5+1.7)\times1.37\times0.05\times2$

$=(0.16+0.142+0.075)\times25+0.219$

$=9.64m^3$

钢箱梁工程量：$(0.03+9.64)\times7.87\times10^3kg=76.103t$

(2)清单工程量：

清单工程量计算同定额工程量。

清单工程量计算见表3-38。

表3-38 清单工程量计算表

项目编码	项目名称	项目特征描述	计量单位	工程量
040307001001	钢箱梁	钢箱梁两端过檐100mm，箱长25m，两端竖板厚50mm	t	76.103

项目编码：040307002　　项目名称：钢板梁

【例40】 某板梁桥的上承板梁如图3-56所示，其全桥长为60m，一跨为如图3-56所示细部构造，其中加劲角钢按3m设计，计算钢板梁工程量。

【解】 (1)定额工程量：

如图3-56所示：

$V_1=6.1\times0.2\times15=18.3m^3$

$V_2=0.1\times15\times0.8=1.2m^3$

$V_3=3\times0.05\times0.8-1.5\times0.1\times0.05\times2=0.11m^3$

$V=(4V_1+2V_2+6V_3)\times4=(4\times18.3+2\times1.2+6\times0.11)\times4=305.04\text{m}^3$

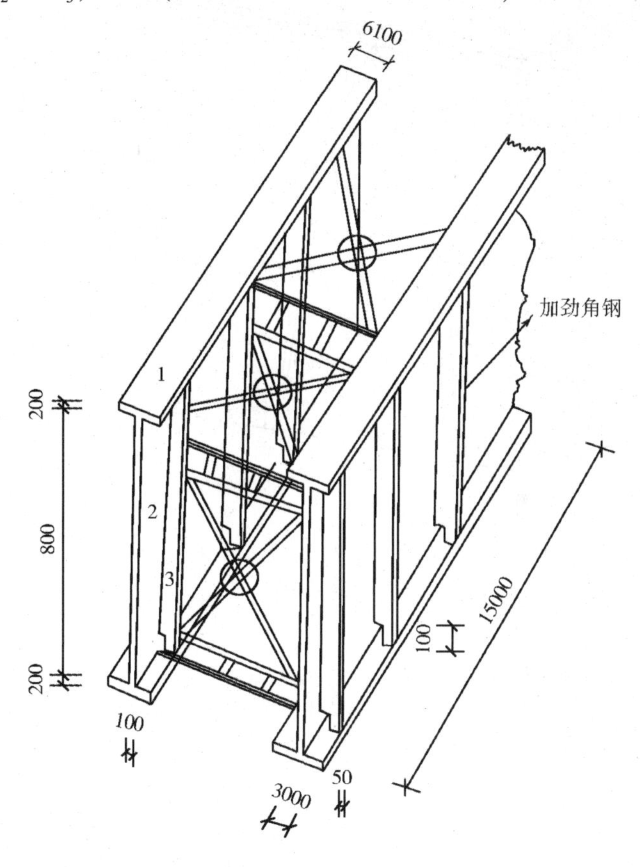

图 3-56　梁桥上承板

又因为钢的密度为 $7.85\times10^3\text{kg/m}^3$，故

$m=7.85\times10^3\times305.04=2394.564\times10^3\text{kg}=2394.564\text{t}$

(2)清单工程量：

清单工程量计算同定额工程量。

清单工程量计算见表 3-39。

表 3-39　清单工程量计算表

项目编码	项目名称	项目特征描述	计量单位	工程量
040307002001	钢板梁	上承钢板梁，其中加劲角钢按 3m 设计	t	2394.564

项目编码：040307003　　项目名称：钢桁梁

【例 41】　某钢桁梁跨，其中前表面有 6 根斜杆、5 根直杆，上表面有 8 根斜杆、5 根直杆，该桥共 2 跨。当跨度增大时，梁的高度也要增大，如仍用板梁，则腹板、盖板、加劲角钢及接头等就显得尺寸巨大而笨重。若采用腹杆代替腹板组成桁梁，则重量大为减轻，故在某跨度为 48m 的桥梁中采用这种结构形式，计算钢桁梁的工程量（图 3-57 中采用宽 300mm，厚 150mm 的钢板）。

【解】　(1)定额工程量：

如图 3-57 所示，其前面的斜杆：

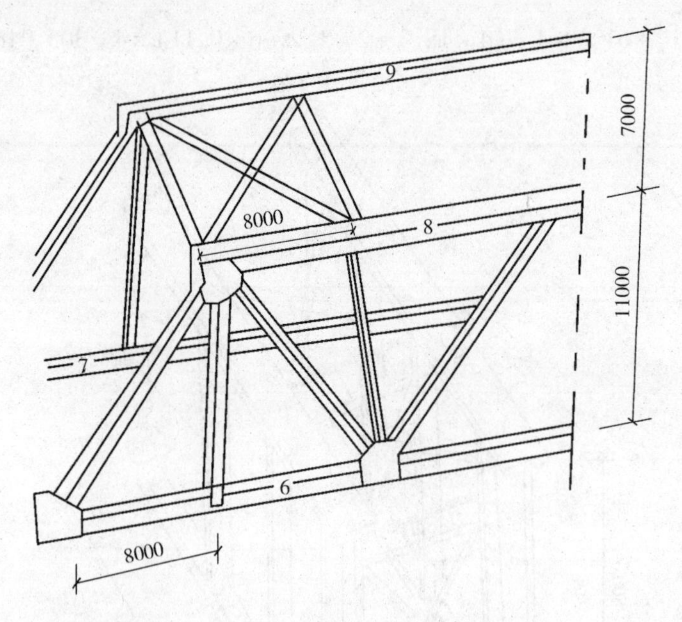

图 3-57　钢桁架

$L_{斜杆1} = \sqrt{8^2 + 11^2} = 13.6\text{m}$

$V_{斜杆_1} = 13.6 \times 0.3 \times 0.15 = 0.612\text{m}^3$

$V_{直杆_1} = 11 \times 0.3 \times 0.15 = 0.495\text{m}^3$

上表面的斜杆：

$L_{斜杆} = \sqrt{7^2 + 8^2} = 10.63\text{m}$

$V_{斜杆} = 10.63 \times 0.3 \times 0.15 = 0.478\text{m}^3$

$V_{直杆} = 7 \times 0.3 \times 0.15 = 0.315\text{m}^3$

又如图 3-57 中说明，其图为某钢桁梁的一跨。其中前表面有 6 根斜杆、5 根直杆，上表面有 8 根斜杆、5 根直杆，可推知下表面有 12 根斜杆、7 根直杆，全桥共有 2 跨，故全桥中：

前后表面斜杆为：$V_{斜杆_3} = 0.612 \times 6 \times 2 \times 2 = 14.688\text{m}^3$

前后表面直杆为：$V_{直杆_3} = 0.495 \times 5 \times 2 \times 2 = 9.9\text{m}^3$

上表面斜杆为：$V_{斜杆_4} = 0.478 \times 8 \times 2 = 7.648\text{m}^3$

上表面直杆为：$V_{直杆_4} = 0.315 \times 5 \times 2 = 3.15\text{m}^3$

下表面斜杆为：$V_{斜杆_5} = 0.478 \times 12 \times 2 = 11.472\text{m}^3$

下表面直杆为：$V_{直杆_5} = 0.315 \times 7 \times 2 = 4.41\text{m}^3$

如图 3-57 所示，6、7、8、9 杆的体积为：

$V_6 = V_7 = 48 \times 0.3 \times 0.15 = 2.16\text{m}^3$

$V_8 = V_9 = (48 - 2 \times 8) \times 0.3 \times 0.15 = 1.44\text{m}^3$

故 $V = V_{斜3} + V_{直3} + V_{斜4} + V_{直4} + V_{斜5} + V_{直5} + 2V_6 + 2V_7 + 2V_8 + 2V_9$

$= 14.688 + 9.9 + 7.648 + 3.15 + 11.472 + 4.41 + 2 \times 2.16 + 2 \times 2.16 + 2 \times 1.44 + 2 \times 1.44$

$= 65.67\text{m}^3$

其中钢的密度为 $7.85 \times 10^3\text{kg/m}^3$，故钢桁梁的工程量为：

$m = 7.85 \times 10^3 \times 65.67 = 515.51 \times 10^3\text{kg} = 515.510\text{t}$

(2)清单工程量：

清单工程量计算同定额工程量。

清单工程量计算见表3-40。

表3-40　清单工程量计算表

项目编码	项目名称	项目特征描述	计量单位	工程量
040307003001	钢桁梁	钢桁梁跨，前表面6根斜杆、5根直杆，上表面8根斜杆、5根直杆，共2跨	t	515.510

项目编码：040307008　　项目名称：悬（斜拉）索

【例42】 某斜拉桥有4个相同的索塔，每个索塔的具体构造如图3-58所示，计算其斜索工程量。

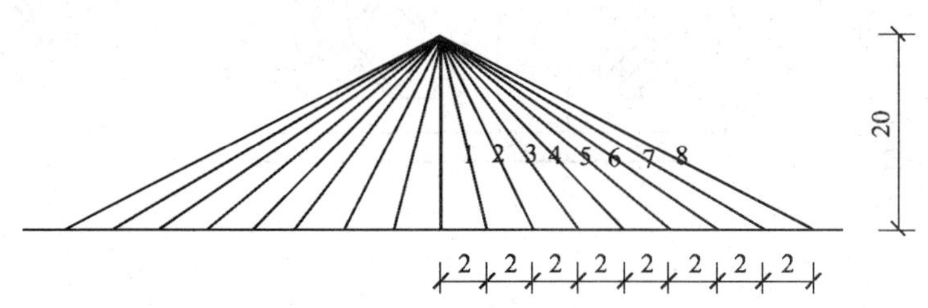

图3-58　斜拉桥（每根斜索采用直径为50mm的钢筋）（单位：m）

【解】 (1)定额工程量：

如图所示，各斜索长度分别为：

$l_1 = \sqrt{20^2 + 2^2} = 20.1\text{m}$

$l_2 = \sqrt{20^2 + 4^2} = 20.4\text{m}$

$l_3 = \sqrt{20^2 + 6^2} = 20.88\text{m}$

同理可得：$l_4 = 21.54\text{m}$、$l_5 = 22.36\text{m}$、$l_6 = 23.32\text{m}$、$l_7 = 24.41\text{m}$、$l_8 = 25.61\text{m}$

查表可得：直径为50mm的钢筋，单根钢筋理论质量为15.42kg/m

故各索塔侧各斜索质量为：

$m_1 = 15.42 \times 20.1 = 309.94\text{kg}$

$m_2 = 15.42 \times 20.4 = 314.57\text{kg}$

同理可得：$m_3 = 321.97\text{kg}$、$m_4 = 332.15\text{kg}$、$m_5 = 344.79\text{kg}$

$m_6 = 359.59\text{kg}$、$m_7 = 376.40\text{kg}$、$m_8 = 394.91\text{kg}$

故 $m = 4 \times 2 \times (m_1 + m_2 + m_3 + m_4 + m_5 + m_6 + m_7 + m_8)$

$= 8 \times (309.17 + 314.57 + 321.97 + 332.15 + 344.79 + 359.59 + 376.40 + 394.91)$

$= 8 \times 2753.55 = 22028.4\text{kg}$

$= 22.028\text{t}$

(2)清单工程量：

清单工程量计算同定额工程量。

清单工程量计算见表3-41。

表3-41　清单工程量计算表

项目编码	项目名称	项目特征描述	计量单位	工程量
040307008001	悬（斜拉）索	斜拉桥索塔斜索直径为50mm的钢筋	t	22.028

项目编码:040308002　　项目名称:剁斧石饰面

【例43】 为了与城市格调一致,对某城市20m的桥梁进行装饰,其栏杆设计为如图3-59所示,板厚30mm,其中,栏板的花纹部分和柱子采用拉毛,剩余部分用剁斧石饰面(不包括地栿),计算剁斧石饰面和拉毛的工程量。

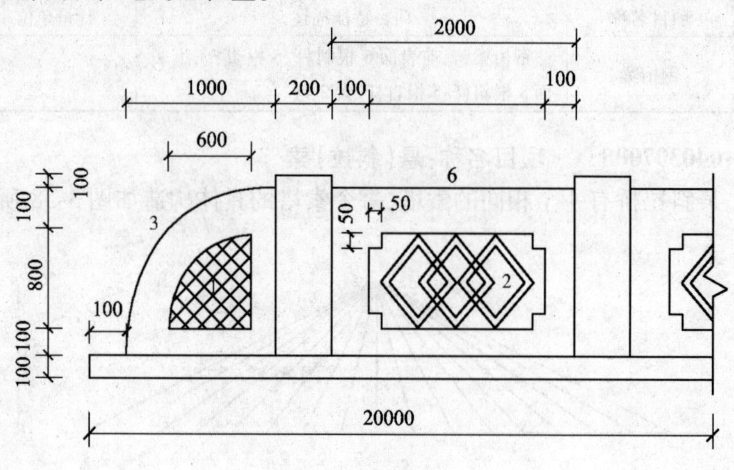

图3-59 桥梁栏杆

【解】 (1)定额工程量:

经计算可得:一面栏杆共9个柱子,中间8块相同的带有棱形花纹的栏板,两边各有一块带半圆花纹的栏板,则有:

拉毛工程量:

半圆花纹:$S_1=\dfrac{1}{4}\times\pi\times0.6^2=0.28\text{m}^2$

麦形花纹矩形:$S_2=(2-2\times0.1)\times0.8-4\times(0.05\times0.05)=1.43\text{m}^2$

柱子:

顶面:$S_3=\pi\times0.1^2=0.03\text{m}^2$

侧面:如图3-60所示:$\sin\theta_1=\dfrac{\dfrac{0.030}{2}}{\dfrac{0.2}{2}}=0.15$

$\theta_1=\arcsin0.15$

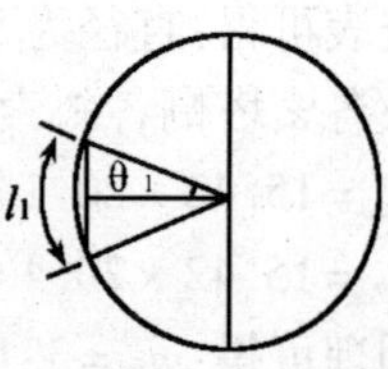

$l_1=2\pi r\cdot\dfrac{2\theta_1}{360}=\dfrac{\pi}{180}\times0.2\times\arcsin0.15=0.03\text{m}$

θ_1　l_1

图3-60 计算简图

$$\begin{aligned}S_4&=\pi\times0.2\times(0.1\times2+0.1+0.8)-0.03\times(0.1\times3+0.8)\times2\\&=0.69-0.066\\&=0.624\text{m}^2\end{aligned}$$

$$\begin{aligned}S&=[(2S_1+8S_2)\times2+9S_3+9S_4]\times2\\&=[(2\times0.28+8\times1.43)\times2+9\times0.03+9\times0.624]\times2\\&=(24+0.27+5.62)\times2\\&=59.78\text{m}^2\end{aligned}$$

剁斧石饰面工程量:

半圆形栏板除图案外的面积:$S_1=(\pi\times1^2-\pi\times0.6^2)\times\dfrac{1}{4}=0.50\text{m}^2$

一块矩形板除图案外的面积：$S_2 = 2 \times (0.1 \times 2 + 0.8) - 1.04 = 0.96\text{m}^2$

半圆上表面积：$S_3 = \frac{1}{4} \times \pi \times (1 \times 2) \times 0.03 = 0.048\text{m}^2$

一块菱形图案上表面积一半：$S_4 = 2 \times 0.015 = 0.03\text{m}^2$

$$S = 2S_1 \times 4 + 8S_2 \times 4 + 2S_3 \times 2 + 8S_4 \times 4$$
$$= 0.5 \times 8 + 0.96 \times 32 + 0.048 \times 4 + 0.03 \times 322$$
$$= 44.57\text{m}^2$$

(2)清单工程量：

拉毛工程量在清单中不单独计算。

其余清单工程量计算同定额工程量。

清单工程量计算见表 3-42。

表 3-42　清单工程量计算表

序号	项目编码	项目名称	项目特征描述	计量单位	工程量
1	040308002001	剁斧石饰面	栏板的剩余部分用剁斧石饰面，板厚 30mm	m^2	44.57

项目编码：040308004　　项目名称：水质涂料

【例 44】 某桥梁灯柱采用水质涂料涂抹，灯柱截面尺寸如图 3-61 所示，灯柱高 4.5m，每侧有 15 根，计算该桥梁上灯柱水质涂料工程量。

【解】 (1)定额工程量：

单根灯柱涂料工程量：$2 \times 3.14 \times 0.2 \times 4.5 = 5.66\text{m}^2$

涂料总工程量：$2 \times 15 \times 5.66 = 169.80\text{m}^2$

(2)清单工程量：

水质涂料工程量在清单中不单独计算。

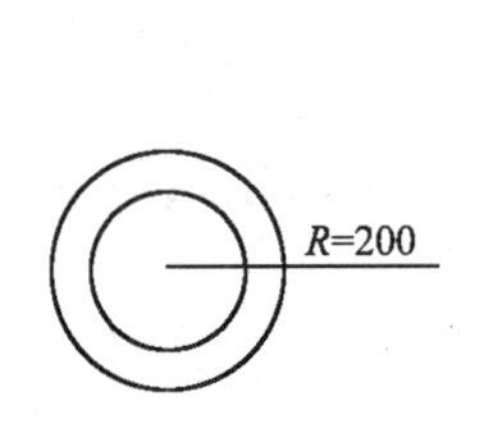

图 3-61　灯柱横截面图

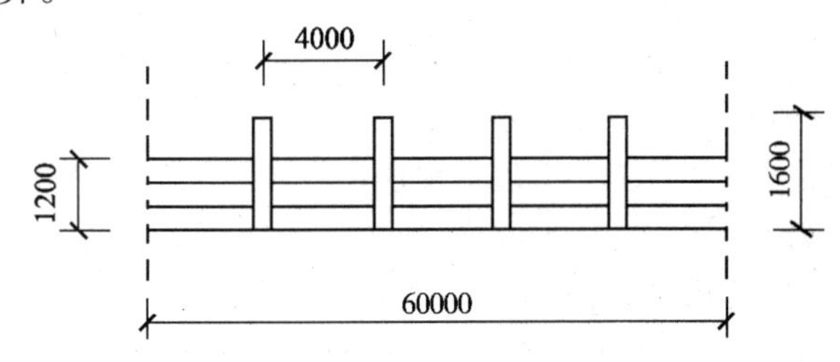

图 3-62　防撞栏杆

项目编码：040308005　　项目名称：油漆

【例 45】 如图 3-62 所示，为某桥梁的防撞栏杆，其中横栏采用直径为 20mm 的钢筋，竖栏采用直径为 40mm 的钢筋，其布设桥梁两边，为增加桥梁美观，将栏杆用油漆刷为白色，假设 1m^2 需 3kg 油漆，计算油漆工程量。

【解】 (1)定额工程量：

$S_{横栏} = 60 \times 4 \times \pi \times 0.02 = 15.07\text{m}^2$

$S_{竖栏} = \frac{60}{4} \times 1.6 \times \pi \times 0.04 = 3.02\text{m}^2$

$S = (S_{横} + S_{竖}) \times 2 = 18.09 \times 2 = 36.18\text{m}^2$

定额工程量：$m = 3 \times 36.18 = 108.54\text{kg} = 0.109\text{t}$

(2)清单工程量:

$S_{横栏}=60\times4\times\pi\times0.02=15.07\text{m}^2$

$S_{竖栏}=\dfrac{60}{4}\times1.6\times\pi\times0.04=3.02\text{m}^2$

$S=(S_{横}+S_{竖})\times2=18.09\times2=36.18\text{m}^2$

清单工程量计算见表3-43。

表3-43 清单工程量计算表

项目编码	项目名称	项目特征描述	计量单位	工程量
040308005001	油漆	防撞栏杆用油漆刷为白色	m^2	36.18

说明:计算油漆工程量时,清单工程量计算规则按设计图示尺寸以面积计算,定额工程量计算规则以吨计算。

项目编码:040309004　　项目名称:板式橡胶支座

【例46】 如图3-63所示为目前常用的板式橡胶支座,某桥梁用24个这种支座,计算该支座的工程量。

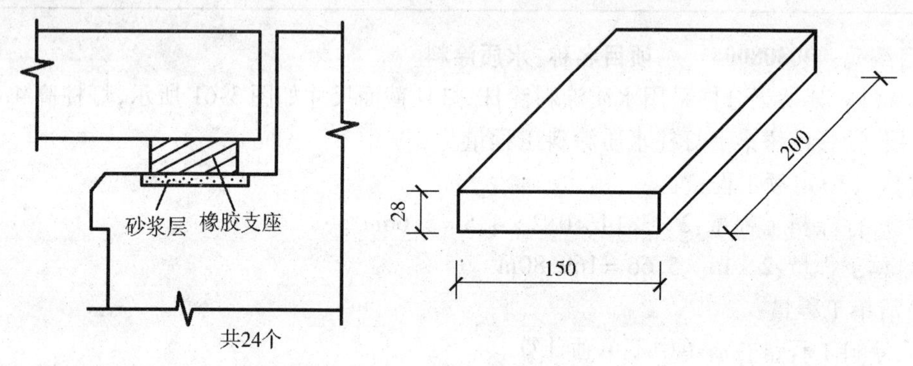

图3-63　板式橡胶支座

【解】 (1)定额工程量:

根据《全国统一市政工程预算定额》第三册"桥涵工程"工程量计算规则按设计图示数量计算为24个。

(2)清单工程量:

清单工程量计算同定额工程量。

清单工程量计算见表3-44。

表3-44 清单工程量计算表

项目编码	项目名称	项目特征描述	计量单位	工程量
040309004001	板式橡胶支座	板式橡胶支座,尺寸为200mm×150mm×28mm	个	24

项目编码:040309005　　项目名称:钢支座

【例47】 某标准跨径为16m的钢筋混凝土T形梁桥采用弧形钢板支座,如图3-64所示,其桥采用了20个该支座,计算支座工程量。

【解】 (1)定额工程量:

根据钢支座定额工程量计算规则,其工程量以设计数量(个)计算。故该桥支座的工程量为20个。

(2)清单工程量：

清单工程量计算同定额工程量。

清单工程量计算见表 3-45。

表 3-45　清单工程量计算表

项目编码	项目名称	项目特征描述	计量单位	工程量
040309005001	钢支座	弧形钢板支座	个	20

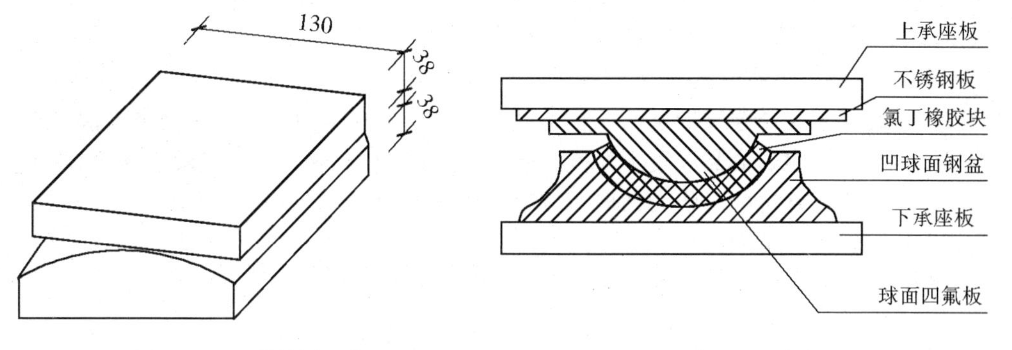

图 3-64　T 形梁桥　　　　图 3-65　支座

项目编码:040309006　　项目名称:盆式支座

【例 48】　我国目前已系列生产的盆式橡胶支座,如图 3-65 所示,其竖向承载力分 12 级从 1000kN 至 20000kN,有效纵向位移量从 ±40mm 至 ±200mm。支座的容许转角为40′,设计摩擦系数为 0.05,在某桥梁工程中,采用 16 个这种支座,计算支座工程量。

【解】　(1)定额工程量：

根据定额工程量计算规则按设计数量计算,即该支座的工程量为 16 个。

(2)清单工程量：

清单工程量计算同定额工程量。

清单工程量计算见表 3-46。

表 3-46　清单工程量计算表

项目编码	项目名称	项目特征描述	计量单位	工程量
040309006001	盆式支座	盆式橡胶支座,竖向承载力分 12 级,从 1000kN 至 2000kN	个	16

【例 49】　某简支桥梁采用油毛毡支座,全桥共用 8 个,如图 3-66 所示,计算油毛毡支座工程量。

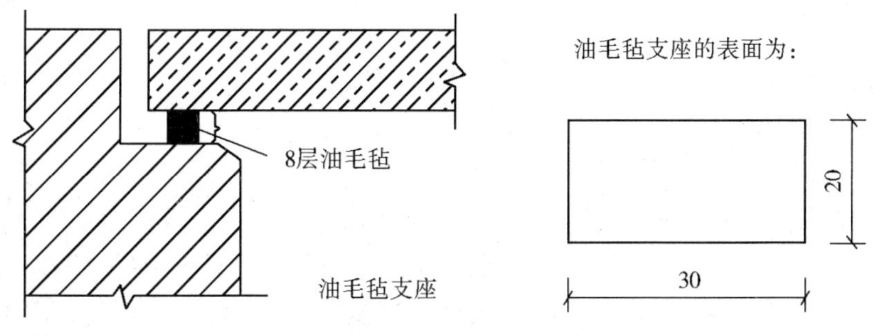

图 3-66　简支桥梁油毛毡支座示意图

【解】 (1)定额工程量:

$S_1 = 0.03 \times 0.02 = 0.0006\text{m}^2$

因其8层为一个油毛毡支座,全桥共有8个,故油毛毡支座的工程量为

$S = 0.0006 \times 8 \times 8 = 0.04\text{m}^2$

(2)清单工程量:

油毛毡支座工程量在清单中不单独计算。

项目编码:040302003　　项目名称:地下连续墙

项目编码:040101002　　项目名称:挖沟槽土方

【例50】 某隧道工程开挖地下连续墙,连续墙的深度为2m,宽度为1.2m,将如图3-68所示的四段墙连接成一条连续地下墙。在地面开挖基槽并在槽内放置钢筋笼浇灌混凝土。混凝土的强度等级为非泵送商品混凝土C25,石料最大粒径为15mm,该施工段土质为Ⅳ类土,基坑挖土的深度为2m,基坑的形状为梯形,具体尺寸如图3-67、图3-68所示。

求:1)地下连续墙的工程量

2)基坑挖土的工程量

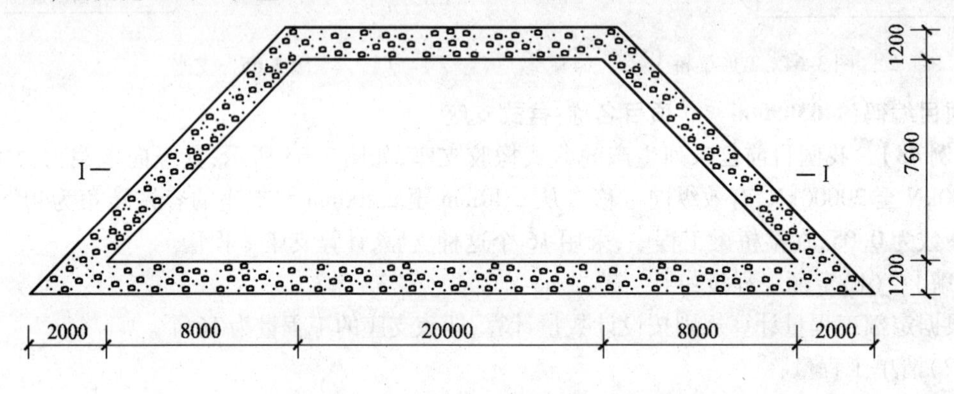

图3-67　现浇地下连续墙及基坑平面图

图3-68　Ⅰ-Ⅰ剖面图

【解】 (1)定额工程量:

1)地下连续墙工程量:

①挖土成槽工程量:

由《全国统一市政工程预算定额》第四册"隧道工程"(GYD-304-1999)第七章地下连续墙工程量计算规则规定:地下连续墙成槽土方量,按连续墙设计长度、宽度和槽深(加超深0.5m)计算。混凝土浇筑量同连续墙成槽土方量。

$(2+0.5)\times[(20\times2+8\times2+2\times2)\times(7.6+1.2\times2)/2-(20\times2+8\times2)\times7.6/2]$
$=2.5\times(30\times10-28\times7.6)$
$=218.00m^3$
②混凝土浇筑量工程量：
$(2+0.5)\times[(20\times2+8\times2+2\times2)\times(7.6+1.2\times2)/2-(20\times2+8\times2)\times7.6/2]$
$=218.00m^3$
2)基坑开挖工程量：
$2\times(20\times2+8\times2)\times7.6/2=56\times7.6=425.60m^3$
(2)清单工程量：
1)地下连续墙工程量：
①挖土成槽工程量：
$V_1=[(20\times2+8\times2+2\times2)\times(7.6+1.2\times2)/2-(20\times2+8\times2)\times7.6/2]\times2$
$=60\times10-56\times7.6=174.40m^3$
②混凝土浇筑量工程量：
$V_2=V_1=[(20\times2+8\times2+2\times2)\times(7.6+1.2\times2)/2-(20\times2+8\times2)\times7.6/2]\times2$
$=174.40m^3$
2)基坑挖土工程量：
$V_3=2\times[(20\times2+8\times2)\times7.6/2]=56\times7.6=425.60m^3$
清单工程量计算见表3-47。

表3-47 清单工程量计算表

序号	项目编码	项目名称	项目特征描述	计量单位	工程量
1	040302003001	地下连续墙	深度为2m，宽度为1.2m，C25混凝土，石料最大粒径为15mm	m^3	174.40
2	040101002001	挖沟槽土方	土质为Ⅳ类土，挖土深度为2m	m^3	425.60

第四章　隧 道 工 程

第一节　隧道工程定额项目划分

《全国统一市政工程预算定额》第四册“隧道工程”，由岩石隧道和软土隧道两大部分组成。岩石隧道工程包括隧道开挖与出渣、临时工程、隧道内衬；软土隧道工程包括隧道沉井、盾构法掘进、垂直顶升、地下连续墙、地下混凝土结构、地基加固与监测、金属构件制作，共544个定额子目。其具体如图4-1所示。

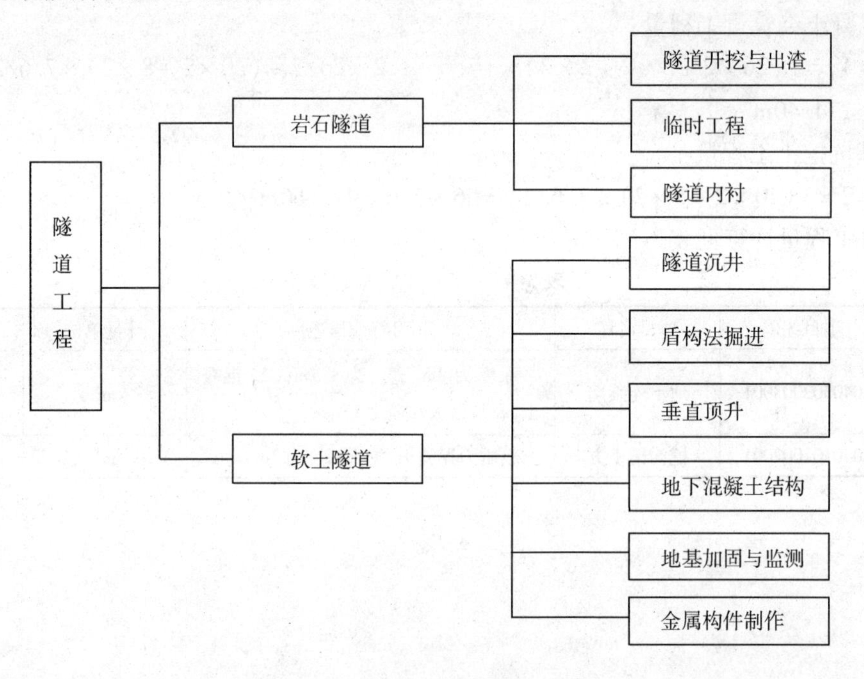

图4-1　隧道工程定额项目划分

岩石隧道适用于城镇管辖范围内新建和扩建的各种车行隧道、人行隧道、给排水隧道及电缆隧道等工程；软土隧道适用于城镇管辖范围内新建和扩建的各种车行隧道、人行隧道、越江隧道、地铁隧道、给排水隧道及电缆隧道等工程。

第二节　隧道工程清单项目划分

隧道工程在《市政工程工程量计算规范》(GB 50857—2013)中的项目可划分为八项，具体如图4-2所示。

(1)隧道岩石开挖工程具体的清单项目划分如图4-3所示。

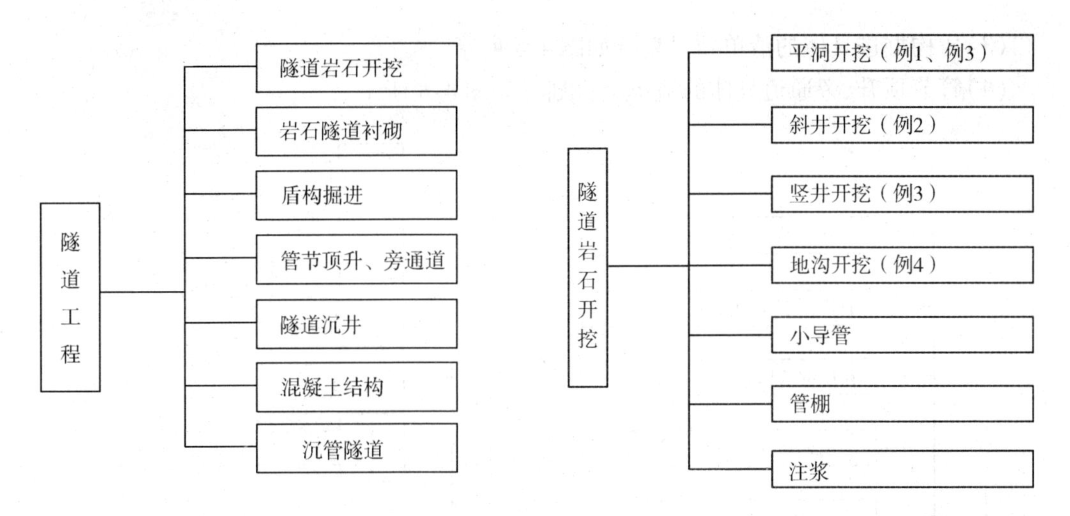

图 4-2　隧道工程清单项目划分　　　　图 4-3　隧道岩石开挖工程清单项目划分

（2）岩石隧道衬砌具体的清单项目划分如图 4-4 所示。

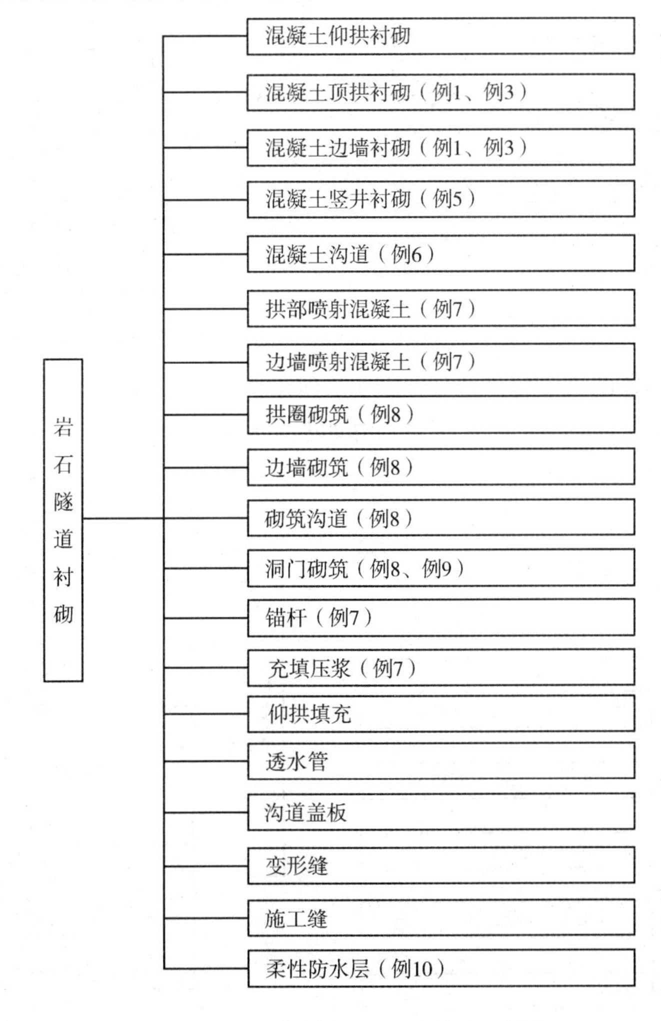

图 4-4　岩石隧道衬砌工程清单项目划分

(3)盾构掘进具体的清单项目划分如图 4-5 所示。

(4)管节顶升、旁通道具体的清单项目划分如图 4-6 所示。

图 4-5　盾构掘进工程清单项目划分

图 4-6　管节顶升、旁通道清单项目划分

(5)隧道沉井具体的清单项目划分如图 4-7 所示。

(6)混凝土结构工程具体的清单项目划分如图 4-8 所示。

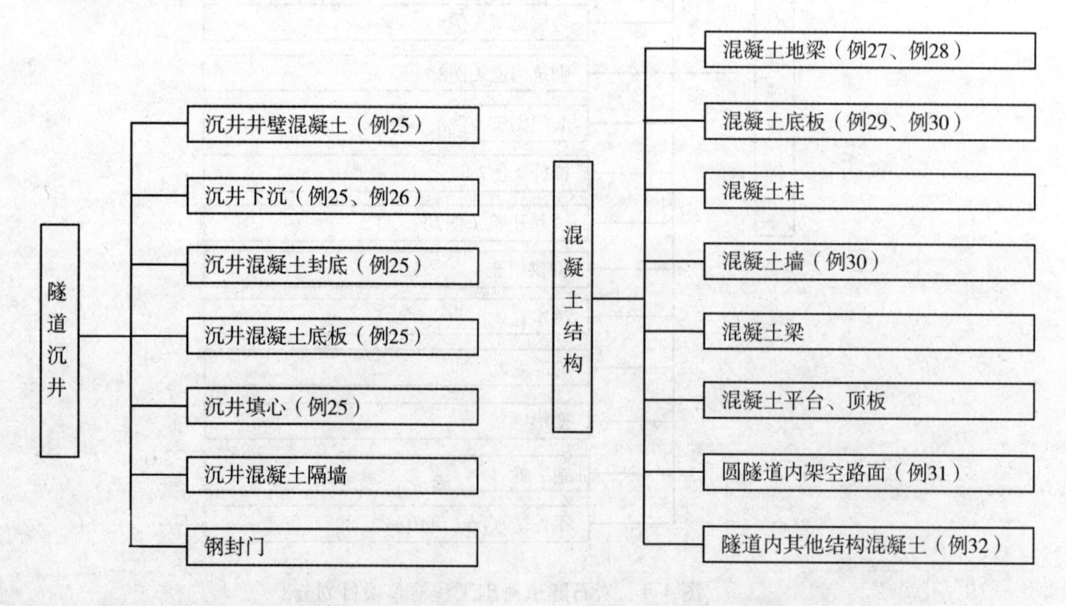

图 4-7　隧道沉井工程清单项目划分

图 4-8　混凝土结构工程清单项目划分

(7)沉管隧道部分清单项目举例如图 4-9 所示。

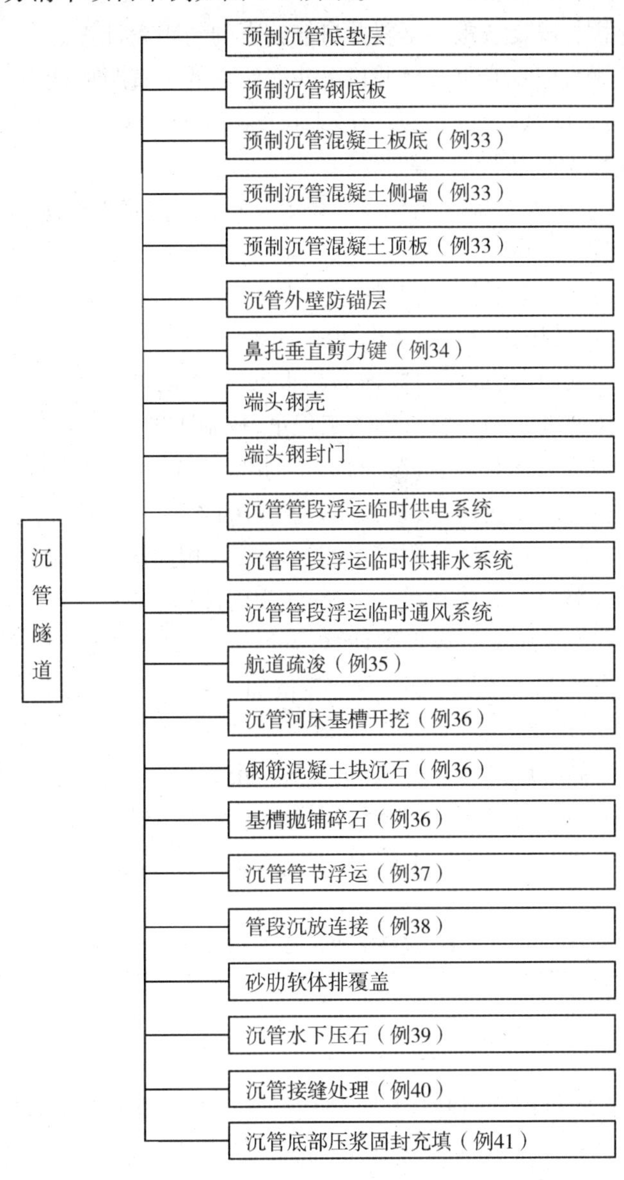

图 4-9　沉管隧道工程清单项目划分

第三节　隧道工程定额与清单工程量计算规则对照

一、隧道工程定额工程量计算规则

1. 隧道的平洞、斜井和竖井开挖与出渣工程量，按设计图开挖断面尺寸，另加允许超挖量以立方米计算。本定额光面爆破允许超挖量：拱部为 15cm，边墙为 10cm，若采用一般爆破，其允许超挖量：拱部为 20cm，边墙为 15cm。

2. 隧道内地沟的开挖和出渣工程量，按设计断面尺寸，以立方米计算，不得另行计算允许超挖量。

3. 平洞出渣的运距，按装渣重心至卸渣重心的直线距离计算，若平洞的轴线为曲线时，洞内段的运距按相应的轴线长度计算。

4. 斜井出渣的运距，按装渣重心至斜井口摘钩点的斜距离计算。

5. 竖井的提升运距，按装渣重心至井口吊斗摘钩点的垂直距离计算。

6. 粘胶布通风筒及铁风筒按每一洞口施工长度减 30m 计算。

7. 风、水钢管按洞长加 100m 计算。

8. 照明线路按洞长计算，如施工组织设计规定需要安双排照明时，应按实际双线部分增加。

9. 动力线路按洞长加 50m 计算。

10. 轻便轨道以施工组织设计所布置的起、止点为准，定额为单线，如实际为双线应加倍计算，对所设置的道岔，每处按相应轨道折合 30m 计算。

11. 洞长 = 主洞 + 支洞(均以洞口断面为起止点，不含明槽)。

12. 隧道内衬现浇混凝土和石料衬砌的工程量，按施工图所示尺寸加允许超挖量(拱部为 15cm，边墙为 10cm)以立方米计算，混凝土部分不扣除 0.3m^2 以内孔洞所占体积。

13. 隧道衬砌边墙与拱部连接时，以拱部起拱点的连线为分界线，以下为边墙，以上为拱部。边墙底部的扩大部分工程量(含附壁水沟)，应并入相应厚度边墙体积内计算。拱部两端支座，先拱后墙的扩大部分工程量，应并入拱部体积内计算。

14. 喷射混凝土数量及厚度按设计图计算，不另增加超挖、填平补齐的数量。

15. 混凝土初喷 5cm 为基本层，每增 5cm 按增加定额计算，不足 5cm 按 5cm 计算，若做临时支护可按一个基本层计算。

16. 喷射混凝土定额已包括混合料 200m 运输，超过 200m 时，材料运费另计。运输吨位按初喷 5cm，拱部 26t/100m^2，边墙 23t/100m^2；每增厚 5cm，拱部 16t/100m^2，边墙 14t/100m^2。

17. 锚杆按 ϕ22mm 计算，若实际不同时，定额人工、机械应按表 4-1 所列系数调整，锚杆按净重计算不加损耗。

表 4-1 锚杆定额人工、机械系数调整表

锚杆直径(mm)	ϕ28	ϕ25	ϕ22	ϕ20	ϕ18	ϕ26
调整系数	0.62	0.78	1	1.21	1.49	1.89

18. 钢筋工程量按图示尺寸以吨计算。现浇混凝土中固定钢筋位置的支撑钢筋、双层钢筋用的架立筋(铁马)、伸出构件的锚固钢筋按钢筋计算，并入钢筋工程量内。钢筋的搭接用量：设计图纸已注明的钢筋接头，按图纸规定计算；设计图纸未注明的通长钢筋接头，ϕ25mm 以内的，每 8m 计算 1 个接头，ϕ25mm 以上的，每 6m 计算 1 个接头，搭接长度按规范计算。

19. 模板工程量按模板与混凝土的接触面积以平方米计算。

20. 喷射平台工程量，按实际搭设平台的最外立杆(或最外平杆)之间的水平投影面积以平方米计算。

21. 沉井工程的井点布置及工程量，按批准的施工组织设计计算，执行《全国统一市政工程预算定额》第一册"通道项目"相应定额。

22. 基坑开挖的底部尺寸，按沉井外壁每侧加宽 2.0m 计算，执行《全国统一市政工程预算定额》第一册"通用项目"中的基坑挖土定额。

23. 刃脚的计算高度，从刃脚踏面至井壁外凸口计算，如沉井井壁没有外凸口时，则从刃脚踏面至底板顶面为准。底板下的地梁并入底板计算。框架梁的工程量包括切入井壁部分的体积。井壁、隔墙或底板混凝土中,不扣除单孔面积 0.3m^3 以内的孔洞所占体积。

24. 沉井制作的脚手架安、拆,不论分几次下沉,其工程量均按井壁中心线周长与隔墙长度之和乘以井高计算。

25. 掘进过程中的施工阶段划分:

(1)负环段掘进:从拼装后靠管片起至盾尾离开出洞井内壁止。

(2)出洞段掘进:从盾尾离开出洞井内壁至盾尾离开出洞井内壁 40m 止。

(3)正常段掘进:从出洞段掘进结束至进洞段掘进开始的全段掘进。

(4)进洞段掘进:按盾构切口距进洞井外壁 5 倍盾构直径的长度计算。

26. 掘进定额中盾构机按摊销考虑,若遇到下列情况时,可将定额中盾构掘进机台班内的折旧费和大修理费扣除,保留其他费用作为盾构使用费台班进入定额。盾构掘进机费用按不同情况另行计算。

(1)顶端封闭采用垂直顶升方法施工的给排水隧道;

(2)单位工程掘进长度≤800m 的隧道;

(3)采用进口或其他类型盾构机掘进的隧道;

(4)由建设单位提供盾构机掘进的隧道。

27. 柔性接缝环适合于盾构工作井洞门与圆隧道接缝处理,长度按管片中心圆周长度计算。

28. 预制混凝土管片工程量按实体积加 1% 损耗计算,管片试拼装以每 100 环管片拼装 1 组(3 环)计算。

29. 顶升车架及顶升设备的安拆,以每顶升一组出口为安拆一次计算。顶升车架制作费按顶升一组摊销 50% 计算。

30. 顶升管节外壁如需压浆时,则套用分块压浆定额计算。

31. 垂直顶升管节试拼装工程量按所需顶升的管节数计算。

32. 地下连续墙成槽土方量按连续墙设计长度、宽度和槽深(加超深 0.5m)计算。混凝土浇筑量同连续墙成槽土方量。

33. 锁口管及清底置换以段为单位(段指槽壁单元槽段),锁口管吊拔按连续墙段数加 1 段计算,定额中已包括锁口管的摊销费用。

34. 现浇混凝土工程量按施工图计算,不扣除单孔面积 0.3m^3 以内的孔洞所占体积。

35. 有梁板的柱高,自柱基础顶面至梁、板顶面计算,梁高以设计高度为准。梁与柱交接,梁长算至柱侧面(即柱间净长)。

36. 隧道路面沉降缝、变形缝按《全国统一市政工程预算定额》第二册“道路工程”相应定额执行,其人工、机械乘以 1.1 系数。

37. 地基注浆加固以平方米为单位的子目,已按各种深度综合取定,工程量按加固土体的体积计算。

38. 监控测试以一个施工区域内监控三项或六项测定内容划分步距,以组日为计量单位,监测时间由施工组织设计确定。

39. 金属构件的工程量按设计图纸的主材(型钢、钢板,方、圆钢等)的重量以吨计算,不扣除孔眼、缺角、切肢、切边的重量。

40. 支撑由活络头、固定头和本体组成,本体按固定头单价计算。

二、隧道工程清单工程量计算规则

1. 平洞开挖、斜洞开挖、竖井开挖、地沟开挖。按设计图示结构断面尺寸乘以长度以体积计算。

2. 混凝土拱部衬砌、混凝土边墙衬砌、混凝土竖井衬砌、混凝土沟道。按设计图示尺寸以体积计算。

3. 拱部喷射混凝土、边墙喷射混凝土。按设计图示尺寸以面积计算。

4. 拱圈砌筑、边墙砌筑、砌筑沟道、洞门砌筑。按设计图示尺寸以体积计算。

5. 锚杆。按设计图示尺寸以质量计算。

6. 充填压浆。按设计图示尺寸以体积计算。

7. 浆砌块石、干砌块石。按设计图示回填尺寸以体积计算。

8. 柔性防水层。按设计图示尺寸以面积计算。

9. 盾构吊装、吊拆。按设计图示数量计算。

10. 隧道盾构掘进。按设计图示掘进长度计算。

11. 衬砌压浆。按管片外径和盾构壳体外径所形成的充填体积计算。

12. 预制钢筋混凝土管片。按设计图示尺寸以体积计算。

13. 钢管片。按设计图示以质量计算。

14. 钢混凝土复合管片。按设计图示尺寸以体积计算。

15. 管片设置密封条。按设计图示数量计算。

16. 隧道洞口柔性接缝环。按设计图示以隧道管片外径周长计算。

17. 管片嵌缝。按设计图示数量计算。

18. 管片垂直顶升。按设计图示以顶升长度计算。

19. 安装止水框、连系梁。按设计图示尺寸以质量计算。

20. 阴极保护装置、安装取排水头。按设计图示数量计算。

21. 隧道内旁通道开挖、旁通道结构混凝土。按设计图示尺寸以体积计算。

22. 隧道内集水井、防爆门。按设计图示数量计算。

23. 沉井井壁混凝土。按设计图示尺寸以井筒混凝土体积计算。

24. 沉井下沉。按设计图示井壁外围面积乘以下沉深度以体积计算。

25. 沉井混凝土封底、沉井混凝土底板、沉井填心。按设计图示尺寸以体积计算。

26. 钢封门。按设计图示尺寸以质量计算。

27. 地下连续墙。按设计图示长度乘以宽度乘以深度以体积计算。

28. 深层搅拌桩成墙、桩顶混凝土圈梁。按设计图示尺寸以体积计算。

29. 基坑挖土。按设计图示地下连续墙或围护桩围成的面积乘以基坑的深度以体积计算。

30. 混凝土地梁、钢筋混凝土底板、钢筋混凝土墙、混凝土衬墙、混凝土桩、混凝土梁、混凝土平台、顶板、隧道内衬弓形底板、隧道内衬侧墙。按设计图示尺寸以体积计算。

31. 隧道内衬顶板。按设计图示尺寸以面积计算。

32. 隧道内支承墙。按设计图示尺寸以体积计算。

33. 隧道内混凝土路面、圆隧道内架空路面。按设计图示尺寸以面积计算。

34. 隧道内附属结构混凝土。按设计图示尺寸以体积计算。

35. 预制沉管底垫层。按设计图示尺寸以沉管底面积乘以厚度以体积计算。

36. 预制沉管钢底板。按设计图示尺寸以质量计算。

37. 预制沉管混凝土底板、预制沉管混凝土侧墙、预制沉管混凝土顶板。按设计图示尺寸以体积计算。

38. 沉管外壁防锚层。按设计图示尺寸以面积计算。

39. 鼻托垂直剪力键、端头钢壳、端头钢封门。按设计图示尺寸以质量计算。

40. 沉管管段浮运临时供电系统、沉管管段浮运临时供排水系统、沉管管段浮运临时通风系统。按设计图示管段数量计算。

41. 航道疏浚。按河床原断面与管段浮运时设计断面之差以体积计算。

42. 沉管河床基槽开挖。按河床原断面与槽设计断面之差以体积计算。

43. 钢筋混凝土块沉石、基槽抛铺碎石。按设计图示尺寸以体积计算。

44. 沉管管节浮运。按设计图示尺寸和要求以沉管管节质量和浮运距离的复合单位计算。

45. 管段沉放连接。按设计图示数量计算。

46. 砂肋软体排覆盖。按设计图示尺寸以沉管顶面积加侧面外表面积计算。

47. 沉管水下压石。按设计图示尺寸以顶、侧压石的体积计算。

48. 沉管接缝处理。按设计图示数量计算。

49. 沉管底部压浆固封充填。按设计图示尺寸以体积计算。

第四节　隧道工程经典实例导读

项目编码:040401001　　项目名称:平洞开挖

项目编码:040402002　　项目名称:混凝土顶拱衬砌

项目编码:040402003　　项目名称:混凝土边墙衬砌

【例1】　洛阳市某双幅公路隧道,由于在3+350~3+470段地形复杂,需要将其分建为两个单线隧道,这时衬砌产生了一个过渡区段,这部分过渡区段相应成了喇叭形。过渡区段长20m,截面如图4-10所示,拱部超挖3.22m^2,边墙超挖0.96m^2,主洞超挖9.42m^2,岩石为特坚石,无地下水,要求挖出的石渣运至洞口800m处,边墙用的混凝土等级为C25。根据上述条件编制过渡地段的隧道开挖和衬砌工程量清单项目。

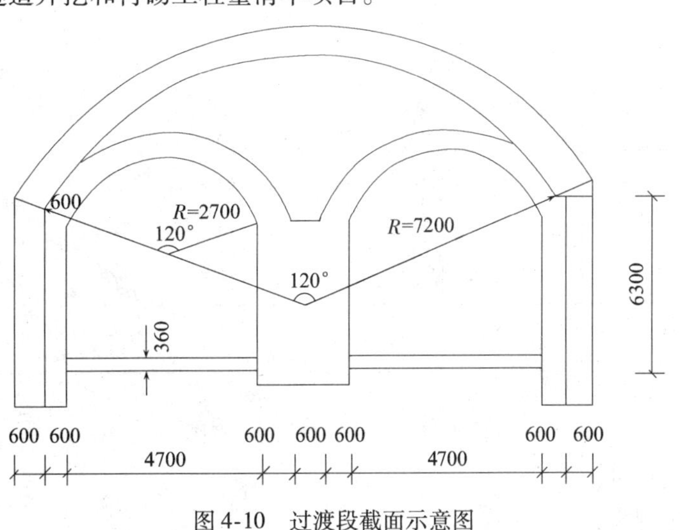

图4-10　过渡段截面示意图

【解】 (1)计算清单工程量

1)平洞开挖清单工程量计算

$$\left[(7.2+0.6)^2\times3.14\times\frac{1}{3}+2\times\frac{1}{2}\times(4.7+0.6\times3+0.3)\times(7.2+0.6)\times\frac{1}{2}+(6.3-\frac{1}{2}\times7.2)\times(4.7+0.6\times3+0.3)\times2\right]\times20=2538.38\text{m}^3$$

2)衬砌清单工程量计算

①拱部：

$$\left\{\frac{120°}{360°}\times3.14\times[(7.2+0.6)^2-7.2^2]+\frac{120°}{360°}\times3.14\times[(2.7+0.6)^2-2.7^2]\times2\right\}\times20$$

$$=(9.42+7.536)\times20=339.12\text{m}^3$$

②边墙：

$$20\times\left(6.3\times0.6\times6-\frac{1}{2}\times0.6\times\frac{\sqrt{3}}{2}\times\frac{1}{2}\times0.6\times2\right)=450.48\text{m}^3$$

(2)编制工程量清单项目：

清单工程量计算见表4-2。

表4-2 分部分项工程量清单表

序号	项目编码	项目名称	项目特征描述	计量单位	工程量
1	040401001001	平洞开挖	特坚石，断面120.44m^2	m^3	2538.38
2	040402002001	混凝土顶拱衬砌	拱顶高60cm，C25混凝土	m^3	339.12
3	040402003001	混凝土边墙衬砌	厚60cm，C25混凝土	m^3	450.48

项目编码：040401002　　项目名称：斜井开挖

【例2】 某城乡过山隧道40m穿越页岩，页岩灰夹岩地质，经地质勘测该地段无地下水，为了方便施工采用斜井开挖，光面爆破，废渣用自卸汽车运至距洞口500m的弃渣处，开挖后用粒径为5cm石料C20混凝土浆砌边墙20cm，用粒径为10cm的块石C25混凝土进行干砌拱部，斜井布置图如图4-11所示，根据截面设计尺寸计算下列工程量：

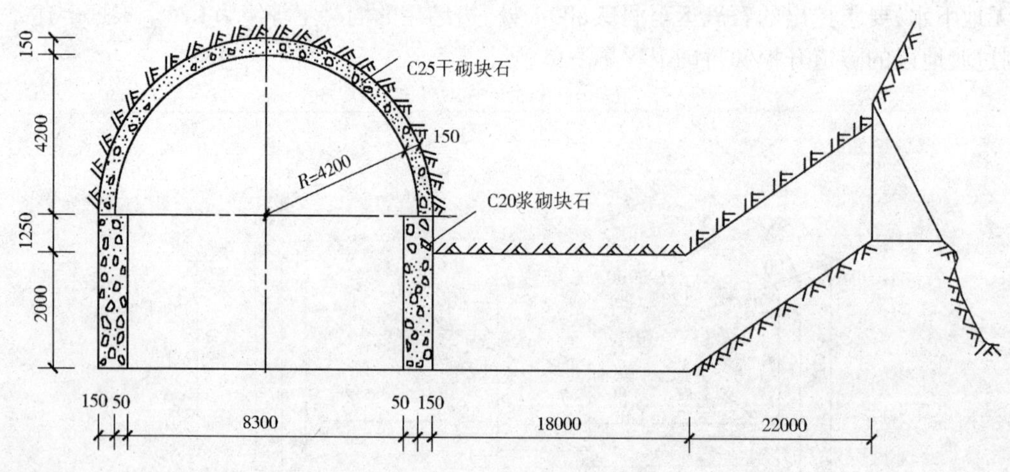

图4-11 斜井衬砌布置示意图

1)斜井开挖工程量；

2)浆砌块石工程量；

3）干砌块石工程量。

【解】 （1）定额工程量：

1）斜井开挖工程量：

《全国统一市政工程预算定额》第四册“隧道工程”（GYD－304－1999）第一章隧道开挖与出渣规定：隧道的斜井开挖与出渣量，按设计图开挖断面尺寸，另加允许超挖量以立方米计算，采用光面爆破，允许超挖量：拱部为15cm，边墙为10cm。

$$\left(\frac{1}{2}\times3.14\times4.5^2+8.9\times3.25\right)\times40=2428.7\text{m}^3$$

2）浆砌块石工程量：

《全国统一市政工程预算定额》第四册“隧道工程”（GYD－304－1999）第三章隧道内衬规定：隧道内衬现浇混凝土和石料衬砌的工程量，按施工图所示尺寸加允许超挖量（拱部为15cm，边墙为10cm）以立方米计算，混凝土部分不扣除0.3m^2以内孔洞所占体积。

$$0.3\times3.25\times40\times2=78\text{m}^3$$

3）干砌块石工程量：

本隧道拱部采用干砌块石，根据《全国统一市政工程预算定额》第四册“隧道工程”（GYD－304－1999）规定：隧道内衬现浇混凝土和石料衬砌的工程量，按施工图所示尺寸加允许超挖量（拱部为15cm，边墙为10cm）以立方米计算，混凝土部分不扣除0.3m^2以内孔洞所占体积。

$$\left(\frac{1}{2}\times3.14\times4.5^2-\frac{1}{2}\times3.14\times4.2^2\right)\times40$$
$$=(31.7925-27.6948)\times40$$
$$=4.0977\times40=163.908\text{m}^3$$

（2）清单工程量：

1）斜井开挖工程量：

$$\left(\frac{1}{2}\times3.14\times4.35^2+8.7\times3.25\right)\times40=2319.33\text{m}^3$$

浆砌块石、干砌块石工程量工程量在清单中不单独计算。

清单工程量计算见表4-30。

表4-3 清单工程量计算表

序号	项目编码	项目名称	项目特征描述	计量单位	工程量
1	040401002001	斜井开挖	页岩灰夹岩，光面爆破	m^3	2319.33

项目编码：040401001　　项目名称：平洞开挖

项目编码：040401003　　项目名称：竖井开挖

项目编码：040402002　　项目名称：混凝土顶拱衬砌

项目编码：040402003　　项目名称：混凝土边墙衬砌

项目编码：040402004　　项目名称：混凝土竖井初砌

项目编码：040402019　　项目名称：柔性防水层

【例3】 某50m隧道由于施工等因素需进行竖井开挖，此竖井处于普坚石段岩石层，在竖井开挖过程中采用顺坡排水法排水，光面爆破，竖井段长100m，隧道开挖后对隧道拱部和边墙进行混凝土衬砌，混凝土强度等级为C25，挖掘废土用吊斗和自卸汽车运至300m外废弃处理站，竖井开挖断面如图4-12所示，为了保证隧道防水性能特在拱部加设厚度为10cm的环氧树脂材料柔性防水层，试求竖井开挖和柔性防水层工程量。

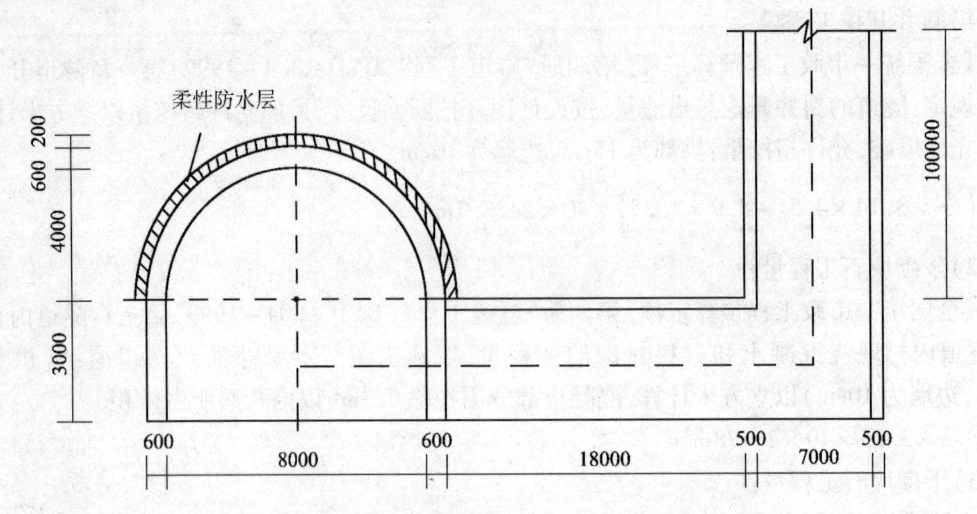

图4-12　竖井开挖及柔性防水层布置图

【解】 (1)定额工程量：

1)隧道工程量：

根据《全国统一市政工程预算定额》第四册“隧道工程”(GYD－304－1999)规定：隧道的竖井开挖与出渣工程量，按设计图开挖断面尺寸，另加允许超挖量以立方米计算，本定额光面爆破允许超挖量，拱部为15cm，边墙为10cm。

$$\left(\frac{1}{2}\times 3.14\times 4.75^2+9.6\times 3\right)\times 50=3211.16\text{m}^3$$

2)竖井开挖工程量：

$$3.14\times 4^2\times 100=5024.00\text{m}^3$$

3)衬砌工程量：

根据《全国统一市政工程预算定额》第四册“隧道工程”(GYD－304－1999)规定：隧道内衬现浇混凝土工程量，按施工图所示尺寸加允许超挖量(拱部为15cm，边墙为10cm)，以立方米计算。

①拱部工程量：

$$\left(\frac{1}{2}\times 3.14\times 4.75^2-\frac{1}{2}\times 3.14\times 4^2\right)\times 50=3211.16\text{m}^3$$

②边墙工程量：

$$3\times 0.7\times 50\times 2=210.00\text{m}^3$$

③竖井工程量：

$$\left(\frac{1}{2}\times 3.14\times 4.15^2-\frac{1}{2}\times 3.14\times 3.5^2\right)\times 100=780.68\text{m}^3$$

4)柔性防水层工程量：

$$3.14\times 4.6\times 50=722.20\text{m}^2$$

(2)清单工程量：

1)隧道工程量：

$$\left(\frac{1}{2}\times 3.14\times 4.6^2+9.2\times 3\right)\times 50=3041.06\text{m}^3$$

2)竖井开挖工程量：

竖井开挖清单工程量与定额工程量相同为5024.00m^3。

3)衬砌工程量：

①拱部工程量：

$$\left(\frac{1}{2}\times3.14\times4.6^2-\frac{1}{2}\times3.14\times4^2\right)\times50=405.06m^3$$

②边墙工程量：

$3\times0.6\times50\times2=180.00m^3$

③竖井工程量：

$$\left(\frac{1}{2}\times3.14\times4^2-\frac{1}{2}\times3.14\times3.5^2\right)\times100=588.75m^3$$

4)柔性防水层工程量：

柔性防水层清单工程量与定额工程量相同为722.20m^2。

清单工程量计算见表4-4。

表4-4　清单工程量计算表

序号	项目编码	项目名称	项目特征描述	计量单位	工程量
1	040401001001	平洞开挖	普坚石，光面爆破	m^3	3041.06
2	040401003001	竖井开挖	普坚石，光面爆破	m^3	5024.00
3	040402002001	混凝土顶拱衬砌	C25混凝土	m^3	405.06
4	040402003001	混凝土边墙衬砌	C25混凝土	m^3	180.00
5	040402004001	混凝土竖井衬砌	C25混凝土	m^3	588.75
6	040402019001	柔性防水层	厚度为10cm的环氧树脂材料	m^3	722.20

项目编码：040401004　　项目名称：地沟开挖

【例4】 某隧道工程地沟为普通岩石，长100m，宽1.6m，挖深1.8m，采用一般爆破，施工段无地下水，弃碴由人工推车运输至30m的弃碴场，计算其工程量。

【解】 (1)定额工程量：

由《全国统一市政工程预算定额》中的隧道工程隧道开挖与出渣说明可知：如采用一般爆破开挖时，其开挖定额应乘以系数0.935。

1)开挖工程量：$1.8\times1.6\times100\times0.935=269.28m^3$

2)弃渣工程量：$269.28m^3$

(2)清单工程量：

$V=1.6\times1.8\times100=288.00m^3$

清单工程量计算见表4-5。

表4-5　清单工程量计算表

项目编码	项目名称	项目特征描述	计量单位	工程量
040401004001	地沟开挖	普通岩石，宽1.6m，挖深1.8m，采用一般爆破	m^3	288.00

项目编码：040402004　　项目名称：混凝土竖井衬砌

【例5】 某隧道K2+080～K2+130施工段，需竖井衬砌，断面尺寸如图4-13所示，混凝土强度等级C20，石料最大粒径25mm，计算其工程量。

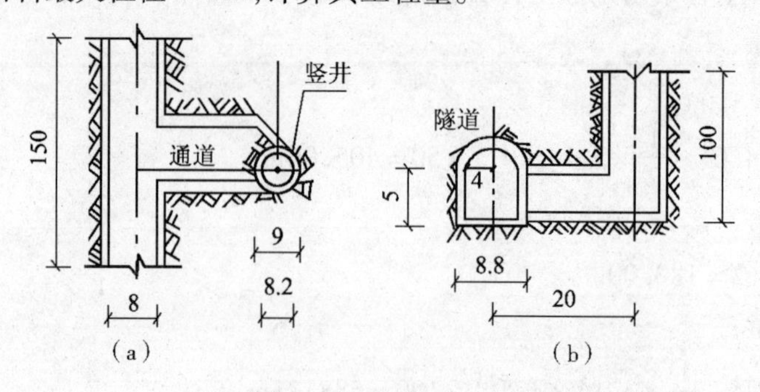

图4-13 竖井衬砌示意图 (单位：m)

(a)平面图；(b)立面图

【解】 (1)定额工程量：

$V=\pi(4.5^2-4.1^2)\times100=1080.71m^3$

(2)清单工程量：

清单工程量计算同定额工程量。

清单工程量计算见表4-6。

表4-6 清单工程量计算表

项目编码	项目名称	项目特征描述	计量单位	工程量
040402004001	混凝土竖井衬砌	混凝土强度等级C20，石料最大粒径25mm	m^3	1080.71

项目编码：040402005　　项目名称：混凝土沟道

【例6】 某隧道工程，K3+20～K3+60施工段需进行沟道衬砌，断面尺寸如图4-14所示，混凝土强度等级C20，石料最大粒径25mm，求其工程量。

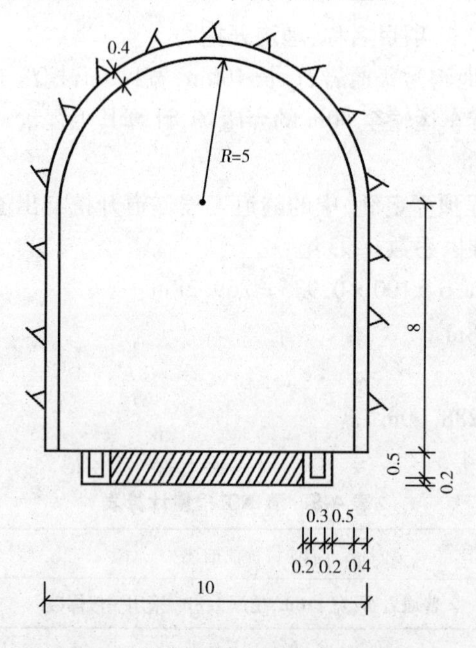

图4-14 沟道砌筑示意图 (单位：m)

【解】 (1)定额工程量:

$V=40\times2\times[(0.2+0.3+0.2)\times(0.2+0.5)-0.3\times0.5]=27.20\text{m}^3$

(2)清单工程量:

清单工程量计算同定额工程量。

清单工程量计算见表4-7。

表4-7 清单工程量计算表

项目编码	项目名称	项目特征描述	计量单位	工程量
040402005001	混凝土沟道	断面尺寸如图4-15所示,混凝土强度等级C20,石料最大粒径25mm	m^3	27.20

项目编码:040402006　　项目名称:拱部喷射混凝土

项目编码:040402007　　项目名称:边墙喷射混凝土

项目编码:040402012　　项目名称:锚杆

项目编码:040402013　　项目名称:充填压浆

【例7】 某地区隧道工程在施工段K0+050~K0+150,进行锚杆支护,锚杆直径为ϕ20mm,长度为3m,为楔头式锚杆。后喷射混凝土,初喷射厚度为40mm,混凝土强度等级为C40,石料最大粒径15mm。并在衬砌砌体内充填压浆,水泥砂浆强度等级为M7.5,压浆段长度为隧道长度100m,且压浆厚度为0.05m。

求:1)锚杆支护的工程量;

2)充填压浆工程量;

3)拱部喷射混凝土工程量;

4)边墙喷射混凝土工程量。

【解】 (1)定额工程量:

1)锚杆工程量:

由《全国统一市政工程预算定额》第四册"隧道工程"(GYD-304-1999),第三章隧道内衬工程量计算规则规定:锚杆按ϕ22mm计算,若实际不同时定额人工、机械应按表4-1系数调整,锚杆按净重计算不加损耗。

$V_{锚杆}=11\times3\times2.47\times5/10^3\times1.21=0.493\text{t}$

2)充填压浆工程量:

$$V_{充填}=100\times\frac{1}{2}\pi\times[(4.5+0.04+0.05)^2-(4.5+0.04)^2]+100\times2\times0.05\times3.5$$

$$=50\pi\times(4.59^2-4.54^2)+35$$

$$=71.71+35=106.71\text{m}^3$$

3)喷射混凝土工程量:

由《全国统一市政工程预算定额》第四册"隧道工程"(GYD-304-1999)第三章隧道内衬工程量计算规则规定:混凝土初喷5cm为基本层,每增5cm按增加定额计算,不足5cm按5cm计算,若做临时支护可按一个基本层计算。

①边墙工程量:$2\times100\times3.5=700.00\text{m}^2$

②拱部工程量:$100\times\frac{1}{2}\times4.5\times\pi\times2=450\pi=1413.72\text{m}^2$

(2)清单工程量:

1)锚杆工程量：

由于每10m进行一次锚杆支护，共支护11次，且ϕ20mm钢筋的单根钢筋理论质量为2.47kg/m，由图4-15、图4-16可知一次支护5根锚杆。

$m = 2.47 \times 3 \times 5 \times 11/10^3 = 0.408\text{t}$

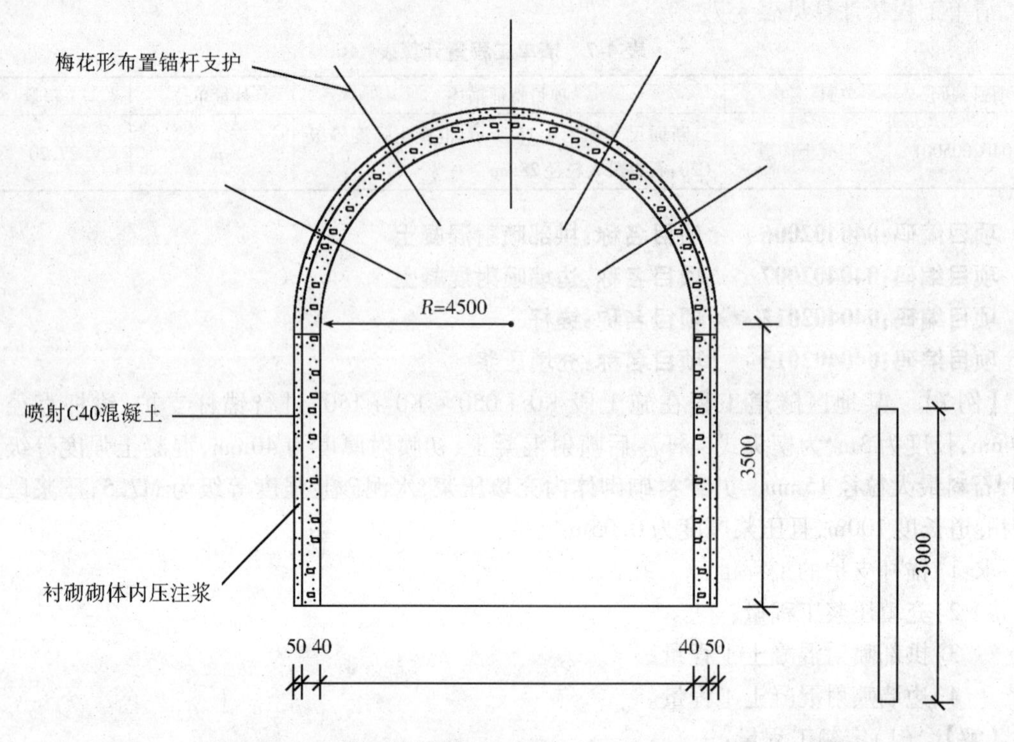

图4-15 隧道部分衬砌工程示意图　　图4-16 锚杆尺寸图

2)充填压浆工程量：

$$V_1 = 100 \times \frac{1}{2}\pi \times [(4.5+0.04+0.05)^2-(4.5+0.04)^2] + 2 \times 100 \times 3.5 \times 0.05$$

$$= 50\pi \times (4.59^2 - 4.54^2) + 35$$

$$= 71.71 + 35 = 106.71\text{m}^3$$

3)拱部喷射混凝土工程量：

$S_1 = 100 \times 4.5\pi = 450\pi = 1413.72\text{m}^2$

4)边墙喷射混凝土工程量：

$S_2 = 100 \times 2 \times 3.5 = 700\text{m}^2$

清单工程量计算见表4-8。

表4-8 清单工程量计算表

序号	项目编码	项目名称	项目特征描述	计量单位	工程量
1	040402012001	锚杆	直径为ϕ20mm，长度3m，楔头式	t	0.408
2	040402013001	充填压浆	衬砌砌体内充填压力浆，M7.5水泥砂浆	m^3	106.71
3	040402006001	拱部喷射混凝土	初喷射厚度为40mm，C40混凝土石料最大粒径15mm	m^2	1413.72
4	040402007001	边墙喷射混凝土	初喷射厚度为40mm，C40混凝土石料最大粒径15mm	m^2	700.00

项目编码:040402008　　项目名称:拱圈砌筑

项目编码:040402009　　项目名称:边墙砌筑

项目编码:040402010　　项目名称:砌筑沟道

项目编码:040402011　　项目名称:洞门砌筑

【例8】　某隧道工程在K0+000~K0+200施工段进行砌筑工程,洞门为端墙式洞门,具体示意图如图4-17所示。洞门砌筑采用的是料石(砌筑厚度0.6m),砂浆强度等级M7.5,拱圈为半圆形,半径为4.9m,采用料石砌筑,砂浆强度等级M7.5,边墙砌筑厚度为0.6m,采用料石砌筑,砂浆强度等级为M7.5,沟道砌筑材料为料石,沟道砌筑厚度为50mm,沟道宽0.3m,深0.3m,砂浆强度等级为M5.0。

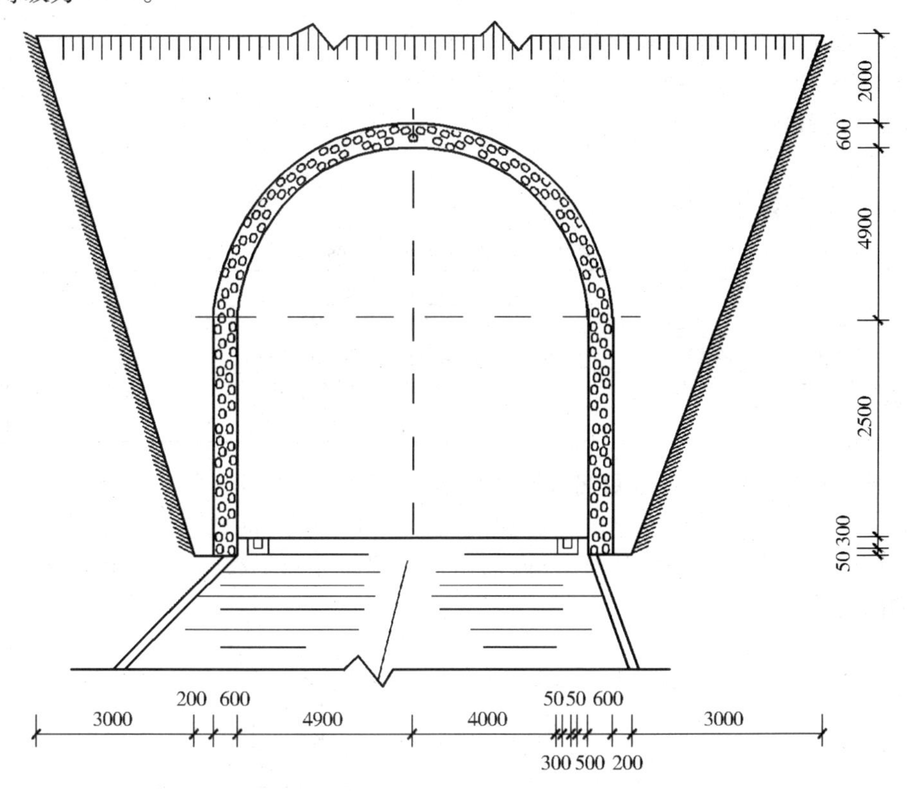

图4-17　隧道砌筑工程示意图

求:1)拱圈砌筑工程量;

2)边墙砌筑工程量;

3)砌筑沟道工程量;

4)洞门砌筑工程量。

【解】　(1)定额工程量:

1)拱圈砌筑工程量:

$$V_1 = 200 \times \frac{1}{2}\pi \times [(4.9+0.6)^2 - 4.9^2] = 100\pi \times 6.24 = 1960.35\text{m}^3$$

2)边墙砌筑工程量:

$$V_2 = 2 \times 200 \times (2.5+0.3+0.05) \times 0.6 = 400 \times 0.6 \times 2.85 = 684.00\text{m}^3$$

3)沟道砌筑工程量:

$V_3=2\times200\times[(0.3+0.05\times2)\times(0.3+0.05)-0.3\times0.3]$
$=400\times(0.4\times0.35-0.09)$
$=400\times0.05=20.00\text{m}^3$

4)洞门砌筑工程量：

$$V_4=0.6\times\Big[(0.2\times2+0.6\times2+4.9\times2+3\times2+0.2\times2+0.6\times2+4.9\times2)\times(0.05+0.3+2.5+4.9+0.6+2)/2-\frac{1}{2}\pi\times(4.9+0.6)^2-(2.5+0.3+0.05)\times(4.9\times2+0.6\times2)\Big]$$

$$=0.6\times\Big[(0.8+2.4+6+19.6)\times10.35/2-\frac{1}{2}\pi\times5.5^2-2.85\times11\Big]$$

$$=0.6\times(28.8\times10.35/2-47.52-31.35)$$

$$=0.6\times70.17=42.10\text{m}^3$$

(2)清单工程量：

清单工程量计算同定额工程量。

清单工程量计算见表4-9。

表4-9　清单工程量计算表

序号	项目编码	项目名称	项目特征描述	计量单位	工程量
1	040402008001	拱圈砌筑	半径为4.9m,采用料石砌筑,M7.5砂浆	m^3	1960.35
2	040402009001	边墙砌筑	厚度为0.6m,采用料石砌筑,M7.5砂浆	m^3	684.00
3	040402010001	砌筑沟道	料石,厚度为50mm,M5.0砂浆	m^3	20.00
4	040402011001	洞门砌筑	厚度为0.6m,M7.5砂浆	m^3	42.10

项目编码:040402011　　项目名称:洞门砌筑

【例9】 某隧道工程长为500m,洞门形状如图4-18所示,端墙采用M10水泥砂浆砌片石,翼墙采用M7.5水泥砂浆砌片石,外露面用片石镶面并勾平缝,衬砌水泥砂浆砌片石厚6cm,求洞门砌筑工程量。

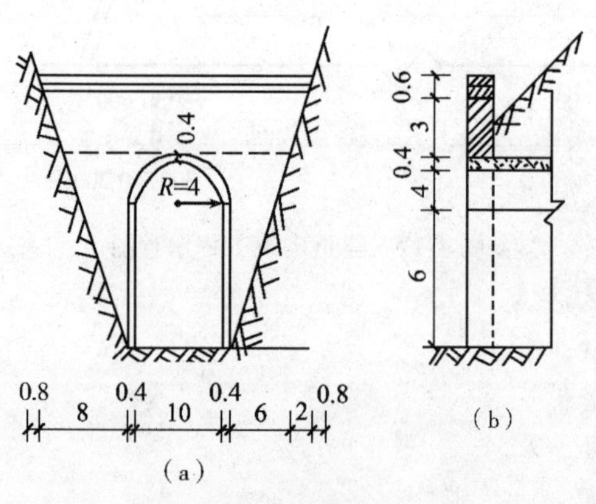

图4-18　端墙式洞门示意图　(单位:m)
(a)立面图;(b)局部剖面图

【解】 (1)定额工程量:

1)端墙工程量:$3.6\times(28.4+22.8)\times\frac{1}{2}\times0.06=5.53\text{m}^3$

2)翼墙工程量:$\Big[(6+4+0.4)\times\frac{1}{2}\times(10.8+22.8)-6\times10.8-4.4^2\pi/2\Big]\times0.06=4.77\text{m}^3$

洞门砌筑工程量:$5.53+4.77=10.30\mathrm{m}^3$

(2)清单工程量:

1)端墙工程量:$3.6\times(28.4+22.8)\times\frac{1}{2}\times0.06=5.53\mathrm{m}^3$

2)翼墙工程量:$\left[(6+4+0.4)\times\frac{1}{2}\times(10.8+22.8)-6\times10.8-4.4^2\pi/2\right]\times0.06=4.77\mathrm{m}^3$

洞门砌筑工程量:$5.53+4.77=10.30\mathrm{m}^3$

清单工程量计算见表4-10。

表4-10 清单工程量计算表

项目编码	项目名称	项目特征描述	计量单位	工程量
040402011001	洞门砌筑	端墙采用M10水泥砂浆砌片石,翼墙采用M7.5水泥砂浆砌片石,外露面用片石镶面并勾平缝	m^3	10.30

项目编码:040402019　　项目名称:柔性防水层

【例10】 某隧道工程,由于地质要求,要在路的垫层设置柔性防水层,采用环氧树脂,防水层长为200m,宽为11.2m,如图4-19所示,求其工程量。

【解】 (1)定额工程量:

$S=11.2\times200=2240.00\mathrm{m}^2$

(2)清单工程量:

清单工程量计算同定额工程量。

清单工程量计算见表4-11。

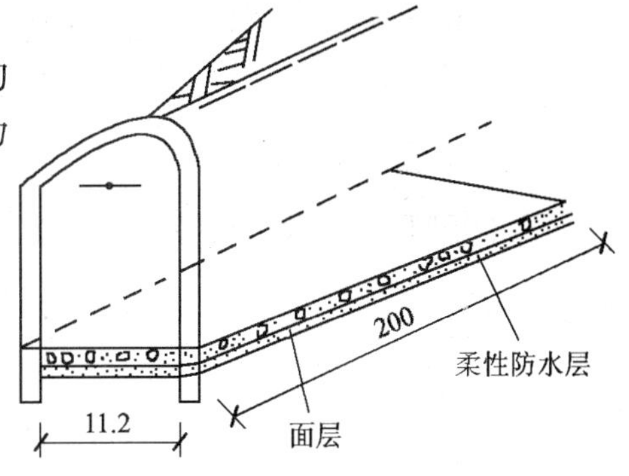

图4-19 隧道柔性防水层示意图 (单位:m)

表4-11 清单工程量计算表

项目编码	项目名称	项目特征描述	计量单位	工程量
040402019001	柔性防水层	采用环氧树脂,防水层长为200m,宽为11.2m	m^2	2240.00

项目编码:040403001　　项目名称:盾构吊装及吊拆

【例11】 某隧道工程在K0+100~K0+500施工段采用盾构法施工,如图4-20所示,盾构外径为5m,盾构断面形状为圆形的普通盾构,求盾构吊装、吊拆的工程量。

【解】 (1)定额工程量:

盾构吊装、吊拆共1台次

(2)清单工程量:

如图4-20所示,盾构吊装、吊拆共1台次

清单工程量计算见表4-12。

表4-12 清单工程量计算表

项目编码	项目名称	项目特征描述	计量单位	工程量
040403001001	盾构吊装及吊拆	外径为5m,断面形状为圆形	台次	1

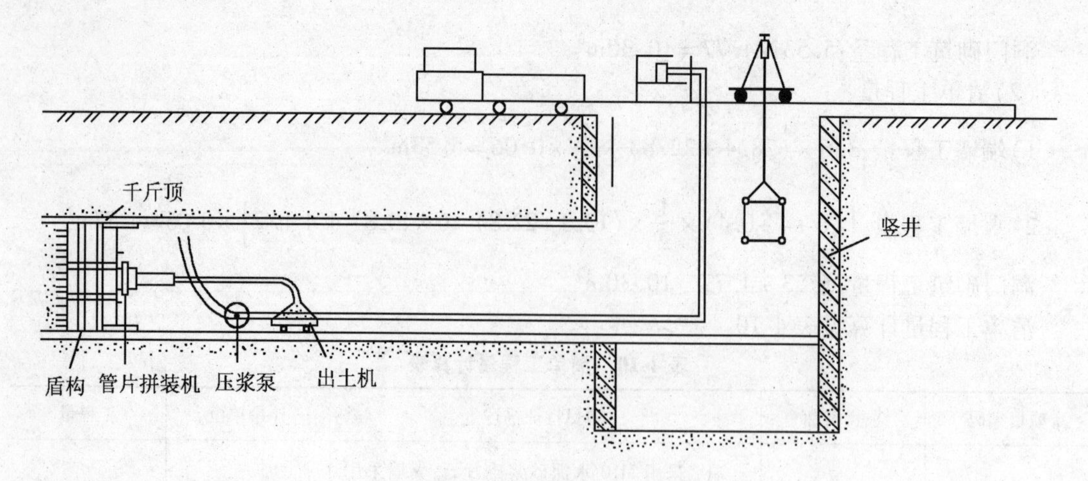

图 4-20　盾构施工图

项目编码:040403002　　项目名称:盾构掘进

【例 12】　在隧道施工时,采用干式出土盾构掘进的方法施工,如图 4-21 所示,正常段掘进时,采用掘进机的直径为 5m,掘进速度为 2m/h,共掘进 440 个工时,试求掘进工程量。

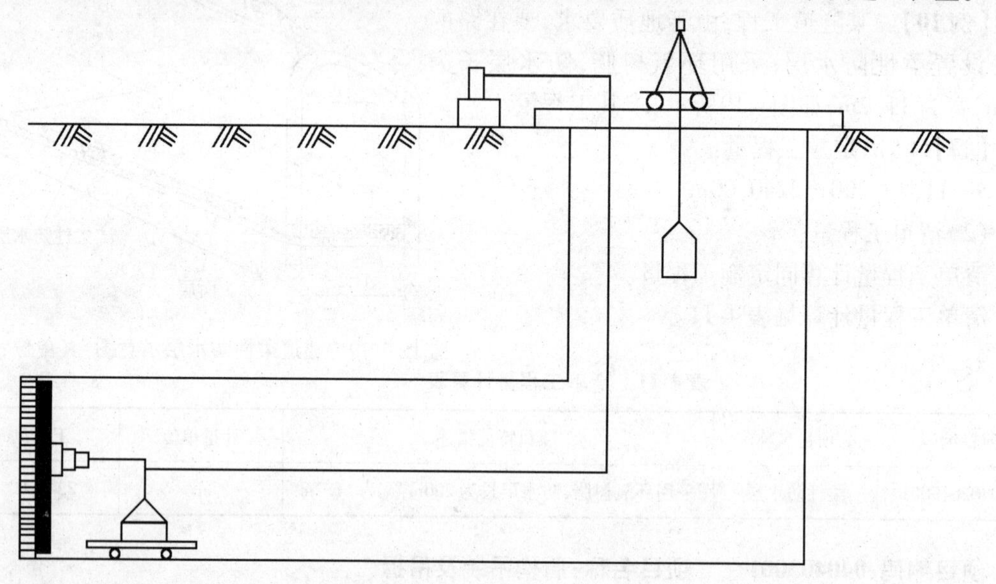

图 4-21　盾构掘进示意图

【解】　(1)定额工程量:

掘进长度:2 × 440 = 880.00m

(2)清单工程量:

清单工程量计算同定额工程量。

清单工程量计算见表 4-13。

表 4-13　清单工程量计算表

项目编码	项目名称	项目特征描述	计量单位	工程量
040403002001	盾构掘进	直径为 5m,掘进速度为 2m/h	m	880.00

项目编码:040403003　　项目名称:衬砌壁后压浆

【例 13】　某隧道工程在盾构推进中由盾尾的同号压浆泵进行压浆,盾构尺寸如图 4-22 所示,浆液为水泥砂浆,砂浆强度为 M7.5,石料最大粒径为 10mm,配合比为水泥∶黄砂 = 1∶3,水灰比为 0.5,求衬砌压浆的工程量。

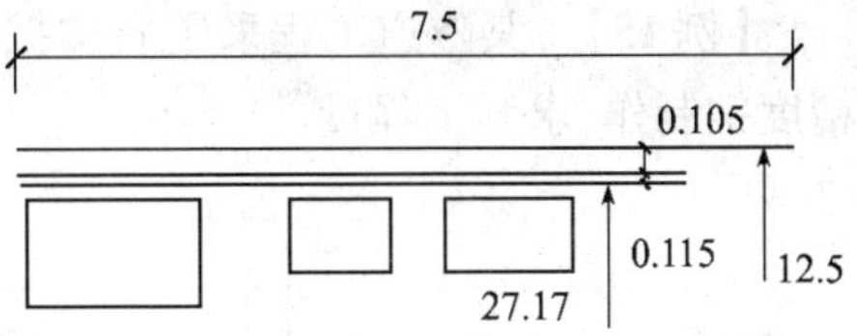

图 4-22　盾构尺寸图　(单位:m)

【解】　(1)定额工程量:

$V = \pi(0.105 + 0.115)^2 \times 7.5 = 1.14\text{m}^3$

(2)清单工程量:

清单工程量计算同定额工程量。

清单工程量计算见表 4-14。

表 4-14　清单工程量计算表

项目编码	项目名称	项目特征描述	计量单位	工程量
040403003001	衬砌壁后压浆	砂浆强度为 M7.5,石料最大粒径为 10mm,配合比为水泥∶黄砂 = 1∶3,水灰比为 0.5	m^3	1.14

项目编码:040403004　　项目名称:预制钢筋混凝土管片

【例 14】　某隧道工程采用 C40 混凝土,石料最大粒径为 20mm 预制钢筋混凝土管片,其管片尺寸如图 4-23 所示,试求预制钢筋混凝土管片工程量。

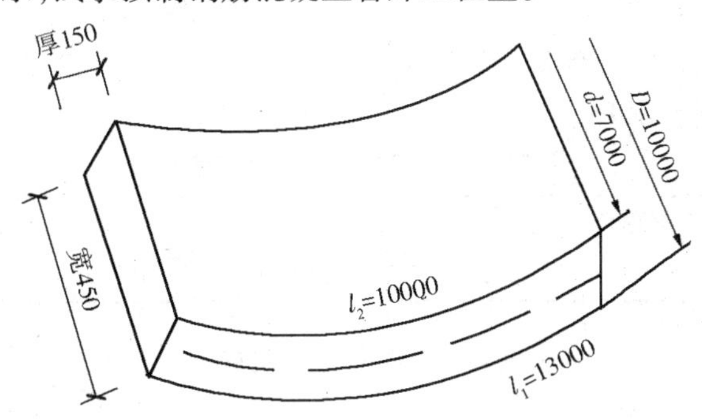

图 4-23　预制钢筋混凝土管片示意图

【解】　(1)定额工程量:

根据《全国统一市政工程预算定额》第四册"隧道工程"(GYD - 304 - 1999)规定,预制混凝土管片工程量按实体积加 1% 损耗计算。

预制钢筋混凝土管片工程量为:

$\frac{1}{2} \times \frac{1}{2} \times (13 \times 10 - 10 \times 7) \times 0.45 \times (1 + 1\%) = 6.82\text{m}^3$

(2)清单工程量:

预制钢筋混凝土管片工程量:$\frac{1}{2} \times \frac{1}{2} \times (13 \times 10 - 10 \times 7) \times 0.45 = 6.75\text{m}^3$

清单工程量计算见表 4-15。

表 4-15　清单工程量计算表

项目编码	项目名称	项目特征描述	计量单位	工程量
040403004001	预制钢筋混凝土管片	采用 C40 混凝土,石料最大粒径为 20mm	m^3	6.75

项目编码:040404012　　项目名称:钢管片

【例15】 某隧道工程采用盾构掘进,需要制作钢管片,具体尺寸如图4-24所示,采用高精度钢制作,求其工程量。

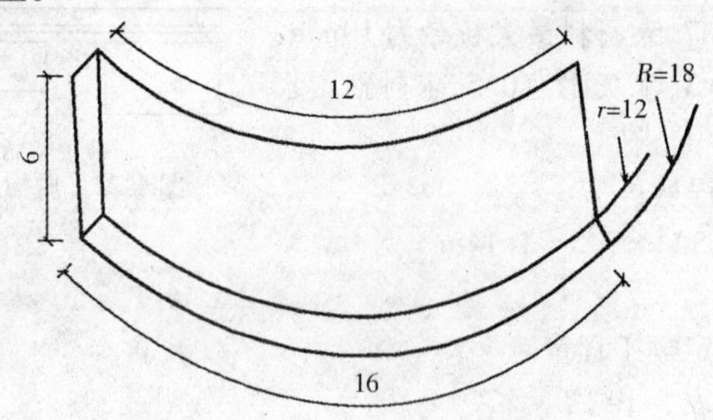

图4-24　钢管片示意图　(单位:m)

【解】 (1)定额工程量:

$$
\begin{aligned}
m &= \rho v \\
&= 7.78\times10^{3}\times6\times\left(\frac{1}{2}\times16\times18-\frac{1}{2}\times12\times12\right) \\
&= 3360.96\times10^{3}\text{kg} \\
&= 3360.96\text{t}
\end{aligned}
$$

(2)清单工程量:

清单工程量计算同定额工程量。

清单工程量计算见表4-16。

表4-16　清单工程量计算表

项目编码	项目名称	项目特征描述	计量单位	工程量
040404012001	钢管片	高精度钢制作	t	3360.96

项目编码:040403005　　项目名称:管片设置密封条

【例16】 隧道采用盾构法进行施工时,随着盾构的掘进,盾尾一次拼装衬砌管片6个,在管片与管片之间用密封防水橡胶条密封,共掘进42次,管片平面图如图4-25所示,试求管片密封条的工程量。

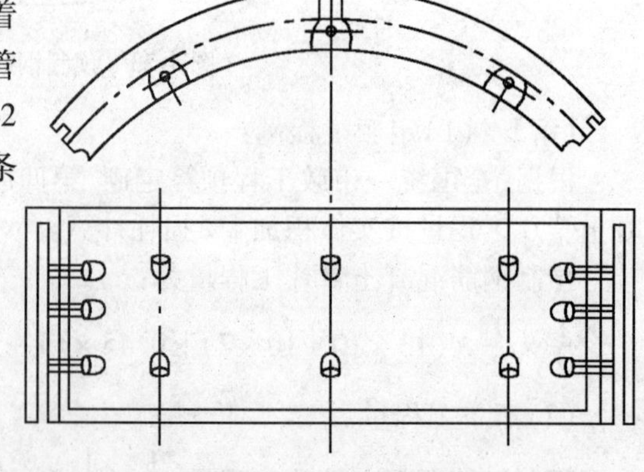

图4-25　管片平面示意图

【解】 (1)定额工程量:

管片密封条的环数:(6－1)×42＝210环

(2)清单工程量:

清单工程量计算同定额工程量。

清单工程量计算见表4-17。

表4-17　清单工程量计算表

项目编码	项目名称	项目特征描述	计量单位	工程量
040403005001	管片设置密封条	管片与管片之间用密封防水橡胶条密封	环	210

项目编码:040403006　　项目名称:隧道洞口柔性接缝环

【例 17】 一地区需在隧道洞口设置柔性接缝环，采用钢筋混凝土制作，具体尺寸如图 4-26 所示，求其工程量。

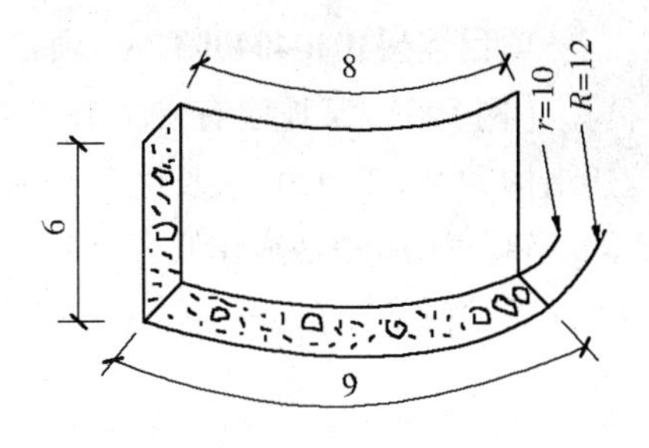

图 4-26 柔性接缝环图 （单位：m）

【解】 (1)定额工程量：

$$2\times6+\frac{1}{2}\times(8+9)\times2=29\text{m}$$

(2)清单工程量：

$C=2\times6+2\times9=30\text{m}$

清单工程量计算见表 4-18。

表 4-18 清单工程量计算表

项目编码	项目名称	项目特征描述	计量单位	工程量
040403006001	隧道洞口柔性接缝环	钢筋混凝土制作	m	30.00

项目编码：040403007　　项目名称：管片嵌缝

【例 18】 隧道施工时采用盾构法，随着盾构的掘进，盾尾每次铺砌管片 8 个，管片之间用橡胶密封嵌缝，橡胶直径为 1cm，隧道总掘进 31 次，管片缝示意图如图 4-27 所示。试求管片嵌缝的工程量。

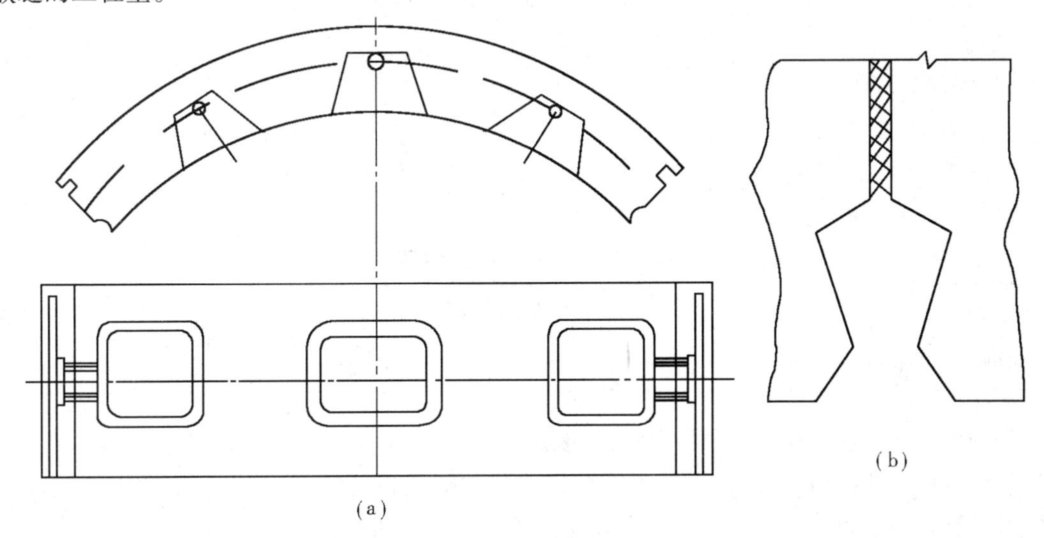

图 4-27 管片缝示意图

(a)管片缝示意图；(b)嵌缝槽示意图

【解】 (1)定额工程量：

管片缝环数：$(8-1)\times31=217$ 环

(2)清单工程量：

清单工程量计算同定额工程量。

清单工程量计算见表 4-19。

表 4-19 清单工程量计算表

项目编码	项目名称	项目特征描述	计量单位	工程量
040403007001	管片嵌缝	橡胶直径为 1cm，橡胶密封嵌缝	环	217

项目编码:040404003　　项目名称:管节垂直顶升

【例 19】 某地区有一隧道工程,由于要穿越一铁路,而采用垂直顶升施工,管节为箱涵框架结构,共由三节组成,长度分别为40m、30m、20m,断面如图 4-28 所示,箱涵为钢筋混凝土箱涵。钢筋选用的是热轧低合金16锰钢,混凝土强度等级为C35,抗渗防水达到S6,顶升设备是千斤顶,并修建有后背。试求管节垂直顶升的工程量。

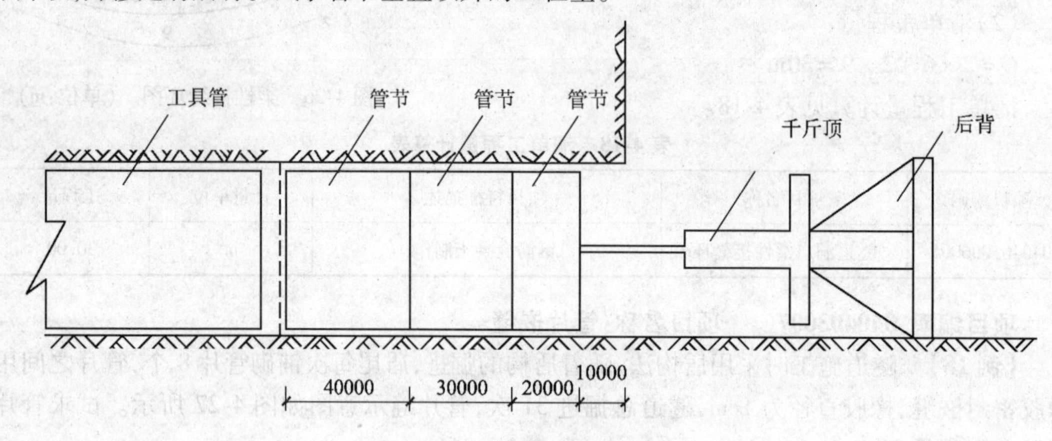

图 4-28　管节垂直顶升示意图

【解】 (1)定额工程量:

顶升节数:3 节

(2)清单工程量:

由图 4-29 可知:垂直顶升长度为:$40+30+20+10=100\text{m}$

清单工程量计算见表 4-20。

表 4-20　清单工程量计算表

项目编码	项目名称	项目特征描述	计量单位	工程量
040404003001	管节垂直顶升	顶升设备千斤顶,混凝土 C35,抗渗防水达到 S6	m	100.00

项目编码:040404004　　项目名称:安装止水框、连系梁

【例 20】 某隧道施工时为了排水需要以及确保隧道顶部的稳定性,特设置止水框和连系梁,止水框和连系梁示意图如图4-29所示,材质均选用密度为 $7.87\times10^3\text{kg/m}^3$ 的优质钢材,试求止水框和连系梁的工程量(止水框板厚10cm)。

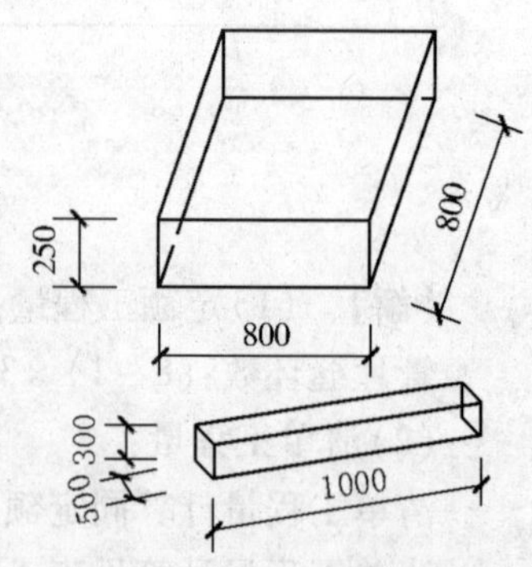

图 4-29　止水框、连系梁示意图

【解】 (1)定额工程量:

止水框的质量:$[(0.8\times0.25)\times4+0.8\times0.8]\times0.1\times7.87\times10^3$

$=1133.28\text{kg}=1.133\text{t}$

连系梁的质量:$0.3\times0.5\times1\times7.87\times10^3$

$=1180.5\text{kg}=1.181\text{t}$

(2)清单工程量:

清单工程量计算同定额工程量。

清单工程量计算见表 4-21。

表 4-21 清单工程量计算表

项目编码	项目名称	项目特征描述	计量单位	工程量
040404004001	安装止水框、连系梁	止水框材质选用密度为 7.87×10^3 kg/m^3 的优质钢材	t	1.133
040404004002	安装止水框、连系梁	连系梁材质选用密度为 7.87×10^3 kg/m^3 的优质钢材	t	1.181

项目编码:040404007　　项目名称:隧道内旁通道开挖

【例 21】 某市隧道工程需开挖旁通道,如图 4-30所示,施工段 K0 +050 ~ K0 +120 段为三类土,求其工程量。

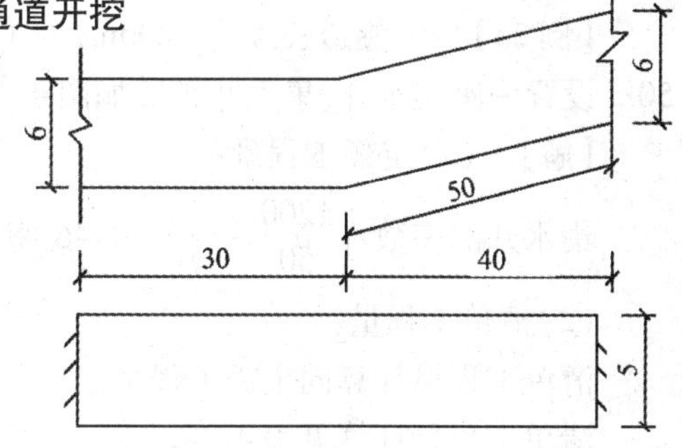

图 4-30 隧道内旁通道开挖示意图 (单位:m)

【解】 (1)定额工程量:

$V=5\times6\times(30+50)=2400.00\text{m}^3$

(2)清单工程量:

$V=5\times6\times(30+50)=2400.00\text{m}^3$

清单工程量计算见表 4-22。

表 4-22 清单工程量计算表

项目编码	项目名称	项目特征描述	计量单位	工程量
040404007001	隧道内旁通道开挖	三类土	m^3	2400.00

项目编码:040404008　　项目名称:旁通道结构混凝土

【例 22】 某隧道工程旁通道混凝土结构如下,断面尺寸见图 4-31,混凝土强度为 C25,石料最大粒径为 10mm,求其工程量。

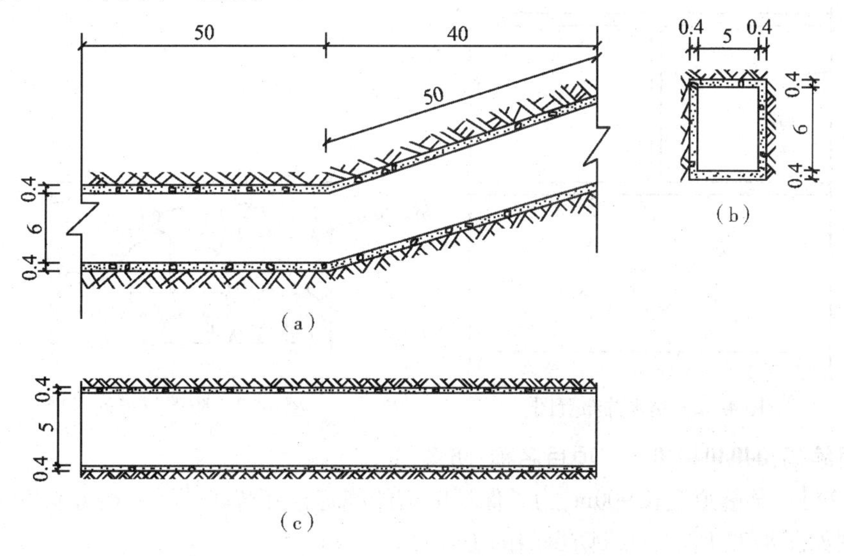

图 4-31 隧道旁通道混凝土示意图 (单位:m)

(a)剖面图;(b)断面图;(c)平面图

【解】 (1)定额工程量:

$V=[(5+0.4\times2)\times(6+0.4\times2)-5\times6]\times(50+50)=944.00\text{m}^3$

(2)清单工程量:

$V=[(5+0.4\times2)\times(6+0.4\times2)-5\times6]\times(50+50)=944.00\mathrm{m}^3$

清单工程量计算见表4-23。

表4-23　清单工程量计算表

项目编码	项目名称	项目特征描述	计量单位	工程量
040404008001	旁通道结构混凝土	混凝土强度为C25,石料最大粒径为10mm	m^3	944.00

项目编码:040404009　　项目名称:隧道内集水井

【例23】　某隧道长度为1200m,为了保证隧道稳定和便于积水的排除,在道路两侧每隔50m设置一座集水井,集水井布置如图4-32所示,试求集水井的工程量。

【解】　(1)定额工程量:

集水井的座数:$\left(\dfrac{1200}{50}-1\right)\times2=46$ 座

(2)清单工程量:

清单工程量计算同定额工程量。

清单工程量计算见表4-24。

表4-24　清单工程量计算表

项目编码	项目名称	项目特征描述	计量单位	工程量
040404009001	隧道内集水井	在道路两侧每隔50m设置一座集水井	座	46

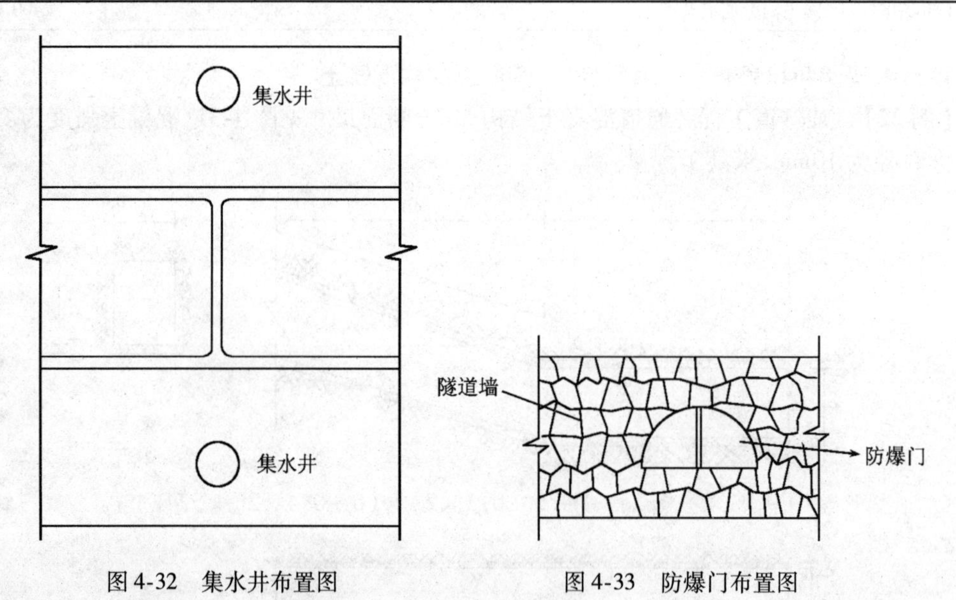

图4-32　集水井布置图　　　图4-33　防爆门布置图

项目编码:040404010　　项目名称:防爆门

【例24】　某隧道全长900m,为了保证隧道的稳定,要设置防爆门,现每隔20m设置一扇,其布置图如图4-33所示,试求防爆门的工程量。

【解】　(1)定额工程量:

防爆门扇数:$\left(\dfrac{900}{20}-1\right)\times2=88$ 扇

(2)清单工程量:

清单工程量计算同定额工程量。

清单工程量计算见表4-25。

表4-25 清单工程量计算表

项目编码	项目名称	项目特征描述	计量单位	工程量
040404010001	防爆门	每隔20m设置一扇	扇	88

项目编码:040405001　　项目名称:沉井井壁混凝土

项目编码:040405002　　项目名称:沉井下沉

项目编码:040405003　　项目名称:沉井混凝土封底

项目编码:040405004　　项目名称:沉井混凝土底板

项目编码:040405005　　项目名称:沉井填心

【例25】 某隧道工程,混凝土强度等级为C25,石粒最大粒径15mm,沉井如图4-34所示,沉井下沉深度为12m,沉井封底及底板混凝土强度等级为C20,石料最大粒径为10mm,沉井填心采用碎石(20mm)和块石(200mm),不排水下沉,求其工程量。

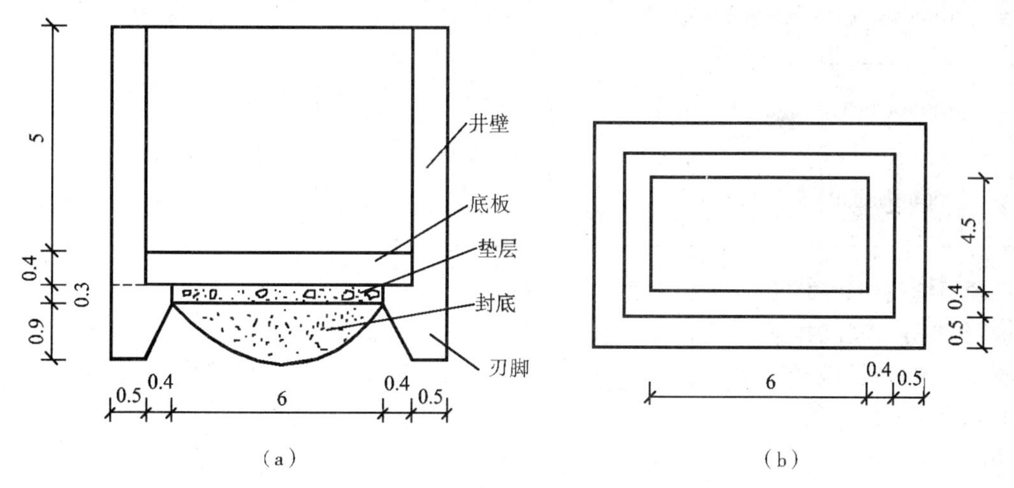

图4-34 沉井示意图 (单位:m)

(a)沉井立面图;(b)沉井平面图

【解】 (1)定额工程量:

1)混凝土井壁工程量:

$$V_1 = 5.4\times[(4.5+0.4+0.5+0.4+0.5)\times(6+0.5\times2+0.4\times2)]+0.3\times0.9\times2\times(0.8+6+0.5\times2+4.5)-(4.5+0.4\times2)\times(6+0.4\times2)\times5.4$$
$$=70.74+6.64$$
$$=77.38m^3$$

2)混凝土刃脚工程量:

$$V_2 = 0.9\times(0.5+0.9)/2\times2\times(6+0.4\times2+0.5\times2)+0.9\times(0.5+0.9)/2\times2\times4.5$$
$$=9.83+5.67$$
$$=15.50m^3$$

3)沉井下沉工程量:$V_3=(6.3+7.8)\times2\times(5+0.4+0.3+0.9)\times12$

$$=2233.44m^3$$

说明:沉井下沉工程量按外围面积×下沉深度计。

4)封底混凝土工程量:$V_4=0.9\times6\times4.5=24.30m^3$

(实际施工底部形状为锅底状,以近似0.9m深的立方体计算。)

5)底板混凝土工程量:$V_5=0.4\times6.8\times(4.5+0.4\times2)=14.42\text{m}^3$

6)沉井填心工程量:$V_6=5\times(6+0.4\times2)\times(4.5+0.4\times2)=180.20\text{m}^3$

(2)清单工程量:

清单工程量计算同定额工程量。

清单工程量计算见表4-26。

表4-26 清单工程量计算表

序号	项目编码	项目名称	项目特征描述	计量单位	工程量
1	040405001001	沉井井壁混凝土	混凝土强度等级C25,石料最大粒径15mm	m^3	92.88
2	040405002001	沉井下沉	下沉深度12m	m^3	2233.44
3	040405003001	沉井混凝土封底	封底混凝土强度等级为C20,石料最大粒径10mm	m^3	24.30
4	040405004001	沉井混凝土底板	封底混凝土强度等级为C20,石料最大粒径10mm	m^3	14.42
5	040405005001	沉井填心	沉井填心采用碎石(20mm)和块石(200mm)	m^3	180.20

项目编码:040405002 项目名称:沉井下沉

【例26】 某沉井采用不排水挖土下沉,土石方场外运输,按照施工单位设计资料,该沉井应下沉17m,沉井内径为5m,壁厚1m沉井下沉剖面图如图4-35所示,试根据沉井设计尺寸求沉井下沉工程量。

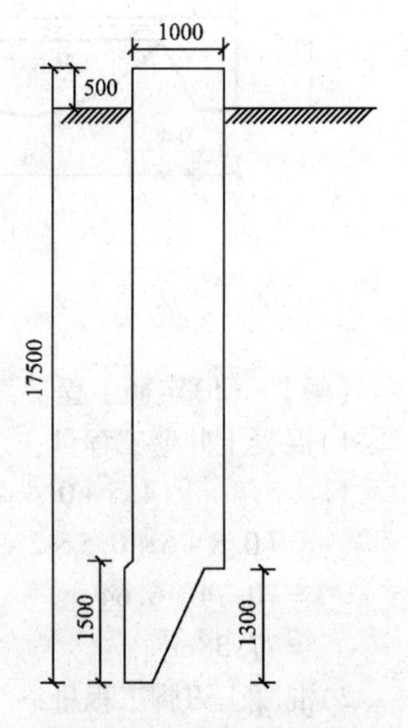

图4-35 沉井尺寸剖面图

【解】 (1)定额工程量:

根据《全国统一市政工程预算定额》第四册"隧道工程"(GYD-304-1999)规定,沉井下沉的土石方工程量按沉井外壁所围的面积乘以下沉深度,并乘以土方回淤系数,不排水法下沉深度大于15m为1.02。

沉井下沉工程量为:$3.14\times(5+1)^2\times17\times1.02$

$=1960.11\text{m}^3$

(2)清单工程量:

沉井下沉工程量:$3.14\times(5+1)^2\times17=1921.68\text{m}^3$

清单工程量计算见表4-27。

表4-27 清单工程量计算表

项目编码	项目名称	项目特征描述	计量单位	工程量
040405002001	沉井下沉	下沉深度17m	m^3	1921.68

项目编码:040406001 项目名称:混凝土地梁

【例27】 某隧道工程K0+050~K0+100施工段在桩顶需灌筑混凝土圈梁,如图4-36所示,混凝土强度等级为 C25,石料最大粒径为 15mm,求其工程量。

【解】 (1)定额工程量:

$$V = 50 \times \pi \times \frac{1}{2} \times (5^2 - 4.5^2) = 373.06\text{m}^3$$

(2)清单工程量:

清单工程量计算同定额工程量。

清单工程量计算见表 4-28。

表 4-28 清单工程量计算表

项目编码	项目名称	项目特征描述	计量单位	工程量
040406001001	混凝土地梁	混凝土强度等级为 C25,石料最大粒径为 15mm	m^3	373.06

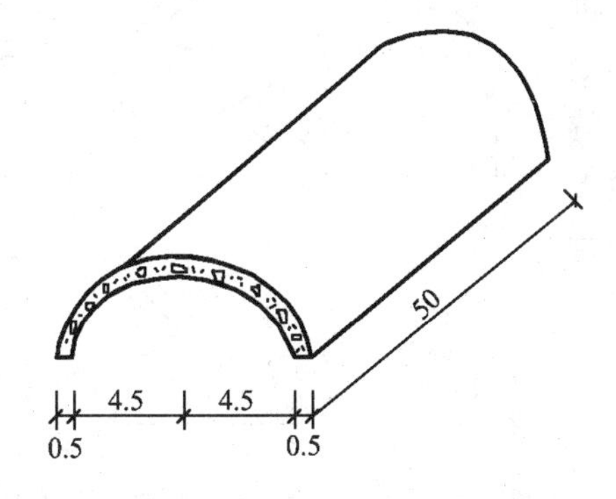

图 4-36 桩顶混凝土圈梁示意图 (单位:m)

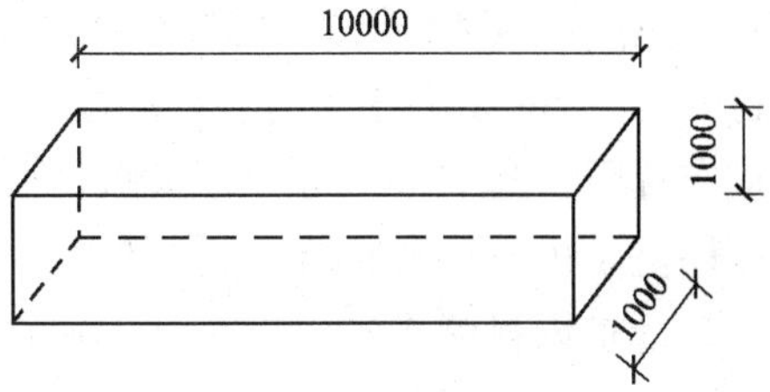

图 4-37 地梁结构设计图

项目编码:040407001 项目名称:混凝土地梁

【例 28】 某隧道混凝土地梁设计尺寸图如图 4-37 所示,采用 C30 混凝土,按设计图示尺寸计算该混凝土地梁工程量。

【解】 (1)定额工程量:

混凝土地梁工程量:$1 \times 1 \times 10 = 10.00\text{m}^3$

(2)清单工程量:

清单工程量计算同定额工程量。

清单工程量计算见表 4-29。

表 4-29 清单工程量计算表

项目编码	项目名称	项目特征描述	计量单位	工程量
040406001001	混凝土地梁	C30 混凝土	m^3	10.00

项目编码:040406002 项目名称:混凝土底板

【例 29】 某 200m 隧道内设置一钢筋混凝土底板,其垫层厚度为0.2m,宽为 10m,其布置图及其尺寸如图 4-38 所示,根据设计图计算该布置钢筋混凝土底板工程量。

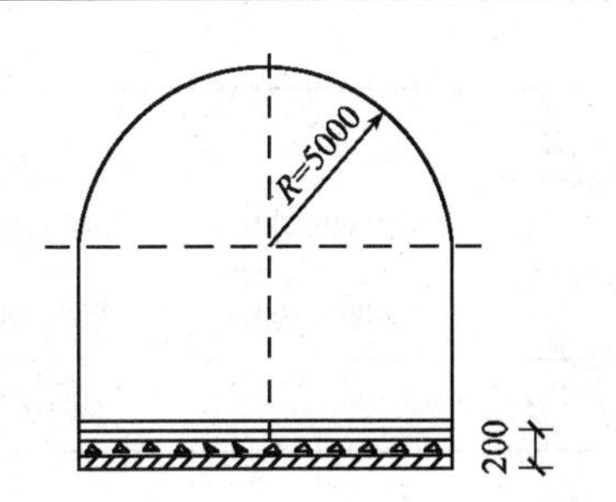

图 4-38 钢筋混凝土底板布置图

【解】 (1)定额工程量:

钢筋混凝土底板工程量:

$10 \times 200 \times 0.2 = 400.00\text{m}^3$

(2)清单工程量：

清单工程量计算同定额工程量。

清单工程量计算见表4-30。

表4-30　清单工程量计算表

项目编码	项目名称	项目特征描述	计量单位	工程量
040406002001	混凝土底板	垫层厚0.2m	m^3	400.00

项目编码:040406002　　项目名称:混凝土底板

项目编码:040406004　　项目名称:混凝土墙

【例30】 某隧道长120m,处于砂岩与页岩之间,防水性能良好,隧道采用平洞开挖、光面爆破方式进行隧道施工,废土通过自卸汽车运输至洞外300m处废弃站,隧道开挖阶段完成后,用C20混凝土浇筑隧道内衬弓形底板40cm,内衬侧墙8cm,并对隧道顶板进行安装10cm,其隧道内衬弓形底板,内衬侧墙、内衬顶板布置图如图4-39所示,试编制以下几个工程量:

1)隧道内衬弓形底板

2)隧道内衬侧墙

3)隧道内侧顶板

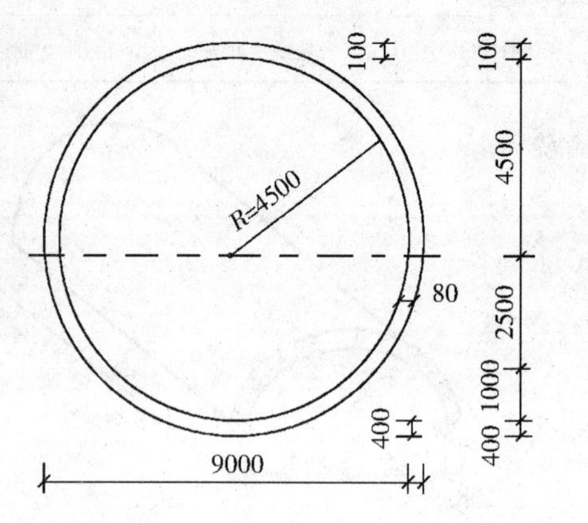

图4-39　隧道内衬底板、侧墙、顶板布置图

【解】 (1)定额工程量:

1)隧道内衬弓形底板工程量:

由于隧道内衬弓形底板为半圆环形,可极限求其工程量。

$9\times0.4\times120=432.00m^3$

2)隧道内衬侧墙工程量:

隧道内衬侧墙近似地看成是矩形

$0.08\times2.5\times120\times2=48.00m^3$

3)隧道内衬顶板工程量:

$2\times3.14\times4.5\times120=3391.2m^2$

(2)清单工程量:

清单工程量计算同定额工程量。

清单工程量计算见表4-31。

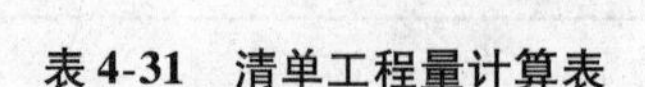

表4-31　清单工程量计算表

序号	项目编码	项目名称	项目特征描述	计量单位	工程量
1	040406002001	混凝土底板	C20混凝土,厚40cm	m^3	432.00
2	040406004001	混凝土墙	C20混凝土,厚8cm	m^3	48.00
3	040406004002	混凝土墙	顶板厚10cm	m^2	3391.2

项目编码:040406007　　项目名称:圆隧道内架空路面

【例 31】 某城市 200m 隧道内修建一厚度为 15cm 的水泥混凝土路面，设计尺寸断面图如图 4-40 所示，石料最大粒径设计 30mm，根据设计尺寸求路面工程量。

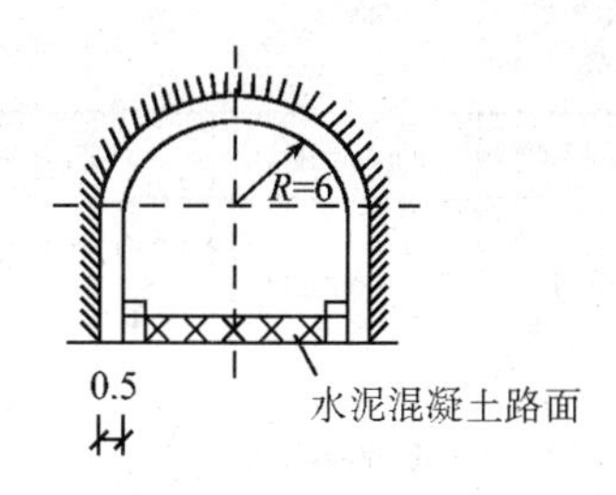

图 4-40 城市隧道路面断面图（单位：m）

【解】 (1)定额工程量：

水泥混凝土路面工程量：$200 \times (12 - 2 \times 0.5) \times 0.15 = 330\text{m}^3$

(2)清单工程量：

清单工程量计算同定额工程量。

清单工程量计算见表 4-32。

表 4-32 清单工程量计算表

项目编码	项目名称	项目特征描述	计量单位	工程量
040407006001	圆隧道内架空路面	厚度为 15cm，石料最大料径设计 30mm	m^3	330

项目编码：040406008 项目名称：隧道内其他结构混凝土

【例 32】 某地区隧道工程附属混凝土结构、楼梯、电缆沟及车道侧石等，如图 4-41 所示，混凝土强度等级为 C30，石料最大粒径为 15mm，求其工程量（隧道长 100m）。

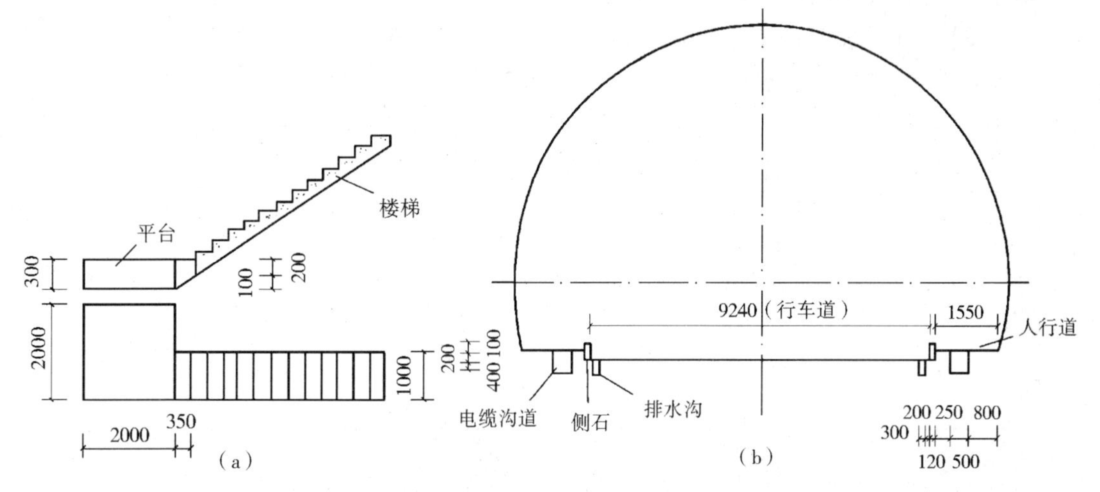

图 4-41 隧道细部

(a)楼梯；(b)隧道断面

【解】 (1)定额工程量：

1)楼梯工程量：$V_1 = 13 \times 0.35 \times (0.2 + 0.3)/2 \times 1 = 1.14\text{m}^3$

2)平台工程量：$V_2 = 2 \times 2 \times 0.3 = 1.20\text{m}^3$

3)电缆沟工程量：$V_3 = 100 \times 0.5 \times 0.6 \times 2 = 30 \times 2 = 60.00\text{m}^3$

4)侧石工程量：$V_4 = 100 \times 0.12 \times (0.1 + 0.2) \times 2 = 7.20\text{m}^3$

5)排水沟工程量：$V_5 = 2 \times 100 \times 0.3 \times 0.4 = 24.00\text{m}^3$

(2)清单工程量：

清单工程量计算同定额工程量。

清单工程量计算见表 4-33。

表 4-33　清单工程量计算表

序号	项目编码	项目名称	项目特征描述	计量单位	工程量
1	040406008001	隧道内其他结构混凝土	楼梯,混凝土强度等级为 C30,石料最大粒径为 15mm	m^3	1.14
2	040406008002	隧道内其他结构混凝土	平台,混凝土强度等级为 C30,石料最大粒径为 15mm	m^3	1.20
3	040406008003	隧道内其他结构混凝土	电缆沟,混凝土强度等级为 C30,石料最大粒径为 15mm	m^3	60.00
4	040406008004	隧道内其他结构混凝土	侧石,混凝土强度等级为 C30,石料最大粒径为 15mm	m^3	7.20
5	040406008005	隧道内其他结构混凝土	排水沟,混凝土强度等级为 C30,石料最大粒径为 15mm	m^3	24.00

项目编码:040407003　　项目名称:预制沉管混凝土板底

项目编码:040407004　　项目名称:预制沉管混凝土侧墙

项目编码:040407005　　项目名称:预制沉管混凝土顶板

【例 33】　有一水底隧道长 200m,采用沉管法施工,沉管为双向六车道,顶板及底板都为弧形。沉管板底、侧墙及顶板同预制混凝土制作,混凝土强度等级为 C35,石料最大粒径为 15mm(图 4-42)。

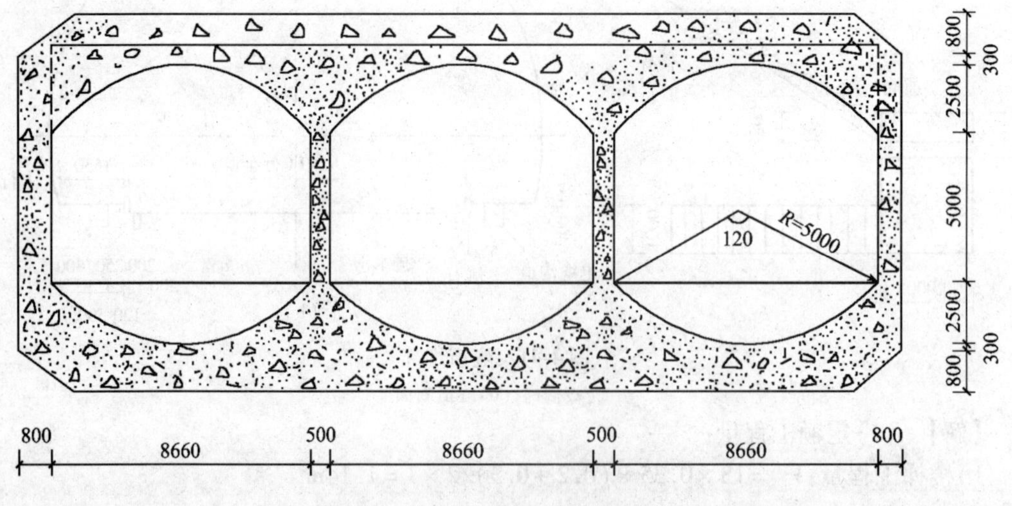

图 4-42　沉管隧道混凝土结构示意图

试求:(1)预制沉管混凝土板底工程量

(2)预制沉管混凝土侧墙工程量

(3)预制混凝土沉管顶板工程量

【解】　(1)定额工程量:

1)预制混凝土沉管板底工程量:

$$V_1 = [[(8.66 \times 3 + 0.5 \times 2 + 0.8 \times 2) + (8.66 \times 3 + 0.5 \times 2)] \times 0.8 \times \frac{1}{2} + (8.66 \times 3 + 0.5 \times$$

$2+0.8\times2)\times(2.5+0.3)-\left(\frac{120}{360}\pi\times5^2\times3-3\times\frac{1}{2}\times2\sin60°\times5\times2.5\right)\Big]\times200$

$=11244.79\text{m}^3$

2)预制沉管混凝土侧墙工程量：

$V_2=200\times5\times(0.8\times2+0.5\times2)=2600.00\text{m}^3$

3)预制混凝土沉管顶板工程量：

$V_3=\Big[[(8.66\times3+0.5\times2+0.8\times2)+(8.66\times3+0.5\times2)]\times0.8\times\frac{1}{2}+(8.66\times3+0.5\times$

$2+0.8\times2)\times(2.5+0.3)-\left(\frac{120}{360}\pi\times5^2\times3-3\times\frac{1}{2}\times2\sin60°\times5\times2.5\right)\Big]\times200$

$=11244.79\text{m}^3$

(2)清单工程量：

清单工程量计算同定额工程量。

清单工程量计算见表4-34。

表4-34 清单工程量计算表

序号	项目编码	项目名称	项目特征描述	计量单位	工程量
1	040407003001	预制沉管混凝土板底	C35 混凝土，石料最大粒径为15mm	m^3	11244.79
2	040407004001	预制沉管混凝土侧墙	C35 混凝土，石料最大粒径为15mm	m^3	2600.00
3	040407005001	预制沉管混凝土顶板	C35 混凝土，石料最大粒径为15mm	m^3	11244.79

项目编码:040407007　　项目名称:鼻托垂直剪力键

【例34】 某沉管隧道在沉管制作时安装了钢剪力键，具体尺寸如图4-43所示，钢密度取7.78t/m³，求鼻托垂直剪力键的工程量。

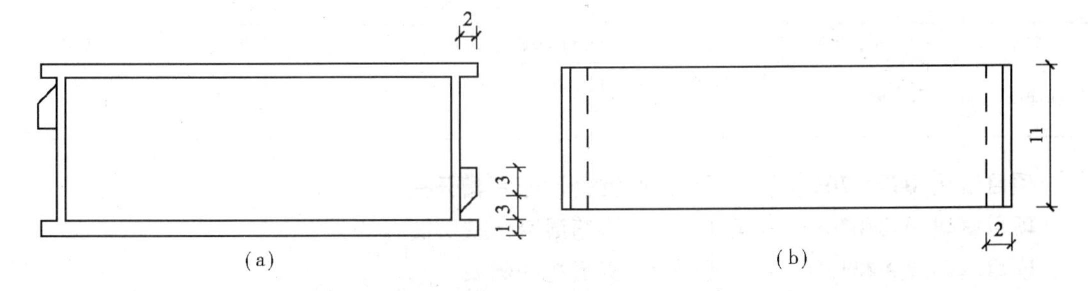

图4-43 沉井示意图 (单位:m)

(a)沉管立面图;(b)沉管平面图

【解】 (1)定额工程量：

$2\times7.78\times(3+3+3)\times2/2\times11\times2=1540.44\times2=3080.880\text{t}$

(2)清单工程量：

$m=\rho v=7.78\times(3+3+3)\times2/2\times11\times2\times2=1540.44\times2=3080.880\text{t}$

清单工程量计算见表4-35。

表 4-35　清单工程量计算表

项目编码	项目名称	项目特征描述	计量单位	工程量
040407007001	鼻托垂直剪力键	钢密度取 $7.78t/m^3$	t	3080.880

项目编码:040407013　　项目名称:航道疏浚

【例 35】　某地区用沉管法修筑水底隧道,河床土质为软黏土和淤泥,浮运航道的疏浚深度为 6m,开挖航道长度为 200m,采用挖泥船挖泥,水底隧道航道疏浚示意图如图 4-44 所示,求其工程量。

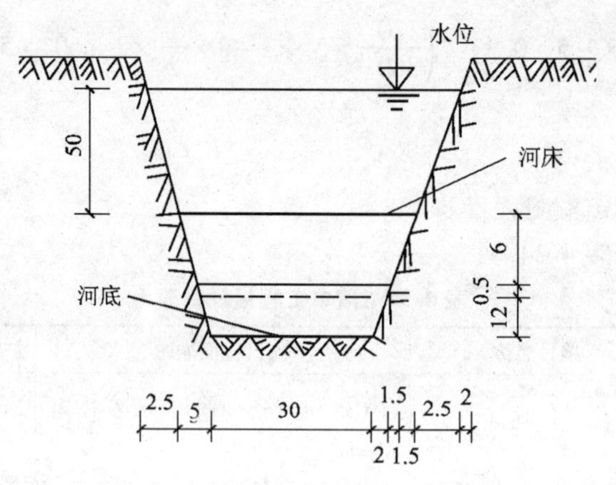

图 4-44　水底隧道航道疏浚示意图　(单位:m)

【解】　(1)定额工程量:

$200\times(30+2\times2+30+2\times2+1.5\times2\times2)/2\times(6.0+0.5)=48100.00m^3$

(2)清单工程量:

由于河床地质情况增加了 0.5m 的富余水深。

$V=200\times(34+40)/2\times(6.0+0.5)=48100.00m^3$

清单工程量计算见表 4-36。

表 4-36　清单工程量计算表

项目编码	项目名称	项目特征描述	计量单位	工程量
040407013001	航道疏浚	河床土质为软黏土和淤泥,浮运航道的疏浚深度为 6m	m^3	48100.00

项目编码:040407014　　项目名称:沉管河床基槽开挖

项目编码:040407015　　项目名称:钢筋混凝土块沉石

项目编码:040407016　　项目名称:基槽抛铺碎石

项目编码:040407017　　项目名称:沉管管节浮运

项目编码:040407020　　项目名称:沉管水下压石

【例 36】　某沉管隧道在干坞内完成 30m 预制,需进行浮运和沉放。已知河床土质为砂性淤泥,需进行基槽开挖 10m 才能进行沉管浮运。基槽开挖采用挖泥船昼夜开工驳运、卸泥以加速工程进度,干坞距沉放地 1000m。在干坞内灌水使预制管段浮起,并压粒径为 15cm 砂石粒,使垫层压紧密贴。基槽内布置粒径为 30cm 的沉石和粒径为 8cm 的碎石,其沉管基槽开挖断面如图 4-45 所示,试根据图 4-45 编制此沉管工程量。

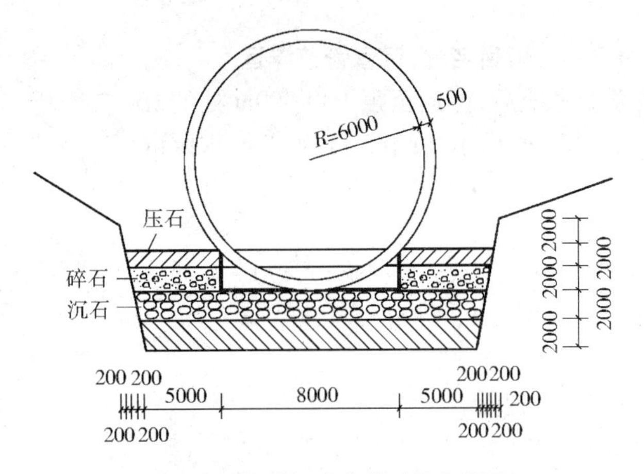

图 4-45 沉管河床基槽开挖布置图

【解】 (1)定额工程量:

1)沉管河床基槽开挖工程量:

$\frac{1}{2}\times(18+19.6)\times6\times30=3384.00\text{m}^3$

2)钢筋混凝土块沉石工程量:

$\frac{1}{2}\times(18.4+18.8)\times0.4\times30=223.20\text{m}^3$

3)基槽抛铺碎石工程量:

$\frac{1}{2}\times(18.8+19.2)\times0.8\times30=456.00\text{m}^3$

4)沉管管节浮运工程量:

此沉管管节采用密度为 2500kg/m^3 的普通混凝土预制。

$V=(3.14\times6.5^2-3.14\times6^2)\times30=588.75\text{m}^3$

$m=588.75\times2500=1471875\text{kg}$

沉管管节浮运工程量:$1471875\times1000\times10^{-6}=1471.88\text{kt}\cdot\text{m}$

5)沉管水下压石工程量:

$\frac{1}{2}\times(5.6+5.8)\times0.2\times30\times2=68.40\text{m}^3$

(2)清单工程量:

清单工程量计算同定额工程量。

清单工程量计算见表 4-37。

表 4-37 清单工程量计算表

序号	项目编码	项目名称	项目特征描述	计量单位	工程量
1	040407014001	沉管河床基槽开挖	河床土质为砂性淤泥,基槽开挖 10m	m^3	3384.00
2	040407015001	钢筋混凝土块沉石	沉石深度 0.4m	m^3	223.20
3	040407016001	基槽抛铺碎石	粒径为 30cm 的沉石和粒径为 8cm 的碎石	m^3	456.00
4	040407017001	沉管管节浮运	干坞距沉放地 1000m	kt · m	1471.88
5	040407020001	沉管水下压石	粒径为 15cm 砂石粒	m^3	68.40

项目编码:040407017　　项目名称:沉管管节浮运

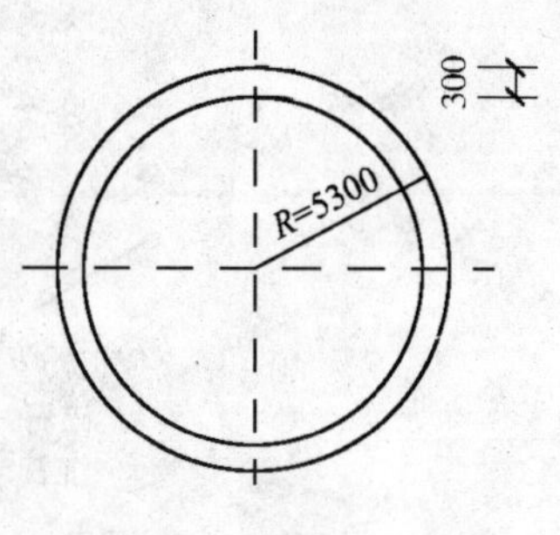

图 4-46　沉管尺寸设计图

【例 37】　某沉管预制完成后,浮运至距干坞 300m 处的沉放处,此沉管管节尺寸如图 4-46 所示,管节长度为 70m,求此沉管管节浮运工程量。

【解】　(1)定额工程量:

沉管管节浮运工程量:$\pi \times (5.3 \times 5.3 - 5 \times 5) \times 70 \times 7.78 \times 10^{-3} \times 300 = 1586.015\text{kt} \cdot \text{m}$

(2)清单工程量:

清单工程量计算同定额工程量。

清单工程量计算见表 4-38。

表 4-38　清单工程量计算表

项目编码	项目名称	项目特征描述	计量单位	工程量
040407017001	沉管管节浮运	管节长度为 70m	kt · m	1586.015

项目编码:040407018　　项目名称:管段沉放连接

【例 38】　某隧道工程在 K0 + 100 ~ K0 + 600 施工段需修水底隧道,每节沉管长 100m,内半径 5m,管厚 0.5m,每节管段重 7.23kt,下沉深度为 20m,水力压接法如图 4-47 所示,求管段沉放连接的工程量。

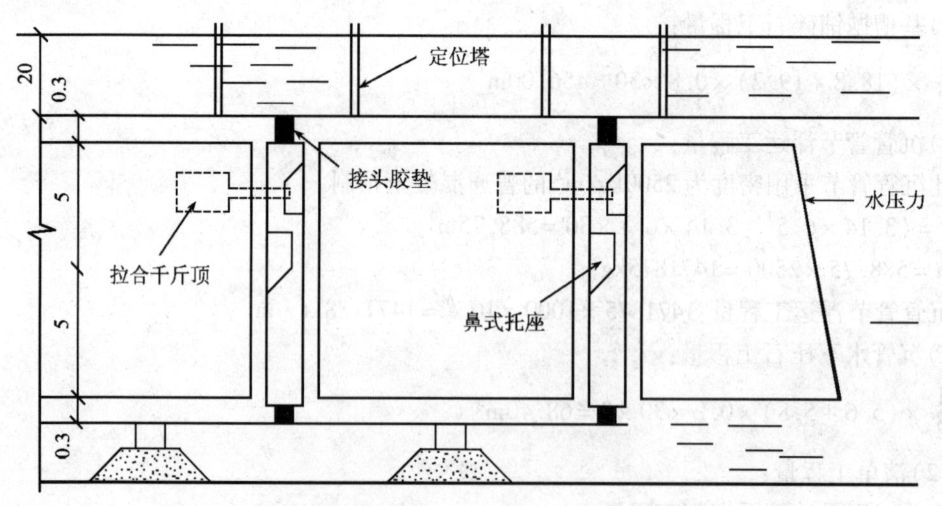

图 4-47　管段沉放连接之水力压接法简图　(单位:m)

【解】　(1)定额工程量:

由图 4-47 可知:水力压接法共 3 节沉管。

(2)清单工程量:

清单工程量计算同定额工程量。

清单工程量计算见表 4-39。

表 4-39　清单工程量计算表

项目编码	项目名称	项目特征描述	计量单位	工程量
040407018001	管段沉放连接	每节管段重 7.23kt,下沉深度为 20m	节	3

项目编码:040407020　　项目名称:沉管水下压石

【例 39】 某隧道工程在 K2 +050 ~ K2 +350 段是一水底隧道,在管段里灌足水后,再压碎石料,从而使垫层压紧密贴,沉管水下压石如图 4-48 所示,沉管的断面为圆形,求其工程量。

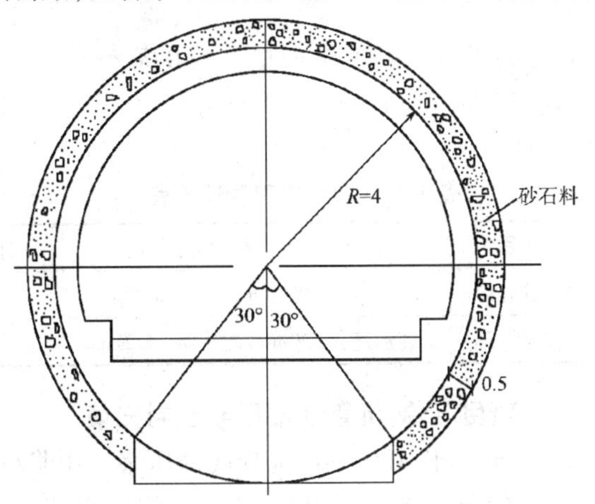

图 4-48　沉管水下压石示意图　(单位:m)

【解】 (1)定额工程量:

$$V=\left(1-\frac{1}{6}\right)\times 300\times\pi[(4+0.5)^2-4^2]=250\times\pi(4.5^2-4^2)=3337.94\text{m}^3$$

(2)清单工程量:

清单工程量计算同定额工程量。

清单工程量计算见表 4-40。

表 4-40　清单工程量计算表

项目编码	项目名称	项目特征描述	计量单位	工程量
040407020001	沉管水下压石	在管段里灌足水后,再压碎石料	m^3	3337.94

项目编码:040407021　　项目名称:沉管接缝处理

【例 40】 某隧道工程在 K2 +050 ~ K2 +150 施工段有一水下隧道,设置接缝,有纵向接缝和变形缝两种,如图 4-49 所示,纵向接缝长度 4.5m,变形缝为横向施工缝,每 20m 设置一条,长度为 21m,计算接缝工程量。

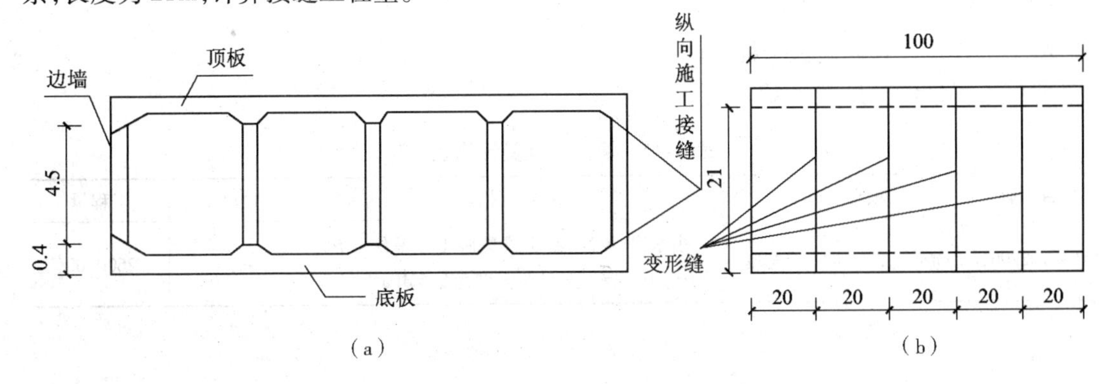

图 4-49　某隧道接缝示意图　(单位:m)

(a)沉管纵向接缝布置图;(b)沉管变形缝

【解】 (1)定额工程量:

1)纵向接缝工程量:共8条

2)变形缝工程量:共4条

(2)清单工程量:

1)纵向接缝工程量:由图4-52(a)可知,纵向接缝共8条。

2)变形缝工程量:由图4-52(b)可知,变形缝共4条。

清单工程量计算见表4-41。

表4-41 清单工程量计算表

序号	项目编码	项目名称	项目特征描述	计量单位	工程量
1	040407021001	沉管接缝处理	纵向接缝,长度4.5m	条	8
2	040407021002	沉管接缝处理	变形缝,每20m设置一条,长21m	条	4

项目编码:040407022　　项目名称:沉管底部压浆固封充填

【例41】 某水底隧道有一管节长100m,在沉管底部压浆。压浆材料为:由水泥、黄沙、黏土或斑脱土以及缓凝剂配成的混合砂浆,砂浆强度为0.5MPa,要求压浆压力为0.053MPa,沿管底部压浆断面如图4-50所示,求其工程量。

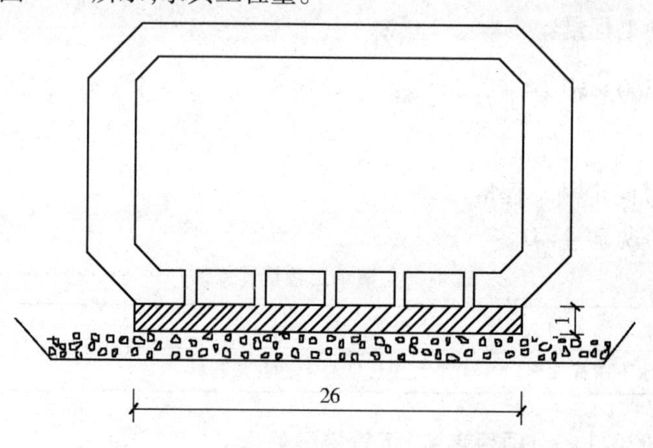

图4-50 沉管底部压浆断面图 (单位:m)

【解】 (1)定额工程量:

$V=26\times1\times100=2600.00\text{m}^3$

(2)清单工程量:

清单工程量计算同定额工程量。

清单工程量计算见表4-42。

表4-42 清单工程量计算表

项目编码	项目名称	项目特征描述	计量单位	工程量
040407022001	沉管底部压浆固封充填	由水泥、黄沙、黏土或斑脱土以及缓凝剂配成的混合砂浆,砂浆强度为0.5MPa	m^3	2600.00

第五章　市政管网工程

第一节　市政管网工程定额项目划分

在《全国统一市政工程预算定额》中，第五册“给水工程”、第六册“排水工程”、第七册“燃气与集中供热工程”共同构成市政管网工程。

“给水工程”定额适用于城镇范围内的新建、扩建市政给水工程；“排水工程”定额适用于城镇范围内新建、扩建的市政排水管渠工程；“燃气与集中供热工程”定额适用于市政工程新建和扩建的城镇燃气和集中供热工程。

(1)给水工程定额项目划分，如图5-1所示。

(2)排水工程定额项目划分，如图5-2所示。

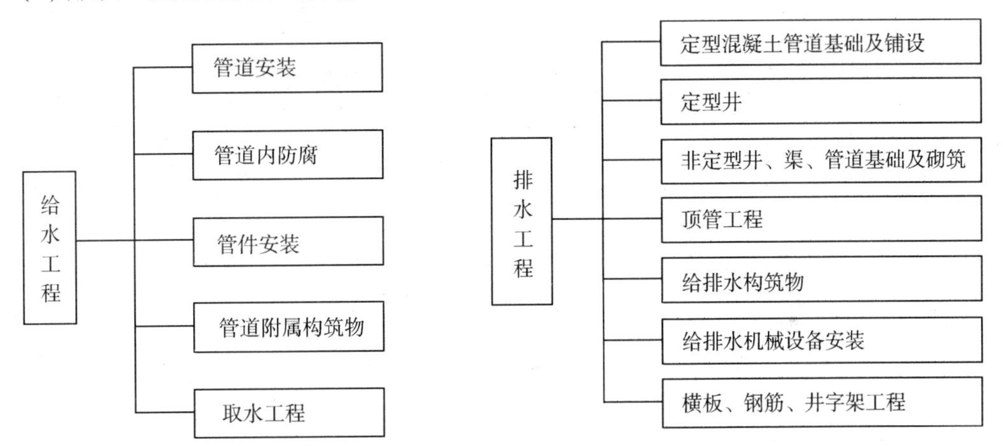

图5-1　给水工程定额项目划分　　图5-2　排水工程定额项目划分

(3)燃气与集中供热工程定额项目划分，如图5-3所示。

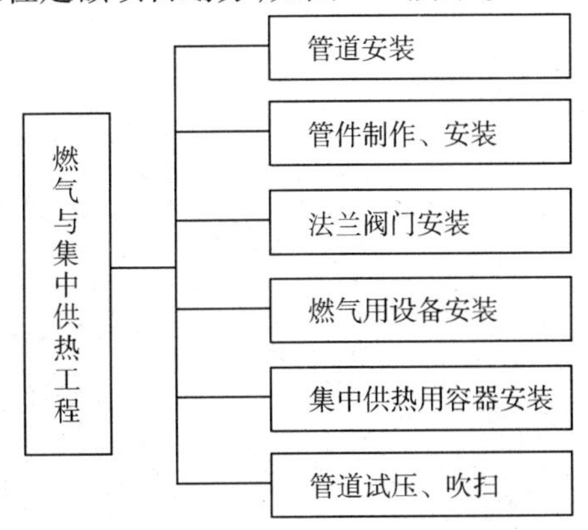

图5-3　燃气与集中供热工程定额项目划分

第二节　市政管网工程清单项目划分

市政管网工程在《市政工程工程量计算规范》(GB 50857—2013)中的项目可分为七大类，具体如图5-4所示。

(1)管道铺设部分清单项目划分，如图5-5所示。

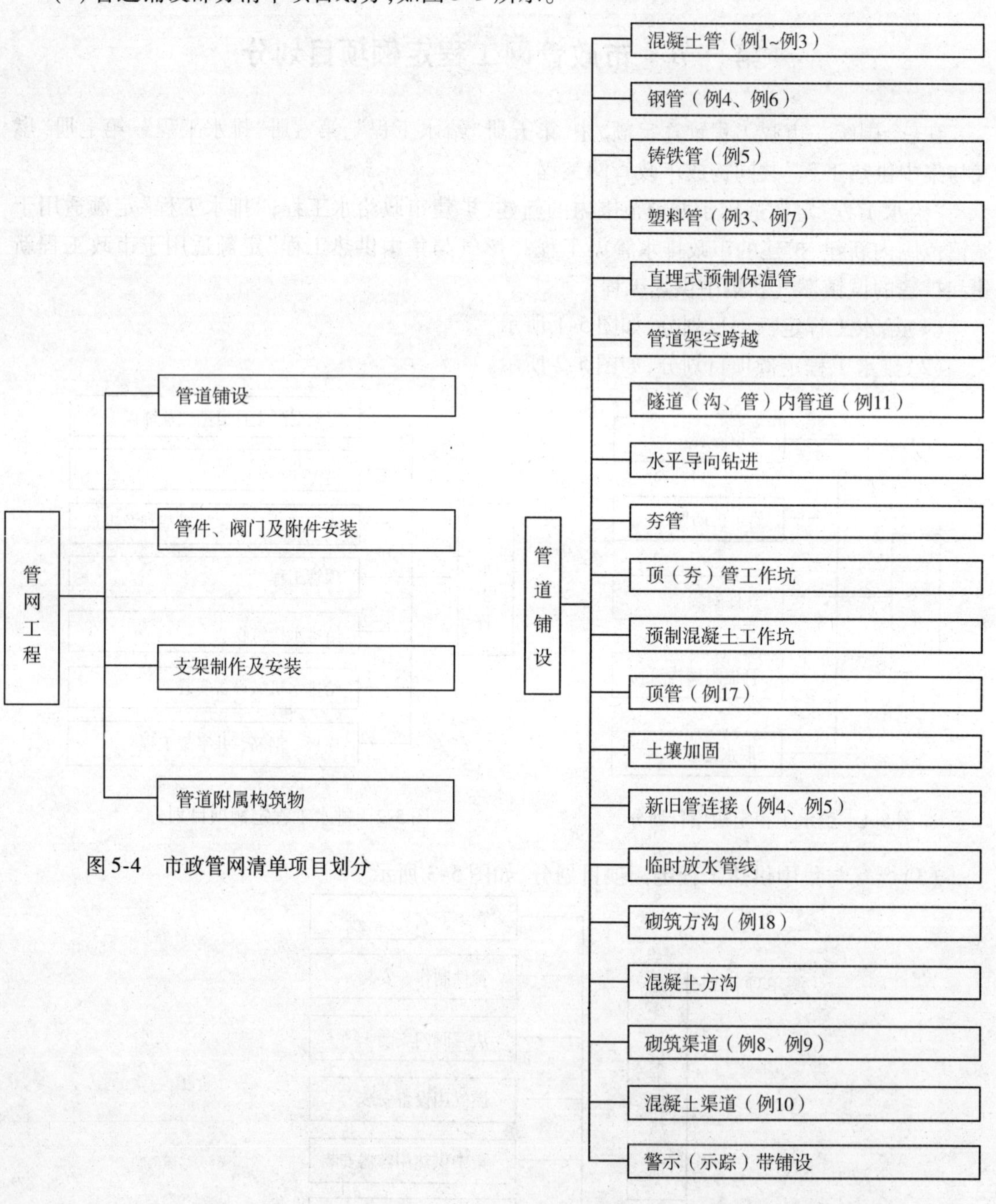

图5-4　市政管网清单项目划分

图5-5　管道铺设部分清单项目划分

(2)管件、阀门及附件安装清单项目划分,如图 5-6 所示。

(3)支架制作及安装清单项目划分,如图 5-7 所示。

(4)管道附属构筑物清单项目划分,如图 5-8 所示。

图 5-6　管件、阀门及附件安装清单项目划分

图 5-7　支架制作及安装清单项目划分

图 5-8　管道附属构筑物清单项目划分

第三节　市政管网工程定额与清单工程量计算规则对照

一、市政管网工程定额工程量计算规则

(一)给水工程

1. 管道安装均按施工图中心线的长度计算(支管长度从主管中心开始计算到支管末端交接处的中心),管件、闸门所占长度已在管道施工损耗中综合考虑,计算工程量时均不扣除其

所占长度。

2. 管道安装均不包括管件(指三通、弯头、异径管)、阀门的安装,管件安装执行《全国统一市政工程预算定额》第五册“给水工程”有关定额。

3. 遇有新旧管连接时,管道安装工程量计算到碰头的阀门处,但阀门及与阀门相连的承(插)盘短管、法兰盘的安装均包括在新旧管连接定额内,不再另计。

4. 管道内防腐按施工图中心线长度计算,计算工程量时不扣除管件、阀门所占的长度,但管件、阀门的内防腐也不另行计算。

5. 管件、分水栓、马鞍卡子、二合三通、水表的安装按施工图数量以“个”或“组”为单位计算。

6. 各种井均按施工图数量,以“座”为单位。

7. 管道支墩按施工图以实体积计算,不扣除钢筋、铁件所占的体积。

8. 大口井内套管、辐射井管安装按设计图中心线长度计算。

9. 套管内的管道铺设按相应的管道安装人工、机械乘以系数1.2。

10. 新旧管线连接项目所指的管径是指新旧管中最大的管径。

(二)排水工程

1. 各种角度的混凝土基础、混凝土管、缸瓦管铺设,井中至井中的中心扣除检查井长度,以延长米计算工程量。每座检查井扣除长度按表5-1计算。

表5-1　检查井扣除长度

检查井规格(mm)	扣除长度(m)	检查井规格	扣除长度(m)
φ700	0.4	各种矩形井	1.0
φ1000	0.7	各种交汇井	1.2
φ1250	0.95	各种扇形井	1.0
φ1500	1.20	圆形跌水井	1.6
φ2000	1.70	矩形跌水井	1.7
φ2500	2.20	阶梯式跌水井	按实扣

2. 管道接口区分管径和做法,以实际按接口个数计算工程量。

3. 管道闭水试验,以实际闭水长度计算,不扣除各种井所占长度。

4. 管道出水口区分形式、材质及管径,以“处”为单位计算。

5. 如在无基础的槽内铺设管道,其人工、机械乘以系数1.18.

6. 如遇有特殊情况,必须在支持下串管铺设,人工、机械乘以系数1.33。

7. 若在枕基上铺设缸瓦(陶土)管,人工乘以系数1.18。

8. 各种井按不同井深、井径以“座”为单位计算。

9. 各类井的井深按井底基础以上至井盖顶计算。

10. 非定型井、渠、管道基础及砌筑定额中所列各项目的工程量均以施工图为准计算,其中:

(1)砌筑按计算体积,以“$10m^3$”为单位计算。

(2)抹灰、勾缝以“$100m^2$”为单位计算。

(3)各种井的预制构件以实体积“m^3”计算,安装以“套”为单位计算。

(4)井、渠垫层、基础按实体积以“$10m^3$”计算。

(5)沉降缝应区分材质按沉降缝的断面积或铺设长度分别以“$100m^2$”和“100m”计算。

(6)各类混凝土盖板的制作按实体积以“立方米”计算,安装应区分单件(块)体积,以“$10m^3$”计算。

11. 检查井筒的砌筑适用于混凝土管道井深不同的调整和方沟井筒的砌筑,区分高度以“座”为单位计算,高度与定额不同时采用每增减0.5m计算。

12. 方沟(包括存水井)闭水试验的工程量,按实际闭水长度的用水量,以“$100m^3$”计算。

13. 拱(弧)形混凝土盖板的安装,按相应体积的矩形板定额人工、机械乘以系数1.15执行。

14. 石砌体均按块石考虑,如采用片石或平石时,块石与砂浆用量分别乘以系数1.09和1.19,其他不变。

15. 工作坑土方区分挖土深度,以挖方体积计算。

16. 各种材质管道的顶管工程量,按实际顶进长度,以延长米计算。

17. 顶管接口应区分操作方法、接口材质分别以口的个数和管口断面积计算工程量。

18. 钢板内、外套环的制作,按套环重量以“t”为单位计算。

19. 顶管采用中继间顶进时,顶进定额中的人工费与机械费乘以表5-2中的系数分级计算:

表5-2　系数分级计算表

中继间顶进分级	一级顶进	二级顶进	三级顶进	四级顶进	超过四级
人工费、机械费调整系数	1.36	1.64	2.15	2.80	另计

20. 管道顶进项目中的顶镐均为液压自退式,如采用人力顶镐,定额人工乘以系数1.43;如果人力退顶(回镐)时间定额乘以系数1.20,其他不变。

21. 现浇混凝土构件模板按构件与模板的接触面积以“平方米”计算。

22. 预制混凝土构件模板,按构件的实际体积以“立方米”计算。

(三)燃气与集中供热工程

1. 管道安装中各种管道的工程量均按延长米计算,管件、阀门、法兰所占长度已在管道施工损耗中综合考虑,计算工程量时均不扣除其所占长度。

2. 铸铁管安装按N1和X型接口计算,如采用N型和SMJ型,人工乘以系数1.05。

3. 异径管安装以大口径为准,长度综合取定。

4. 电动阀门安装不包括电动机的安装。

5. 阀门解体、检查和研磨,已包括一次试压,均按实际发生的数量,按相应项目执行。

6. 阀门压力试验介质是按水考虑的,如设计要求其他介质,可按实调整。

7. 中压法兰、阀门安装执行低压相应项目,其人工乘以系数1.2。

8. 煤气调长器是按三波考虑的,如安装三波以上者,其人工乘以系数1.33,其他不定。

9. 煤气调长器是按焊接法兰考虑的,如采用直接对焊时,应减去法兰安装用材料,其他不变。

10. 强度试验,气密性试验项目,分段试验合格的,如需总体试压和发生二次或二次以上试压时，应再套用管道试压、吹扫定额相应项目计算试压费用。

11. 管件长度未满10m者，以10m计，超过10m者按实际长度计。

12. 集中供热高压管道压力试验执行低中压相应定额，其人工乘以系数1.3。

二、市政管网工程清单工程量计算规则

1. 陶土管铺设。按设计图示中心线长度以延长米计算，不扣除井所占的长度。

2. 混凝土管道铺设。按设计图示管道中心线长度以延长米计算，不扣除中间井及管件、阀门所占的长度。

3. 镀锌钢管铺设。按设计图示管道中心线长度以延长米计算，不扣除管件、阀门、法兰所占的长度。

4. 铸铁管铺设。按设计图示管道中心线长度以延长米计算，不扣除井、管件、阀门所占的长度。

5. 钢管铺设、塑料管道铺设。按设计图示管道中心线长度以延长米计算（支管长度从主管中心到支管末端交接处的中心），不扣除管件、阀门、法兰所占的长度。

新旧管连接时，计算到碰头的阀门中心处。

6. 砌筑渠道、混凝土渠道。按设计图示尺寸以长度计算。

7. 套管内铺设管道。按设计图示管道中心线长度计算。

8. 管道架空跨越、管道沉管跨越。按设计图示管道中心线长度计算，不扣除管件、阀门、法兰所占的长度。

9. 管道焊口无损探伤。按设计图示要求探伤的数量计算。

10. 预应力混凝土管转换件安装、铸铁管件安装、钢管件安装、法兰钢管件安装、塑料管件安装、钢塑转换件安装、钢管道间法兰连接、分水栓安装、盲（堵）板安装、防水套管制作、安装。按设计图示数量计算。

11. 除污器安装、补偿器安装。按设计图示数量计算。

12. 钢支架制作、安装。按设计图示尺寸以质量计算。

13. 钢支架制作、安装。按设计图示尺寸以质量计算。

14. 新旧管连接（碰头）。按设计图示数量计算。

15. 气体置换。按设计图示管道中心线长度计算。

16. 阀门安装、水表安装、消火栓安装。按设计图示数量计算。

17. 砌筑检查井、混凝土检查井、雨水进水井、其他砌筑井。按设计图示数量计算。

18. 设备基础。按设计图示尺寸以体积计算。

19. 出水口。按设计图示数量计算。

20. 支（挡）墩。按设计图示尺寸以体积计算。

21. 混凝土工作井。按设计图示数量计算。

22. 混凝土管道顶进、钢管顶进、铸铁管顶进、硬塑料管顶进、水平导向钻进。按设计图示尺寸以长度计算。

23. 管道方沟。按设计图示尺寸以长度计算。

24. 凝水缸、调压器、过滤器、分离器、安全水封、检漏管、调长器、牺牲阳极、测试桩。按设计图示数量计算。

第四节　市政管网工程经典实例导读

项目编码:040501001　　项目名称:混凝土管

【例 1】　某管线工程,J1 为非定型检查井 1200mm × 2000mm,主管为 DN1400,支管为 DN600,单侧布置如图 5-9 所示。DN600 长 380m,DN1400 长 1250m,求管道铺设的清单工程量(C30 混凝土管)。

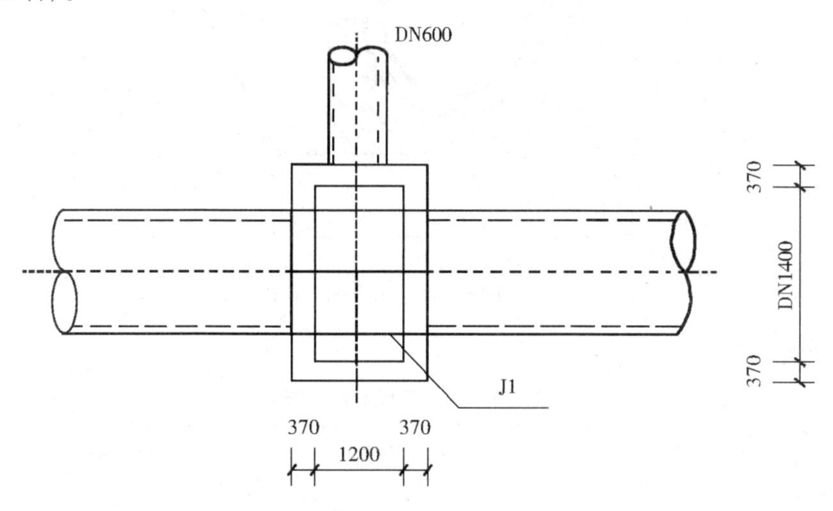

图 5-9　某管线工程图　(单位:mm)

【解】《市政工程工程量计算规范》中规定,在计算管道铺设的工程量时,不再扣除井所占的长度。所以,DN600 工程量 = 380m,DN1400 工程量 = 1250m。

清单工程量计算见表 5-3。

表 5-3　清单工程量计算表

序号	项目编码	项目名称	项目特征描述	计量单位	工程量
1	040501001001	混凝土管	C30 混凝土,DN600	m	380.00
2	040501001002	混凝土管	C30 混凝土,DN1400	m	1250.00

项目编码:040501001　　项目名称:混凝土管

【例 2】　某一混凝土排水管道如图 5-10 所示,计算混凝土管铺设、混凝土基础、接口、模板工程量。已知检查井为矩形井,管节长 2m。

【解】　(1)定额工程量:

混凝土管铺设:$L = (200 - 2) = 198\text{m}$

混凝土基础:　$L = (200 - 2) = 198\text{m}$

接口:　　　$N = (198 \div 2 - 2) = 97$ 个

平基模板:　　$S = 0.15 \times 2 \times 198 = 59.4\text{m}^2$

管座模板:　　$S = 0.65 \times 2 \times 198 = 257.4\text{m}^2$

(2)清单工程量:

管道铺设工程量 = 200m

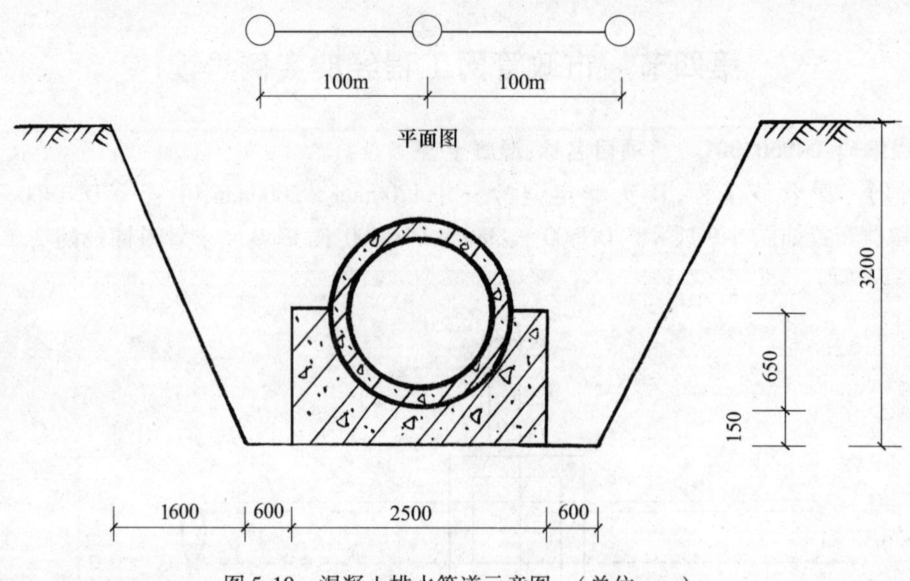

图 5-10　混凝土排水管道示意图　(单位:mm)

清单工程量计算见表 5-4。

表 5-4　清单工程量计算表

项目编码	项目名称	项目特征描述	计量单位	工程量
040501001001	混凝土管	检查井为矩形,管节长 2m,埋深 3.2m	m	200.00

项目编码:040501001　　项目名称:混凝土管

项目编码:040501004　　项目名称:塑料管

项目编码:040504001　　项目名称:砌筑井

项目编码:040504009　　项目名称:雨水口

【例 3】　某城市中市政排水工程主干管长度为 610m,采用 ϕ600 混凝土管,135°混凝土基础,在主干管上设置雨水检查井 8 座,规格为 ϕ1500mm,单室雨水井 20 座,雨水口接入管 ϕ225UPVC 加筋管,共 8 道,每道 8m。求混凝土管基础及铺设长度和检查井座数,闭水试验长度(如图 5-11 所示)。

【解】　定额中在定型混凝管道基础及铺设中,各种角度的混凝土基础、混凝土管、缸瓦管铺设按井中至井中的中心扣除检查井长度,以延长米计算工程量,ϕ1500 检查井扣除长度为 1.2m。

(1)定额工程量:

ϕ600mm 混凝土管道基础及铺设:

$l_1 = (610 - 8 \times 1.2)/100 = 6.004(100m)$

ϕ225mmUPVC 加筋管铺设:

$l_2 = (8 \times 8 - 8 \times 1.2)/100 = 0.544(100m)$(无定额)

ϕ1500mm 雨水检查井:8 座

单室雨水井:20 座

ϕ600mm 以内管道闭水试验:610/100 = 6.1(100m)

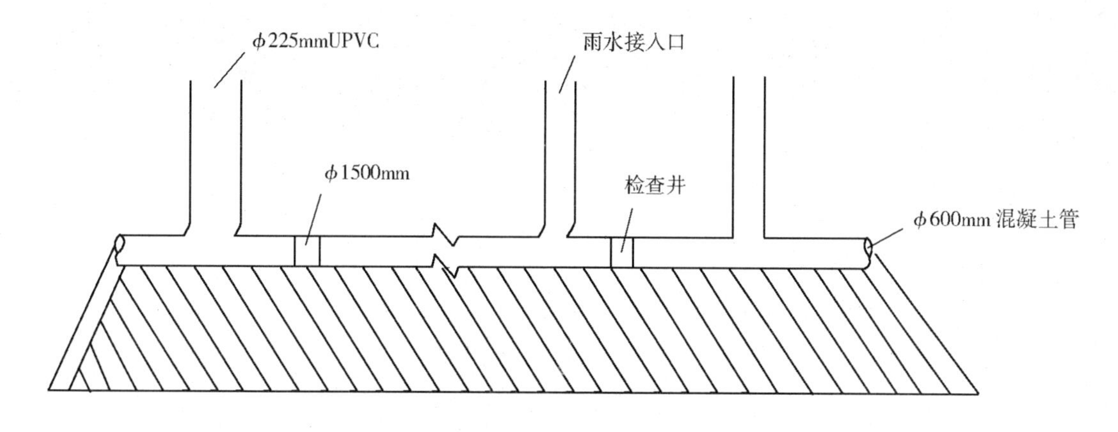

图 5-11　某市政排水工程干管示意图

定额项目汇总见表 5-5。

表 5-5　定额项目汇总表

序　号	定额编号	项目名称	单　位	工程量	计算式
1	6-68	混凝土管道铺设	100m	6.004	(610-8×1.2)/100
2	6-403	砖砌圆形雨水检查井	座	8	—
3	6-532/533	砖砌雨水进水井	座	20	—
4	6-287	管道闭水试验	100m	6.1	610/100

(2)清单工程量:

φ600mm 混凝土管道基础及铺设:$L_1=610$m

φ225mmUPVC 加筋管铺设:$L_2=8\times8=64$m

φ1500mm 雨水检查井:8 座

单室雨水井:20 座

φ600mm 以内管道闭水试验:610m

清单工程量计算见表 5-6。

表 5-6　清单工程量计算表

序号	项目编码	项目名称	项目特征描述	单　位	工程量	计算式
1	040501001001	混凝土管	135°混凝土基础,φ600mm	m	1220.00	610+610　(只有两项)
2	040501004001	塑料管	φ225mmUPVC 加筋管	m	64.00	8×8　(只有一项)
3	040504001001	砌筑井	φ1500mm	座	8	—
4	040504009001	雨水口	单室	座	20	—

项目编码:040501002　　项目名称:钢管

项目编码:040502002　　项目名称:钢管管件制作、安装

【例 4】　某城市某段市政给水管道如图 5-12 所示,其中,DN300 为新建镀锌钢管,水泥砂浆做内防腐,求各部分的清单工程量。

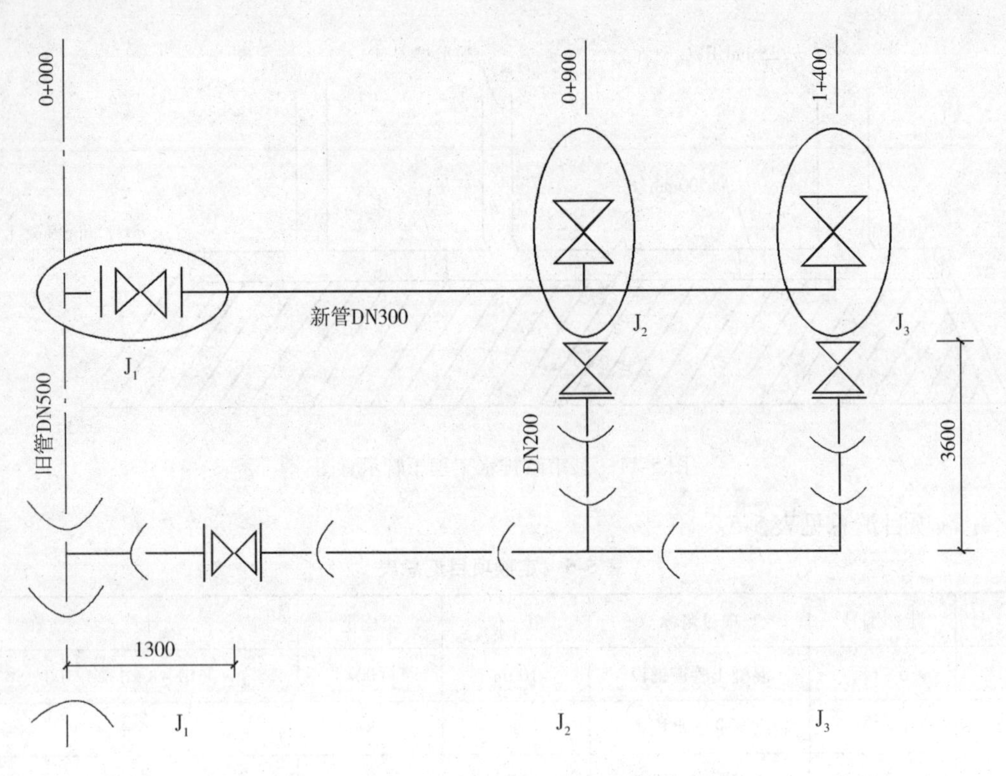

图 5-12 某城市某段给水管道 (单位:mm)

【解】 (1)管道安装

DN200:$L_1=3.6\text{m}$

DN300:$L_2=1400-1.3=1398.7\text{m}$

(2)管件安装

双承一插三通(DN300、DN200):1 个

盘插短管(DN200): 1 个

盘插短管(DN300): 1 个

清单工程量计算见表 5-7。

表 5-7 清单工程量计算表

序号	项目编码	项目名称	项目特征描述	计量单位	工程量
1	040501002001	钢管	DN200,水泥砂浆做内防腐	m	3.60
2	040501002002	钢管	DN300,水泥砂浆做内防腐	m	1398.70
3	040502002001	钢管管件制作、安装	双承一插三通(DN300、DN200)	个	1
4	040502002002	钢管管件制作、安装	盘插短管(DN200)	个	1
5	040502002003	钢管管件制作、安装	盘插短管(DN300)	个	1

注:1. 碰头排水、外防腐不考虑。

2. 管道安装起止点,从碰头计算到碰头阀门处。

3. 计算管道安装工程量时,不扣除阀门、管件所占的长度。

4. 土方工程量读者自行计算，沟槽开挖宽度应是(直径 +2×0.3)m，放坡按规范规定。计算内容包括，开挖土方量 V，管道体积 V'，回填土 V_1，外道残土 V_2，及井室土方 V_3。

项目编码：040501003　　项目名称：铸铁管

项目编码：040501014　　项目名称：新旧管连接

【例5】 某城市新建了某一段市政给水管道，管道布置如图5-13所示，求其他安装主要工程量（注：其中新建管路为石棉水泥接口，内防腐为水泥砂浆）。

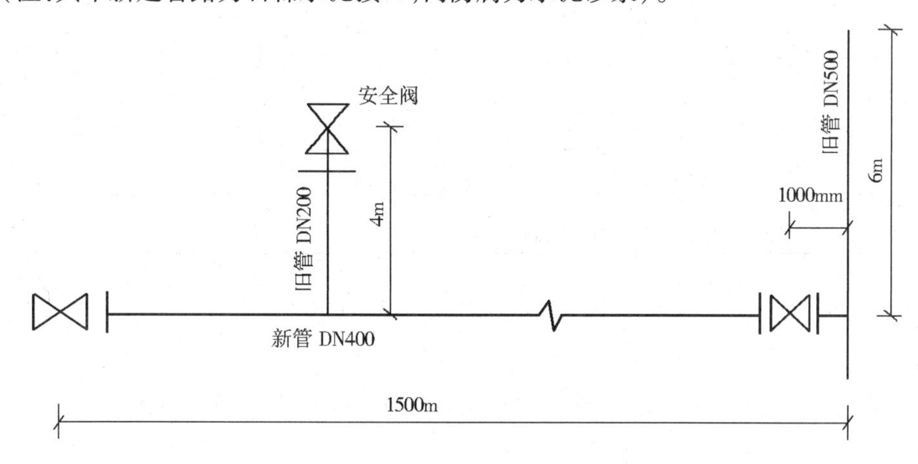

图5-13　某段给水管道布置图

【解】 (1)定额工程量：

管道安装 DN400：$L = 1500 - 1 = 1499 = 149.9(10m)$

阀门安装 DN400，2个；DN200，1个

碰头：DN500，1个；DN200，1个

(2)清单工程量：

根据中华人民共和国《市政工程工程量计算规范》(GB 50857—2013)中给水排水、采暖管道工程量清单项目设置及工程量计算规则，应按设计图示管道中心线长度以延长米计算，不扣除阀门、管件(包括减压器、疏水器、水表、伸缩器等组成安装)及各种井类所占的长度，方形补偿器以其所占长度按管道安装工程量计算。

管道安装：DN400，$L = 1500.00m$；DN200，$L = 4.00m$；DN500，$L = 6.00m$

碰头：DN500，1处；DN200，1处

综上，其清单工程量为1500.00m。

清单工程量计算见表5-8。

表5-8　清单工程量计算表

序号	项目编码	项目名称	项目特征描述	计量单位	工程量
1	040501003001	铸铁管	市政给水管路为石棉水泥接口，DN400	m	1500.00
2	040501003002	铸铁管	市政给水管路为石棉水泥接口，DN200	m	4.00
3	040501003003	铸铁管	市政给水管路为石棉水泥接口，DN500	m	6.00
4	040501014001	新旧管连接	DN500	处	1
5	040501014002	新旧管连接	DN200	处	1

项目编码:040501002　　项目名称:钢管

项目编码:040501004　　项目名称:塑料管

项目编码:040504001　　项目名称:砌筑井

【例6】 某城市市政排水工程中,污水主干管长600m,采用ϕ400mm玻璃钢管,ϕ1000mm污水检查井10座,其污水支管为ϕ300mmUPVC加筋管,一共8道,每道10m,如图5-14所示,求管道的基础及铺设长度以及检查井个数及闭水试验长度。

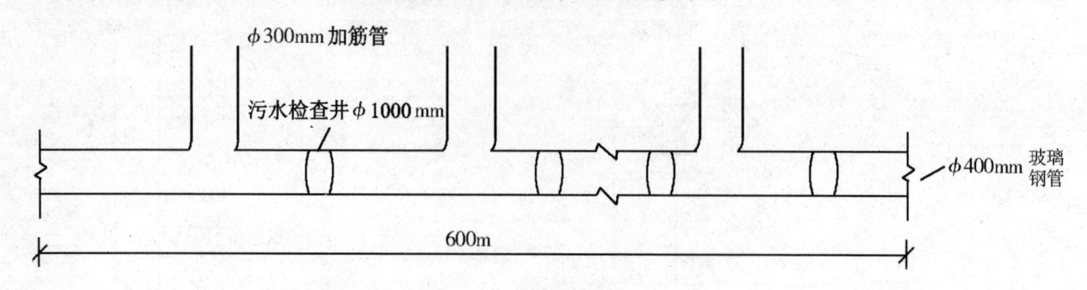

图5-14　某段污水干管示意图

【解】 定额中在管道铺设时(玻璃钢管,UPVC加筋管铺设中),检查井中至井中的中心扣除检查井长度,以延长米计算工程量,ϕ1000mm检查井扣除长度为0.7m。

(1)定额工程量:

ϕ400mm玻璃钢管铺设:$l_1=(600-10\times0.7)/10=59.3(10m)$

ϕ300mmUPVC加筋管铺设:$l_2=(8\times10-10\times0.7)/10=7.3(10m)$(无定额)

ϕ1000mm污水检查井:10座

ϕ400mm以内管道闭水试验:600/100=6(100m)

定额工程量计算见表5-9。

表5-9　定额工程量计算表

序　号	定额编号	定额名称	单　位	工程量	计算式
1	6-769	挤压顶进	10m	59.3	(600-10×0.7)/10
2	6-407	砖砌圆形污水检查井	座	10	—
3	6-286	管道闭水试验	100m	6	600/100

在施工中ϕ400mm玻璃钢管常采用挤压顶进进行,此定额是根据统一市政工程预算定额排水工程部分。

(2)清单工程量:

ϕ400mm玻璃钢管铺设:$l_1=600m$

ϕ300mmUPVC加筋管铺设:$l_2=8\times10=80m$

ϕ1000mm污水检查井:10座

ϕ400mm以内管道闭水试验:600m

清单工程量计算见表5-10。

表5-10　清单工程量计算表

序　号	项目编码	项目名称	项目特征描述	计量单位	工程量	计算式
1	040501002001	钢管	玻璃钢管ϕ400mm	m	1200.00	600+600　(两项)
2	040501004001	塑料管	ϕ300mmUPVC加筋管	m	80.00	8×10　(一项)
3	040504001001	砌筑井	污水检查井ϕ1000mm	座	10	—

项目编码:040501001　　项目名称:混凝土管

项目编码:040501004　　项目名称:塑料管

项目编码:040504001　　项目名称:砌筑井

项目编码:040504009　　项目名称:雨水口

【例7】 某城市中市政排水工程主干管长度为610m,采用ϕ600mm混凝土管,135°混凝土基础,在主干管上设置雨水检查井8座,规格为ϕ1500mm,单室雨水井20座,雨水口接入管ϕ225mmUPVC加筋管,共8道,每道8m。求混凝土管基础及铺设长度和检查井座数,闭水试验长度(如图5-15所示)。

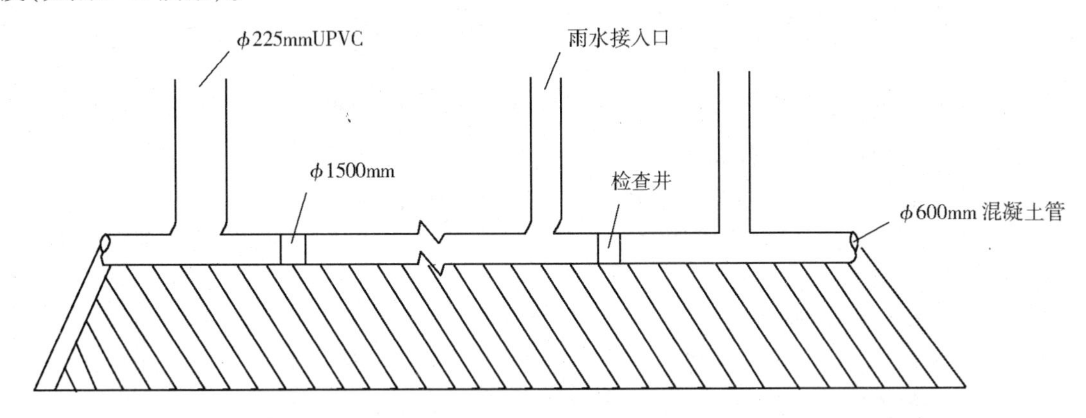

图5-15　某市政排水工程主干管示意图

【解】 定额中在定型混凝管道基础及铺设时,各种角度的混凝土基础、混凝土管、缸瓦管铺设按井中至井中的中心扣除检查井长度,以延长米计算工程量,ϕ1500mm检查井扣除长度为1.2m。

(1)定额工程量:

ϕ600mm混凝土管道基础及铺设:$l_1=(610-8\times1.2)/100=6.004(100m)$

ϕ225mmUPVC加筋管铺设:$l_2=(8\times8-8\times1.2)/100=0.544(100m)$(无定额)

ϕ1500mm雨水检查井:8座

单室雨水井:20座

ϕ600mm以内管道闭水试验:610/100=6.1(100m)

定额工程量计算见表5-11。

表5-11　定额工程量计算表

序　号	定额编号	定额名称	单　位	工程量	计算式
1	6-68	混凝土管道铺设	100m	6.004	(610-8×1.2)/100
2	6-403	砖砌圆形雨水检查井	座	8	—
3	6-532/533	砖砌雨水进水井	座	20	—
4	6-287	管道闭水试验	100m	6.1	610/100

(2)清单工程量:

ϕ600mm混凝土管道基础及铺设:

$L_1=610m$

ϕ225mmUPVC加筋管铺设:$L_2=8\times8=64m$

ϕ1500mm 雨水检查井:8 座

单室雨水井:20 座

ϕ600mm 以内管道闭水试验:610m

清单工程量计算见表 5-12。

表 5-12　清单工程量计算表

序　号	项目编码	项目名称	项目特征描述	计量单位	工程量	计算式
1	040501001001	混凝土管	135°混凝土基础,ϕ600mm	m	1220.00	610 + 610　(只有两项)
2	040501004001	塑料管	ϕ225mmUPVC 加筋管	m	64.00	8 × 8　(只有一项)
3	040504001001	砌筑井	ϕ1500mm	座	8	—
4	040504009001	雨水口	单室	座	20	—

项目编码:040501018　　项目名称:砌筑渠道

【例 8】　箱涵砖砌体的计算。

已知某箱涵工程砖砌体中包含了两个通长布置的垫梁,砖砌体尺寸与钢筋混凝土垫梁的尺寸如图 5-16 所示,求砖砌体的体积(箱涵计算长度为 252m)。

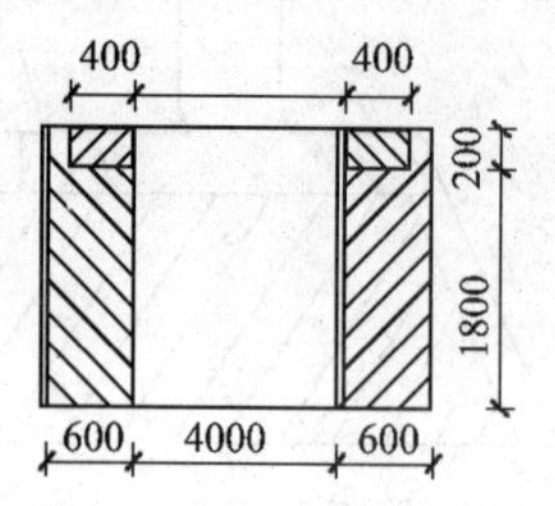

图 5-16　砖砌体断面图

【解】　(1)定额工程量:

砖砌体的体积应扣除钢筋混凝土垫梁的体积:

$$V_{砖} = (0.6 \times 2 - 0.4 \times 0.2) \times 2 \times 252$$

$$= 564.48\text{m}^3 = 56.448(10\text{m}^3)(砖筑的定额计量单位)$$

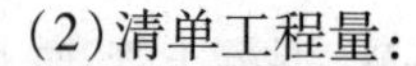

(2)清单工程量:

清单工程量以设计图示尺寸以长度计算。

$L = 252.00\text{m}$

清单工程量计算见表 5-13。

表 5-13　清单工程量计算表

项目编码	项目名称	项目特征描述	计量单位	工程量
040501018001	砌筑渠道	砖砌体,箱涵渠道	m	252.00

注:砖砌体的体积包括了内外抹面,"2"指砖砌体和垫梁对称分布。

项目编码:040501018　　项目名称:砌筑渠道

【例 9】　排水箱涵工程尺寸的初步确定。

已知某排水工程之部分箱涵截面净尺寸为 4m(宽)×2m(高),如图 5-17 所示,计算桩号从 0 + 011 到 0 + 269,排水干线上有 3 座直线井,每座井长 2m,试确定箱涵工程的计算长度。

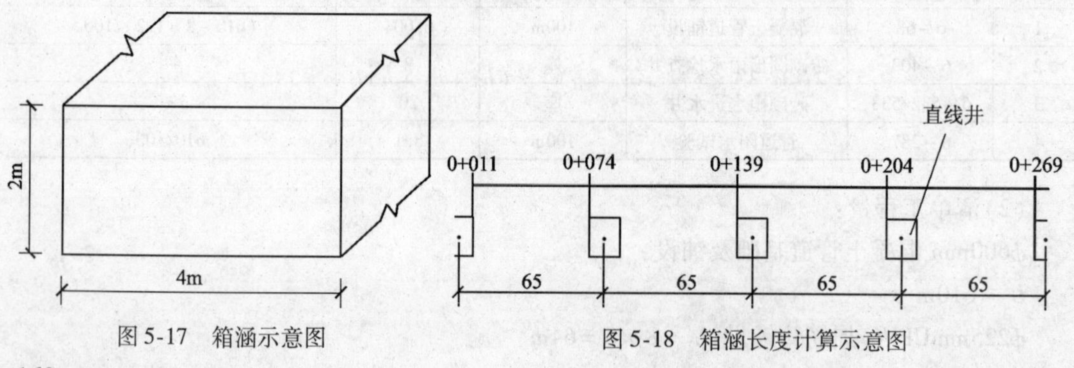

图 5-17　箱涵示意图　　　　图 5-18　箱涵长度计算示意图

【解】 如图 5-18 所示，箱涵全长为 269 - 11 = 258m，扣除直线井的总长度 2 × 3 = 6m，箱涵的计算长度为 258 - 6 = 252.00m。

清单工程量计算见表 5-14。

表 5-14 清单工程量计算表

项目编码	项目名称	项目特征描述	计量单位	工程量
040501018001	砌筑渠道	箱涵截面尺寸为 4m（宽）×2m（高）	m	252.00

项目编码：040501019 项目名称：混凝土渠道

项目编码：040101002 项目名称：挖沟槽土方

项目编码：040103001 项目名称：回填方

【例 10】 某大型现浇钢筋混凝土排水管渠如图 5-19 所示，渠身内侧采用 1∶3 水泥砂浆抹面，渠道总长为 128m，试求其主要工程量（已知土质为三类土，放坡系数 $k = 0.33$，工作面宽度选取为 0.5m）。

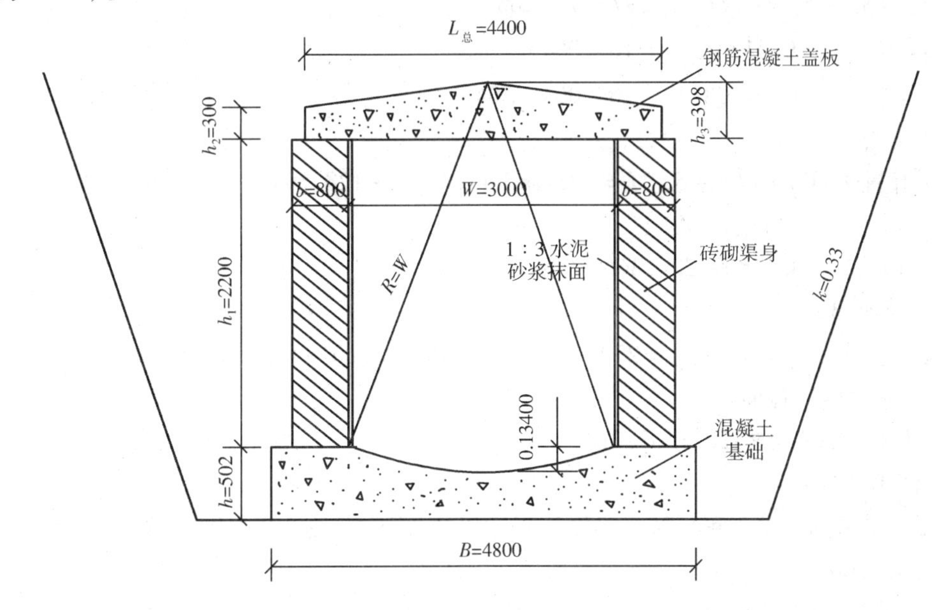

图 5-19 大型排水渠道

【解】 (1)定额工程量：

1)该大型渠道开挖土方的工程量：

由题已知该渠道挖方在定额中需根据放坡系数进行计算。

$$V_{挖} = (B + 2C + kH)HL$$
$$= [4.8 + 0.5 \times 2 + 0.33 \times (h_3 + h_1 + h)] \times (h_3 + h_1 + h)L$$
$$= [5.8 + 0.33 \times (0.398 + 2.2 + 0.502)] \times (0.398 + 2.2 + 0.502) \times 128$$
$$= 2707.37\text{m}^3 = 27.07(100\text{m}^3)$$

2)钢筋混凝土盖板：

由图 5-48 中数据，依题可知：

$$V_{盖} = (h_2 + h_3) \times \frac{L}{2} \times \frac{1}{2} \times 2L_{总} = (0.3 + 0.398) \times 4.4/2 \times 128 = 196.57\text{m}^3$$

3）砖砌渠身：

$V_{渠身}=2h_1bL=2\times2.2\times0.8\times128=450.56\text{m}^3$

4）混凝土基础：

$V_{总基础}=BhL=4.8\times0.502\times128=308.43\text{m}^3$

$S_{弓形}=S_{扇形}-S_{\triangle}$

$S_{扇}=\dfrac{n\pi}{360}R^2$

其中 $n=2\arccos\dfrac{h_3+h_1}{R}=2\arccos\dfrac{2.2+0.398}{3}=2\arccos0.866=60°$

$S_{\triangle}=\dfrac{1}{2}(h_3+h_1)W=\dfrac{1}{2}\times(0.398+2.2)\times3=3.897\text{m}^2$

$S_{扇}=\dfrac{n\pi}{360}R^2=\dfrac{60}{360}\times3.14\times3^2=4.71\text{m}^2$

则 $S_{弓}=S_{扇}-S_{\triangle}=4.71-3.897=0.813\text{m}^2$

则 $V_{弓}=S_{弓}L=0.813\times128=104.064\text{m}^3$

$V_{基础}=V_{总基础}-V_{弓}=308.43-104.064=204.37\text{m}^3$

5）挖方量汇总：

余土弃置量：$V_{空}=(hw+S_{弓})L=(2.2\times3+0.813)\times128=948.86\text{m}^3$

$$\begin{aligned}V_{余}&=V_{盖}+V_{渠身}+V_{基础}+V_{空}\\&=196.57+450.56+204.366+948.864\\&=1800.36\text{m}^3\end{aligned}$$

回填土方量：$V_{回}=V_{总}-V_{余}=2707.37-1800.36=907.01\text{m}^3=9.07(100\text{m}^3)$

6）1∶3水泥砂浆抹面：

$S=2h_1L=2\times2.2\times128=563.2\text{m}^2$

（2）清单工程量：

混凝土渠道的清单工程量按设计图示尺寸以长度计算，则现浇钢筋混凝土排水管渠道的工程量为128.00m

渠道开挖土方的工程量：

$V=BHL=4.8\times(0.502+2.2+0.398)\times128=1904.64\text{m}^3$

余方弃置工程量在清单中不单独计算。

其余部分工程量计算同定额工程量。

则回填土方量：$V_{回}=V-V_{余}=1904.64-1800.36=104.28\text{m}^3$

清单工程量计算见表5-15。

表5-15　清单工程量计算表

序号	项目编码	项目名称	项目特征描述	计量单位	工程量
1	040501019001	混凝土渠道	现浇钢筋混凝土排水管渠	m	128.00
2	040101002001	挖沟槽土方	土质为三类土	m^3	1904.64
3	040103001001	回填方	原土回填	m^3	104.28

项目编码:040501007　　项目名称:隧道(沟、管)内管道

【例11】 某排水管渠在修建过程中需穿越一条河流,因此在施工过程中采用倒虹管的管道铺设形式进行施工,进水井和出水井采用规格为1500mm×2000mm的矩形井,该倒虹管道由下行管、平行管和上行管三部分组成,各部分长度如图5-20所示,试求该段管道在清单与定额中的铺设工程量(说明:两条管道管径分别为ϕ600mm和ϕ400mm,但长度相同,平行布置)。

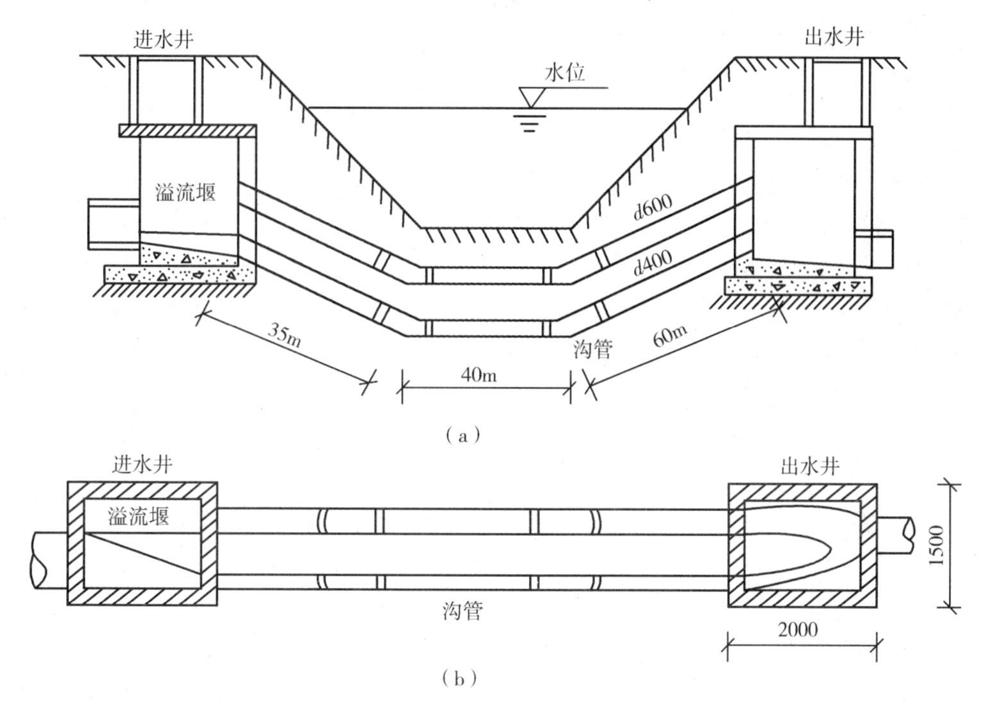

图5-20　折叠式倒虹管

(a)倒虹管断面图;(b)倒虹管平面图

【解】 (1)定额工程量:

由《全国统一市政工程预算定额》第六册"排水工程"(GYD-306-1999)中规定,各种角度的混凝土基础、混凝土管、缸瓦管铺设,均按井中心至井中心的中心线长度扣除检查井长度以延长米计算其工程量,每座检查井扣除长度可查表5-1。

则本例题中管道铺设长度的定额工程量为:

ϕ600mm: 35+40+60-1.0=134.00m

ϕ400mm: 35+40+60-1.0=134.00m

(2)清单工程量:

清单工程量计算见表5-16。

表5-16　清单工程量计算表

序号	项目编码	项目名称	项目特征描述	计量单位	工程量
1	040501007001	隧道(沟、管)内管道	管道沉管跨越,管直径600	m	134.00
2	040501007001	隧道(沟、管)内管道	管道沉管跨越,管直径400	m	134.00

项目编码:030816005　　项目名称:焊缝超声波探伤

【例12】 有一管径为DN500的镀锌钢管,制作时需对钢板拼焊缝60m进行超声波探伤,

钢管管壁厚 $t=42$mm,试求其工程量(如图 5-21 所示)。

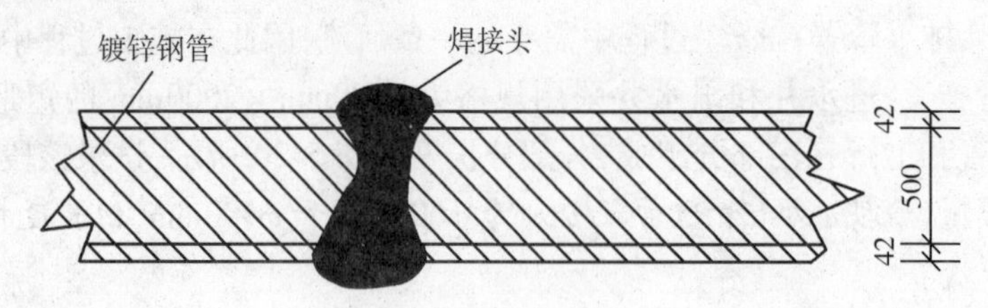

图 5-21　对接双面焊接头

【解】　(1)定额工程量:

根据定额,管道焊缝超声波探伤按口计算,对管材钢板的超声波探伤,应将探伤长度换算成相应管径的焊缝长度进行计算。

DN500 镀锌钢管的管外径:$D=500+2t=500+42\times2=584\text{mm}=0.584\text{m}$

单根管周长:$L=\pi D=3.14\times0.584=1.834\text{m}$

则焊缝折合数为:$60/1.834=32.72\approx33$ 口

(2)清单工程量:

清单工程量计算见表 5-17。

表 5-17　清单工程量计算表

序号	项目编码	项目名称	项目特征描述	计量单位	工程量
1	030816005001	焊缝超声波探伤	超声波探伤	口	33

项目编码:040501002　　项目名称:钢管

项目编码:040501003　　项目名称:铸铁管

项目编码:040502001　　项目名称:铸铁管管件

项目编码:040502002　　项目名称: 钢管管件制作、安装

项目编码:040502010　　项目名称:消火栓

项目编码:040502005　　项目名称:阀门

项目编码:040504001　　项目名称:砌筑井

项目编码:040101002　　项目名称:挖沟槽土方

项目编码:040101003　　项目名称:挖基坑土方

项目编码:040103001　　项目名称:回填方

项目编码:041001001　　项目名称:拆除路面

项目编码:040503002　　项目名称:混凝土支墩

【例 13】　某市冬晓街市政给水管道的铺设如给水管道,如图 5-22 所示,主管为 DN350 × 8 的钢管,长 645m;支管有 2 条,支管是承插式铸铁管,管径为 DN200,采用石棉水泥接口,单节有效长为 6m。阀门井口消火栓井的布置及型号规格如图 5-23 所示。主管与所有支管均布置在路面以下,道路面层为水泥混凝土道路,厚 200mm,道路稳定层厚 300mm。主管的埋设深度详见纵断面图 5-25 所示,支管的平均埋深按该节点主管的埋深计算。阀门的型号见节点大样图 5-24,阀门在安装前均做水压试验。管道防腐采用水泥砂浆内衬和环氧煤沥青(三油二布)外防腐,人工除中锈。沟槽土壤类别为三类土,沟槽回填密实度达 95%,编制分部分项工程量清单。

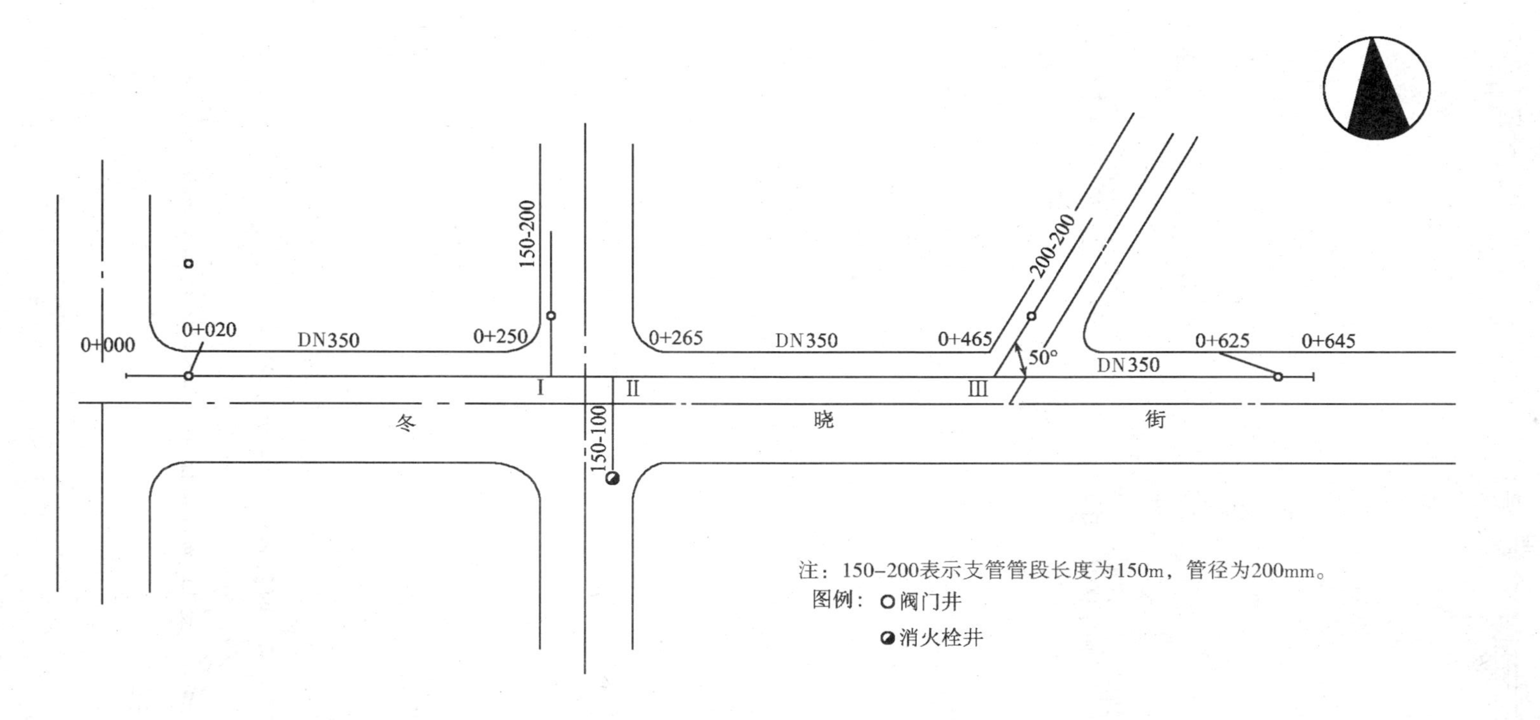
0+000
0+020
DN350
0+250
150-200
I
II
150-100
0+265
DN350
0+465
III
200-200
50°
DN350
0+625
0+645
冬
晓
街
注：150–200表示支管管段长度为150m，管径为200mm。
图例：阀门井
消火栓井

图5-22　给水管道图

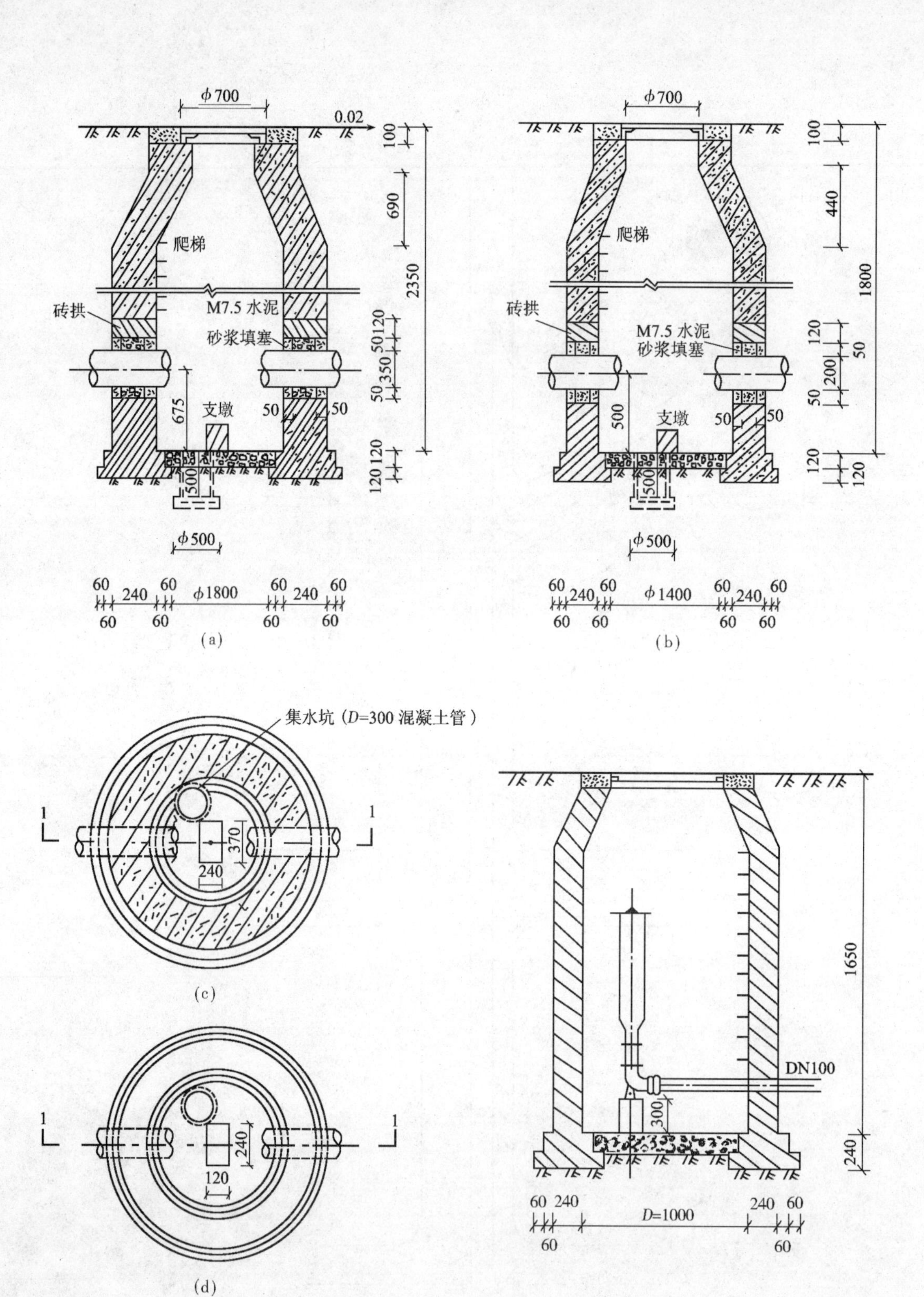

图 5-23　地下式消火栓井

(a)1—1 剖面图；(b)2—2 剖面图；(c)J1 平面图；(d)J2 平面图

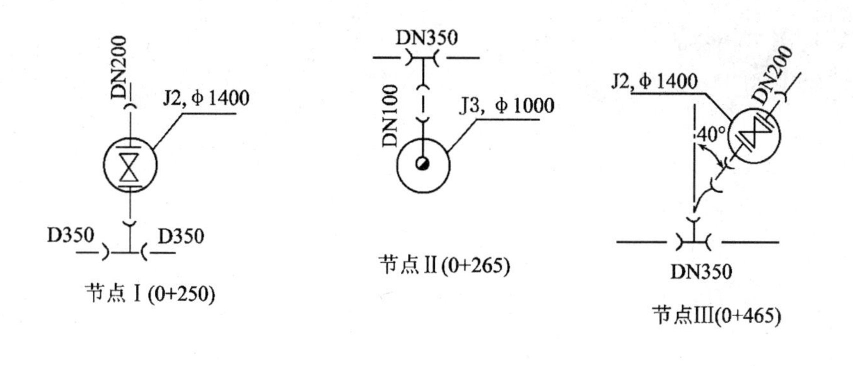

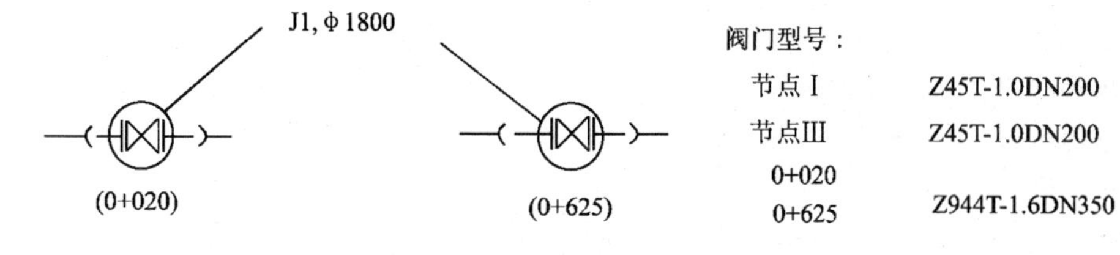

图 5-24　节点详图

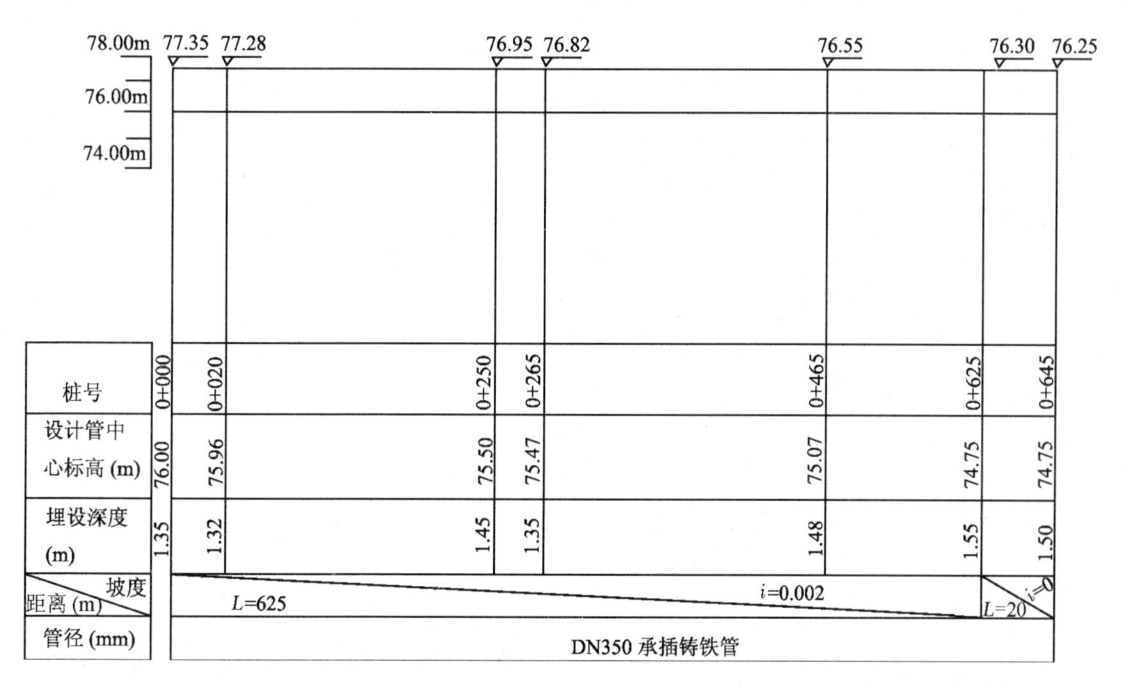

图 5-25　给水管道纵断面图

【**解**】 1. 清单工程量计算

(1)管道铺设

1)项目编码:040501002001,项目名称:钢管(DN350)

计量单位:m

工程内容工程量计算

①管道铺设:645m(不扣除管件及构筑物)

②管道接口:645/8 - 1 = 80 个(焊接)

③管道防腐(环氧煤沥青外防腐,水泥砂浆内衬):645m

④管道试压,管道消毒,645m。

2)项目编码:040501003001,项目名称:铸铁管(DN200)

计量单位:m

工程内容及工程量计算

①管道铺设(DN200 承插铸铁管):(150 + 200)m = 350m

②管道接口(石棉水泥接口):350m

③管道防腐(环氧煤沥青外防腐,水泥砂浆内衬):350m

④管道试压及消毒:350m

3)项目编码:040501002002,项目名称:钢管铺设(DN100)

计量单位:m

工程内容及工程量计算

①管道铺设(DN100 钢管):150m

②管道接口:(150/8 - 1)个 = 18 个,焊接

③管道防腐(环氧煤沥青外防腐,水泥砂浆内衬):150m

④管道试压及消毒:150m

(2)管件安装

1)项目编码:040502002001,项目名称:钢管管件制作、安装

计量单位:个

工程内容及数量计算

制作与安装:钢制异径三通 DN350 × 200,2 个

040502003002,DN350 × 100,1 个

2)项目编码:040502001001,项目名称:铸铁管管件

计量单位:个

工程内容及工程量计算

安装、铸铁承插套管 DN200,1 个

3)项目编码:040502001002,项目名称:铸铁管管件

计量单位:个

工程内容及工程量计算

安装铸铁承插直管 DN200,1 个

4)项目编码:040502002001,项目名称: 钢管管件制作、安装(DN350)

计量单位:个

工程内容及工程量计算

制作与安装:钢制承插直管 DN350,4 个

5)项目编码:040502002004,项目名称: 钢管管件制作、安装(DN100)

计量单位:个

工程内容及工程量计算

制作与安装工程量:钢制承插直管 DN100(1 个)

(3)阀门消火栓安装

1)项目编码:040502005001,项目名称:Z45T - 1.0DN200 阀门

计量单位:个

工程内容及工程量计算

①阀门安装:2 个

②压力试验:2 个

2)项目编码:040502005002,项目名称:Z944T－1.6DN350 阀门

计量单位:个

工程内容及工程量计算

①阀门安装数量:2 个

②压力试验数量:2 个

3)项目编码:040502010001,项目名称:5×100 消火栓

计量单位:个

工程内容及工程量计算

工程量:1 个

(4)土石方工程

1)项目编码:040101002001,项目名称:挖沟槽土方(三类土,2m 以内)

计量单位:m^3

工程内容及工程量计算

①主管管沟土方开挖:主管(DN350)的平均埋设深度为:

$(1.35+1.32+1.45+1.35+1.48+1.55+1.50)/7=1.43m$

则平均挖深为:$1.43+0.0135=1.44m$ “0.0135”为管壁厚。

清单工程量为:$V_{350}=0.377\times1.44\times645=350.16m^3$

② 0+250 支管(DN200)的埋设深度为 1.45m,则挖深为 1.46m,管壁厚 10mm,则工程量为:

$V=1.46\times0.22\times150=48.18m^3$

③ 0+265 处节点支管(DN100)的埋设深度为 1.35m,钢管的壁厚忽略,则挖深为 1.35m,工程量为:

$V=1.35\times0.1\times150=20.25m^3$

④ 0+465 处节点,支管(DN200)的埋设深度为 1.48m,壁厚 10mm,挖深为 1.49m,则工程量为:

$V=1.49\times0.22\times200=65.56m^3$

主、支管沟沟槽挖方总量(三类土,2m 以内)

$350.16+48.18+20.25+65.56=484.15m^3$

⑤井位挖方:

主管(DN350)上共有 2 座阀门井,支管(DN200)上共有 2 座阀门井,(DN100)有 1 个消火栓井。井位挖方工程量计算如下,计算示意图如图 5-26 所示。

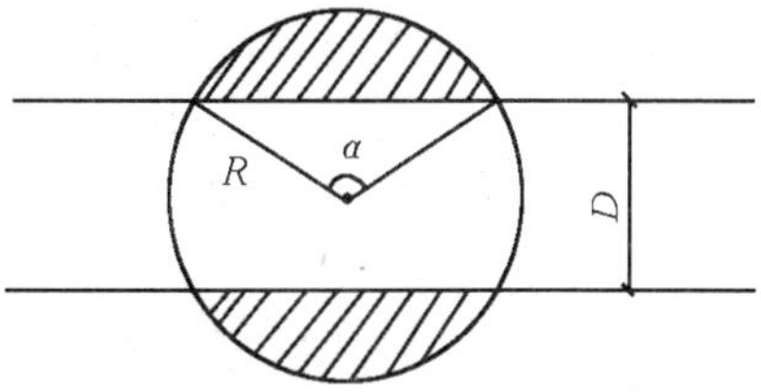

图 5-26 计算示意图

说明:1. R 为阀门共基础半径(m);

2. D 为管沟宽(m)。

a. J1,ϕ1800,阀门井基础直径为:2.52m,井深2.59m,扣除主管底面积后两弓形面积的计算示意图如图 5-26 所示。

$$\alpha=2\arccos\frac{377}{2520}=162.8°$$

$$阴影面积:S=\left(\frac{\alpha}{360}\pi R^2-\frac{1}{2}\sin\alpha R\frac{D}{2}\right)\times2$$

$$=\left(\frac{162.8}{360}\times3.14\times1.26\times\frac{0.377}{2}-\frac{1}{2}\times\sin162.8°\times1.26\times\frac{0.377}{2}\right)\times2$$

$=4.44\text{m}^2$

J1 阀门井挖方量为：$V_{J1}=2\times[4.44\times1.44+3.14\times1.26^2\times(2.59-1.44)]$

$=2\times(5.82+5.73)=23.1\text{m}^3$

b. J2，$\phi1200$，阀门井基础直径为 2.120m，井深 2.04m，则 $R=1.06\text{m}$，$D=0.22\text{m}$，0+250 处支管管沟挖深为 1.46m，0+465 处支管管沟挖深为 1.49m，计算过程如下：

$$\alpha=2\arccos\frac{220}{2120}=168.1°$$

阴影面积：$S=\left(\frac{168.1}{360}\times3.14\times1.06\times\frac{0.22}{2}-\frac{1}{2}\times\sin168.1°\times1.06\times\frac{0.22}{2}\right)\times2$

$=3.28\text{m}^2$

0+250 节点处支管上井位挖方为：

$V=3.28\times1.46+3.14\times1.06^2\times(2.04-1.46)=6.83\text{m}^3$

0+465 节点处支管上井位挖方为：

$V=3.28\times1.49+3.14\times1.06^2\times(2.04-1.49)=6.83\text{m}^3$

c. J3，$\phi1000$ 的消火栓井，基础直径为 1.72m，井深 1.89m，则 $R=0.86\text{m}$，$D=0.1\text{m}$，0+265 处管沟挖深为 1.35m，计算过程如下：

$$\alpha=2\arccos\frac{100}{1720}=173.3°$$

阴影面积：$S=\left(\frac{173.3}{360}\times3.14\times0.86\times\frac{0.1}{2}-\frac{1}{2}\times\sin173.3°\times0.86\times\frac{0.1}{2}\right)\times2=2.23\text{m}^2$

消火栓井位挖方为：

$V=2.23\times1.35+3.14\times0.86^2\times(1.89-1.35)=4.26\text{m}^3$

井位挖方：

2m 以内：4.26m^3

4m 以内：$24.25+6.83+6.73=37.81\text{m}^3$

2）项目编码：040103001001，项目名称：回填方

回填方工程量计算：

管道所占体积：$3.14\times0.1885^2\times645+3.14\times0.11^2\times(150+200)+3.14\times0.05^2\times150$

$=86.44\text{m}^3$

回填方数量：$484.15-86.44=397.71\text{m}^3$

（5）拆除工程

项目编码：041001001001，项目名称：拆除路面

混凝土路面拆除工程量：

$S=0.377\times645+0.22\times(150+200)+0.1\times150=335.16\text{m}^2$

（6）井类、设备基础及出水口

项目编码：040504001001，项目名称：阀门井（$\phi1800$）砖砌圆形收口式

工程量：2 座

项目编码：040504001002，项目名称：砖砌圆形收口式（$\phi1200$mm）阀门井

工程量：2 座

项目编码：040504001003，项目名称：消火栓井（$\phi1000$mm）

工程量：1 座

项目编码:040503002001,项目名称:混凝土 C8 支墩

工程量计算(如图 5-27 所示)如下:

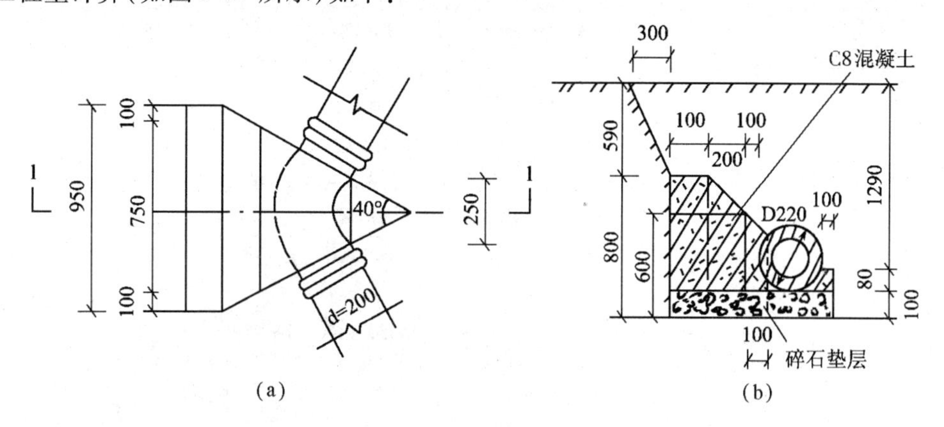

图 5-27　支墩

(a)支墩平面图;(b)1—1 剖面图

1)垫层铺筑:

$$V=0.1\times0.95\times0.1+\frac{1}{2}\times(0.75+0.95)\times0.2\times0.1+0.1\frac{1}{2}\times(0.25+0.75)\times0.42$$

$$=0.0095+0.017+0.021$$

$$=0.0475\text{m}^3$$

2)C8 混凝土浇筑:

$$V=0.1\times0.7\times0.95+\frac{1}{2}\times0.2\times(0.5+0.7)\times(0.75+0.1)+0.5\times$$

$$\left[(0.125\text{ctg}20^\circ+0.2+0.1\times2)\times\frac{1}{2}\times0.75-\frac{1}{2}\times\frac{40}{180}\pi\times\left(\frac{0.125}{\sin20}+0.2\right)^2\right]+$$

$$\left[\frac{1}{2}\times\frac{40\pi}{180}\times\left(\frac{0.125}{\sin20^\circ}\right)^2-\frac{1}{2}\times\frac{0.125^2}{\sin20^\circ}\times\cos20^\circ\right]\times0.8$$

$$=0.0665+0.102+0.5\times(0.2788-0.1114)+(0.0465-0.0428)\times0.8$$

$$=0.0665+0.102+0.0837+0.00296$$

$$=0.255\text{m}^3$$

注:以上式子对实际混凝土浇筑体积进行了简化计算。

清单工程量:$0.255+0.0475=0.3025\text{m}^3$

2. 分部分项工程量

清单计算见表 5-18。

表 5-18　分部分项工程量清单计算表

序号	项目编码	项目名称	项目特征描述	计量单位	工程量
1	040501002001	钢管	碳素钢板卷管 DN350×8,焊接,人工除中锈,环氧煤沥青外防腐,水泥砂浆内衬,管道埋深 1.43m,管道试压,冲洗消毒	m	645.00
2	040501002002	钢管	碳素钢板卷管 DN100×8,焊接,人工除中锈,环氧煤沥青外防腐,水泥砂浆内衬,管道埋深 1.35m,管道试压,冲洗消毒	m	150.00

（续）

序号	项目编码	项目名称	项目特征描述	计量单位	工程量
3	040501003001	铸铁管	承插铸铁管 DN200×6，石棉水泥接口，环氧煤沥青外防腐，水泥砂浆内衬，人工除中锈，管道埋深 1.45m，管道试压，冲洗消毒	m	150.00
4	040501003002	铸铁管	承插铸铁管 DN200×6，石棉水泥接口，环氧煤沥青外防腐，水泥砂浆内衬，人工除中锈，管道埋深 1.48m，管道试压，冲洗，消毒	m	200.00
5	040502002001	钢管管件制作、安装	钢管件制作，安装三遍，DN350×200，承插接口	个	2
6	040502002002	钢管管件制作、安装	钢管件制作，安装三遍，DN350×100，承插接口	个	1
7	040502002003	钢管管件制作、安装	钢管件制作，承插直管，DN350	个	4
8	040502002004	钢管管件制作、安装	钢管件制作安装，承插直管，DN100	个	1
9	040502001001	铸铁管管件	承插铸铁弯管，DN200	个	1
10	040502001002	铸铁管管件	承插铸铁直管，DN200	个	1
11	040502005001	阀门	法兰阀门安装 DN200，型号 Z457－1.0，法兰安装，水压试验	个	2
12	040502005002	阀门	法兰阀门安装 DN350，型号 Z944T－1.6，法兰安装，水压试验	个	2
13	040502010001	消火栓	安装 SX100 消火栓	个	1
14	040504001001	砌筑井	砖砌圆形收口式阀门井，ϕ1800×247	座	2
15	040504001002	砌筑井	砖砌圆形收口式阀门井，ϕ1200×1.92	座	2
16	040504001003	砌筑井	消火栓井（地下式），ϕ1000×1.77 甲型	座	1
17	040101002001	挖沟槽土方	管沟土方开挖、三类土，2m 以内	m^3	484.15＋4.16＝488.31
18	040101003001	挖基坑土方	挖基坑土方，三类土，4m 以内	m^3	36.19
19	040103001001	回填方	管沟土方回填，密实度 95%	m^3	418.64
20	041001001001	拆除路面	拆除混凝土路面	m^2	335.16
21	040503002001	混凝土支墩	C10 混凝土浇筑支墩	m^3	0.30

项目编码：040502011　　项目名称：补偿器（波纹管）

【例 14】　设某室外有一热力管道 ϕ159mm×4.5mm无缝钢管，其全长为 480m，中间设有 2 个方形补偿器，且其臂长为 1.2m，采用焊接方式，试计算其工程量（如图 5-28 所示）。

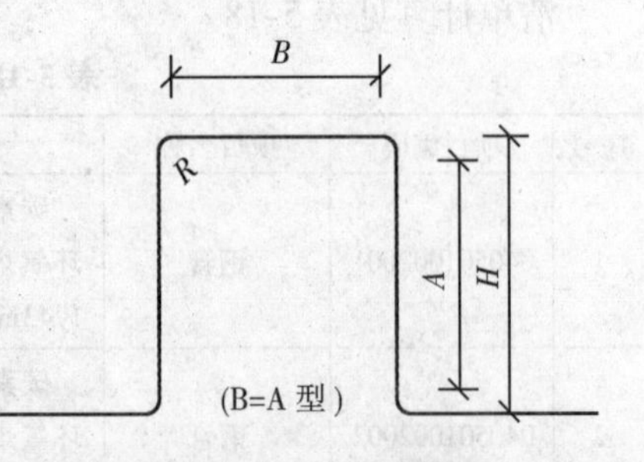

图 5-28　方形补偿器

【解】（1）定额工程量：

定额工程量与清单工程量有所不同，应按补偿器的总长度以“10m”为单位进行计算。

这里有 2 个方形补偿器，因此伸缩器的臂长为：

$L=1.2\times4=4.80\text{m}$

则总长度应为：$480+4.8=484.8\text{m}=48.48(10\text{m})$

(2)清单工程量：

根据清单计算规则，补偿器安装工程量应按设计图示数量以“个”为单位进行计算。

因此本题中补偿器的工程量为：2个

清单工程量计算见表5-19。

表5-19　清单工程量计算表

项目编码	项目名称	项目特征描述	计量单位	工程量
040502011001	补偿器(波纹管)	方形补偿器，臂长为1.2m，采用焊接方式	个	2

项目编码：040504001　　项目名称：砌筑井

【例15】 排水工程中某砌筑连接井如图5-29所示，连接井覆土厚度为100mm，井身材料为砖砌，执行定型井项目，试计算此连接井工程量。

【解】 (1)定额工程量：

1)砌砖工程量：

井身材料为砖，井底也用砖砌。

井身砖砌体为：

$V_1=2.025\times(1.58-0.1)\times0.24\times2-3.14\times0.5^2\times0.24\times2$

$=1.06\text{m}^3$

$V_2=0.8\times2.025\times0.24\times2-0.34\times0.18^2\times0.24=0.775\text{m}^3$

$V_3=0.8\times1.0\times0.075=0.06\text{m}^3$

共计为：$V_1+V_2+V_3=1.06+0.775+0.06=1.9\text{m}^3$

2)内抹面：

抹面以面积计算，包括井身抹面，三角抹面，其中井内壁为1∶2水泥砂浆，三角抹面用1∶3水泥砂浆。

①内壁抹面工程量：

$S_1=2.025\times(1.58-0.1-0.24\times2)\times2-3.14\times0.5^2\times2+0.8\times2.025\times2-3.14\times0.18^2$

$=5.618\text{m}^2$

②井底抹面，长为1.0m，宽为0.8m，则抹面：$S_3=0.8\times1.0=0.8\text{m}^2$

共计为6.418m^2

③三角抹面，三角抹面为等腰直角三角形，则：

$V=0.12\times0.12\times[(1.58-0.05\times2-0.12)\times2+(1.38-0.05\times2-0.12)\times2]$

$=0.073\text{m}^3$

因为定额中不包括井外抹灰，故三角抹灰按井内侧抹灰项目人工乘以系数0.8。

3)垫层铺筑：

垫层为钢筋混凝土材料，强度为C10，此例中垫层长度为1.58m，宽度为1.38m，高0.1m，垫层铺筑工程量为$V=abc=1.58\times1.38\times0.12=0.26\text{m}^3$

因为垫层为混凝土材料，应考虑制作及安装损耗，制作损耗取系数为0.2%，安装损耗取系数为0.5%，则应为$0.22\times(1+0.2\%+0.5\%)=0.22\text{m}^3$

4)井盖制作：井盖同样要考虑制作、安装损耗。

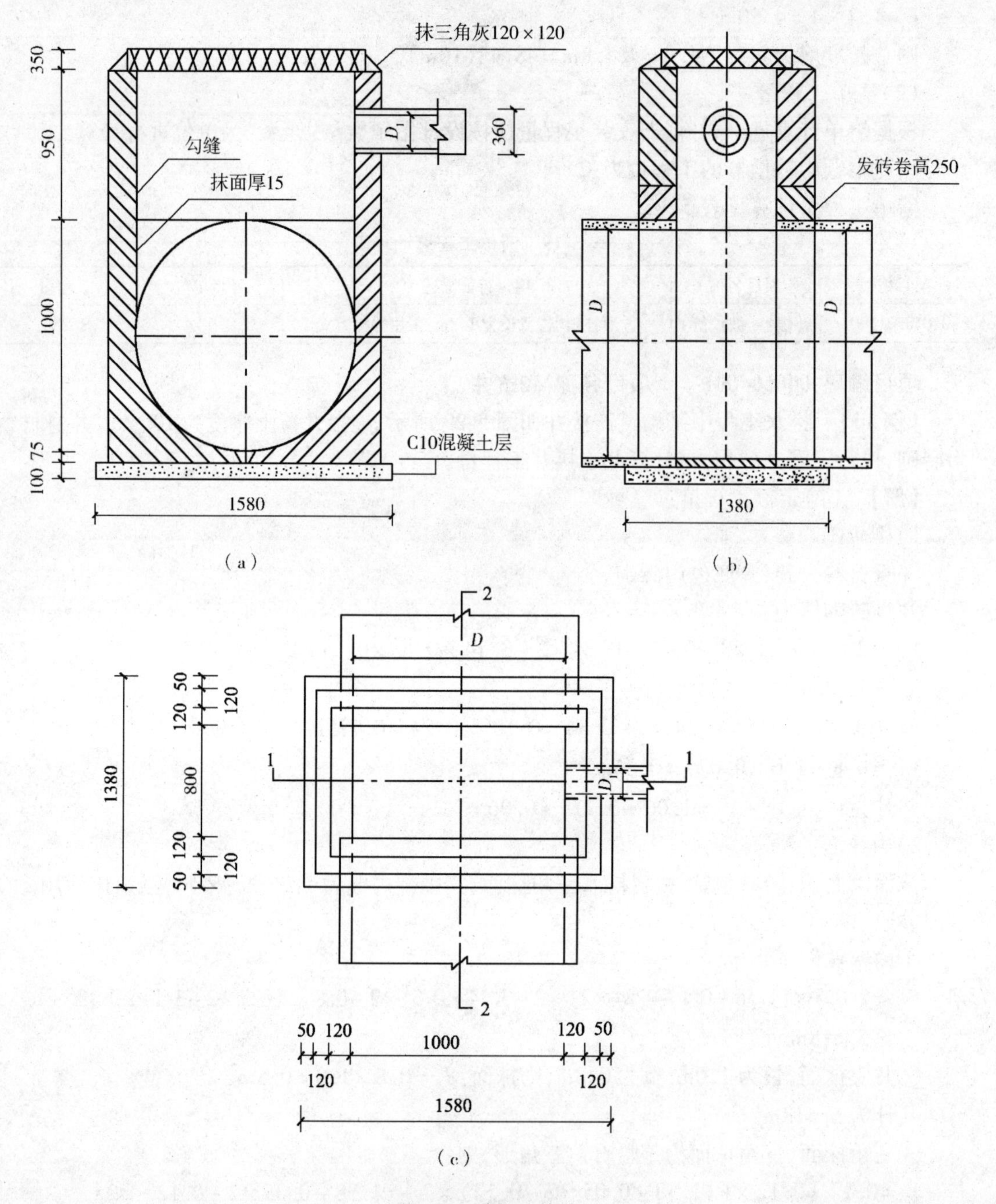

图 5-29　砖砌连接井

(a)1－1 剖面图；(b)2－2 剖面图；(c)平面图

盖板材料为 C20 钢筋混凝土，盖板长为 l：

$l=1+0.12+0.12=1.24\text{m}$，宽 $b=0.80+0.12+0.12=1.04\text{m}$

高 $h=0.35\text{m}$，则盖板钢筋混凝土用量为：

$V=0.35\times1.04\times1.24=0.45\text{m}^3$

$V=0.45\times(1+0.2\%+0.5\%)=0.45\text{m}^3$

定额工程量计算见表 5-20。

表 5-20　定额工程量计算

序号	定额编号	工作内容	计量单位	数量
1	6－567	连接井井身砌筑	$10m^3$	0.190
2	6－573	连接井井内侧抹灰	$100m^2$	0.05618
3	6－574	连接井井底抹灰	$100m^2$	0.008
4	6－565	连接井混凝土垫层	10^3	0.026
5	6－584	连接井井盖制作	10^3	0.045

(2)清单工程量：

此连接井的工程量为 1 座。

清单工程量计算见表 5-21。

表 5-21　连接井清单工程量

项目编码	项目名称	项目特征描述	计量单位	工程量
040504001001	砌筑井	连接井	座	1

项目编码:040503002　　项目名称：混凝土支墩

【例 16】 某给水工程中主管公称直径为 100mm,采用铸铁管,管道在某处需转弯 90°,此处为承插式铸铁管,为防止在转弯处承插口接头松动、脱节,造成破坏,设置管道支墩,试计算支墩工程量,尺寸如图 5-30 所示。

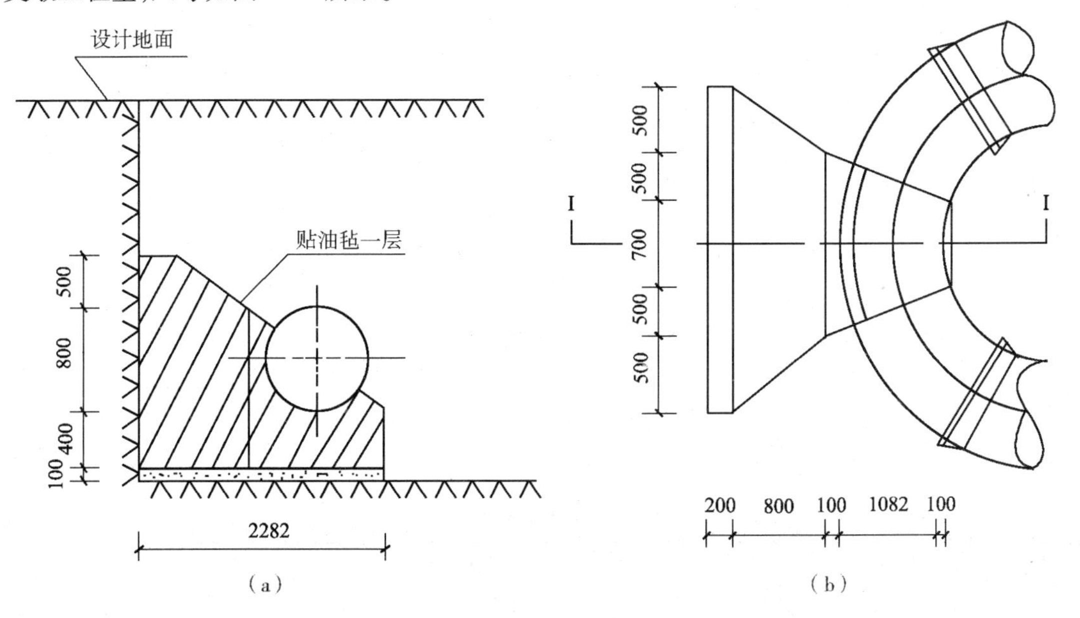

图 5-30　管道支墩

(a)剖面图;(b)平面图

【解】 (1)定额工程量：

管支墩的定额工程量计算中只包括混凝土搅拌、浇捣、养护,不包括垫层、铺筑、抹面、砌筑等内容,故此例中定额计算只有混凝土浇筑工程量。

支墩主体混凝土材料为 C15,其工程量可表示为：

$$V_1 = \frac{1}{3} \times 0.8 \times (1.7 \times 1.3 + 2.7 \times 1.8 + \sqrt{1.7 \times 1.3 \times 2.7 \times 1.8}) = 2.76m^3$$

$V_2 = \frac{1}{3} \times 1.282 \times (0.7 \times 0.5 + 1.7 \times 1.3 + \sqrt{0.7 \times 0.5 \times 1.7 \times 1.3}) = 1.47\text{m}^3$

V_3 部分指支墩要扣除的管体所占体积，此部分长度按管外壁平均长度计算，其中圆心角 $\alpha = 2\arctan\frac{0.5}{1.282} = 42.6° = 0.24$ 弧度，内圆半径长为 r，$r = \frac{0.35}{\sin 21.3°} = 0.96\text{m}$，外圆半径长为 R，

$R = \frac{0.35/\tan 21.3 + 1.182}{\cos 21.3} = 2.23\text{m}$

则弧长 L 应为：$\frac{1}{2} \times (0.24 \times 0.96 + 2.23 \times 0.24) \times 3.14 = 1.20\text{m}$

则管体所占体积应为：$V_3 = \frac{1}{2} \times \pi R^2 \times L = \frac{1}{2} \times 3.14 \times 0.541^2 \times 1.20 = 0.54\text{m}^3$

$V_4 = 0.2 \times 2.7 \times 1.7 = 0.918\text{m}^3$

综上所述，支墩混凝土浇筑工程量应为：

$V_1 + V_2 + V_4 - V_3 = 2.76 + 1.47 + 0.918 - 0.54 = 4.61\text{m}^3$

(2)清单工程量：

1)垫层铺筑工程量：

此处垫层为 C10 混凝土垫层，垫层工程量为：

$$V = 0.2 \times 2.7 \times 0.1 + \frac{1}{2} \times (1.7 + 2.7) \times 0.8 \times 0.1 + \frac{1}{2} \times (0.7 + 1.7) \times 1.282 \times 0.1 = 0.38\text{m}^3$$

2)混凝土浇筑工程量：

同定额工程量，为 4.61m^3。

3)抹面工程量：

$S_1 = 0.2 \times 2.7 + 2 \times 0.2 \times 1.8 = 1.26\text{m}^2$

$S_2 = (1.7 + 2.7) \times \frac{1}{2} \times 0.8 + (1.3 + 1.8) \times 0.8 \times \frac{1}{2} \times 2 = 4.24\text{m}^2$

$$S_3 = (0.7 + 1.7) \times \frac{1}{2} \times 1.282 - \pi \times 0.541^2 + (0.5 + 1.3) \times \frac{1}{2} \times 1.282 \times 2 - \pi \times 0.541^2 \times \frac{1}{2} \times 2 = 2.0\text{m}^2$$

则抹面共计为：$S_1 + S_2 + S_3 = 7.50\text{m}^2$

清单工程量计算见表 5-22。

表 5-22　清单工程量计算表

序号	项目编码	项目名称	项目特征描述	计量单位	工程量
1	040503002001	混凝土支墩	支墩垫层铺筑	m^3	0.38
2	040503002002	混凝土支墩	支墩混凝土浇筑	m^3	4.61
3	040503002003	混凝土支墩	支墩抹面	m^2	7.50

项目编码：040501012　　项目名称：顶管

【例 17】 某管道工程，由于局部地段紧邻高层建筑，不适宜采用沟槽大开挖，设计人员通过现场勘察，并征得建设单位的同意，决定采用 ϕ900mm 钢筋混凝土顶管，顶管总长 100m，暂不考虑工作坑、接收坑，试求顶管工程量。

【解】 (1)定额工程量：

顶进后座及坑内工作平台搭拆：1 坑

顶进设备安拆：　　　　1 坑

中继间安拆：　　　　　100m

套环安装：　　　　　　100/2 = 50 个口

洞口止水处理：　　　　2 个

余方弃置：　　　　　　$V = 3.14 \times 0.45^2 \times 100 = 63.59\text{m}^3$

钢筋混凝土顶管工程量为 100m

(2)清单工程量：

清单工程量计算见表 5-23。

表 5-23　清单工程量计算表

项目编码	项目名称	项目特征描述	计量单位	工程量
040501012001	顶管	ϕ900mm 钢筋混凝土顶管	m	100.00

项目编码：040501016　　项目名称：砌筑方沟

【例 18】 某砖沟结构如图 5-31 所示，计算其清单工程量(管道沟长 100m)。

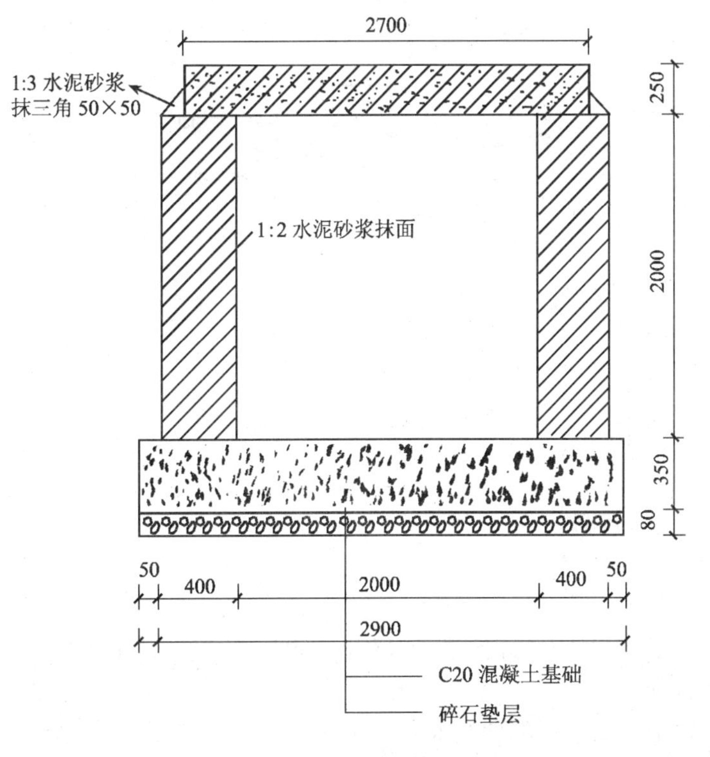

图 5-31　砖沟结构图

【解】 清单工程量：

根据《市政工程工程量计算规范》(GB 50857—2013)，砌筑方沟工程量应按图示尺寸以长度计算，现计算如下：

砌筑方沟总长 100m

垫层铺筑(碎石垫层)：$2.9 \times 0.08 \times 100 = 23.2\text{m}^3$

方沟基础(C20 混凝土基础)：$2.9 \times 0.35 \times 100 = 101.5\text{m}^3$

墙身砌筑：$0.4 \times 2 \times 100 \times 2 = 160m^3$

盖板预制(钢筋混凝土盖)：$2.7 \times 0.25 \times 100 = 67.5m^3$

1∶3 水泥砂浆抹三角：$\frac{1}{2} \times 0.05 \times 0.05 \times 100 \times 2 = 0.25m^3$

1∶2 水泥砂浆抹面：$2 \times 100 \times 2 = 400m^2$

清单工程量计算见表 5-24。

表 5-24　清单工程量计算表

项目编码	项目名称	项目特征描述	计量单位	工程量
040501016001	砌筑方沟	砖筑管道方沟，C20 混凝土基础，1∶2 水泥砂浆抹面	m	100.00

项目编码：030601004　　项目名称：流量仪表

项目编码：030601001　　项目名称：温度仪表

【例 19】 在给水管网工程中，为了除去水中的悬浮固体颗粒及杂质等，常对取水后处理之前加入混凝剂，通过混凝剂的絮凝沉淀作用去除水中的悬浮物、固体杂质、颗粒等，而加入混凝剂有多种投加方式。常用的有高位溶液池重力投加，如图 5-32 所示，试计算其工程量。

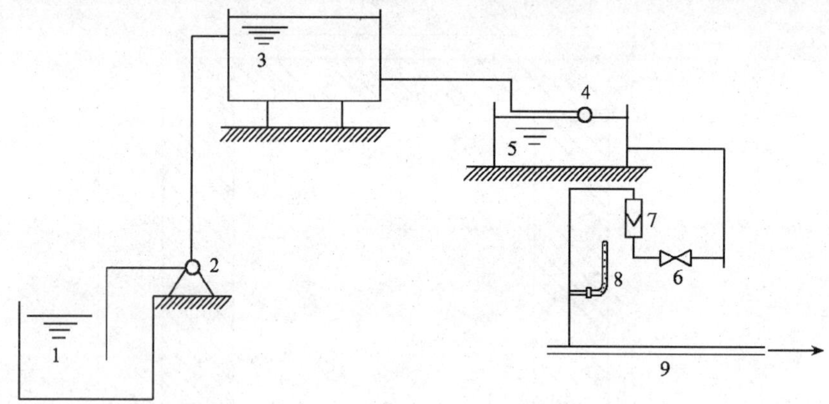

图 5-32　重力投加混凝剂简图

1—溶解池；2—提升泵；3—溶液池；4—浮球阀；5—水封箱；
6—调节阀；7—流量计；8—温度计；9—压水管

【解】 (1)定额工程量：

其取源部件安装、套管安装等均以人工计量。

(2)清单工程量：

根据《建设工程工程量清单计价规范》(GB 50500—2013)，此工程量为：

转子流量计：1 个

WNG－12，90°角形工业用玻璃水银温度计：1 个

清单工程量计算见表 5-25。

表 5-25　清单工程量计算表

序号	项目编码	项目名称	项目特征描述	计量单位	工程量
1	030601004001	流量仪表	转子流量计	个	1
2	030601001001	温度仪表	WNG－12，90°角形工业用玻璃水银温度计	个	1

项目编码：031003008　　项目名称：除污器

【例 20】 在污水处理工程中，无论是生活污水和工业废水都含有大量的漂浮物和悬浮物

质，为将此悬浮物和飘浮物除去，常采用物理法先行除去，去除工具常采用格栅，现对某城镇污水设计格栅工程量，如图 5-33 所示。

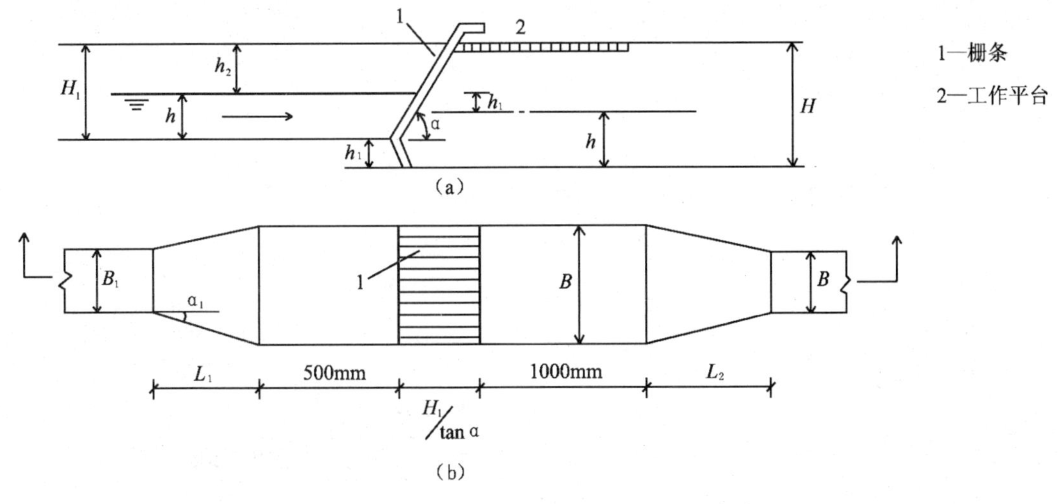

图 5-33　格栅计算图

(a)立面图;(b)平面图

已知此城市污水最大设计污水量为 $Q_{max}=0.3m^3/s$，$K_{总}=1.5$，计算格栅各部分尺寸及工程量。

【解】 (1)定额工程量：

格栅采用平面型中格栅

设栅前水深 $h=0.5m$，过栅流速取 $V=0.8m/s$，栅条间隙 $e=20mm=0.02m$，格栅安装倾角 $\alpha=60°$。

1)栅条间隙数：

$$n=\frac{Q_{max}\sqrt{\sin\alpha}}{ehv}=\frac{0.3\times\sqrt{\sin60°}}{0.02\times0.5\times0.8}=33$$

2)栅槽宽度：

取栅条宽度 $S=0.01m$

$B=S(n-1)+en=0.01\times(33-1)+0.02\times33=0.98m$

3)进水渠道渐宽部分长度：

设进水渠宽 $B_1=0.65m$，渐宽部分展开角 $\alpha_1=20°$。

$$L_1=\frac{B-B_1}{2\tan\alpha_1}=\frac{0.98-0.65}{2\times\tan20°}=0.45m$$

栅槽与出水渠道连接处的渐窄部分长度：

$$L_2=\frac{1}{2}L_1=\frac{1}{2}\times0.45=0.22m$$

4)过栅水头损失：

$$h_1=kh_0=k\varepsilon\frac{v^2}{2g}\sin\alpha=3\times2.42\times\left(\frac{0.01}{0.02}\right)^{4/3}\times\frac{0.8^2}{2\times9.81}\sin60°=0.081m$$

5)栅后槽总高度：

取栅前渠道超高 $h_2=0.3m$，栅前槽高 $H_1=h+h_2=0.8m$

$H = h + h_1 + h_2 = 0.5 + 0.081 + 0.3 = 0.881\text{m}$

6）栅槽总长度：

$$L = L_1 + L_2 + 1.0 + 0.5 + H_1/\tan\alpha$$
$$= 0.45 + 0.22 + 1.0 + 0.5 + 0.8/\tan60°$$
$$= 2.63\text{m}$$

7）每日栅渣量：取 $W_1 = 0.07\text{m}^3/10^3\text{m}^3$

$$W = \frac{Q_{\max} \cdot W_1 86400}{K_{总}} = \frac{0.3 \times 0.07 \times 86400}{1.5 \times 1000} = 1.2\text{m}^3/\text{d}$$

采用机械清渣

（2）清单工程量：

清单工程量计算见表5-26。

表5-26　清单工程量计算表

项目编码	项目名称	项目特征描述	计量单位	工程量
031003008001	除污器	平面型中格栅	台	1

项目编码：031003008　　项目名称：除污器

【例21】　在排水工程中，在预处理过程中，常使用格栅机拦截较大颗粒的悬浮物，如图5-34所示为一组格栅，试计算其工程量。

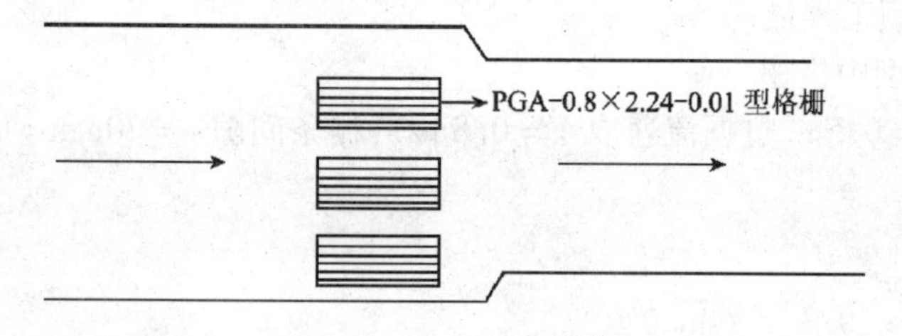

图5-34　某格栅间简图

【解】　（1）定额工程量：

格栅除污机：3 台 $\begin{cases}\text{定额编号：6－1029}\\\text{项目名称：格栅除污机}\end{cases}$

（2）清单工程量：

根据《市政工程工程量计算规范》（GB 50857—2013），格栅除污工程量计算按"台"为计量单位，工程量如下：

格栅除污机：3 台

格栅是由一组平行的金属栅条或筛网制成，安装在污水渠道、泵房集水井的进口处或污水处理厂的端部，用以截留较大的悬浮物和漂浮物，按形状，可分为平面格栅和曲面格栅两种，平面格栅的表示方法有 PGA—B×L—e。

其中 PGA 为平面格栅 A 型，B 为格栅宽度，L 为格栅长度，e 为间隙净宽。

清单工程量计算见表5-27。

表5-27　清单工程量计算表

项目编码	项目名称	项目特征描述	计量单位	工程量
031003008001	除污器	平面格栅 A 型	台	3

项目编码:030109002　　项目名称:漩涡泵

【例 22】 近十几年来,国内外在污泥回流系统中,比较广泛采用螺旋泵,它是由泵轴、螺旋叶片、上下支座、导槽、挡水板和驱动装置组成,如图 5-35 所示为回流泵房简图,试计算其清单工程量。

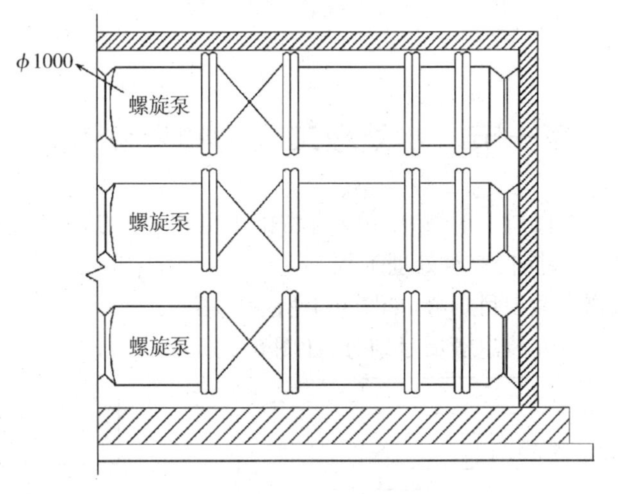

图 5-35　某回流泵房简图

【解】 螺旋泵是指依靠中轴上叶轮的转动来吸水及出水的一种水泵,其扬程高、流量大。现计算其工程量。

清单工程量:

根据《建设工程工程量清单计价规范》(GB 50500—2013),螺旋泵工程量计算如下:

螺旋泵:3 台 ϕ1000mm 螺旋泵

清单工程量计算见表 5-28。

表 5-28　清单工程量计算表

项目编码	项目名称	项目特征描述	计量单位	工程量
030109002001	漩涡泵	ϕ1000	台	3

第六章　水处理工程

第一节　水处理工程定额项目划分

在《全国统一市政工程预算定额》中第六册“排水工程”中的第五章给排水构筑物和第六章给排水机械设备安装共同构成水处理工程。

(1)给排水构筑物定额项目划分,如图6-1所示。

(2)给排水机械设备安装定额项目划分,如图6-2所示。

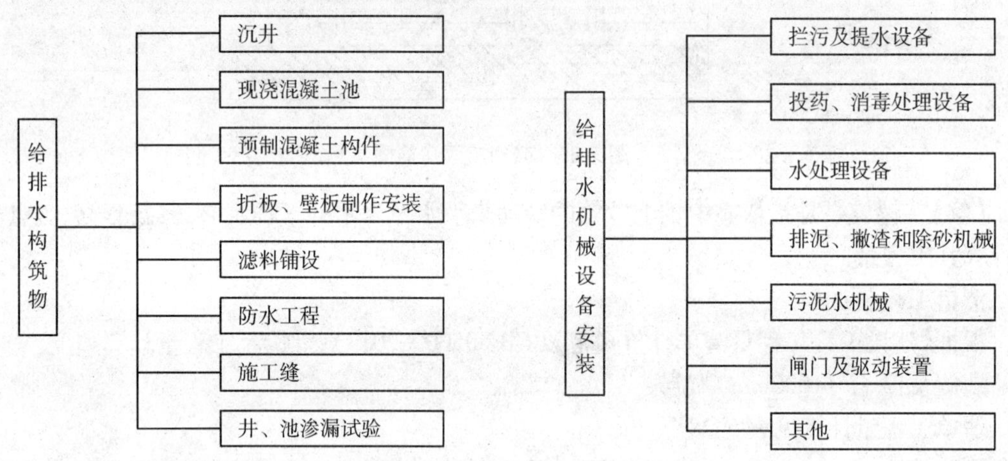

图6-1　给排水构筑物定额项目划分

图6-2　给排水机械设备安装定额项目划分

第二节　水处理工程清单项目划分

水处理工程在《市政工程工程量计算规范》(GB 50857—2013)中的项目可分为两大类,具体如图6-3所示。

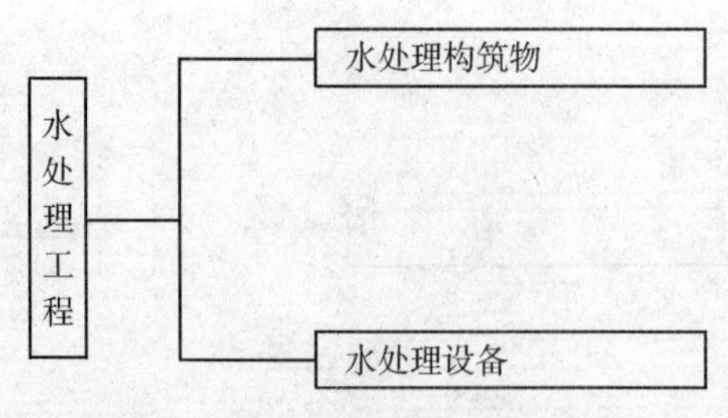

图6-3　水处理工程清单项目划分

(1)水处理构筑物清单项目划分如图6-4所示。

(2)水处理设备清单项目划分如图6-5所示。

- 水处理工程
  - 现浇混凝土沉井井壁及隔墙（例1）
  - 沉井下沉（例2）
  - 沉井混凝土底板（例2~例4）
  - 沉井内地下混凝土结构（例2）
  - 沉井混凝土顶板
  - 现浇混凝土池底（例5）
  - 现浇混凝土池壁（隔墙）（例6）
  - 现浇混凝土池柱（例8）
  - 现浇混凝土池梁（例9）
  - 现浇混凝土池盖板（例7、例10）
  - 现浇混凝土板
  - 池槽
  - 砌筑导流壁、筒
  - 混凝土导流壁、筒
  - 混凝土楼梯
  - 金属扶梯、栏杆
  - 其他现浇混凝土构件
  - 预制混凝土板
  - 预制混凝土槽
  - 预制混凝土支墩
  - 其他预制混凝土构件（例11）
  - 滤板
  - 折板
  - 壁板
  - 滤料铺设（例12）
  - 尼龙网板
  - 刚性防水
  - 柔性防水
  - 沉降（施工）缝
  - 井、池渗漏试验

图 6-4　水处理构筑物清单项目划分

- 水处理设备
  - 格栅
  - 格栅除污机
  - 滤网清污机
  - 压榨机
  - 刮砂机
  - 吸砂机
  - 刮泥机
  - 吸泥机
  - 刮吸泥机
  - 撇渣机
  - 砂（泥）水分离器
  - 曝气机
  - 曝气器
  - 布气管
  - 滗水器
  - 生物转盘
  - 搅拌机
  - 推进器
  - 加药设备
  - 加氯机（例13）
  - 氯吸收装置
  - 水射器（例14）
  - 管式混合器
  - 冲洗装置
  - 带式压滤机
  - 污泥脱水机
  - 污泥浓缩机
  - 污泥浓缩脱水一体机
  - 污泥输送机
  - 污泥切割机
  - 闸门
  - 旋转门
  - 堰门
  - 拍门
  - 启闭机
  - 升杆式铸铁泥阀
  - 平底盖闸
  - 集水槽
  - 堰板
  - 斜板
  - 斜管
  - 紫外线消毒设备
  - 臭氧消毒设备
  - 除臭设备
  - 膜处理设备
  - 在线水质检测设备

图 6-5　水处理设备清单项目划分

第三节　水处理工程定额与清单工程量计算规则对照

一、水处理工程定额工程量计算规则

（一）给排水构筑物

1.沉井

（1）沉井垫木按刃脚中心线的“100 延长米”为单位。

（2）沉井井壁及隔墙的厚度不同（如上薄下厚）时，可按平均厚度执行相应定额。

2.钢筋混凝土池

（1）钢筋混凝土各类构件均按图示尺寸，以混凝土实体积计算，不扣除 0.3m^2以内的孔洞体积。

（2）各类池盖中的进人孔、透气孔盖以及与盖相连接的结构，工程量合并在池盖中计算。

（3）平底池的池底体积，应包括池壁下的扩大部分；池底带有斜坡时，斜坡部分应按坡底计算；锥形底应算至壁基梁底面，无壁基梁者算至锥底坡的上口。

（4）池壁分别不同厚度计算体积，如上薄下厚的壁，以平均厚度计算。池壁高度应自池底板面算至池盖下面。

（5）无梁盖柱的柱高，应自池底上表面算至池盖的下表面，并包括柱座、柱帽的体积。

（6）无梁盖应包括与池壁相连的扩大部分的体积；肋形盖应包括主、次梁及盖部分的体积；球形盖应自池壁顶面以上，包括边侧梁的体积在内。

（7）沉淀池水槽，系指池壁上的环形溢水槽及纵横 U 形水槽，但不包括与水槽相连接的矩形梁，矩形梁可执行梁的相应项目。

3.预制钢筋混凝土滤板按图示尺寸区分厚度以“10m^3”计算，不扣除滤头套管所占体积。

4.除钢筋混凝土滤板外其他预制混凝土构件均按图示尺寸以“m^3”计算，不扣除 0.3m^2以内孔洞所占体积。

5.折板安装区分材质均按图示尺寸以“m^2”计算。

6.稳流板安装区分材质不分断面均按图示长度以“延长米”计算。

7.滤料铺设：各种滤料铺设均按设计要求的铺设平面乘以铺设厚度以“m^3”计算，锰砂、铁矿石滤料以“10t”计算。

8.各种防水层按实铺面积，以“100m^2”计算，不扣除 0.3m^2以内孔洞所占面积。

9.平面与立面交接处的防水层，其上卷高度超过 500mm 时，按立面防水层计算。

10.施工缝：各种材质的施工缝填缝及盖缝均不分断面按设计缝长以“延长米”计算。

11.井、池渗漏试验：井、池的渗漏试验区分井、池的容量范围，以“1000m^3”水容量计算。

（二）给排水机械设备安装

1.格栅除污机、滤网清污机、搅拌机械、曝气机、生物转盘、带式压滤机均区分设备重量，以“台”为计量单位，设备重量均包括设备带有的电动机的重量在内。

2.螺旋泵、水射器、管式混合器、辊压转鼓式污泥脱水机、污泥造粒脱水机均区分直径以“台”为计量单位。

3.排泥、撇渣和除砂机械均区分跨度或池径按“台”为计量单位。

4. 闸门及驱动装置，均区分直径或长×宽以“座”为计量单位。

5. 曝气管不分曝气池和曝气沉砂池，均区分管径和材质按“延长米”为计量单位。

6. 集水槽制作安装分别按碳钢、不锈钢，区分厚度按“$10m^2$”为计量单位。

7. 集水槽制作、安装以设计断面尺寸乘以相应长度以“m^2”计算，断面尺寸应包括需要折边的长度，不扣除出水孔所占面积。

8. 堰板制作分别按碳钢、不锈钢区分厚度按“$10m^2$”为计量单位。

9. 堰板安装分别按金属和非金属区分厚度按“$10m^2$”计量。金属堰板适用于碳钢、不锈钢，非金属堰板适用于玻璃钢和塑料。

10. 齿型堰板制作安装按堰板的设计宽度乘以长度以“m^2”计算，不扣除齿型间隔空隙所占面积。

11. 穿孔管钻孔项目，区分材质按管径以“100个孔”为计量单位。钻孔直径是综合考虑取定的，不论孔径大与小均不作调整。

12. 格栅制作安装区分材质按格栅重量，以“t”为计量单位，制作所需的主材应区分规格、型号分别按定额中规定的使用量计算。

二、水处理工程清单工程量计算规则

1. 现浇混凝土沉井井壁及隔墙。按设计图示尺寸以体积计算。

2. 沉井下沉。按自然面标高至设计垫层底标高间的高度乘以沉井外壁最大断面积以体积计算。

3. 沉井混凝土底板、沉井内地下混凝土结构、沉井混凝土顶板、现浇混凝土池底、现浇混凝土池壁（隔墙）。按设计图示尺寸以体积计算。

4. 现浇混凝土池柱、现浇混凝土池梁、现浇混凝土盖板、现浇混凝土板。按设计图示尺寸以体积计算。

5. 池槽。按设计图示尺寸以长度计算。

6. 砌筑导流壁（筒）、混凝土导流壁（筒）。按设计图示尺寸以体积计算。

7. 混凝土楼梯。（1）以平方米计量，按设计图示尺寸以水平投影面积计算；（2）以立方米计量，按设计图示尺寸以体积计算。

8. 金属扶梯、栏杆。（1）以吨计量，按设计图示尺寸以质量计算；（2）以米计量，按设计图示尺寸以长度计算。

9. 其他现浇混凝土构件。按设计图示尺寸以体积计算。

10. 预制混凝土板、预制混凝土槽、预制混凝土支墩、其他预制混凝土构件。按设计图示尺寸以体积计算。

11. 滤板、折板、壁板。按设计图示尺寸以面积计算。

12. 滤料铺设。按设计图示尺寸以体积计算。

13. 尼龙网板、刚性防水、柔性防水。按设计图示尺寸以面积计算。

14. 沉降缝。按设计图示以长度计算。

15. 井、池渗漏试验。按设计图示储水尺寸以体积计算。

16. 格栅。（1）以吨计量，按设计图示尺寸以质量计算；（2）以套计量，按设计图示数量计算。

17. 格栅除污机、滤网清污机、压榨机、刮砂机、吸砂机、刮泥机、吸泥机、刮吸泥机、撇渣机、砂(泥)水分离器、曝气机、曝气器。按设计图示数量计算。

18. 布气管。按设计图示以长度计算。

19. 滗水器、生物转盘、搅拌机、推进器、加药设备、加氯机、氯吸收装置、水射器、管式混合器、冲洗装置、带式压滤机、污泥脱水机、污泥浓缩机、污泥浓缩脱水一体机、污泥输送机、污泥切割机。按设计图示数量计算。

20. 闸门、旋转门、堰门、拍门。(1)以座计量,按设计图示数量计算;(2)以吨计量,按设计图示尺寸以质量计算。

21. 启闭机、升杆式铸铁泥阀、平底盖闸。按设计图示数量计算。

22. 集水槽制作、堰板、斜板。按设计图示尺寸以面积计算。

23. 斜管。按设计图示以长度计算。

24. 紫外线消毒设备、臭氧消毒设备、除臭设备、膜处理设备、在线水质检测设备。按设计图示数量计算。

第四节　水处理工程经典实例导读

项目编码:040601001　　项目名称:现浇混凝土沉井井壁及隔墙

【例1】 某泵站工程采用现浇钢筋混凝土沉井结构,内设格栅井,压力井及水泵平台如图6-6所示,泵站外径为8600mm,沉井内径为8000mm,沉井顶面标高为+4.43,基坑底部标高为+2.00,刃脚踏面标高为-1.65,沉井井壁为直壁式,设计要求采用触变泥浆助沉,泥浆厚度为150mm,试求其泥浆工程量。

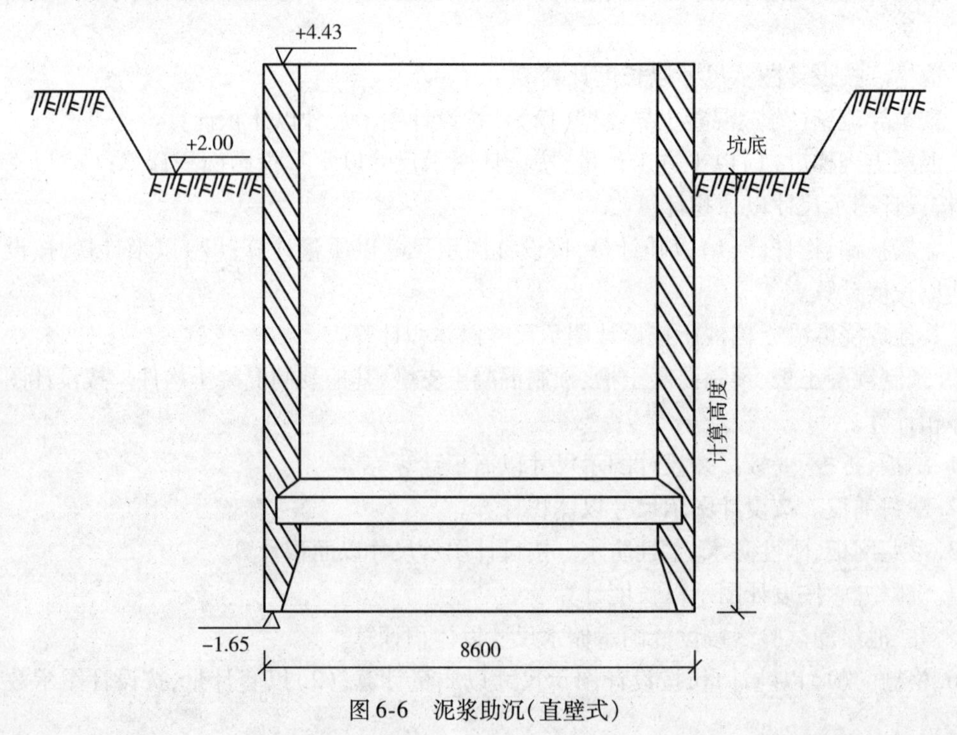

图6-6　泥浆助沉(直壁式)

【解】 由计算规则可知,当沉井井壁为直壁式,设计要求采用触变泥浆助沉时,高度按刃脚踏面至基坑底面的距离计算,长度按沉井外壁周长计算,厚度按设计厚度计算,本例为150mm,则

触变泥浆高度:$H = 4.43 + 1.65 - (4.43 - 2.00) = 3.65\text{m}$

触变泥浆长度,即沉井外壁周长为:$L = \pi D = 3.14 \times 8.6 = 27.00\text{m}$

则触变泥浆工程量为:$V = HLt = 3.65 \times 27.00 \times 0.15 = 14.78\text{m}^3$

清单工程量计算见表 6-1。

表 6-1 清单工程量计算表

项目编码	项目名称	项目特征描述	计量单位	工程量
040601001001	现浇混凝土沉井井壁及隔墙	泥浆厚度为 150mm,泥浆高度为 3.65m	m^3	14.78

项目编码:040601001　　项目名称:现浇混凝土沉井井壁及隔墙

项目编码:040601002　　项目名称:沉井下沉

项目编码:040601003　　项目名称:沉井混凝土底板

项目编码:040601004　　项目名称:沉井内地下混凝土结构

【例 2】 某顶管工程,采用沉井,如图 6-7 ~ 图 6-9 所示,试计算沉井工作量。

【解】 (1)定额工程量:

1)垫木工程量:

沉井垫木按刃脚中心线以“100 延长米”为单位,则

$L = (6.6 - 0.3) \times 2 + (4.9 - 0.3) \times 2 = 21.8\text{m}$,以 100m 为单位则为 0.22。

定额编号:6 - 870

2)C25 混凝土井壁,定额编号 6 - 874,6 - 875,井壁及隔墙以实际工程量计算,沉井为矩形井,其平面图如图 5-22 所示,剖面图如图 5-23 所示,因为沉井另一剖面图未画出,可参照图 5-24。

$$V_1 = (6.15 \times 0.6 \times 4.0 \times 2 + 1.85 \times 0.8 \times 4.0 \times 2 - (0.2 + 0.4) \times 0.2/2 \times 4 \times 2 - 0.8 \times 0.8 \times 4.9 \times 2 = 41.25\text{m}^3$$

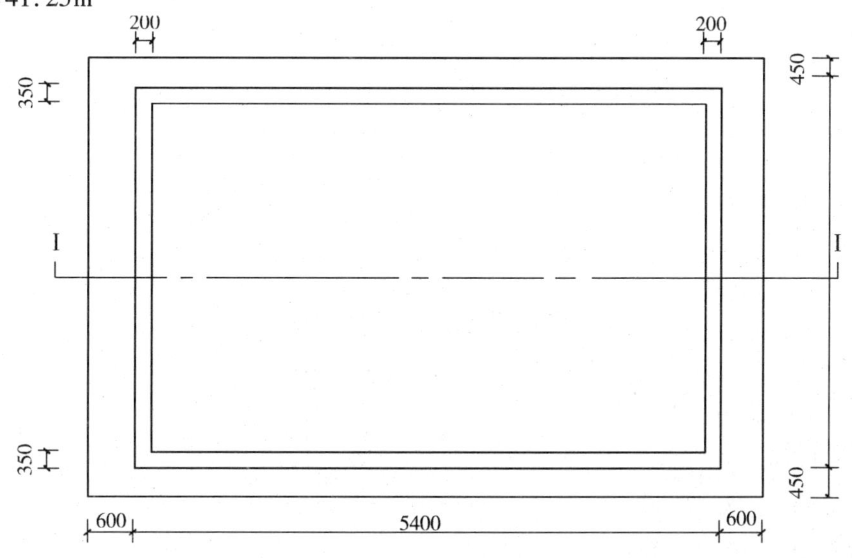

图 6-7 沉井平面图

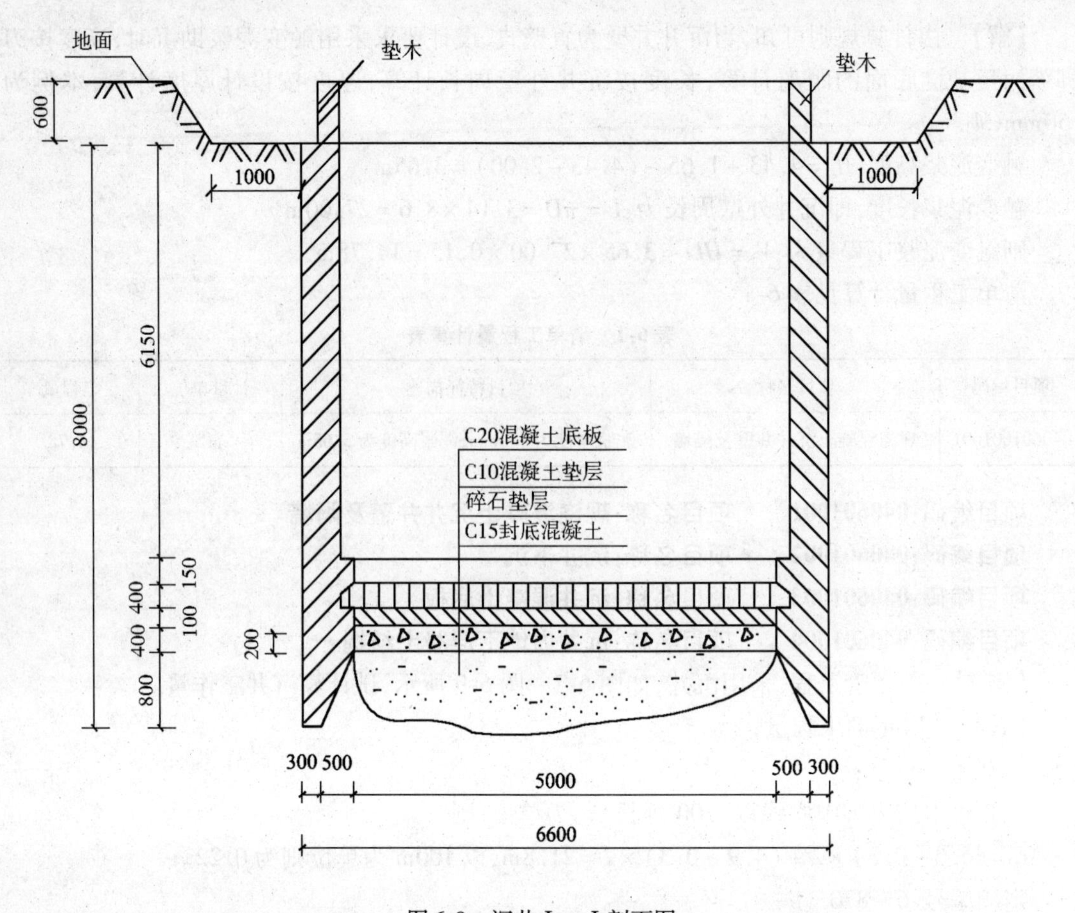

图 6-8　沉井Ⅰ-Ⅰ剖面图

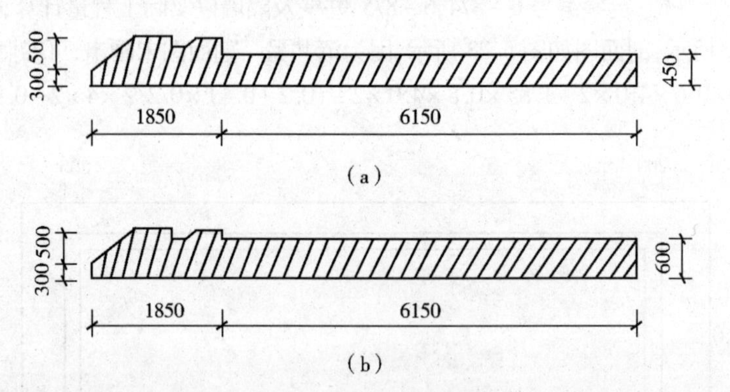

图 6-9　刃脚剖面图

(a)刃脚剖面图 2;(b)刃脚剖面图

$V_2 = 6.15 \times 5.4 \times 0.45 \times 2 + 1.85 \times 0.8 \times 5 \times 2 - (0.2 + 0.4) \times 0.2/2 \times 5 \times 2 - 0.8 \times 0.8 \times 5.4 \times 2$

$= 37.177\text{m}^3$

共 $V_1 + V_2 = 78.427\text{m}^3$

井壁及隔墙以 10m^3 为单位则为 7.84m^3

3)C25 混凝土刃脚,定额编号　6-879,刃脚按实际尺寸计算

刃脚剖面图为梯形,则其截面积:

$S_1=(0.3+0.8)\times0.8/2=0.44\text{m}^2$

$S_2=(0.3+0.8)\times0.8/2=0.44\text{m}^2$

体积分别为:

$V_3=S_1L=0.44\times4.9\times2=4.312\text{m}^3$

$V_4=S_2L=0.44\times5\times2=4.4\text{m}^3$

共计 8.712m^3

刃脚体积以 10m^3 计则为 0.87m^3

4)井壁模板

井壁模板分外模和内模,模板不包括刃脚所占面积

外模:$S_3=(8-0.8)\times4.9\times2+(8-0.8)\times6.6\times2=70.56+95.04=165.6\text{m}^2$

内模:$S_4=4\times6.15\times2+5.4\times6.15\times2+4\times(0.15+0.4+0.1+0.4)\times2+5.4\times(0.15+0.4+0.1+0.4)\times2$

$=49.2+66.42+8.4+11.76$

$=135.78\text{m}^2$

则模板共计为:$165.6+135.78=301.38\text{m}^2$

执行定额 6-1265,1266 以 100m^2 为单位,工程量为 3.01m^2

5)沉井下沉工程量:

此例中基坑放坡系数为 1∶0.6

基坑挖土为:

$$V_1=\frac{H_1}{6}[(AB+ab+(A+a)(B+b)]\times1.025$$

其中 H_1 指基坑挖深,A、B;a、b 分别指基坑的上底、下底的长和宽:

$A=1\times2+6.6=8.6\text{m}$,$B=4.9+2=6.9\text{m}$,$a=6.6\text{m}$,$b=4.9\text{m}$

则:$V_1=\frac{0.6}{6}\times[6.9\times8.6+6.6\times4.9+(8.6+6.6)\times(4.9+6.9)]\times1.025$

$=27.78\text{m}^3$

沉井下沉挖土量为 V_2,其下沉深度指沉井基坑底土面至设计垫层底面之距离,之后再加上垫层与刃脚踏面距离的$\frac{2}{3}$,则:$H_2=\left(8.0-0.8+\frac{2}{3}\times0.8\right)=7.73\text{m}$

V_2 可按沉井外壁间的面积乘以其下沉深度计算。

$V_2=7.73\times6.6\times4.9=250.00\text{m}^3$

其计量单位是 10m^3,则 V_2 为 25(10m^3)执行定额　6-883、6-884

6)C15 混凝土封底

封底高度可近似视为 0.8m,视其为长方体:

$V_5=5.4\times4\times0.8=17.28\text{m}^3$

7)混凝土底板

$V_6=5.4\times4\times0.4-0.2\times0.2\times4\times2-0.35\times0.2\times5\times2=7.62\text{m}^3$

执行定额 6－876，项目名称底板，厚度 50cm 以内，计量单位是 $10m^3$，数量 0.76。

8）碎石垫层

碎石垫层：$V_7=5\times0.4\times3.3=6.6m^3$

混凝土垫层：$V_8=5\times0.1\times3.3=1.65m^3$

执行定额 6－872，以 $10m^3$ 为计量单位，数量 0.66，混凝土垫层执行定额 6－873，$10m^3$ 为单位，数量为 0.165。

（2）清单工程量：

1）垫木工程量：

清单计价中以实际尺寸计算，则垫木长度为 $(6.6\times2+4.9\times2)=23m$

2）C25 混凝土井壁工程量：

与定额工程量相同，为 $78.43m^3$

3）C25 混凝土刃脚工程量：

与定额工程量相同，为 $8.71m^3$

4）沉井下沉工程量：

沉井下沉应按自然地坪至设计底板垫层底的高度乘以沉井外壁最大断面积以体积计算。

此例中自然地坪至底板垫层底的高度为：

$8.0-0.8+0.6=7.8m$

沉井外壁最大断面积为（如图 5-23 所示）：

$S=(5.4+1.2)\times(4+0.45\times2)=32.34m^2$

则沉井下沉体积为：$32.34\times7.8=252.25m^3$

5）C15 混凝土封底工程量：

与定额工程量相同，为 $17.28m^3$

6）混凝土底板工程量：

与定额工程量相同，为 $7.62m^3$

7）碎石垫层，C10 混凝土垫层工程量：

与定额工程量相同。

清单工程量计算见表 6-2。

表 6-2　清单工程量计算表

序号	项目编码	项目名称	项目特征描述	计量单位	工程量
1	040601001001	现浇混凝土沉井井壁及隔墙	C25 混凝土井壁	m^3	78.43
2	040601004001	沉井内地下混凝土结构	C25 混凝土刃脚	m^3	8.71
3	040601002001	沉井下沉	下沉高度 7.8m	m^3	252.25
4	040601004002	沉井内地下混凝土结构	C15 混凝土封底	m^3	17.28
5	040601003001	沉井混凝土底板	C20 混凝土底板	m^3	7.62
6	040601001002	现浇混凝土沉井井壁及隔墙	C10 混凝土垫层	m^3	1.65
7	040601001003	现浇混凝土沉井井壁及隔墙	碎石垫层	m^3	6.60

项目编码:040601003　　项目名称:沉井混凝土底板

【例 3】 箱涵工程中沉泥井中碎石垫层工程量如何计算？混凝土底板工程量如何计算？

【解】 (1)如图 6-10 所示,沉泥井壁厚应为沉泥井直径的 1/12,故壁厚 $d = 1 \times \frac{1}{12} = 0.083\text{m}$,故碎石垫层直径为:

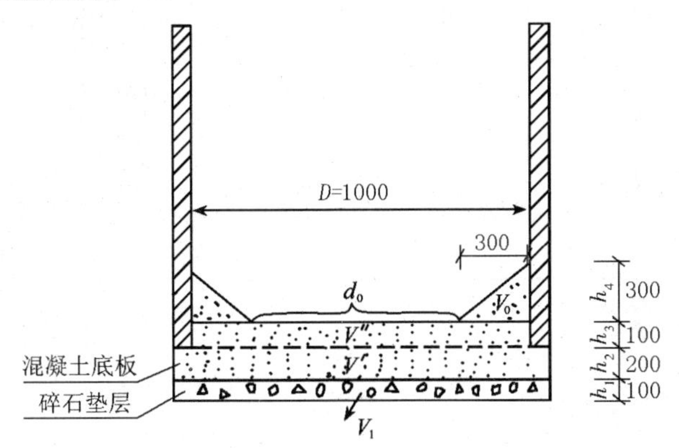

图 6-10　沉泥井底部剖面图　(单位:mm)

$d_1 = 1 + 0.083 \times 2 = 1.166\text{m}$

1)碎石垫层体积定额工程量为

$$V_1 = \frac{1}{4}\pi d_1^2 h_1 = \frac{1}{4} \times 3.1416 \times 1.166^2 \times 0.1 = 0.107 = 0.0107(10\text{m}^3)$$

2)清单工程量为 0.107。

(2)由图 6-10 可知混凝土底板是由一个带壁厚圆柱 V';一个不带壁厚圆柱 V''和一个圆柱减去一个圆台所剩体积 V_0 组成($d_1 = d'$)。

$$V' = \frac{1}{4}\pi d_1^2 h_2 = \frac{1}{4} \times 3.1416 \times 1.166^2 \times 0.2 = 0.214\text{m}^3$$

$$V'' = \frac{1}{4}\pi D^2 h_3 = \frac{1}{4} \times 3.1416 \times 1^2 \times 0.1 = 0.0785\text{m}^3$$

$$V_0 = \frac{1}{4}\pi D^2 h_4 - \frac{1}{3}\pi h_4\left(\frac{d_0^{\ 2}}{2^2} + \frac{D^2}{2^2} + \frac{d_0}{2} \times \frac{D}{2}\right)$$

$$= \frac{1}{4} \times 3.1416 \times 1^2 \times 0.3 - \frac{1}{3} \times 3.1416 \times 0.3 \times \left(\frac{0.4^2}{4} + \frac{1^2}{4} + \frac{0.4}{2} \times \frac{1}{2}\right)$$

$$= 0.2356 - 0.1225 = 0.1131\text{m}^3$$

1)混凝土底板定额工程量为:

$$V_2 = V' + V'' + V_0 = 0.214 + 0.0785 + 0.1131 = 0.41\text{m}^3 = 0.04(10\text{m}^3)$$

2)清单工程量:

清单工程量计算见表 6-3。

表 6-3　清单工程量计算表

项目编码	项目名称	项目特征描述	计量单位	工程量
040601003001	沉井混凝土底板	沉井混凝土底板	m^3	0.41

项目编码:040601003　　项目名称:沉井混凝土底板

【例 4】　沉井混凝土底板的工程量计算。

某雨水泵站圆形沉井底板采用 C25 的混凝土现浇而成,垫层采用 C10 的混凝土现浇而成,垫层及底板的尺寸如图 6-11 所示,求其工程量。

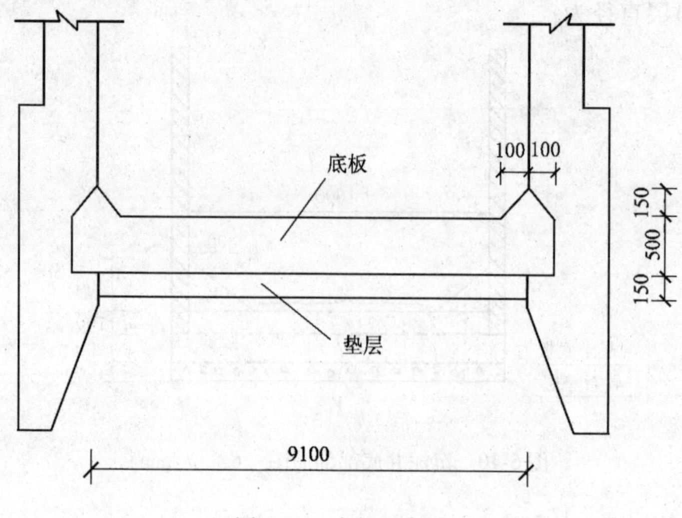

图 6-11　底板示意图

【解】　(1)垫层工程量:

套用清单计价规范中 040506004,沉井混凝土底板,单位 m^3,全国统一市政工程定额中 6-873,混凝土垫层,计量单位为 $10m^3$,定额与清单工程量计算方法两者相同。

$$V=3.14\times0.15\times\frac{1}{4}\times9.1^2=9.75m^3=0.975(10m^3)$$

(2)C25 混凝土底板工程量:

套用清单计价规范中 040506004,沉井混凝土底板,单位 m^3,全国统一市政工程定额中 6-876,底板(厚度 50cm 以内),单位:$10m^3$。定额与清单工程量计算方法相同。

$$V=3.14\times\frac{1}{4}\times(9.1+0.2)^2\times0.5+\frac{1}{2}\times0.15\times0.2\times3.14\times9.1$$

$$=33.95+0.4286$$

$$=34.38m^3=3.44(10m^3)$$

清单工程量计算见表 6-4。

表 6-4　清单工程量计算表

序号	项目编码	项目名称	项目特征描述	计量单位	工程量
1	040601003001	沉井混凝土底板	混凝土垫层,厚 150mm	m^3	9.75
2	040601003002	沉井混凝土底板	沉井混凝土底板,厚度 50cm 以内	m^3	34.38

项目编码:040601006　　项目名称:现浇混凝土池底

【例 5】　在排水工程中,常用到各种池底,其中现浇钢筋混凝土架空式池底是较为常见的一种,如图 6-12 所示为此种池底的示意图,各种尺寸如图 6-12 所示,计算其工程量(池底尺寸 30m×30m)。

【解】　(1)定额工程量:

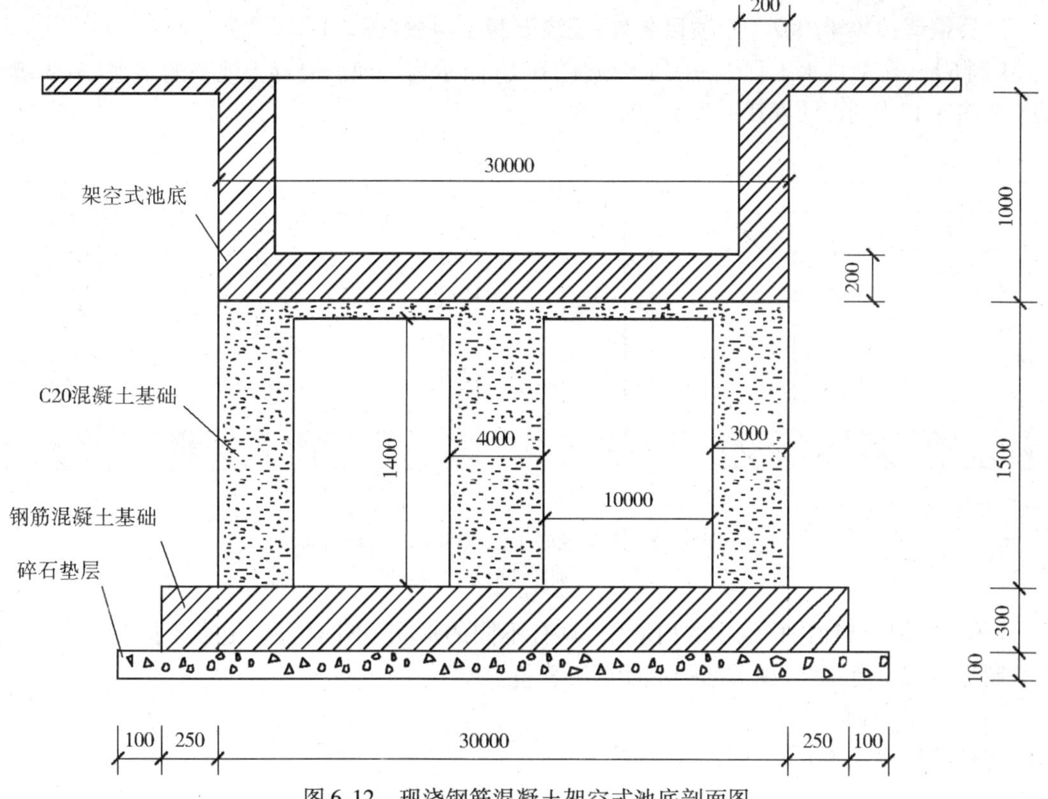

图 6-12 现浇钢筋混凝土架空式池底剖面图

定额编号:6－894;项目名称:架空式池底

根据全国统一市政工程预算定额,第六册,排水工程(1999)计算,计量单位:$10m^3$

1)钢筋混凝土基础:

$30.5\times30.5\times0.3=279.075m^3$

2)C20 混凝土基础:

$(30\times1.5-10\times1.4)\times30=930m^3$

混凝土浇筑工程量:$279.075+930=1209.075m^3$

其中,抗渗混凝土:$279.075+930=1209.075m^3=120.91(10m^3)$

故其定额工程量为 $121.27(10m^3)$(其中不包括碎石垫层)。

(2)清单工程量:

根据《建设工程工程量清单计价规范》(GB 50500—2013)计算。此应按图示尺寸以体积计算。

垫层铺筑:$(30.5+2\times0.1)\times0.1\times(30.5+2\times0.1)=94.249m^3$

混凝土浇筑:

清单工程量计算同定额工程量。

清单工程量计算见表 6-5。

表 6-5 清单工程量计算表

序号	项目编码	项目名称	项目特征描述	计量单位	工程量
1	040601006001	现浇混凝土池底	钢筋混凝土基础	m^3	279.075
2	040601006002	现浇混凝土池底	C20 混凝土基础	m^3	930

项目编码:040601007　　项目名称:现浇混凝土池壁(隔墙)

【例6】 在某排水工程中,用到水池,图6-13所示为一现浇混凝土池壁的水池(有隔墙),尺寸如图6-13所示,计算其工程量(图中尺寸:mm)。

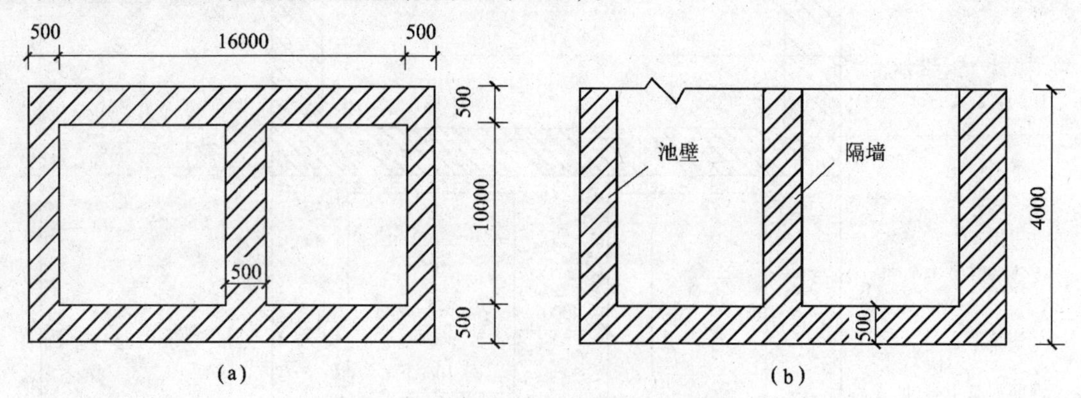

图6-13　现浇混凝土池壁的水池示意图

(a)水池平面图;(b)水池剖面图

【解】 池壁指池内构筑物的内墙壁,具有不同的形状,不同类型,根据不同作用的池类,池壁制作样式也有不同,现根据图示计算工程量。

(1)定额工程量:

定额编号:6-900;项目名称:池壁

混凝土:$(16+0.5\times2)\times10.1\times4-(16-0.5)\times10\times(4.0-0.5)$

$=14.43(10\text{m}^3)$

此是根据全国统一市政工程预算定额,第六册,排水工程(1999)计算。

(2)清单工程量:

混凝土浇筑:$(16+0.5\times2)\times10.1\times4-(16-0.5)\times10\times(4.0-0.5)$

$=144.3\text{m}^3$

清单工程量计算见表6-6。

表6-6　清单工程量计算表

项目编码	项目名称	项目特征描述	计量单位	工程量
040601007001	现浇混凝土池壁(隔墙)	水池,现浇混凝土	m^3	144.3

项目编码:040601007　　项目名称:现浇混凝土池壁(隔墙)

项目编码:040601010　　项目名称:现浇混凝土池盖板

【例7】 某给水工程蓄水池池壁上厚20cm,下厚25cm,高16m,直径为16m,池壁材料用钢筋混凝土,池盖壁厚为25cm,试计算此池池壁及池盖体积,制作安装体积。其尺寸如图6-14所示。

【解】 (1)池壁上薄下厚,以平均厚度计算,池壁高度由池底板面算至池盖下面,则壁平均厚度为$h=\dfrac{0.25+0.20}{2}=0.225\text{m}$,$R=(16000+225\times2)\times\dfrac{1}{2}\times10^{-3}=8.225\text{m}$

则池壁体积为外圆柱体积与内圆柱体积之差:

$V=\pi R^2H-\pi r^2H$

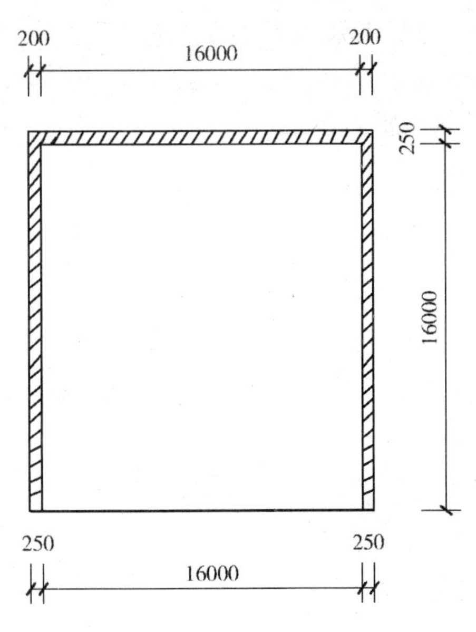

图 6-14　蓄水池平面图

$=3.14\times8.225^2\times16-3.14\times8^2\times16$

$=183.40m^3$

定额中计算单位以 $10m^3$ 计，则上计算结果为18.338($10m^3$)。

清单中计算以实际工程计算为 $183.40m^3$。

(2)池盖体积：

池盖为一高度很小的圆柱体，其体积计算按圆柱体计算。

$V=\pi R^2H=\pi\times[(16+0.2\times2)/2]^2\times0.25=52.81m^3$

以定额表示其单位为 $10m^3$，则应为 5.281($10m^3$)

以清单表示为 $52.81m^3$，清单中一般以池体总体积来表示工程量，不单独列出池盖及池壁。

附加：在定额与清单计算规则中均不扣除面积 $0.3m^2$ 以内孔洞体积，以下以例示之。

若池盖上开一 ϕ500mm 的气孔，其体积应为：

$S=\pi r^2=3.14\times0.25^2=0.20m^2$

此时池盖体积应为 $52.81m^3$

若池盖上开一 ϕ700mm 的孔洞，孔洞所占体积为：

$$S=\pi R^2=3.14\times\left(\frac{0.7}{2}\right)^2=0.38m^2$$

$$\text{此时池盖体积应为 }52.81-3.14\times\left(\frac{0.7}{2}\right)^2\times0.25=52.71m^3$$

以定额表示为 5.271($10m^3$)，以清单表示为 $52.71m^3$。

清单工程量计算见表 6-7。

表 6-7　清单工程量计算表

序号	项目编码	项目名称	项目特征描述	计量单位	工程量
1	040601007001	现浇混凝土池壁(隔墙)	平均厚度为 0.225m	m^3	183.40
2	040601010001	现浇混凝土池盖板	池盖厚为 25cm，开一 ϕ500mm 的气孔	m^3	52.81
3	040601010002	现浇混凝土池盖板	池盖厚为 25cm，开一 ϕ700mm 的气孔	m^3	52.71

项目编码:040601008　　项目名称:现浇混凝土池柱

【例8】 某污水处理水池,顶板为有梁板,水池呈圆形,中部有4根直径为50cm的圆柱支撑,如图6-15所示,求圆柱的混凝土工程量。

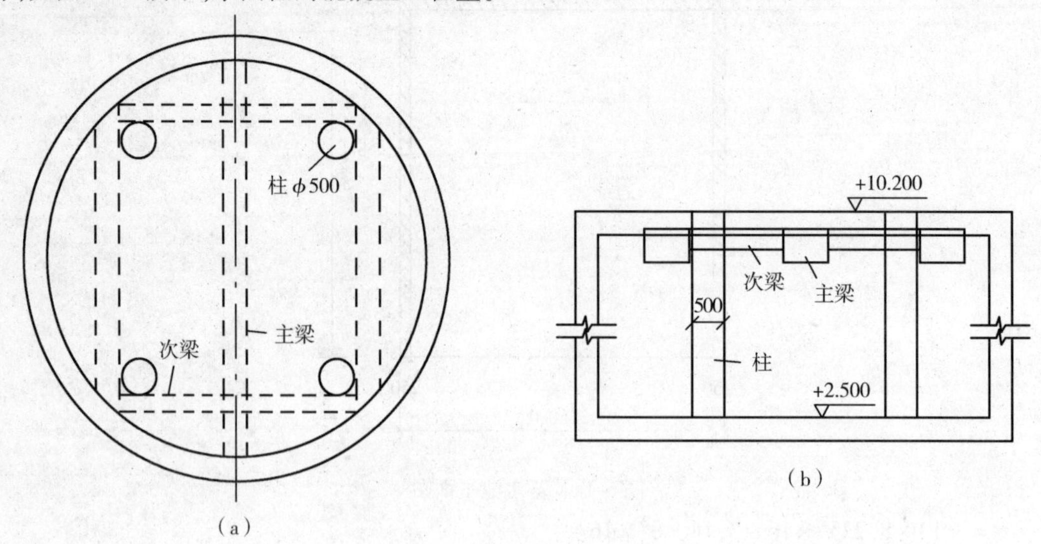

图6-15　有梁板水池示意图

(a)平面图;(b)剖面图

【解】 (1)定额工程量:

柱高:$10.2-2.5=7.70\text{m}$

圆柱混凝土工程量:$\pi\times\frac{0.5^2}{4}\times7.7\times4=6.05\text{m}^3$

(2)清单工程量:

清单工程量计算同定额工程量。

清单工程量计算见表6-8。

表6-8　清单工程量计算表

项目编码	项目名称	项目特征描述	计量单位	工程量
040601008001	现浇混凝土池柱	直径为50cm的圆柱,柱高7.7m	m^3	6.05

项目编码:040601009　　项目名称:现浇混凝土池梁

【例9】 某架空式配水井,井底为平池底,呈圆形,该配水井底部由4根截面尺寸为40cm×40cm的方柱支撑,柱顶是截面尺寸为60cm×30cm的矩形圈梁,圈梁与柱浇筑在一起,求圈梁的混凝土工程量(如图6-16所示)。

【解】 (1)定额工程量:

圈梁长度:$(5.6-0.6\times2)\times2+(4.8-2\times0.6)\times2=16.00\text{m}$

圈梁混凝土工程量:$V=0.6\times0.3\times16=2.88\text{m}^3$

(2)清单工程量:

清单工程量计算同定额工程量。

清单工程量计算见表6-9。

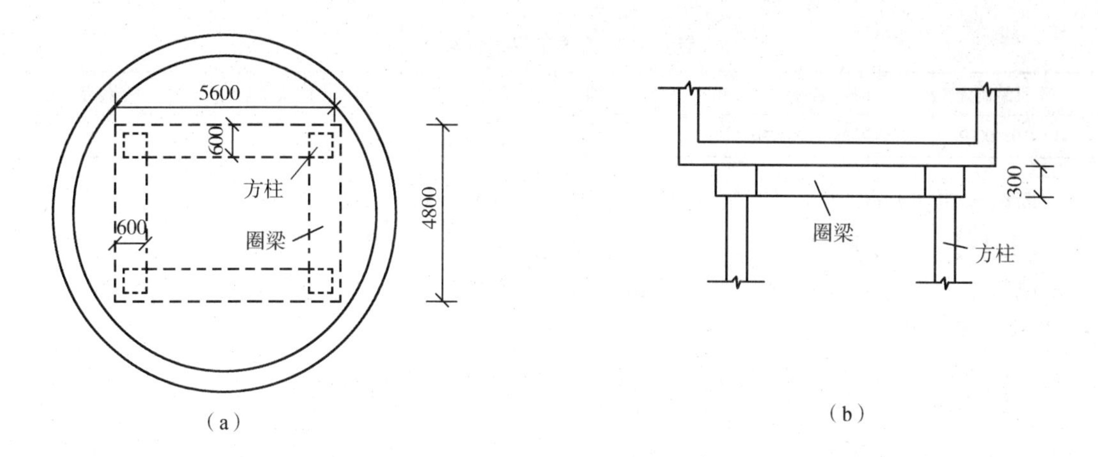

图 6-16　架空式配水井圈梁与方柱示意图

(a)平面图;(b)立面图

表 6-9　清单工程量计算表

项目编码	项目名称	项目特征描述	计量单位	工程量
040601009001	现浇混凝土池梁	C30 混凝土圈梁,圈梁截面 60cm × 30cm	m^3	2.88

项目编码:040601010　　项目名称:现浇混凝土池盖板

【例 10】 某污水处理水池采用锥形池盖,锥体下底面与池壁重合对接,池壁内径为 7.2m,外径为 7.8m,其他尺寸如图 6-17 所示,求该锥形池盖混凝土工程量。

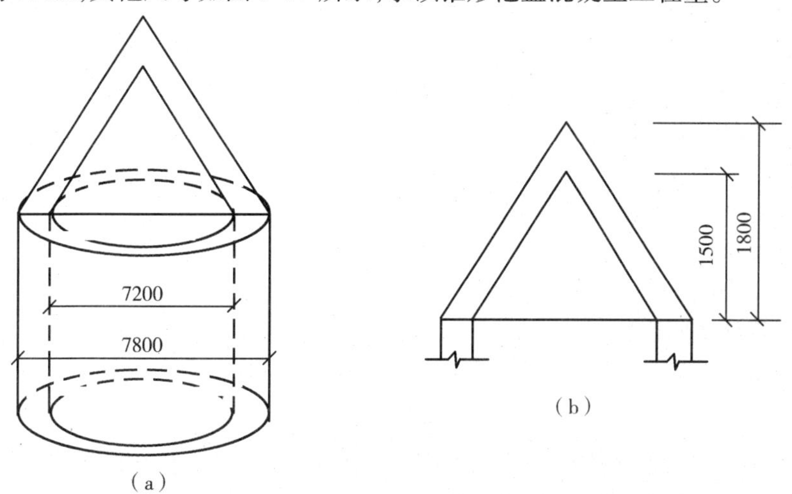

图 6-17　锥形池盖示意图

(a)立面图;(b)剖面图

【解】 (1)定额工程量:

锥形池盖混凝土工程量:$\frac{1}{3} \times (\pi \times 7.8^2/4 \times 1.8 - \pi \times 7.2^2/4 \times 1.5) = 5.96m^3$

(2)清单工程量:

清单工程量计算同定额工程量。

清单工程量计算见表 6-10。

表 6-10　清单工程量计算表

项目编码	项目名称	项目特征描述	计量单位	工程量
040601010001	现浇混凝土池盖板	锥形池盖	m^3	5.96

项目编码:040601021　　项目名称:其他预制混凝土构件

【例 11】　某污水处理水池,如图 6-18 所示,该水池呈圆形,内径为 7.2m,外径为 7.7m,池顶池壁上有四个牛腿,对称布置,牛腿高 1.5m,厚 40cm,截面形状及尺寸如图 6-18(b)所示,牛腿与池壁浇筑在一起,求牛腿的混凝土工程量。

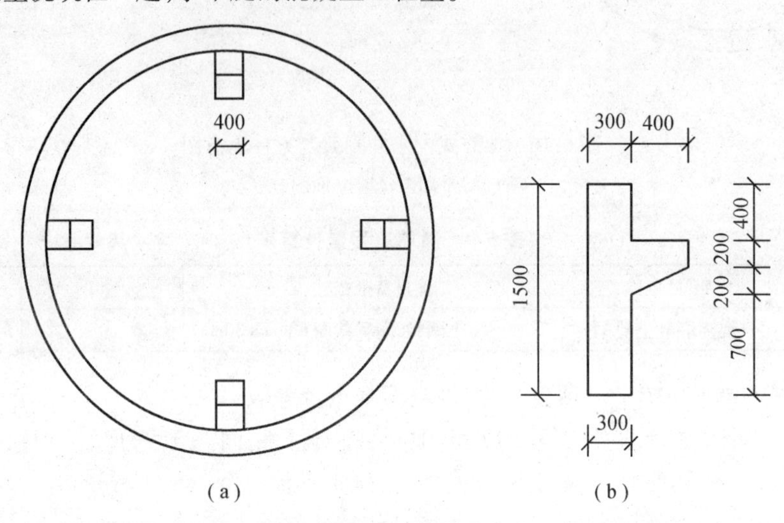

图 6-18　牛腿示意图

(a)平面图;(b)牛腿截面图

【解】　(1)定额工程量:

单个牛腿截面面积:$0.7\times1.5-0.4\times0.4-\dfrac{0.7+0.9}{2}\times0.4=0.57m^2$

牛腿混凝土工程量:$0.57\times0.4\times4=0.91m^3$

(2)清单工程量:

清单工程量计算同定额工程量。

清单工程量计算见表 6-11。

表 6-11　清单工程量计算表

项目编码	项目名称	项目特征描述	计量单位	工程量
040601021001	其他预制混凝土构件	牛腿高 1.5m,厚 40cm	m^3	0.91

项目编码:040501001　　项目名称:混凝土管

项目编码:040601025　　项目名称:滤料铺设

【例 12】　某平行于河流布置的渗渠铺设在河床下,渗渠有水平集水管、集水井、检查井和泵站组成,其平面布置如图 6-19 所示,集水管为穿孔钢筋混凝土管,管径为 600mm,其上布置圆形孔径。集水管外铺设人工反滤层,反滤层的层数、厚度和滤料粒径如图 6-20 所示。

【解】　(1)定额工程量:

定额编号:5-438,混凝土渗渠制作 $\phi600$,单位:延长米

工程量:$45+40+50=135m$

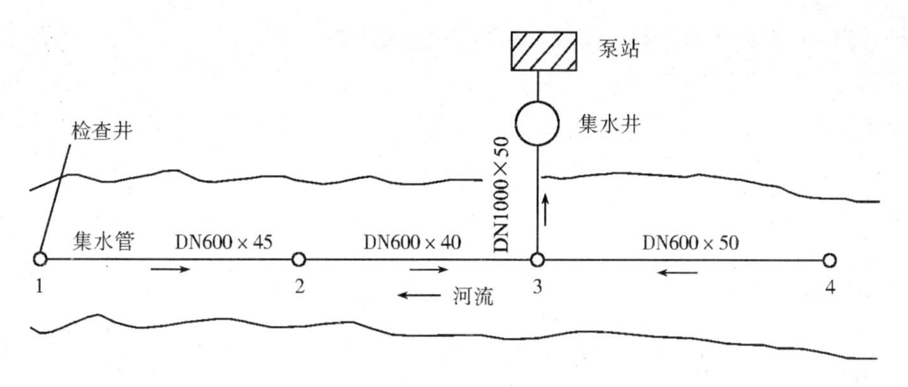

图 6-19　渗渠平面图

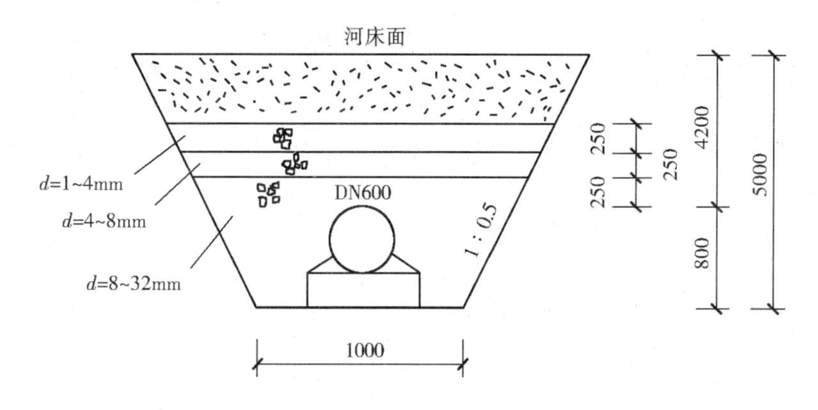

图 6-20　集水管断面图

定额编号:5 - 440,混凝土渗渠安装 ϕ600,单位:10 延长米

工程量:45 + 40 + 50 = 135m = 13.5(10 延米)

定额编号:5 - 439,混凝土渗渠制作 ϕ1000,单位:延长米

工程量:50m

定额编号:5 - 441,混凝土渗渠安装 ϕ1000,单位:10 延长米

工程量:50m = 5(10 延米)

定额编号:5 - 442,滤料粒径(8mm 以内),单位:$10m^3$

1 ~ 4mm 滤料铺设工程量 = $(1 + 2 \times 1.3 \times 0.5 + 0.5 \times 0.25) \times 0.25 \times 135 = 81.84m^3$

4 ~ 8mm 滤料铺设工程量 = $(1 + 2 \times 1.05 \times 0.5 + 0.5 \times 0.25) \times 0.25 \times 135 = 73.41m^3$

工程量:$81.84 + 73.41 = 155.25m^3 = 15.52(10m^3)$

定额编号:5 - 444,滤料粒径(32mm 以内),单位:$10m^3$

工程量:$(1 + 2 \times 0.8 \times 0.5 + 0.5 \times 0.25) \times 0.25 \times 135 = 64.97m^3 = 6.5(10m^3)$

(2)清单工程量:

项目编码:040501002001,项目名称:钢筋混凝土管道铺设(DN600)

计量单位:m

管道铺设工程量:45 + 40 + 50 = 135m

项目编码:040501002002,项目名称:钢筋混凝土管道铺设(DN1000)

计量单位:m

管道铺设工程量:50m

项目编码:040506026001,项目名称:滤料铺设(粒径在 1~4mm)

计量单位:m^3

铺设工程量:$V=(1+2\times1.3\times0.5+0.5\times0.25)\times0.25\times135=81.84m^3$

项目编码:040506026002,项目名称:滤料铺设(粒径在 4~8mm)

计量单位:m^3

铺设工程量:$V=(1+2\times1.05\times0.5+0.5\times0.25)\times0.25\times135=73.41m^3$

项目编码:040506026003,项目名称:滤料铺设(粒径在 8~32mm)

计量单位:m^3

铺设工程量:$V=(1+2\times0.8\times0.5+0.5\times0.25)\times0.25\times135=64.97m^3$

分部分项工程量清单见表 6-12。

表 6-12 分部分项工程量清单

序号	项目编码	项目名称	项目特征描述	计量单位	工程数量
1	040501001001	混凝土管	钢筋混凝土管 DN600	m	135
2	040501001002	混凝土管	钢筋混凝土管 DN1000	m	50
3	040601025001	滤料铺设	粒径在 1~4mm	m^3	81.84
4	040601025002	滤料铺设	粒径在 4~8mm	m^3	73.41
5	040601025003	滤料铺设	粒径在 8~32mm	m^3	64.97

说明:清单工程量与定额工程量的计算规则相同,只是单位不同。

项目编码:040602020　　项目名称:加氯机

【例 13】 城市污水经二级处理后,水质已经改善,细菌含量也大幅度减少,但细菌的绝对值仍然比较可观,并存在有病原菌的可能。因此在排放水体前或在农田灌溉时,应进行消毒处理。常用的消毒方法有液氯、臭氧、次氯酸钠、紫外线消毒等,如图 6-21 所示是液氯消毒工艺简图,计算其工程量。

【解】 液氯消毒是污水处理厂常用的消毒方法,其消毒效果可靠、投配设备简单、投量准确、价格便宜,常适用于大、中型污水处理厂。

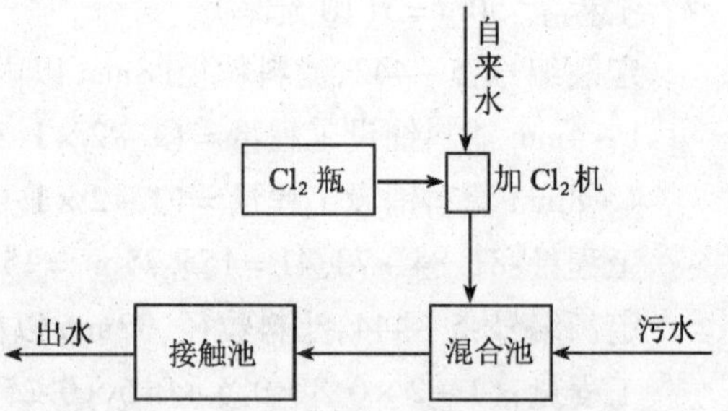

(1)定额工程量:

根据《全国统一市政工程预算定额》第六册"排水工程(1999)",加氯机工程量。

柜式加氯机:1 套

定额编号:6-1043;项目名称:加氯机

(2)清单工程量:

自来水
Cl_2 瓶
加 Cl_2 机
出水
接触池
混合池
污水

图 6-21 液氯消毒工艺简图

根据《建设工程工程量清单计价规范》(GB 50500—2013),加氯机工程量计算如下:

加氯机:一套(按设计图示数量计算)

加氯机的加氯量应经试验确定,对于生活污水,一级处理水排放时,投氯量为 20~30mg/L,不完全二级处理水排放时,投氯量为 10~15mg/L;二级处理水排放时,投氯量为 5~10mg/L。

清单工程量计算见表 6-13。

表 6-13　清单工程量计算表

项目编码	项目名称	项目特征描述	计量单位	工程量
040602020001	加氯机	柜式加氯机	套	1

项目编码:040602022　　项目名称:水射器

【例 14】 在给水工程中,常采用水射器投加的方法加入混凝剂,如图 6-22 所示为水射器投加混凝剂简图。计算其工程量。

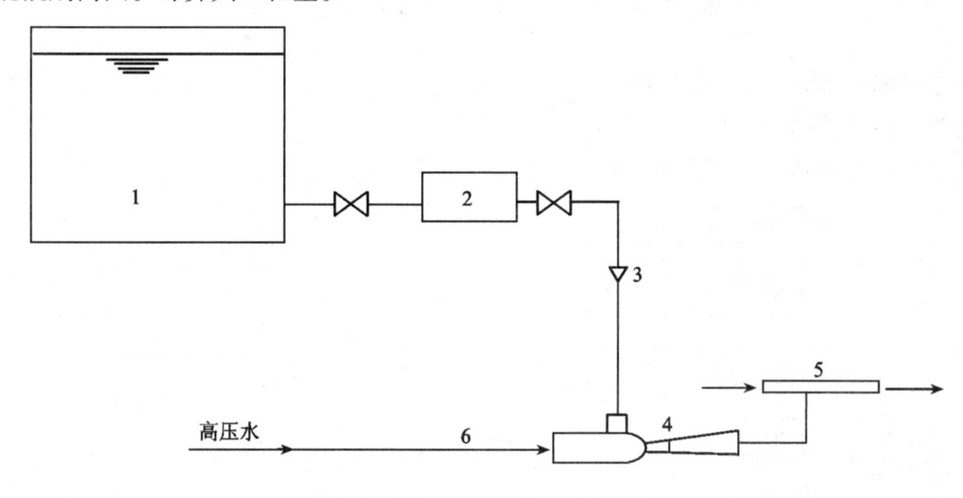

图 6-22　水射器投加混凝剂简图

1—溶液池;2—投药箱;3—漏斗;4—水射器(DN40);5—压水管;6—高压水管

【解】 水射器投加是利用高压水通过水射器喷嘴和喉管之间真空抽吸作用将药液吸入,同时随水的余压注入原水管中,这种投加方式设备简单,使用方便,溶液池高度不受太大限制,但水射器效率低,易磨损。

(1)定额工程量:

根据《全国统一市政工程预算定额》第六册"排水工程(1999)",水射器工程量。

DN40 水射器:1 个

(定额编号:6－1047;项目名称:水射器)

(2)清单工程量:

根据《市政工程工程量计算规范》(GB 50857—2013)水射器工程量计算如下:

DN40 水射器:1 个(按设计图示数量计算)

清单工程量计算见表 6-14。

表 6-14　清单工程量计算表

项目编码	项目名称	项目特征描述	计量单位	工程量
040602022001	水射器	DN40	个	1

第七章　路 灯 工 程

第一节　路灯工程定额项目划分

《全国统一市政工程预算定额》第六册“路灯工程”中包含:变配电设备工程、架空线路工程、电缆工程、配管配线工程等八章,如7-1所示。

(1)变配电设备工程具体的定额项目划分如图7-2所示。

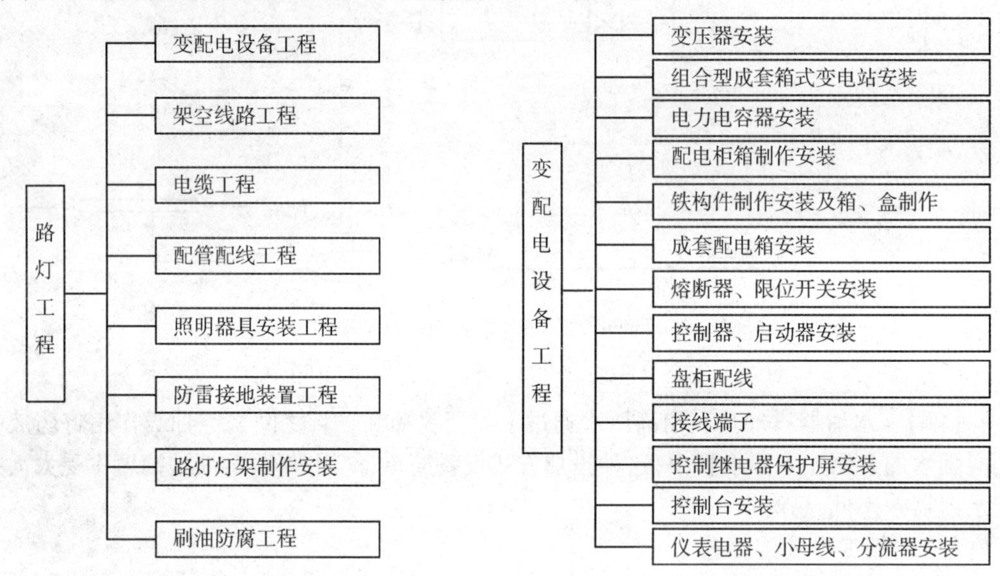

图7-1　路灯工程定额项目划分

图7-2　变配电设备工程定额项目划分

(2)架空线路工程具体的定额项目划分如图7-3所示。

(3)电缆工程具体的定额项目划分如图7-4所示。

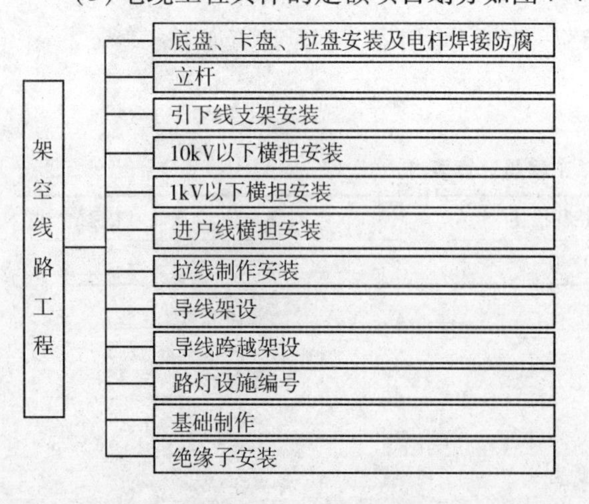

图7-3　架空线路工程定额项目划分

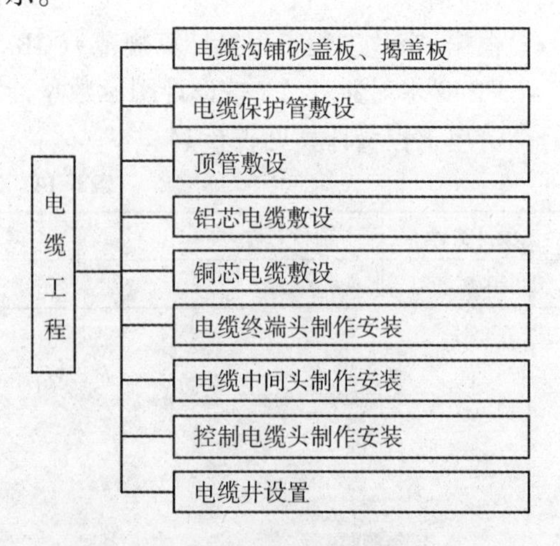

图7-4　电缆工程定额项目划分

(4)配管配线工程具体的定额项目划分如图 7-5 所示。

(5)照明器具安装工程具体的定额项目划分如图 7-6 所示。

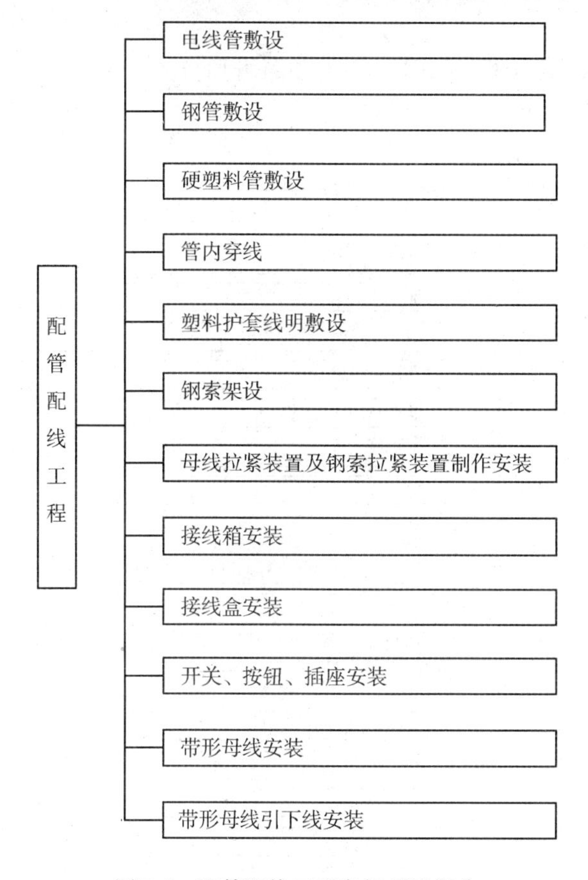

图 7-5　配管配线工程定额项目划分

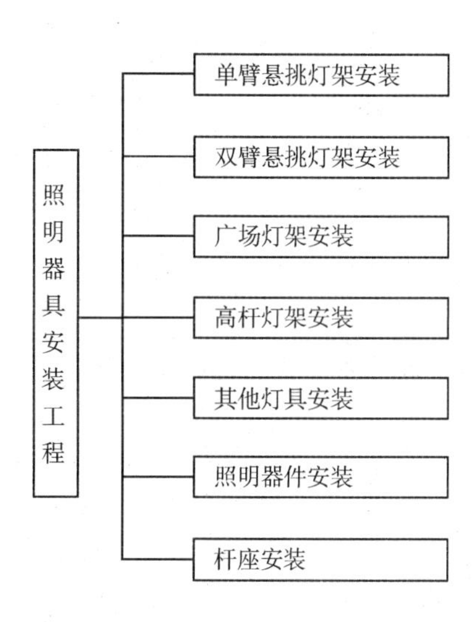

图 7-6　照明器具安装工程定额项目划分

(6)防雷接地装置工程具体的定额项目划分如图 7-7 所示。

(7)路灯灯架制作安装工程具体的定额项目划分如图 7-8 所示。

(8)刷油防腐工程具体的定额项目划分如图 7-9 所示。

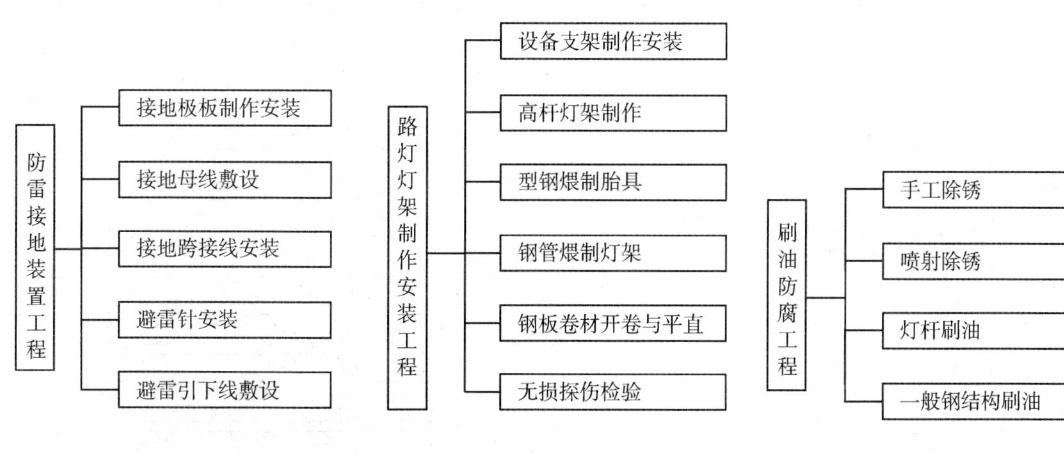

图 7-7　防雷接地装置工程定额项目划分

图 7-8　路灯灯架制作安装工程定额项目划分

图 7-9　刷油防腐工程定额项目划分

第二节　路灯工程清单项目划分

路灯工程在《市政工程工程量计价规范》(GB 50857—2013)中的项目可划分为七大类,具体如图 7-10 所示。

(1)路灯工程的具体清单项目划分如图 7-10 所示。

(2)变配电设备工程的具体清单项目划分如图 7-11 所示。

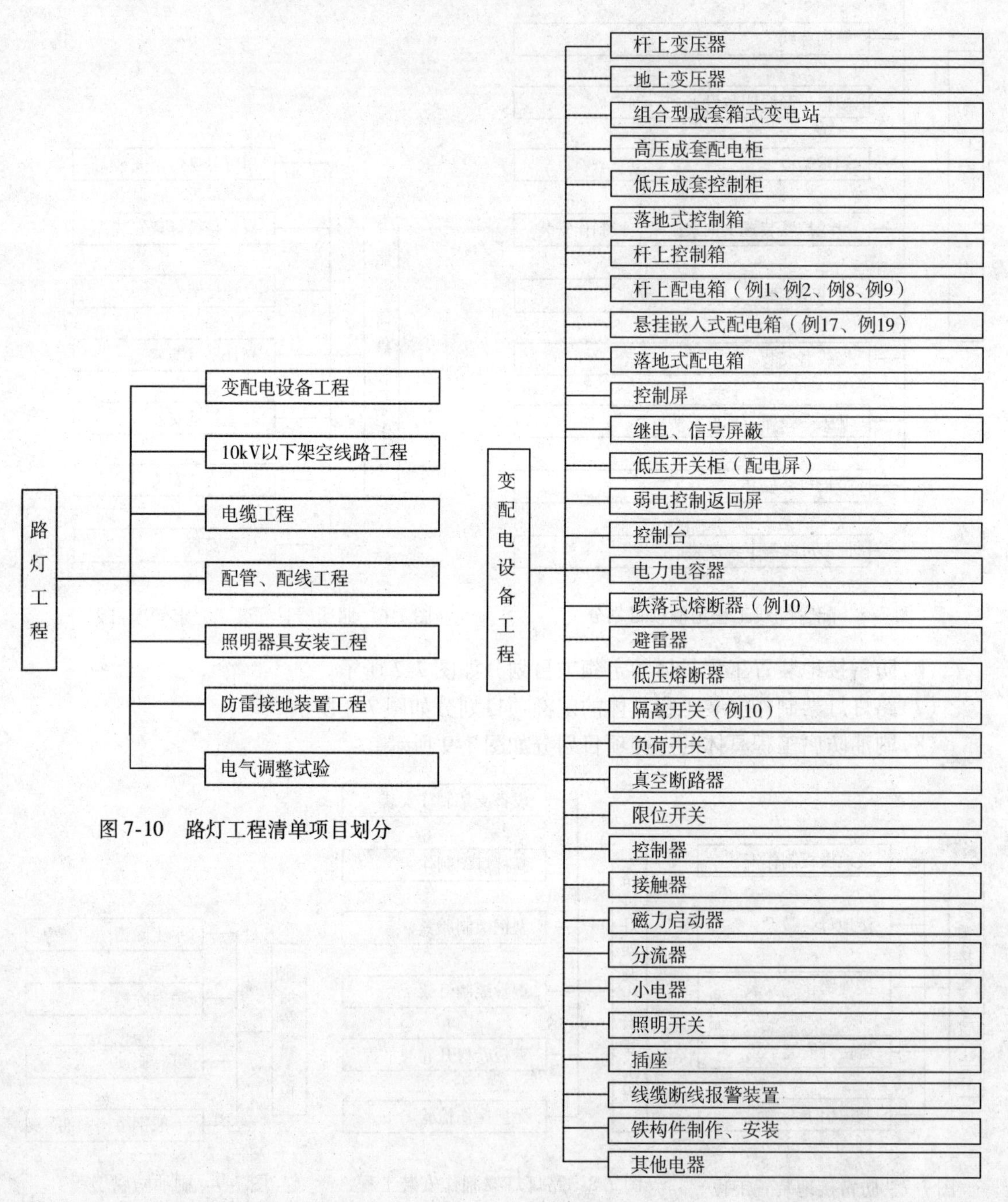

图 7-10　路灯工程清单项目划分

图 7-11　变配电设备工程清单项目划分

(3)10kV 以下架空线路工程的具体清单项目划分如图 7-12 所示。

(4)电缆工程的具体清单项目划分如图 7-13 所示。

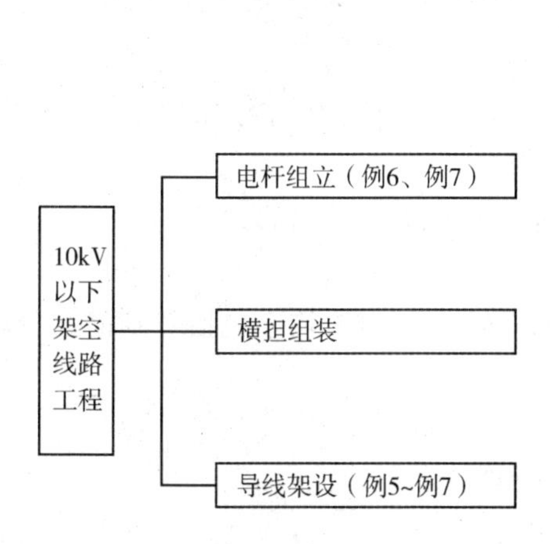

图 7-12　10kV 以下架空线路工程清单项目划分

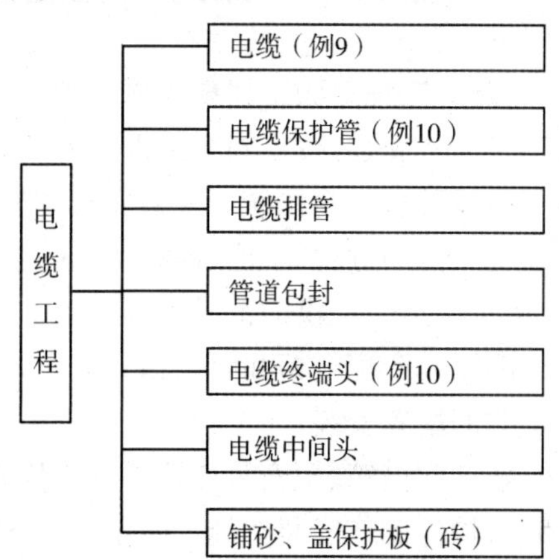

图 7-13　电缆工程清单项目划分

(5)配管、配线工程的具体清单项目划分如图 7-14 所示。

(6)照明器具安装工程的具体清单项目划分如图 7-15 所示。

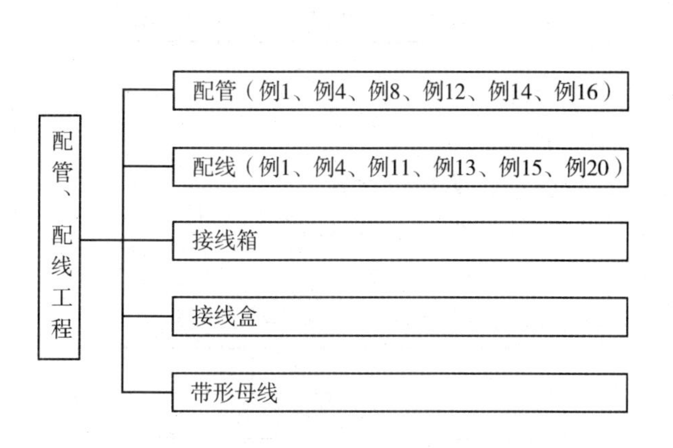

图 7-14　配管、配线工程清单项目划分

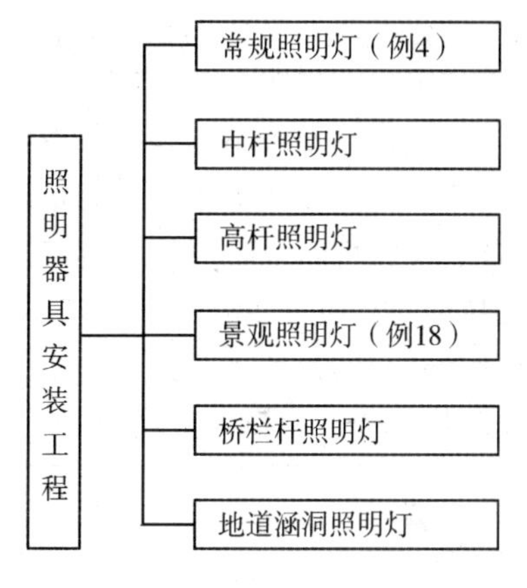

图 7-15　照明器具安装工程清单项目划分

(7)防雷接地装置工程的具体清单项目划分如图 7-16 所示。

(8)电气调整试验的具体清单项目划分如图 7-17 所示。

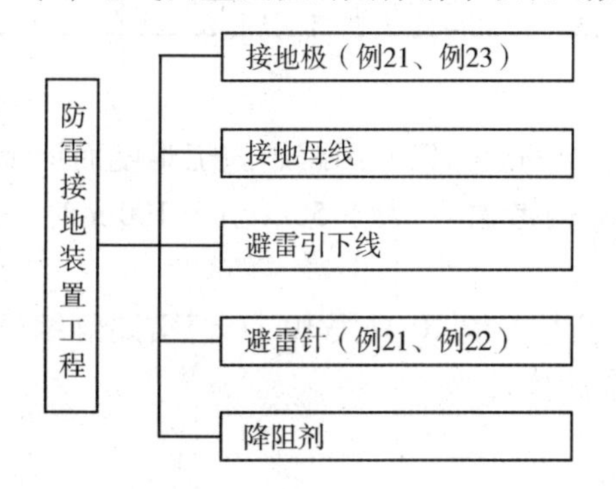

图 7-16　防雷接地装置工程清单项目划分

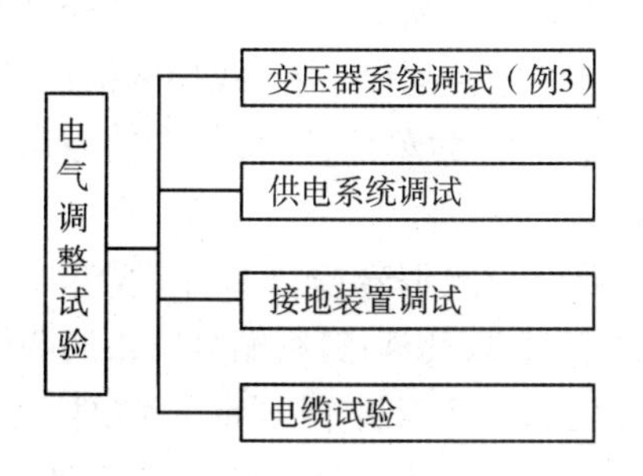

图 7-17　电气调整试验清单项目划分

第三节　路灯工程定额与清单工程量计算规则对照

一、路灯工程定额工程量计算规则

1. 变压器安装,按不同容量以“台”为计量单位。一般情况下不需要变压器干燥,如确实需要干燥,可执行《全国统一安装工程预算定额》相应项目。

2. 变压器油过滤,不论过滤多少次,直到过滤合格为止。以“t”为计量单位,变压器油的过滤量,可按制造厂提供的油量计算。

3. 高压成套配电柜和组合箱式变电站安装,以“台”为计量单位,均未包括基础槽钢、母线及引下线的配置安装。

4. 各种配电箱、柜安装均按不同半周长以“套”为单位计算。

5. 铁构件制作安装按施工图示以“100kg”为单位计算。

6. 盘柜配线按不同断面、长度按下表计算:

序号	项目	预留长度	说明
1	各种开关柜、箱、板	高＋宽	盘面尺寸
2	单独安装(无箱、盘)的铁壳开关、闸刀开关、启动器、母线槽进出线盒等	0.3	以安装对象中心计算
3	以安装对象中心计算	1	以管口计算

7. 各种接线端子按不同导线截面积,以“10 个”为单位计算。

8. 底盘、卡盘、拉线盘按设计用量以“块”为单位计算。

9. 各种电线杆组立,分材质和高度,按设计数量以“根”为单位计算。

10. 拉线制作安装,按施工图设计规定,分不同形式以“组”为单位计算。

11. 横担安装,按施工图设计规定,分不同线数以“组”为单位计算。

12. 导线架设,分导线类型与界面,按 1km/单线计算,导线预留长度规定如下表:

项目名称		长度
高压	转角	2.5
	分支、终端	2.0
低压	分支、终端	0.5
	交叉跳线转交	1.5
与设备连接		0.5

注:导线长度按线路总长加预留长度计算。

13. 导线跨越架设,指越线架的搭设、拆除和越线架的运输以及因跨越施工难度而增加的工作量,以“处”为单位计算,每个跨越间距按 50m 以内考虑的,大于 50m 小于 100m 时,按 2 处计算。

14. 路灯设施编号按“100 个”为单位计算;开关箱号不满 10 只按 10 只计算;路灯编号不满 15 只按 15 只计算;钉粘贴号牌不满 20 个按 20 个计算。

15. 混凝土基础制作以“m^3”为单位计算。

16. 绝缘子安装以“10 个”为单位计算。

17. 直埋电缆的挖、填土(石)方,除特殊要求外,可按下表计算土方量:

项目	电缆根数	
每米沟长挖方量(m^3/m)	1～2	每增一根
	0.45	0.153

18. 电缆沟盖板揭、盖定额,按每揭盖一次以延长米计算。如又揭又盖,则按两次计算。

19. 电缆保护管长度,除按设计规定长度计算外,遇有以下情况,应按以下规定增加保护管长度。

(1)横穿道路,按路基宽度两端各加2m。

(2)垂直敷设时管口离地面加2m。

(3)穿过建筑物外墙时,按基础外缘以外加2m。

(4)穿过排水沟,按沟壁外缘以外加1m。

20. 电缆保护管理地敷设时,其土方量有施工图注明的,按施工图计算;无施工图的一般按沟深0.9m,沟宽按最外边的保护管两侧边缘外各加0.3m工作面计算。

21. 电缆敷设按单根延长米计算。

22. 电缆敷设长度应根据敷设路径的水平和垂直敷设长度,另加下表规定附加长度:

序号	项目	预留长度	说明
1	电缆敷设弛度、波形弯度、交叉	2.5%	按电缆全长计算
2	电缆进入建筑物内	2.0m	规范规定最小值
3	电缆进入沟内或吊架时引上预留	1.5m	规范规定最小值
4	变电所进出线	1.5m	规范规定最小值
5	电缆终端头	1.5m	检修余量
6	电缆中间头盒	两端各2.0m	检修余量
7	高压开关柜	2.0m	柜下进出线

说明:电缆附加及预留长度是电缆敷设长度的组成部分,应计入电缆长度工程量内。

23. 电缆终端头及中间头均以"个"为计量单位。一根电缆按两个终端头,中间头设计有图示的,按图示确定,没有图示的,按实际计算。

24. 各种配管的工程量计算,应区别不同敷设方式、敷设位置、管材材质、规格,以"延长米"为计量单位。不扣除管路中间的接线箱(盒)、灯盒、开关盒所占长度。

25. 定额中未包括钢索架设及拉紧装置、接线箱(盒)、支架的制作安装,其工程量另行计算。

26. 管内穿线定额工程量计算,应区别线路性质、导线性质、导线截面积,按单线延长米计算。线路的分支接头线的长度已综合考虑在定额中,不再计算接头长度。

27. 塑料护套线明敷设工程量计算,应区别导线截面积、导线芯数,敷设位置,按单线路延长米计算。

28. 钢索架设工程量计算,应区分圆钢、钢索直径,按图示墙柱内缘距离,按延长米计算,不扣除拉紧装置所占长度。

29. 母线拉紧装置及钢索拉紧装置制作安装工程量计算,应区别母线截面积、花篮螺栓直径以“10 套”为单位计算。

30. 带形母线安装工程量计算，应区分母线材质、母线截面积、安装位置，按延长米计算。

31. 接线盒安装工程量计算，应区别安装形式，以及接线盒类型，以“10 个”为单位计算。

32. 开关、插座、按钮等的预留线，已分别综合在相应定额内，不另计算。

33. 各种悬挑灯、广场灯、高杆灯灯架分别以“10 套”、“套”为单位计算。

34. 各种灯具、照明器具安装分别以“10 套”、“套”为单位计算。

35. 灯杆座安装以“10 只”为单位计算。

36. 接地极制作安装以“根”为计量单位，其长度按设计长度计算，设计无规定时按每根 25m 计算，若设计有管帽时，管帽另按加工件计算。

37. 接地母线敷设，按设计长度以“10m”为计量单位计算。接地母线、避雷线敷设，均按延长米计算，其长度按施工图设计水平和垂直规定长度另加 39% 的附加长度(包括转弯、上下波动、避绕障碍物、搭接头所占长度)。计算主材费时另加规定的损耗率。

38. 接地跨线以“10 处”为计量单位计算。按规程规定凡需作接地跨接线的工作内容，每跨接一次按一处计算。

39. 路灯灯架制作安装按每组重量及灯架直径，以“t”为单位计算。

40. 型钢煨制胎具，按不同钢材，煨制直径以“个”为单位计算。

41. 焊缝无损探伤按被探件厚度不同，分别以“10 张”、“10m”为单位计算。

42. 本定额适用于金属灯杆面的人工、半机械除锈、刷油防腐工程。

43. 人工、半机械除锈分轻、中锈两种，区分标准分：

(1)轻锈：部分氧化皮开始破裂脱落，轻锈开始发生。

(2)中锈：氧化皮部分破裂脱落呈堆粉末状，除锈后用肉眼能见到腐蚀小凹点。

44. 本定额不包括除微锈(标准氧化皮完全紧附，仅有少量锈点)，发生时按轻锈定额的人工、材料、机械乘以系数 0.2。

45. 因施工需要发生的二次除锈，其工程量可另行计算。

46. 金属面刷油不包括除锈费用。

47. 本定额按安装地面刷油考虑，没考虑高空作业因素。

48. 油漆与实际不同时，可根据实际要求进行换算，但人工不变。

二、路灯工程清单工程量计算规则

1. 杆上变压器、地上变压器、组合型成套箱式变电站。按设计图示数量计算。

2. 高压成套配电柜、低压成套控制柜、落地式控制箱、杆上控制箱。按设计图示数量计算。

3. 杆上配电箱、悬挂嵌入式配电箱、落地式配电箱、控制屏、继电、信号屏、低压开关柜(配电屏)。按设计图示数量计算。

4. 弱电控制返回屏、控制台、电力电容器、跌落式熔断器、避雷器。按设计图示数量计算。

5. 低压熔断器、隔离开关、负荷开关、真空断路器、限位开关、控制器、接触器、磁力启动器、分流器、小电器、照明开关、插座。按设计图示数量计算。

6. 线缆断线报警装置。按设计图示数量计算。

7. 铁构件制作、安装。按设计图示尺寸以质量计算。

8. 其他电器。按设计图示数量计算。

9. 电杆组立。按设计图示数量计算。

10. 横担组装。按设计图示数量计算。

11. 导线架设。按设计图示尺寸另加预留量以单线长度计算。

12. 电缆。按设计图示尺寸另加预留及附加量以长度计算。

13. 电缆保护管、电缆排管、管道包封。按设计图示尺寸以长度计算。

14. 电缆终端头、电缆中间头。按设计图示数量计算。

15. 铺砂、盖保护板(砖)。按设计图示尺寸以长度计算。

16. 配管。按设计图示尺寸以长度计算。

17. 配线。按设计图示尺寸另加预留量以单线长度计算。

18. 接线箱、接线盒。按设计图示数量计算。

19. 带形母线。按设计图示尺寸另加预留量以单相长度计算。

20. 常规照明灯、中杆照明灯、高杆照明灯。按设计图示数量计算。

21. 景观照明灯。以套计量,按设计图示数量计算;以米计量,按设计图示尺寸以延长米计算。

22. 桥栏杆照明灯、地道涵洞照明灯。按设计图示数量计算。

23. 接地极。按设计图示数量计算。

24. 接地母线、避雷引下线。按设计图示尺寸另加附加量以长度计算。

25. 避雷针。按设计图示数量计算。

26. 降阻剂。按设计图示数量以质量计算。

27. 变压器系统调试、供电系统调试、接地装置调试、电缆试验。按设计图示数量计算。

第四节　路灯工程经典实例导读

项目编码:040801008　　项目名称:杆上配电箱

项目编码:040804001　　项目名称:配管

项目编码:040804002　　项目名称:配线

项目编码:040801033　　项目名称:其他电器

【例1】 如图7-18所示是由一台动力配电箱和一台电动机组成的动力平面图。动力配电箱落地安装,箱高1.7m、宽0.6m、基础高出地面0.1m,电动机功率为3.0kW,重量48kg,由配电箱内磁力启动器控制基础高出地面0.1m,电线保护管埋入地面内,距地面0.2m,在电动机处的管口高出基础地面0.2m,并加防水弯头然后用0.5m长的金属软管引入电动机接线盒,保护管在配电箱内的出口基础地面0.1m(图中比例为1∶100),钢管长为5m。

【解】 (1)动力配电箱安装

动力配电箱安装1台,其基础角钢的制作安装在土建预算中做,这里没有做。

(2)电动机安装

500kg以内的电动机安装1台。

(3)钢管敷设

钢管敷设工程量为:

配电箱下部立管长度0.1(配电箱内管长)+0.1(基础高)+0.2(钢管埋深)=0.4m。

电动机处立管长0.2(基础上管长)+0.1(基础高)+0.2(钢管埋深)=0.5m。

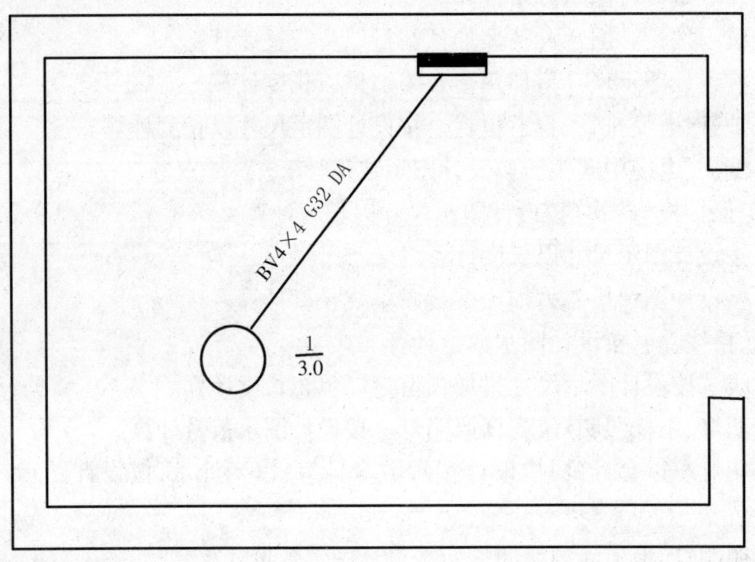

图 7-18　动力平面图

钢管水平长度从电动机中心量至配电箱中心的直线长度，为 5.0m。

总长(0.4 +0.5 +5.0)m =5.9m。

(4)金属软管敷设

单根长度为 0.5m 以内的金属软管敷设 0.5m。

(5)管内穿线

动力管内穿线长度[5.9(钢管长) +0.5(软管长) +2.3(配电箱内预留)] ×4(导线根数) m =34.8m。

(6)电动机检查接线

3kW 以内交流电动机检查接线 1 台。

(7)电动机调试

低压笼式异步电动机由磁力启动控制调试 1 台。

其工程量统计见表 7-1：

表 7-1　动力工程工程量统计表

序号	分项工程名称	计算公式	数量	单位
1	动力配电箱安装	1	1	台
2	电动机安装 0.5t	1	1	台
3	钢管暗敷设 ϕ20	0.4 +5.0 +0.5	5.9	m
4	金属软管敷设 0.5m	0.5	0.5	m
5	动力管内穿线 BV4.0	(5.9 +0.5 +2.3) ×4	34.8	m
6	交流电动机检查接线 3kW	1	1	台
7	低压笼式电机磁力启动调试	1	1	台

清单工程量计算见表 7-2。

表 7-2　清单工程量计算表

序号	项目编码	项目名称	项目特征描述	计量单位	工程量
1	040801008001	杆上配电箱	动力配电箱安装	台	1
2	040804001001	配管	钢管、ϕ20，暗敷设	m	5.90
3	040804001002	配管	金属软管敷设，0.5m	m	0.50
4	040804002001	配线	动力管内穿线，BV4.0	m	34.80
6	040801033001	其他电器	普通交流同 步电动机，检查接线，34kM	台	1

项目编码：040801008　　项目名称：杆上配电箱

【例 2】 有一电气安装工程，配电箱为施工单位自制箱，材料为板材。共有三个配电箱，其中一个尺寸为 630mm×930mm×230mm，另两个为 350mm×350mm×230mm，试计算一下这三个箱制作工程量？

【解】 依据题意计算工程量。

(1)半周长 800mm 以内的，2 个。

(2)半周长 2000mm 以内的，1 个。

清单工程量计算见表 7-3。

表 7-3　清单工程量计算表

序号	项目编码	项目名称	项目特征描述	计量单位	工程量
1	040801008001	杆上配电箱	板材，半周长 800mm 以内	台	2
2	040801008002	杆上配电箱	板材，半周长 2000mm 以内	台	1

项目编码：040801002　　项目名称：地上变压器

项目编码：040807001　　项目名称：变压器系统测试

【例 3】 从变压器算起，至配电柜 AL 止，如图 7-19 所示。

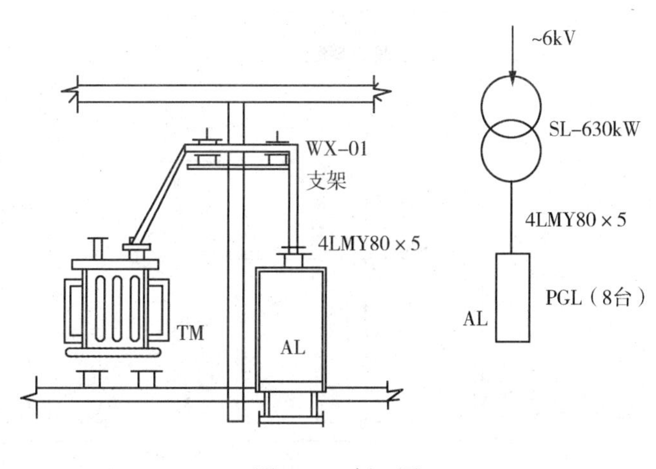

图 7-19　例 3 图

【解】 工程量计算见表7-4。

表7-4 工程量计算表

序号	项目名称	单位	工程量
1	电力变压器630/6安装	台	1
2	变压器系统调试	系统	1
3	低压铝母线80×5安装	m	—
4	铝母线支架制作	t	—
5	铝母线支架安装	t	—
6	低压绝缘子WX—01安装	个	—
7	低压控制柜(屏)安装	台	8
8	低压电源柜(屏)安装	台	8
9	配电柜型钢基础制作	t	—
10	配电柜型钢基础安装	m	—

清单工程量计算见表7-5。

表7-5 清单工程量计算表

序号	项目编码	项目名称	项目特征描述	计量单位	工程量
1	040801002001	地上变压器	电力变压器620/6,安装	台	1
2	040807001001	变压器系统测试	系统调试	系统	1

项目编码:040804002 项目名称:配线

项目编码:040805001 项目名称:常见照明灯

项目编码:040801028 项目名称:小电器

项目编码:040804001 项目名称:配管

【例4】 某工程层高3.2m,木配电板尺寸250×150,上装电功能表一只,瓷插保险CRA—5A一只,高2m;架空进线,进户支架两端埋设,高3m;室内敷设护套线BLVV—2×1.5;插座高1.5m,拉线开关高3m,如图7-20所示。

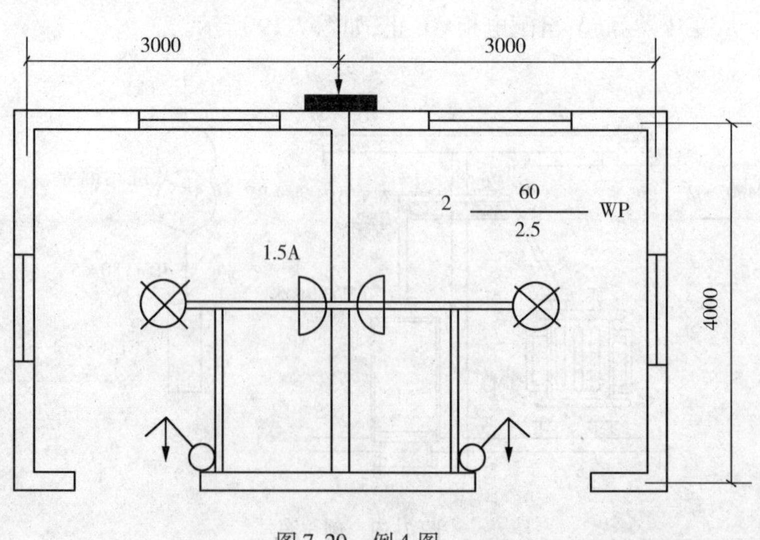

图7-20 例4图

【解】 立项、工程量计算见表7-6。

表7-6 工程量计算表

序号	项 目 名 称	单 位	工程量
1	木配电板制作	m^2	0.038
2	木配电板安装	10块	0.1
3	电功能表安装(5A)	个	1
4	瓷插保险安装	10个	0.1
5	配电板内配线	100m	0.01
6	进户支架制作	t	0.004
7	两线进户支架安装	根	1
8	塑料护套线明敷	100m	0.146
9	软线吊灯安装(60W)	10套	0.2
10	单相双孔插座	10套	0.2
11	拉线明装开关	10套	0.2
12	进户线管明敷 PVC 15	10m	0.139
13	管内穿线 BV—1.5	100m	0.065

清单工程量计算见表7-7。

表7-7 清单工程量计算表

序号	项目编码	项目名称	项目特征描述	计量单位	工程量
1	040804002001	配线	配电板内配线	m	1.00
2	040805001001	常规照明灯	软线吊灯安装(60W)	套	2
3	040801028001	小电器	单相以孔插座	个	2
4	040801028002	小电器	拉线明装开关	个	2
5	040804001001	配管	进户线管明敷 PVC15	m	1.39
6	040804002002	配线	管内穿线 BV－1.5	m	6.50

项目编码:040802003　　项目名称:导线架设

项目编码:040804001　　项目名称:配管

项目编码:040804002　　项目名称:配线

【例5】 图7-21是电气照明线路由室外架空引入到室内配电箱部分的电气施工平面图。其安装如图7-22所示。其工程量可分为进户线架设,进户线横担安装,室内钢管敷设,管内穿线,配电箱安装等项。

【解】 该图中房间层高为2.8m,配电箱暗装于墙内,高0.7m,宽0.5m,底边距地1.5m,进户点在一层顶棚楼板处,横担为4线,两端埋设式。(图中比例为1:100)

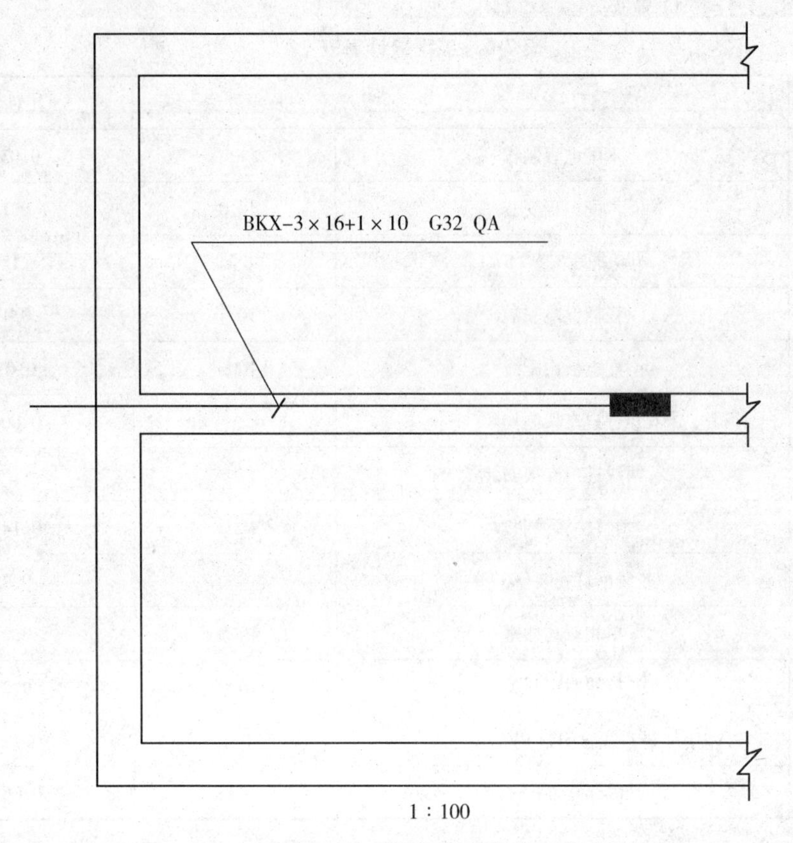

图 7-21 架空进户线平面图

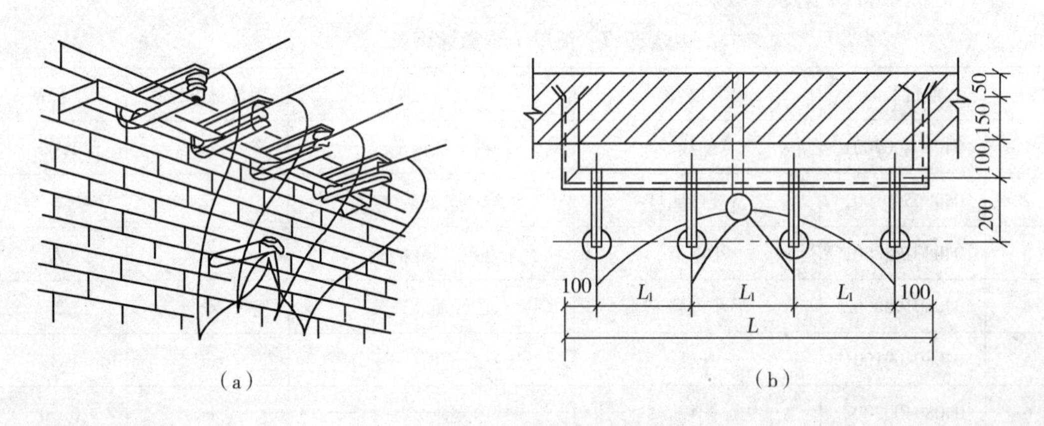

图 7-22 架空进户线安装

(a)安装;(b)平面

(1)进户线架设

进户线长度在图中没有给出,所以按每根 25m 长计算,这样每根长度为 25 + 2.5(杆上预留) = 27.5m,其中 $16mm^2$ 导线的总长为 27.5 × 3 = 82.5m,$10mm^2$ 导线长度为 27.5m。

(2)进户线横担安装

进户线横担分二线、四线、六线式,分一端埋设式和两端埋设式,横担安装还包括瓷瓶安装,防水弯头安装等,本例中为四线式两端埋横担安装 1 副。

(3)钢管敷设及管内穿线

配管及穿线工程量计算方法与照明工程相同。

配管长度0.2m(钢管伸出墙外)+7.6m(室内水平长度)+0.6m(配电箱上立管长度)=8.4m。

穿线单根线长度:8.4m(配管长度)+1.5m(出户线预留)+1.2m(配电箱内预留)=11.1m。

其中16mm^{2}的导线总长为11.1×3m=33.30m,10mm^{2}的导线长度为11.10m。总计为33.3m+11.1m=44.40m。

(4)配电箱安装

照明配电箱安装1台,工程量统计见表7-8。

表7-8 架空进户线工程量统计表

序号	分项工程名称	计算公式	数量	单位
1	进户线架设 BBLX16	3×(25+2.5)	82.5	m
2	进户线架设 BBLX10	25+2.5	27.5	m
3	进户线横担安装	1	1	根
4	钢管沿砖、混凝土暗敷	0.2+7.6+0.6	8.4	m
5	管内穿线 BBLX16	3×(8.4+1.5+1.2)	33.3	m
6	管内穿线 BBLX10	8.4+1.5+1.2	11.1	m
7	照明配电箱安装	1	1	台

清单工程量计算见表7-9。

表7-9 清单工程量计算表

序号	项目编码	项目名称	项目特征描述	计量单位	工程量
1	040802003001	导线架设	进户线架设 BBK×16	m	82.50
2	040802003002	导线架设	进户线架设 BBL×10	m	27.50
3	040804001001	配管	钢管沿砖,混凝土暗敷	m	8.40
4	040804002001	配线	管内穿线 BBL×16	m	33.30
5	040804002002	配线	管内穿线 BBL×10	m	11.10
6	040801008001	杆上配电箱	照明配电箱安装	台	1
7	040802001001	电杆组立	山陵区,BLX-(3×70+1×35)	根	5
8	040802003003	导线架设	山陵区,70mm^2	km	0.54
9	040802003004	导线架设	山陵区,35mm^2	km	0.18

项目编码:040802001　　项目名称:电杆组立

项目编码:040802003　　项目名称:导线架设

项目编码:040801018　　项目名称:避雷器

【例 6】 某办公楼与变电所之间设 8m 水泥电杆 10 根,杆距为 30m。杆上设水平铁横担一根,末根杆上装有三组避雷器,横担上装有裸铝绞线($3\times95+1\times50$)。试计算杆上铁横担安装、导线架设和避雷器安装的预算人工费各为多少?总计多少?

【解】 (1)计算工程量:横担安装　8×1 组 $=8$ 组

导线架设,导线留头长度为每根 0.5m。

10 根电杆距离为　　$9\times30\text{m}=270\text{m}$

【注释】9 为电杆之间的间隔数,30 为水泥电杆的间距。

95mm^2 导线长度为　　$L_1=(3\times7\times30+3\times0.5)\text{m}=631.5\text{m}$

50mm^2 导线长度为　　$L_2=(1\times7\times30+1\times0.5)\text{m}=210.5\text{m}$

【注释】3 为 95mm^2 导线的数量,7 为水平铁横担数量,0.5 为导线留头长度,1 为 50mm^2 导线的数量。

避雷器安装为　　　　1×3 组 $=3$ 组

清单工程量计算见表 7-10。

表 7-10　清单工程量计算表

序号	项目编码	项目名称	项目特征描述	计量单位	工程量
1	040802001001	电杆组立	水泥电杆	根	10
2	040802003001	导线架设	85mm^2	km	0.63
3	040802003002	导线架设	50mm^2	km	0.21
4	040801018001	避雷器	避雷器安装	组	3

项目编码:040802001　　项目名称:电杆组立

项目编码:040802003　　项目名称:导线架设

项目编码:040801018　　项目名称:避雷器

【例 7】 有一新建学校,院内需架设 380/220V 三相四线路,导线使用裸铝绞线 $3\times120+1\times70$,电线杆为 8m 高水泥杆 5 根,杆距为 50m,杆上铁横担水平安装一根,末根杆上有阀型避雷器三组。试计算一下横担安装,导线架设和避雷器安装的工程量?

【解】 根据题意

计算工程量:

(1)横担安装 5×1 组 $=5$ 组

(2)导线架设(杆距按 50m 计算,导线留头长度每根 0.5m)

5 根杆距 $4\times50\text{m}=200\text{m}$

120mm^2 导线 $L=(3\times4\times50+3\times0.5)\text{m}=(600+1.5)\text{m}=601.5\text{m}$

70mm^2 导线 $L=(1\times4\times50+1\times0.5)\text{m}=(200+0.5)\text{m}=200.5\text{m}$

【注释】3 为 120mm^2 导线的数量,1 为 70mm^2 导线的数量。

(3)避雷器安装 1 组 $\times3$ 组 $=3$ 组

清单工程量计算见表 7-11。

表 7-11　清单工程量计算表

序号	项目编码	项目名称	项目特征描述	计量单位	工程量
1	040802001001	电杆组立	水泥电杆	根	5
2	040802003001	导线架设	$120mm^2$,裸铝绞线	km	0.60
3	040802003002	导线架设	$70mm^2$,裸铝绞线	km	0.20
4	040801018001	避雷器	避雷器安装	组	3

项目编码:040804001　　项目名称:配管

项目编码:040801008　　项目名称:杆上配电箱

项目编码:040801028　　项目名称:小电器

项目编码:040801033　　项目名称:其他电器

【例 8】 某工程架空进线供电,从进户算起,如图 7-23 所示,试计算:

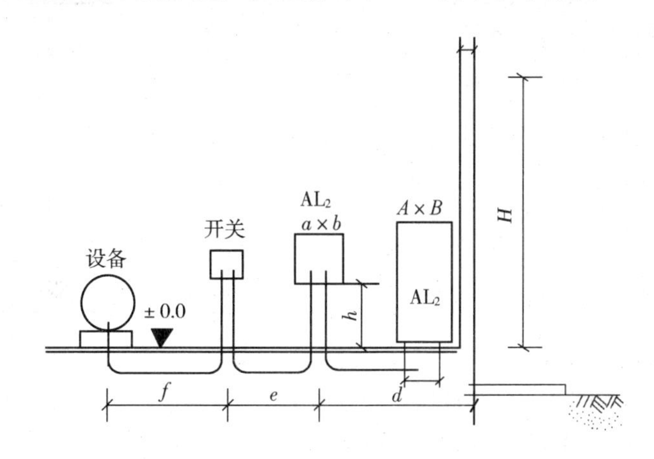

图 7-23　例 8 图

(1)配管总长 D

(2)一根导线从进户穿到底总长 L

(3)就电气安装而言,还应立哪些项?

【解】 对该工程进行立项;计算工程量见表 7-12。

表 7-12　工程量计算表

序号	项目名称	单位	工程量
(1)	配管总长 D	m	$0.15+C+H-A+d-B/2+e+f+4h+6\times0.2$
(2)	导线单根总长 L	m	$4.45+C+H-A+d-B/2+e+f+4h+2(A+B)+2(a+b)$
(3)	就电气安装而言此图可立如下项:		
①	AL_1 配电箱安装	台	1
②	AL_1 箱型钢基础制作	t	
③	AL_1 箱型钢基础安装	m	
④	AL_2 箱支架制作	t	
⑤	AL_2 箱支架安装	t	

（续）

编号	项目名称	单位	工程量
⑥	AL_2 配电箱安装	台	1
⑦	开关安装	个	1
⑧	开关支架制作	t	
⑨	开关支架安装	t	
⑩	电动机调试	台	1
⑪	电动机检查接线	台	1

清单工程量计算见表 7-13。

表 7-13 清单工程量计算表

序号	项目编码	项目名称	项目特征描述	计量单位	工程量
1	040804001001	配管	配管总长 *D*	m	同表 4-14
2	040801008001	杆上配电箱	AL_1 配电箱	台	1
3	040801008002	杆上配电箱	AL_2 配电箱	个	1
4	040801028001	小电器	开关	个	1
5	040801033001	其他电器	电动机调试,检查接线	台	1

项目编码:040801008　　项目名称:杆上配电箱

项目编码:040804001　　项目名称:配管

项目编码:040803001　　项目名称:电缆

【例 9】 图 7-24 是某建筑物电缆线进户部分平面图,室外电缆直埋敷设,室内电缆穿钢管保护,室内水平管长 4.6m,室内电缆长为 7.0m,室内外地坪同高,室内电缆终端干包,配电箱底边距地 1.5m,室外电缆工程量计算到墙外直线 10m 远(图中比例 1∶100)。

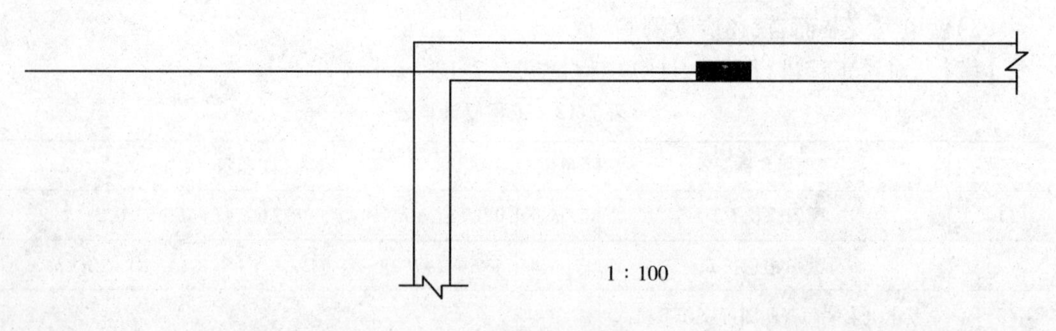

图 7-24 电缆进户平面图

【解】 电缆敷设工程比一般绝缘线敷设复杂,其预留也较多,计算时应注意。

(1)照明配电箱安装

照明配电箱安装 1 台。

(2)配管工程

电缆保护钢管公称通径在 100mm 以下,所以按一般钢管敷设计算。

工程量为0.1m(箱内)+1.5m(地上至箱底边)+0.8m(地下垂直管长)+4.6m(室内水平管长)+1.0m(地下室外管长)=8.0m

(3)电缆敷设

电缆工程量应包括各种预留,比如入室前的预留和电缆终端预留,等等。

工程量为[10.0(室外直线长度)+2.0(进入室内前的预留)+7.0(室内电缆长度)+1.5(电缆终端预留)]×1.025(波形系数)m=21.01m

(4)电缆沟土方量

挖填电缆沟工程按挖填沟槽计算,由于设计没给沟形尺寸,所以电缆沟截面按0.45m^2计算,由于室内电缆沿基础敷设,所以不另计算电缆沟土方量。室外电缆沟长按电缆长度计算。

工程量为(10+2)×0.45m^3=5.4m^3

(5)铺砂盖砖工程

电缆沟的铺砂与盖砖沿电缆沟进行,但电缆进入钢管后就不用铺砂盖砖,铺砂与盖砖部分与钢管应有0.1m的搭接。

工程量为12m(室外电缆沟长)−1m(室外钢管长)+0.1m(钢管与盖砖搭接)

=11.1m

(6)电缆终端制作

电缆终端制作分浇注式和干包式,又分户内和户外,本例中为户内干包电缆终端1个。工程量统计见表7-14。

表7-14 电缆进户线工程量统计表

序号	分项工程名称	计算公式	数量	单位
1	照明配电箱安装	1	1	台
2	钢管沿砖混暗敷	0.1+1.5+0.8+4.6+1.0	8	m
3	电缆敷设	(10+2+7+1.5)×1.025	21.01	m
4	铺砂盖砖	12−1+0.1	11.1	m
5	挖填电缆沟	(10+2)×0.45	5.4	m^3
6	户内电缆终端干包	1	1	个

清单工程量计算见表7-15。

表7-15 清单工程量计算表

序号	项目编码	项目名称	项目特征描述	计量单位	工程量
1	040801008001	杆上配电箱	照明配电箱安装	台	1
2	040804001001	配管	钢管沿砖混暗敷	m	8.00
3	040803001001	电缆	室内电缆穿钢管保护	m	21.01

项目编码:040803005　项目名称:电缆终端头

项目编码:040803002　项目名称:电缆保护管

项目编码:040801020　项目名称:隔离开关

项目编码:040801017　项目名称:跌落式熔断器

【例 10】 从电缆入口算起中,至变压器 TM 止,如图 7-25 所示。

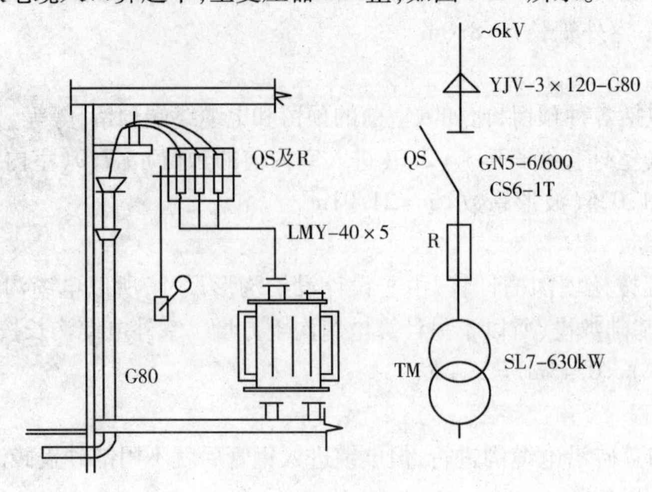

图 7-25

对该电缆工程进行立项计算工程量见表 7-16。

表 7-16 工程量计算表

序号	项目名称	单位	工程量
1	电缆沟挖土方	m^3	
2	电缆沟铺砂盖砖(板)	m	
3	电缆敷设 YJV—3×120	m	
4	电缆终端头制作	个	1
5	终端头支架制作	t	0.006
6	终端头支架安装	t	0.006
7	电缆保护管 G80	m	3.65
8	高压隔离开关 GN5—6	台	1
9	高压户内熔断器安装	组	1
10	铝母线—40×5 安装	m	

清单工程量计算见表 7-17。

表 7-17 清单工程量计算表

序号	项目编码	项目名称	项目特征描述	计量单位	工程量
1	040803005001	电缆终端头	终端头支架安装	个	1
2	040803002001	电缆保护管	电缆保护管 G80	m	3.65
3	040801020001	隔离开关	高压隔离开关 GN5-6	组	1
4	040801017001	跌落式熔断器	高压户内熔断电器安装	组	1

项目编码:040804002　　项目名称:配线

【例 11】 某工程照明线路设计图纸规定采用 BV-500-4mm^2 铜芯聚氯乙烯绝缘电线穿直径为 DN25 重型硬塑料管沿墙、沿顶棚暗敷设,管内穿线 6 根,塑料管敷设长度为 425m,试计算管内穿线工程量为多少?

【解】 管内穿线工程量=(配管长度+预留长度)×导线根数

$(425+1.5\times6)\times6m=2604m$

清单工程量计算见表7-18。

表7-18　清单工程量计算表

项目编码	项目名称	项目特征描述	计量单位	工程量
040804002001	配线	BV－500－4mm^2 铜芯聚乙烯绝缘电线	m	2604.00

项目编码:040804001　　项目名称:配管

【例12】 某电线管暗敷设中,用DN25两根管,一根长15m,内穿四根导线;另一根长20m,内穿5根同规格导线,则可列为:

DN25电线管长度(15＋20)m＝35m

管内穿线长度(15×4＋20×5)m＝160m

【注释】15、20分别为DN25管的长度,4、5分别为其管内穿导线的数量。

清单工程量计算见表7-19。

表7-19　清单工程量计算表

序号	项目编码	项目名称	项目特征描述	计量单位	工程量
1	040804001001	配管	DN25	m	35.00
2	040804001002	配管	管内穿线	m	160.00

项目编码:040804002　　项目名称:配线

【例13】 某工程结算所附工程量计算表中管内穿线工程量计算式如下:管内穿线(BVV－2×2.5)＝[250＋穿线进、出配电箱预留长(0.5＋0.4)×2×2]×线数2×线接头、灯具、开关插座预留线增加量(1＋15%)m＝583.28m,试审查其正确性。

【解】 首先,根据《安装工程单位估价表》"灯具、明暗开关、插座等的预留线,分别综合在有关定额内"的规定,式中15%的增加量应予剔除;其次,"预留长度表"规定:配线进、出各种开关箱、板、柜的预留长度为(高＋宽),即半周长。根据上述规定正确的工程量计算结果为:

管内穿线(BVV－2.5)＝[250＋(0.5＋0.4)×2(含进、出)]×2m＝503.60m

清单工程量计算见表7-20。

表7-20　清单工程量计算表

项目编码	项目名称	项目特征描述	计量单位	工程量
040804002001	配线	BV－2×2.5	m	503.60

项目编码:040804001　　项目名称:配管

【例14】 某塔楼18层,层高3m,配电箱高0.8m,均为暗装且在平面同一位置。电源线从二层架空引入立管用SC32,求立管工程量。

【解】 SC32工程量＝(18－1)×3m＝51m

【注释】18为塔楼的层数,3为塔楼的层高。

清单工程量计算见表7-21。

表7-21　清单工程量计算表

项目编码	项目名称	项目特征描述	计量单位	工程量
040804001001	配管	SC32	m	51.00

项目编码:040804001　　项目名称:配管

项目编码:040804002　　项目名称:配线

【例 15】 如图 7-26 所示,试计算该工程三层楼线路敷设中 DG15 配管及 BLX-2 ×2.5 管内穿线的工程量以及它们各自的预算价格。

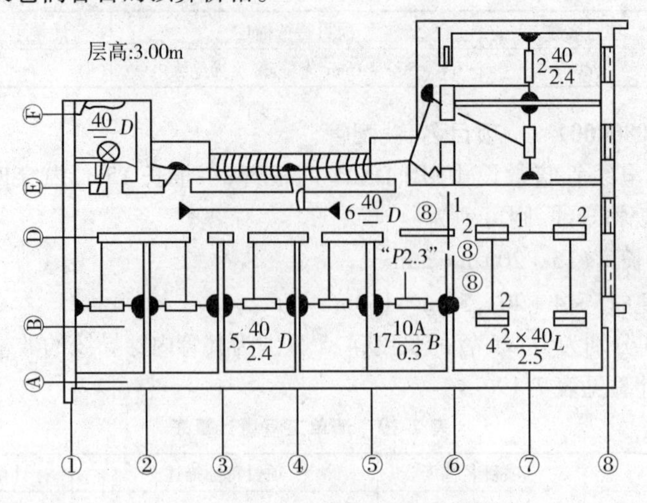

图 7-26 二、三层电气照明平面图

【解】 根据图示,DG15 管从"P_3"箱内分别引出,其水平长度经用比例尺测量、并与图示尺寸核对为95.7m,该管敷设方式 PA 是指暗设在顶板内。三层的层高为3.0m,则暗装板把开关的引下垂直高度为(3.0 -1.4)m×15 个 =24m;暗装单相插座的引下垂直高度为(3.0 -0.3)m×17 个 =45.9m;"P_3"箱引上线穿管也是 DG15,则引上高度为 3.0m -1.2m =1.8m。

DG15 配管工程量(95.7 +45.9 +24.0 +1.8)m ÷100 =1.674 (100m)。

根据图示及上面题解,管内穿线 2×167.4m =334.8m;⑥~⑧轴线间的房间有一段是三根线,测得长度为6.6m;"P_3"箱预留长度 0.3m +0.4m =0.7m(从说明中查得高、宽尺寸)。所以,穿线工程量(334.8 +6.6 +0.7)m ÷100 =3.421 (100m)。

清单工程量计算见表 7-22。

表 7-22 清单工程量计算表

序号	项目编码	项目名称	项目特征描述	计量单位	工程量
1	040804001001	配管	DG15	m	167.40
2	040804002001	配线	管内穿线	m	342.10

项目编码:040804001　　项目名称:配管

【例16】 已知图7-27 中箱高为0.8m,楼板厚度 b =0.2m,求垂直部分明敷管长及垂直部分暗敷管长各是多少?

【解】 当采用明配管时,管路垂直长度

$(1.2+0.1+0.2)\text{m}=1.5\text{m}$

【注释】1.2 为箱距地面的距离,0.1 为管路进箱的预留长度,0.2 为楼板厚度。

当采用暗配管时,管路垂直长度

$\left[1.2+\frac{1}{2}\times0.8+0.2\right]\text{m}=1.8\text{m}$

【注释】0.8 为箱的高度。

(1)落地式配电箱引出管高度如图 7-28 所示。垂直管路长度与落地式配电箱基座高度有关,一般按 0.3 ~0.4m 计算,另外加上楼板厚度 b。

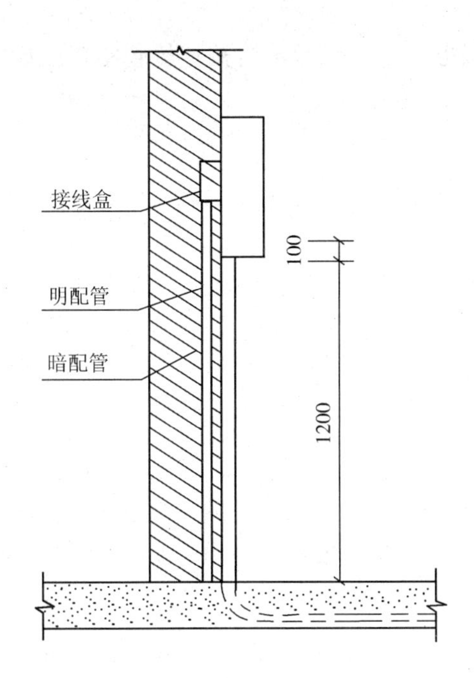

图 7-27　明箱配管高度

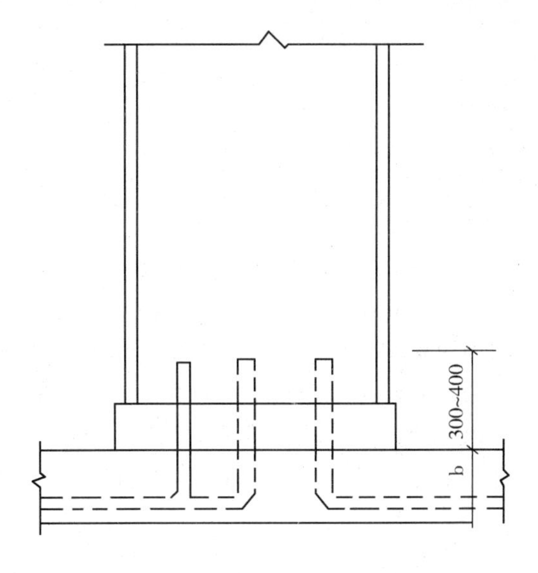

图 7-28　落地式配电箱引出管高度

(2)灯头及插座在楼板上或板孔内配管，弯曲下引至灯头盒、拉线开关盒及插座盒长度如图 7-29 所示。

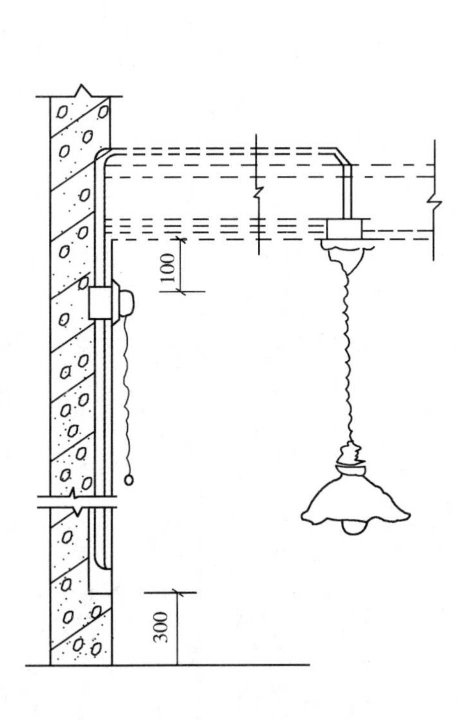

图 7-29　引至灯头盒及插座接线盒垂直管长

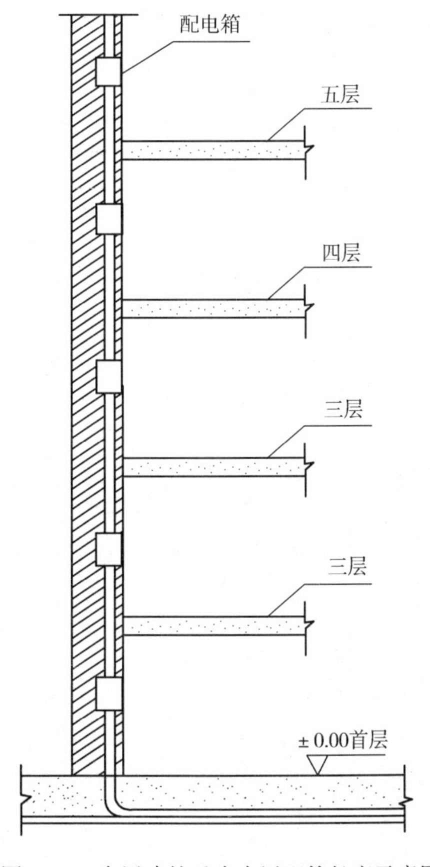

图 7-30　多层建筑垂直串层配管长度示意图

(3)多层建筑垂直串层供电干线管长、垂直串层电话管路长及消防按钮等管路长度如图7-30 所示。

清单工程量计算见表 7-23。

表 7-23 清单工程量计算表

序号	项目编码	项目名称	项目特征描述	计量单位	工程量
1	040804001001	配管	明配管	m	1.50
2	040804001002	配管	暗配管	m	1.80

项目编码:040804001　　项目名称:配管

项目编码:040801009　　项目名称:悬挂嵌入式配电箱

项目编码:040801028　　项目名称:小电器

项目编码:040805001　　项目名称:常规照明灯

【例 17】 某工程层高 4m,XRM 板面 250×120,插座、开关安装高度均为 1.5m,PVC15 管及 BV-1.5 线全暗敷在吊顶内,吊顶高 3.5m ,如图 7-31 所示。

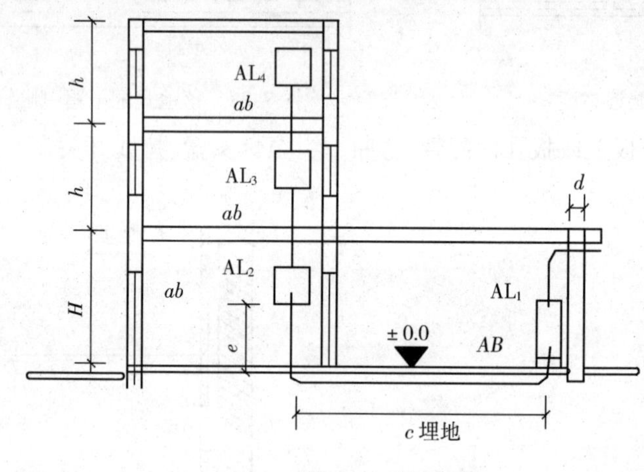

图 7-31　例 17 图

【解】 该工程工程量立项计算见表 7-24。

表 7-24 工程量计算表

序号	项目名称	单位	工程量
1	进户支架制作⌊50×5	t	0.006
2	四线进户支架安装	根	1
3	进户线管 G20 暗敷	10m	0.239
4	管内线 BV-6 线	100m	0.128
5	管 PVC15 暗敷	10m	2.65
6	PVC15 吊顶内明敷	10m	0.90
7	管内穿线 BV-1.5	100m	0.841
8	照明配电箱安装	台	1
9	方吸顶灯 4×60W	10 套	0.1

（续）

序号	项目名称	单位	工程量
10	吊扇安装 ϕ800	台	2
11	单相三孔插座 1.5A	10 套	0.1
12	平开关暗装	10 套	0.1
13	接线盒暗装	10 个	0.4
14	灯头、开关、插座盒	10 个	0.7
15	塑料波纹管 DN15	10m	0.15

清单工程量计算见表 7-25。

表 7-25　清单工程量计算表

序号	项目编码	项目名称	项目特征描述	计量单位	工程量
1	040804001001	配管	进户线管 G20 暗敷	m	2.30
2	040804001002	配管	管 PVC15 暗敷	m	26.50
3	040804001003	配管	PVC15 吊顶内明敷	m	9.00
4	040804001004	配管	管内穿线 BV－6	m	12.80
5	040804001005	配管	管内穿线 BV－1.5	m	84.10
6	040801009001	悬挂嵌入式配电箱	照明配电箱安装	台	1
7	040801028001	小电器	方吊扇安装 ϕ800	套	2
8	040801028002	小电器	单相三孔插座 1.5A	套	1
9	040801028003	小电器	平开关暗装	个	1
10	040801028004	小电器	灯头、开关、插座盒	个	7
11	040805001001	常规照明灯	方吸灯 4×600W	套	1
12	040804001006	配管	塑料波纹管，DN15	m	1.50

项目编码：040805004　　项目名称：景观照明灯

项目编码：040801028　　项目名称：小电器

【**例 18**】　如图 7-32 所示，试计算一层艺术花吊灯连同开关安装的工程量。

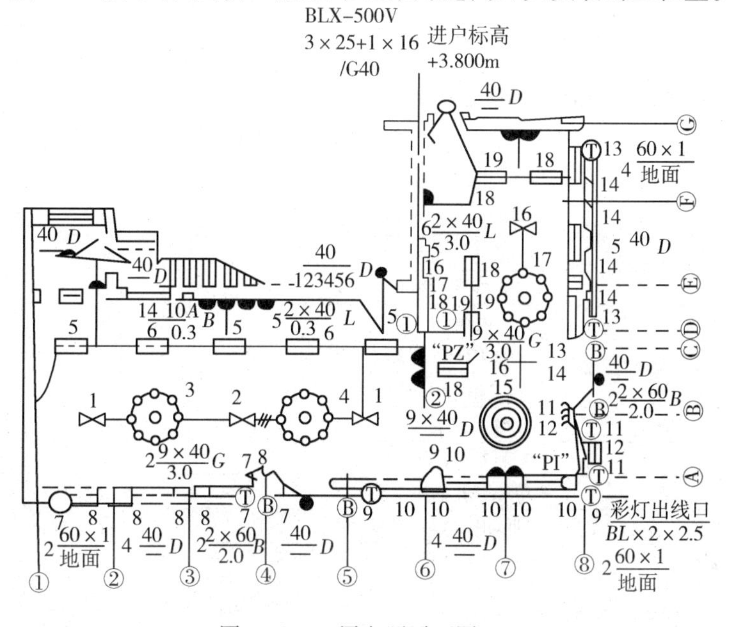

图 7-32　一层电照平面图

【解】 根据图示,我们应该套用艺术花灯安装定额,工程量为3套,开关为3、4、17号暗装,工程量为三套。

清单工程量计算见表7-26。

表7-26 清单工程量计算表

序号	项目编码	项目名称	项目特征描述	计量单位	工程量
1	040805004001	景观照明灯	艺术花灯	套	3
2	040801028001	小电器	开关暗装	套	3

项目编码:040804001　　项目名称:配管

项目编码:040804002　　项目名称:配线

项目编码:040805001　　项目名称:常规照明灯

项目编码:040801009　　项目名称:悬挂嵌入式配电箱

项目编码:040801028　　项目名称:小电器

【例19】 某工程层高3.2m,架空进线高3m,XRM板面250×120,插座、开关安装高度均为1.5m,PVC15管,BV-2×1.5线,全暗敷,如图7-33所示。

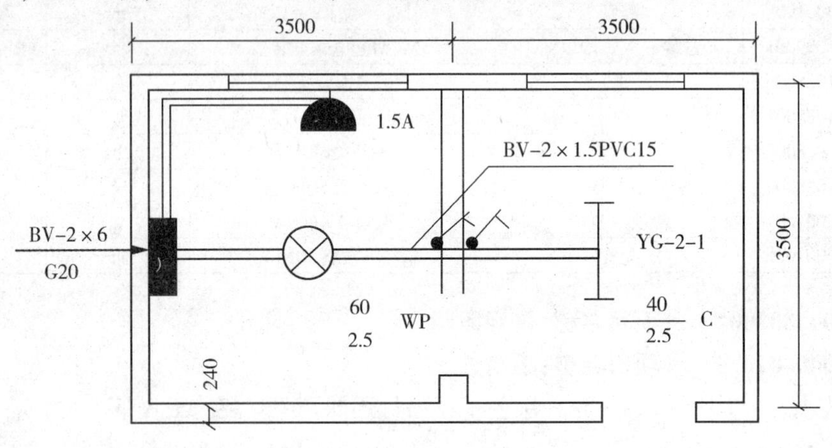

图7-33 例19图

【解】 立项及计算结果见表7-27。

表7-27 工程量计算表

序号	项目名称	单位	工程量
1	进户支架制作∟50×5	t	0.006
2	两线进户支架安装	根	1
3	进户线管G20暗敷	10m	0.189
4	管内线BV-6线	100m	0.075
5	管PVC15暗敷	10m	1.73
6	管内穿线BV-1.5线	100m	0.350
7	软线吊灯安装60W	10套	0.1
8	单管链吊荧光灯40W	10套	0.1
9	单相双孔插座1.5A	10套	0.1
10	照明配电箱XRM	台	1
11	平开关暗装	10套	0.2
12	分线盒暗装	10个	0.2
13	插座、开关、灯头盒	10个	0.5

清单工程量计算见表 7-28。

表 7-28　清单工程量计算表

序号	项目编码	项目名称	项目特征描述	计量单位	工程量
1	040804001001	配管	进户线管 G20 暗敷	m	1.89
2	040804001002	配管	管 PVC15	m	17.30
3	040804002001	配线	管内线 BV－6	m	7.50
4	040804002002	配线	管内线 BV－6 线	m	35.00
5	040805001001	常规照明灯	软线吊灯安装 60W	套	1
6	040805001002	常规照明灯	单管链吊荧光灯 40W	套	1
7	040801009001	悬挂嵌入式配电箱	照明配电箱 ×RM	台	1
8	040801028001	小电器	单相双孔插座 1.5A	套	1
9	040801028002	小电器	平开关暗装	套	2
10	040801028003	小电器	插座、开关、灯头盒	个	5

项目编码:040804001　　项目名称:配管
项目编码:040804002　　项目名称:配线
项目编码:040805001　　项目名称:常规照明灯
项目编码:040801028　　项目名称:小电器

【例 20】 某照明工程如图 7-34 所示，从 8 轴线算起。层高 4m，吊顶高 3.2m；PVC15 管沿墙和吊顶内暗敷，穿 BV-1.5 线；晶片组合吸顶灯一套，双方筒乳白壁灯两套，高 2m；开关和插座高 1.2m。

【解】 该部分照明工程立项及计算工程量见表 7-29。

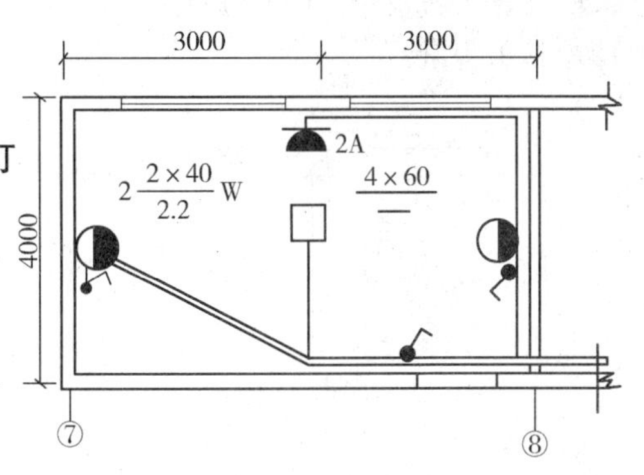

图 7-34　例 20 图

表 7-29　工程量计算表

序号	项目名称	单位	工程量
1	PVC15 管吊顶内明敷	10m	1.561
2	PVC15 管墙内暗敷	10m	1.12
3	管内穿线 BV-1.5	100m	0.634
4	双方筒乳白壁灯(2×40W)	10 套	0.2
5	晶片四组合吸顶灯(4×60W)	10 套	0.1
6	单相三孔插座暗装(2A)	10 个	0.1
7	平板开关暗装	10 个	0.3
8	开关、灯头、插座盒	10 个	0.7
9	分线盒暗装	10 个	0.5
10	塑料波纹管 ϕ15	10m	0.08

清单工程量计算见表 7-30。

表 7-30　清单工程量计算表

序号	项目编码	项目名称	项目特征描述	计量单位	工程量
1	040804001001	配管	PVC15 管吊顶内明敷	m	15.61
2	040804001002	配管	PVC15 管墙内暗敷	m	11.20
3	040804002001	配线	管内穿线 BV－1.5	m	63.40
4	040805001001	常规照明灯	双方筒乳白壁灯(2×40W)	套	2
5	040805001002	常规照明灯	品片四组合吸顶灯(4×60W)	套	1
6	040804001003	配管	塑料波纹管 ϕ15	m	0.80
7	040801028001	小电器	单相三孔插座暗装(2A)	个	1
8	040801028002	小电器	平板开关暗装	个	3
9	040801028003	小电器	开关、灯头、插座盒	个	7

项目编码:040806001　　项目名称:接地极

项目编码:040806004　　项目名称:避雷针

【例 21】 建筑物防雷接地工程图一般包括防雷工程图和接地工程图两部分。图 7-35 为某住宅建筑防雷平面图和立面图,图 7-36 为该住宅建筑的接地平面图,图纸附以下施工说明。计算其工程量?

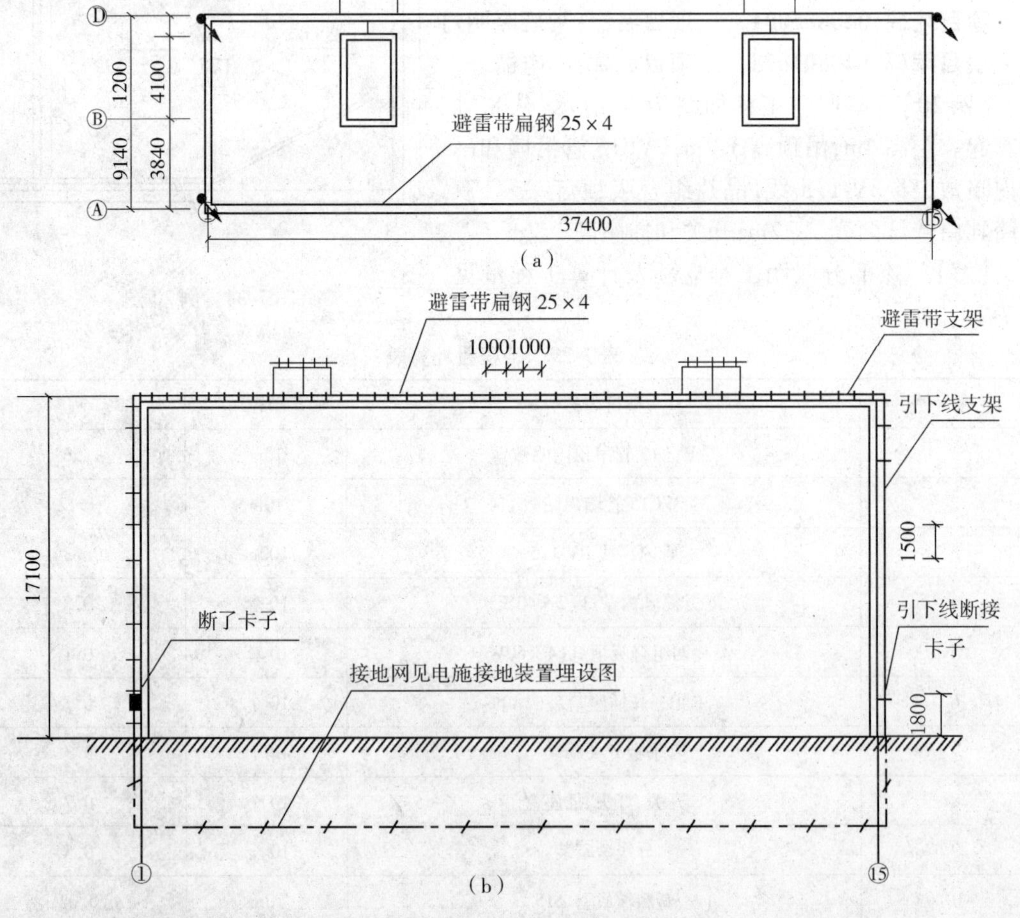

图 7-35　住宅建筑防雷平面图和立面图

(a)平面图;(b)立面图

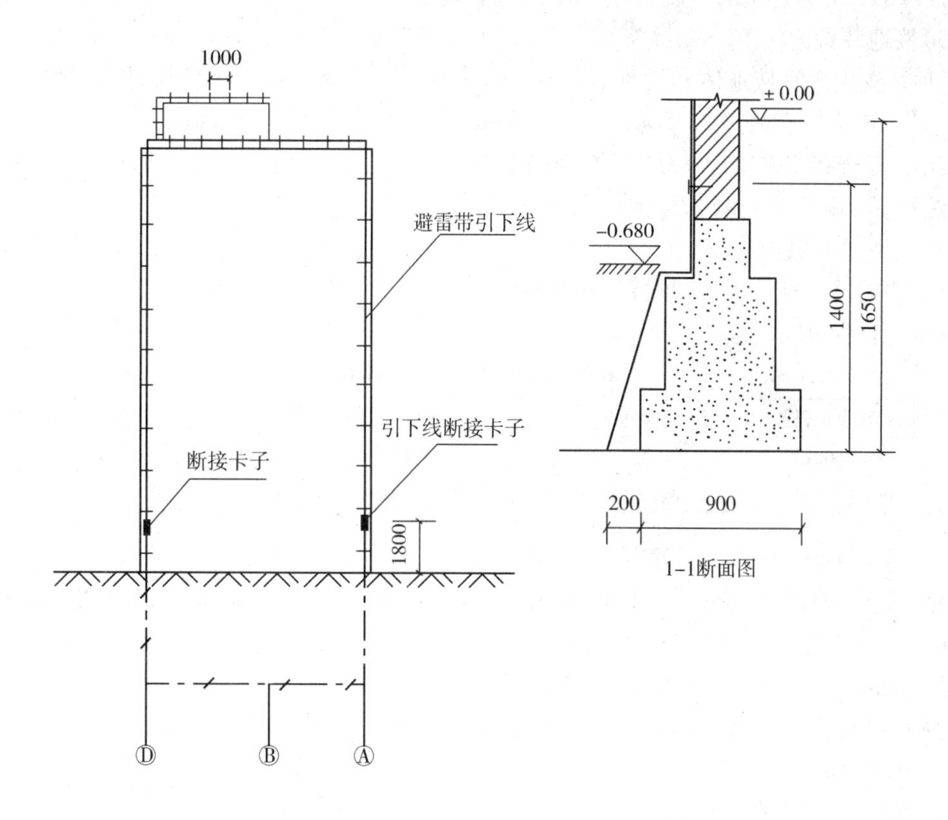

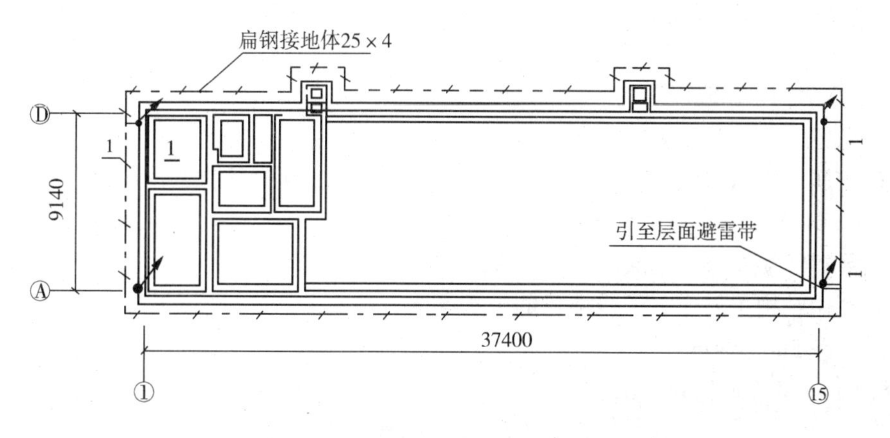

图 7-36　住宅建筑接地平面图

【解】　(1)避雷带

避雷带由平屋面上的避雷带和楼梯间屋面上的避雷带组成,平屋面上的避雷带的长度为(37.4 +9.14)m ×2 =93.08m。

【注释】37.4 为平屋面的长度,9.14 为平屋面的宽度。

楼梯间屋面上的避雷带沿其顶面敷设一周,并用 25 ×4 的扁钢与屋面避雷带连接。

(2)引下线

引下线共 4 根,分别沿建筑物四周敷设,在地面以上 1.8m 处用断接卡子与接地装置连接,引下线的长度为(17.1 -1.8)m ×4 =61.2m。

【注释】17.1 为建筑的高度,4 为引下线的数量。

(3)接地装置

接地装置由水平接地体和接地线组成,水平接地体沿建筑物一周埋设,距基础中心线为 0.65m,其长度为[(37.4 +0.65 ×2) +(9.14 +0.65 ×2)] m ×2 =98.28m。

接地线是连接水平接地体和引下线的导体,其长度约为(0.65 +0.68 +1.8) ×4 =12.52m。

【注释】0.68 为伸入地下的导体长度。

(4)引下线的保护管

引下线的保护管采用硬塑料管,其长度为(1.7 +0.3)m ×4 =8m

清单工程量计算见表 7-31。

表 7-31　清单工程量计算表

序号	项目编码	项目名称	项目特征描述	计量单位	工程量
1	040806001001	接地极	水平接地体与接地线	根	1
2	040806004001	避雷针	避雷带扁钢 25 ×4	套	1

项目编码:040806004　　项目名称:避雷针

【例 22】　某高层写字楼,檐高 96m,外墙轴线总周长为 76m,每层高 3m,顶层避雷网格为 9m ×9m,采用柱内二根 ϕ16mm 主筋为引下线,有 9 处。试列出防雷部分电气概预算项目工程量。

【解】　(1)避雷项目:根据周长,共 4 个网格,ϕ10 镀锌钢筋长度为

$L_1 = 9 \times 12\text{m} = 108\text{m}$

【注释】9 为引下线的数量,12 为单根引下线的长度。

(2)均压环项目:在高层建筑中,30m 以上每三层设一圈均压环,应设 3 圈。均压环的总工程量为

$L_2 = 3 \times 76\text{m} = 228\text{m}$

【注释】76 为外墙轴线总周长。

(3)均压环三圈以上高度,每二层设避雷带(接地母线)项目的工程量为

$L_3 = (96 - 3 \times 3 \times 3) \div 6 \times 76\text{m} = 11.5 \times 76\text{m} = 874\text{m}$

【注释】96 为檐高,3 为层高,6 为 2 层楼的高度。

(4)利用结构主筋作引下线项目的工程量为

$L_4 = 96 \times 5\text{m} = 480\text{m}$

清单工程量计算见表 7-32。

表 7-32　清单工程量计算表

项目编码	项目名称	项目特征描述	计量单位	工程量
040806004001	避雷针	共 4 个网格,ϕ10 镀锌钢筋	套	1

项目编码:040806001　　项目名称:接地极

【例 23】　如图 7-37 所示为某防雷装置施工图,试计算烟囱高 50m 的避雷针接地引下线的安装工程量。引下线工程量(50 +3)m =53m,敷设方式为卡固式,计算单位为 10m。

【解】防雷接地装置安装图 7-38 是某 5 层建筑物的防雷及接地平面图。图 7-39 ~ 图 7-41 分别是该防雷接地装置的分部安装图。本例中建筑物为层高 2.8m,接地母线埋深 1m。檐板高 0.6m,室内外地坪同高(图中比例 1:200)。

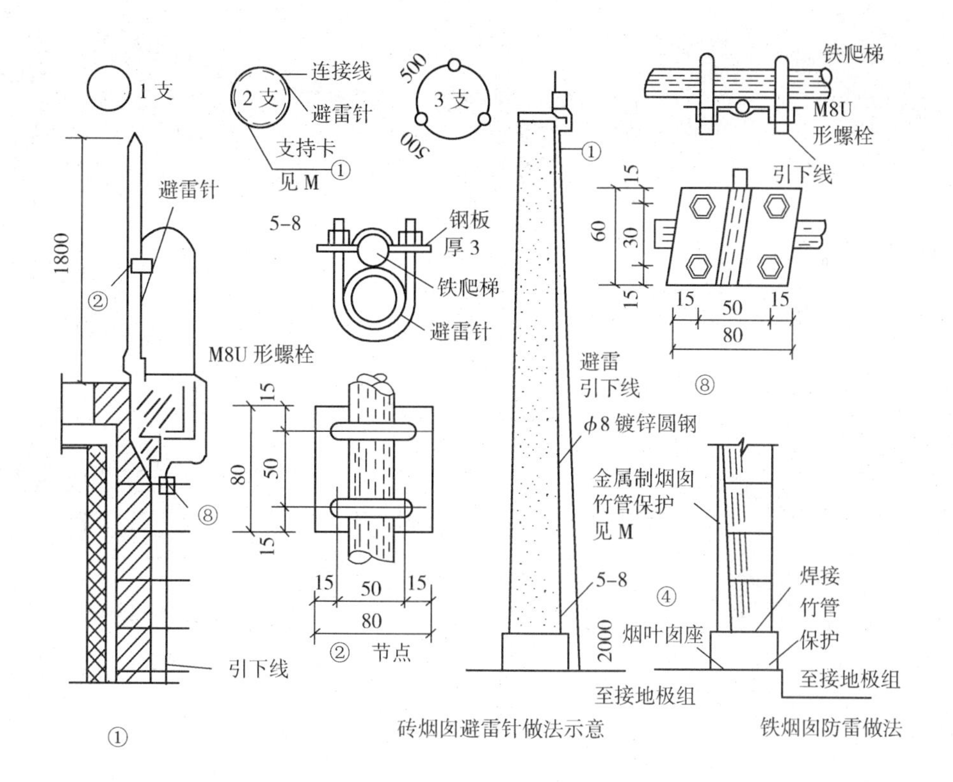

图 7-37 烟囱防雷装置施工图

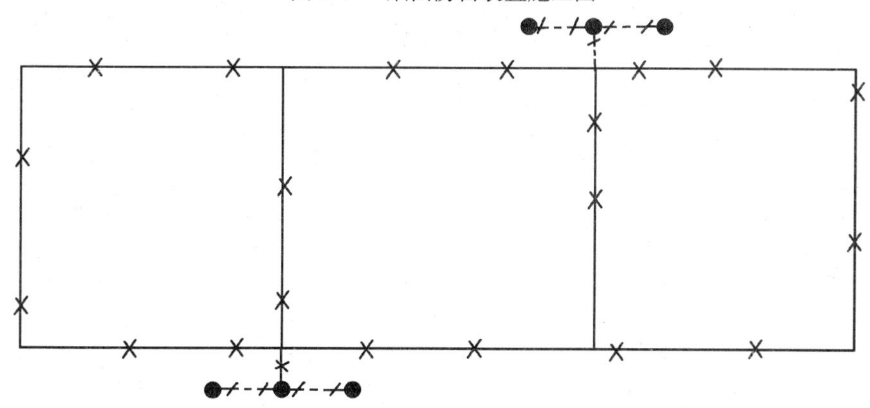

图 7-38 防雷接地平面图

(1)避雷线沿墙板支架敷设

避雷线沿屋面四周敷设是安装在墙板支架上的。其工作量除基本长度外,还应加上3.9%的余量。

工程量为(25 +8) ×2 ×1.039m =68.57m。

(2)避雷线沿混凝土块敷设

在平屋面上的避雷线沿混凝土块敷设。

工程量为(8 +8) ×1.039m =16.62m

(3)混凝土块制作

沿混凝土块敷设的避雷线需要制做混凝土块。距避雷线 2m 一块。

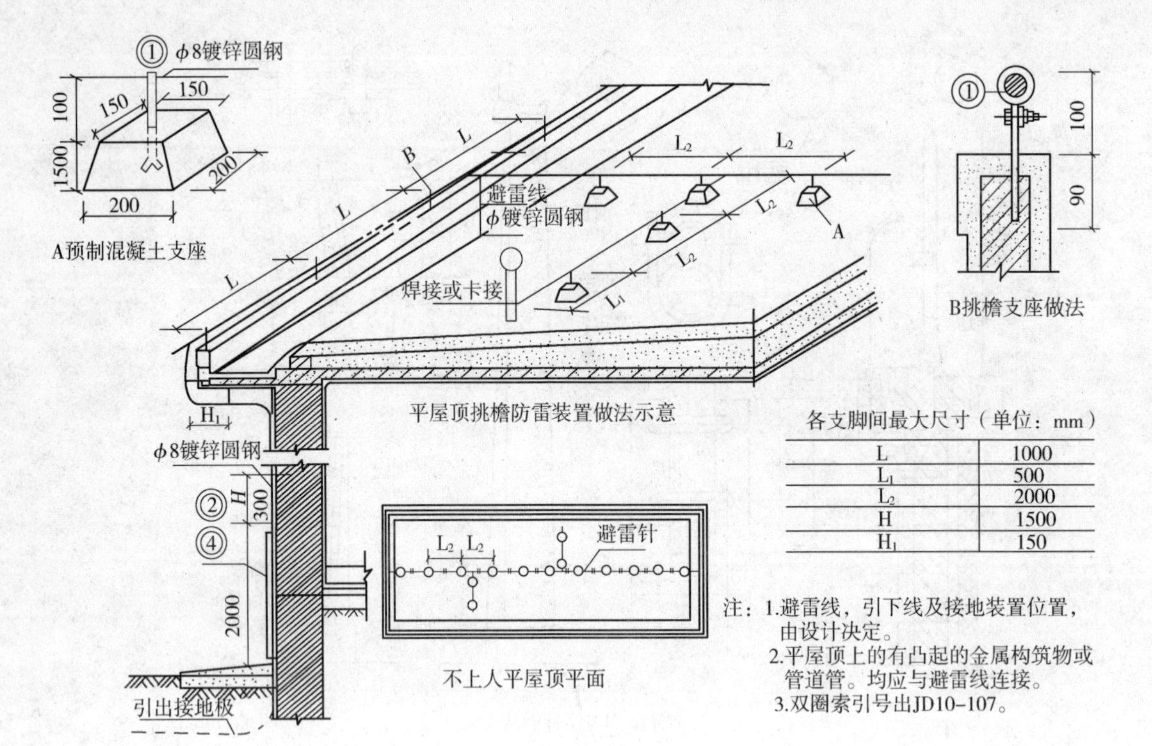

各支脚间最大尺寸（单位：mm）

L	1000
L_1	500
L_2	2000
H	1500
H_1	150

注：1.避雷线，引下线及接地装置位置，由设计决定。
2.平屋顶上的有凸起的金属构筑物或管道管。均应与避雷线连接。
3.双圈索引号出JD10–107。

图 7-39　避雷带安装

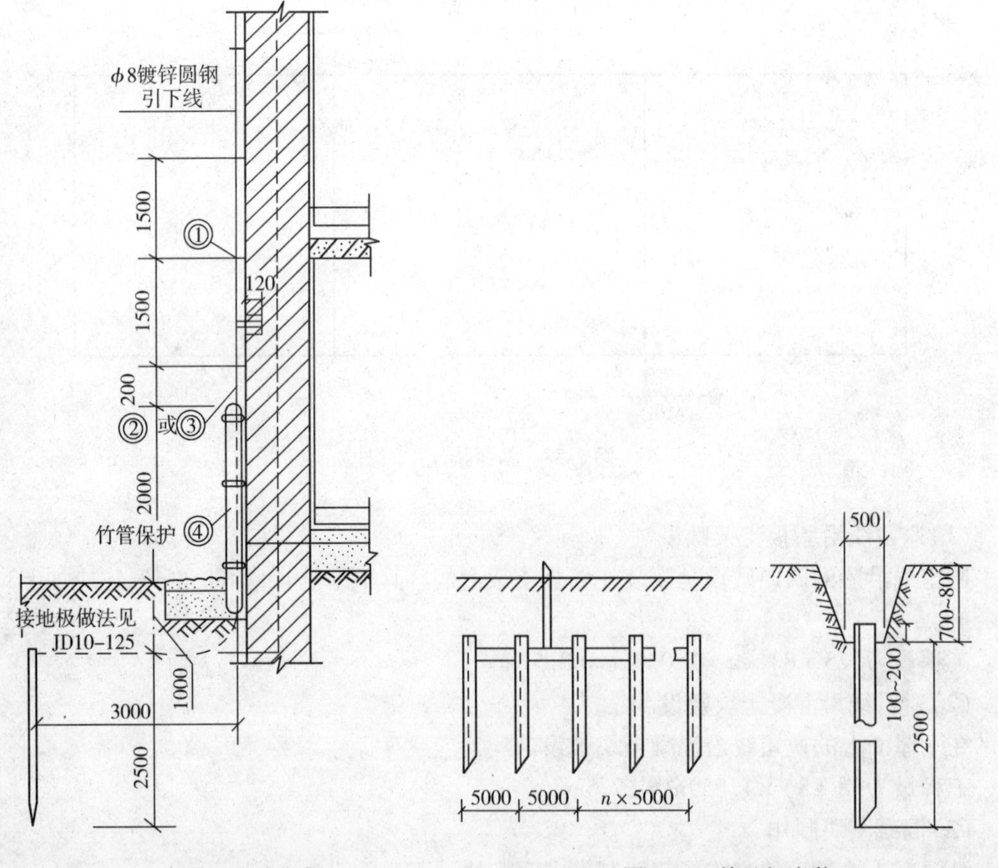

图 7-40　避雷引下线安装

图 7-41　接地极安装

工程量为(8 +8) ÷2 =8 块

(4)避雷引下线安装

引下线有独立安装的引下线和利用金属构件引下两种,本例中是独立安装的引下线。

工程量为[0.6 檐板高 +2.8 层高 ×5 层数 +1 埋深 +3 接地极至墙距离] ×2 ×1.039m = 38.65m

(5)断接卡子安装

为测量接地极的接地电阻,在引下线距地上 1.8m 处要设断接卡子。本例中为 2 个。

(6)接地极安装

接地极有钢管材料和角钢材料,设计中没有给出间距,按 5m 计算,每根接地长按 2.5m 计算,接地极与建筑物外墙距离为 3.0m。

工程量为(3 +3)根 =6 根

(7)接地母线安装

敷设接地母线的土方量已包括在定额中,不单独计算。

工程量为(5 +5) ×2 ×1.039m =20.78m

(8)接地电阻测试

每组接地极应测量其接地电阻大小,以确定其是否满足要求。

工程量为(1 +1)组 =2 组

工程量统计表见表 7-33。

表 7-33 防雷接地工程量统计表

序号	分项工程名称	计算公式	数量	单位
1	避雷线沿墙板安装	(25 +8) ×2 ×1.039	68.57	m
2	避雷线沿混凝土块安装	(8 +8) ×1.039	16.62	m
3	混凝土块制作	(8 +8) ÷2	8	块
4	避雷引下线安装	(0.6 +2.8 ×5 +1 +3) ×2 ×1.039	38.65	m
5	断接卡子安装	1 +1	2	个
6	接地极安装	3 +3	6	根
7	接地母线安装	(5 +5) ×2 ×1.039	20.78	m
8	接地电阻测试	1 +1	2	组

清单工程量计算见表 7-34。

表 7-34 清单工程量计算表

序号	项目编码	项目名称	项目特征描述	计量单位	工程量
1	040806001001	接地极	接地母线埋深 1m	根	1
2	040806001002	接地极	接地极及断开子	根	1

第八章　钢筋、拆除工程

第一节　钢筋、拆除工程定额项目划分

1. 钢筋工程

《全国统一市政工程预算定额》第三册“桥涵工程”、第六册“排水工程”均包含“钢筋工程”，桥涵工程中的钢筋定额项目划分如图 8-1 所示，排水工程中的钢筋定额项目划分如图8-2 所示。

2. 拆除工程

《全国统一市政工程预算定额》第一册“通用项目”中的拆除工程适用于各类市政工程，其定额项目划分如图 8-3 所示。

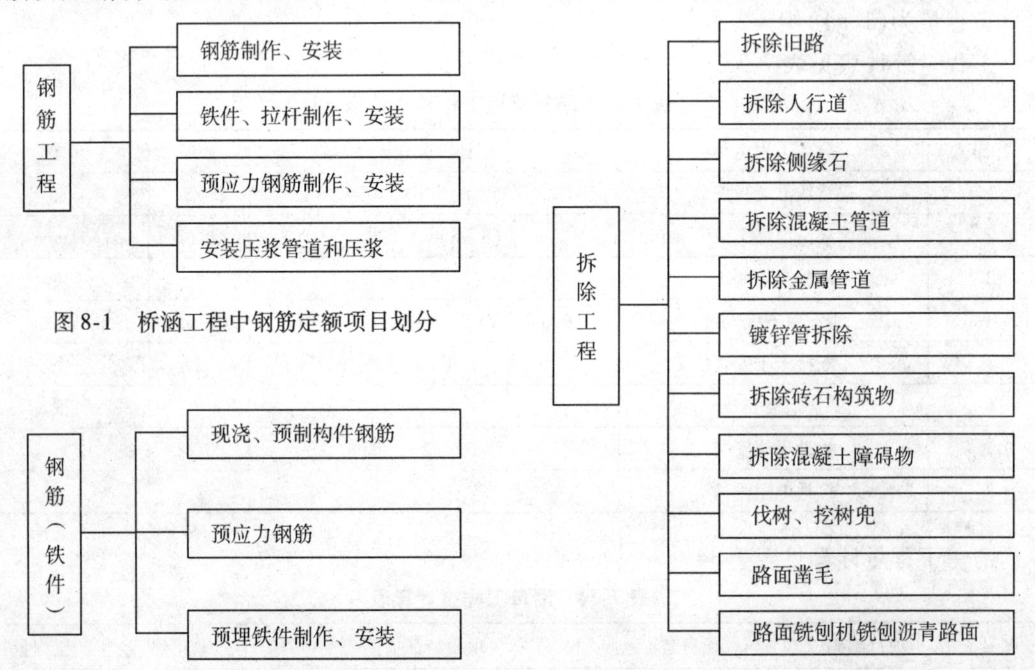

图 8-1　桥涵工程中钢筋定额项目划分

图 8-2　排水工程中钢筋定额项目划分

图 8-3　拆除工程定额项目划分

第二节　钢筋、拆除工程清单项目划分

1. 钢筋工程

钢筋工程清单项目划分，如图 8-4 所示。

2. 拆除工程

拆除工程清单项目划分，如图 8-5 所示。

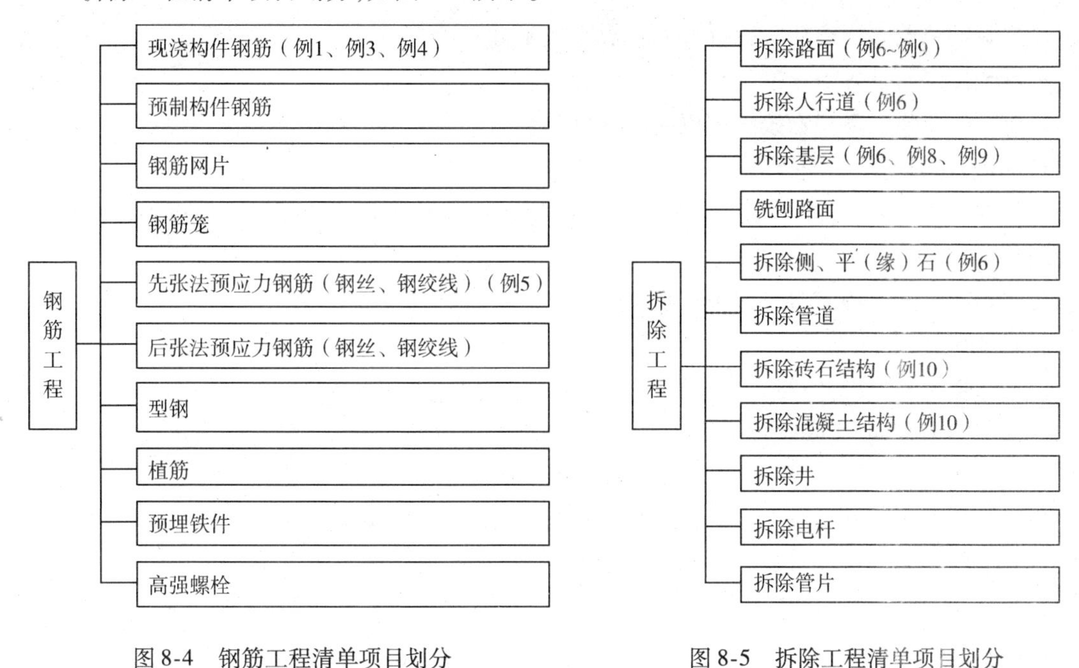

图 8-4　钢筋工程清单项目划分

图 8-5　拆除工程清单项目划分

第三节　钢筋、拆除工程定额与清单工程量计算规则对照

一、钢筋、拆除工程定额工程量计算规则

（一）钢筋工程

1. 钢筋按设计数量套用相应定额计算（损耗已包括在定额中）。设计未包括施工用钢筋，经建设单位同意后可另计。

2. T 形梁连接钢板项目按设计图纸，以吨为单位计算。

3. 锚具工程量按设计用量乘以下列系数计算：锥形锚为 1.05；OVM 锚为 1.05；墩头锚为 1.00。

4. 钢筋工程，应区别现浇、预制分别按设计长度乘以单位重量，以吨计算。

5. 计算钢筋工程量时，设计已规定搭接长度的，按规定搭接长度计算；设计未规定搭接长度的，已包括在钢筋的损耗中，不另计算搭接长度。

6. 先张法预应力钢筋，按构件外形尺寸计算长度，后张法预应力钢筋按设计图规定的预应力钢筋预留孔道长度，并区别不同锚具，分别按下列规定计算：

（1）钢筋两端采用螺杆锚具时，预应力的钢筋按预留孔道长度减 0.35m，螺杆另计。

（2）钢筋一端采用镦头插片，另一端采用螺杆锚具时，预应力钢筋长度按预留孔道长度计算。

（3）钢筋一端采用镦头插片，另一端采用帮条锚具时，增加 0.15m，如两端均采用帮条锚具，预应力钢筋共增加 0.3m 长度。

（4）采用后张混凝土自锚时，预应力钢筋共增加 0.35m 长度。

7. 钢筋混凝土构件预埋铁件，按设计图示尺寸，以吨为单位计算工程量。

(二)拆除工程

1. 拆除旧路及人行道按实际拆除面积以平方米计算。

2. 拆除侧缘石及各类管道按长度以米计算。

3. 拆除构筑物及障碍物按体积以立方米计算。

4. 伐树、挖树蔸按实挖数以棵计算。

5. 路面凿毛、路面铣刨按施工组织设计的面积以平方米计算。铣刨路面厚度 >5cm 须分别铣刨。

二、钢筋、拆除工程清单工程量计算规则

(一)钢筋工程

1. 预埋铁件。按设计图示尺寸以质量计算,单位为 kg。

2. 非预应力钢筋、先张法预应力钢筋、后张法预应力钢筋、型钢。按设计图示尺寸以质量计算,单位为 t。

说明:1."钢筋工程"所列型钢项目是指劲性骨架的型钢部分。

2. 凡型钢与钢筋组合(除预埋铁件外)的钢格栅,应分别列项。

3. 钢筋、型钢工程量计算中,设计注明搭接时,应计算搭接长度;设计未注明搭接时,不计算搭接长度。

(二)拆除工程

1. 拆除路面、拆除基层、拆除人行道。按施工组织设计或设计图示尺寸以面积计算。

2. 拆除侧缘石、拆除管道。按施工组织设计或设计图示尺寸以延长米计算。

3. 拆除砖石结构、拆除混凝土结构。按施工组织设计或设计图示尺寸以体积计算。

4. 伐树、挖树蔸。按施工组织设计或设计图示以数量计算。

第四节 钢筋、拆除工程经典实例导读

项目编码:040901009　　项目名称:预埋铁件

项目编码:040901001　　项目名称:现浇构件钢筋

【例1】 市政工程中盖板中钢筋用量计算。

盖板中钢筋有三种:直钢筋、弯钢筋、分布钢筋。

已知某单块盖板中钢筋如图 8-6 所示分布,求钢筋的工程量。

【解】 (1)定额工程量:

如图 8-6 所示,钢筋分上、下层分布,上层 3 根 ϕ8mm 的钢筋,下层 6 根 ϕ16mm 的钢筋,其中中间两根钢筋弯起,还分布有分布钢筋,上、下层各 6 根。各种钢筋长度的计算方法如下:

直钢筋的长度 = 构件长度 - 保护层厚度

带弯钩钢筋长度 = 构件长度 - 保护层厚度 + 弯钩长度

半圆弯钩长度 = $6.25d$/个弯钩

直角弯钩长度 = $3d$/个弯钩

斜弯钩长度 = $4.9d$/个弯钩

分布钢筋长度 = 配筋长度/间距 +1

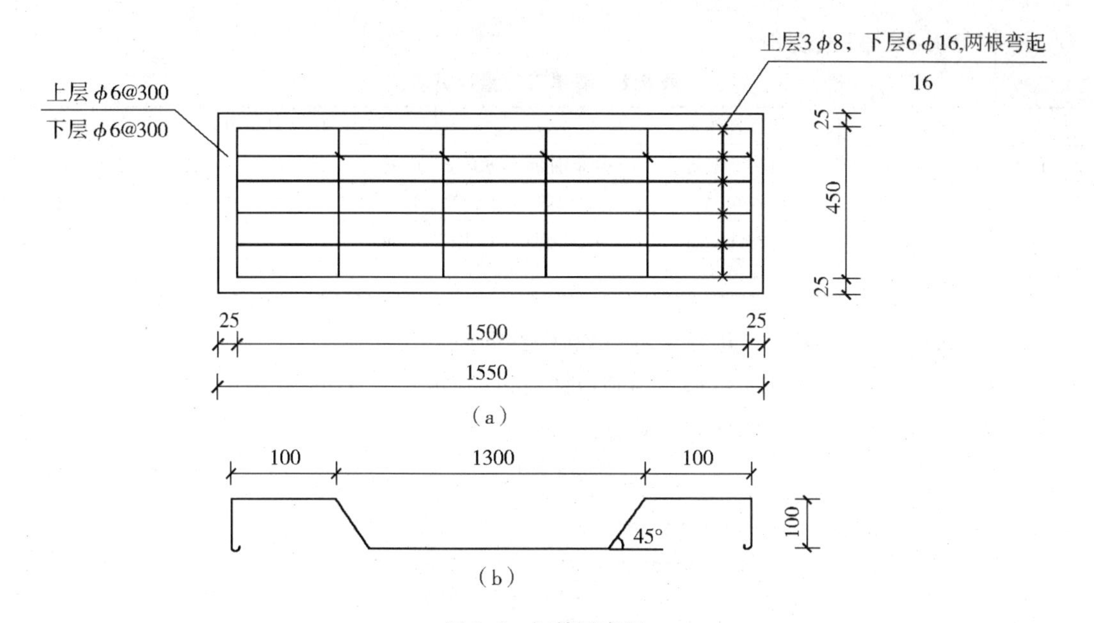

图 8-6　钢筋示意图

(a)钢筋分布图;(b)弯起钢筋示意图

分布钢筋工程量ϕ6mm：$2\times\left(\frac{1.55-0.025\times2}{0.3}+1\right)\times(0.5-0.025\times2)\times6^2\times0.00617$

$=1.20\text{kg}$

直钢筋工程量 ϕ8mm(共 3 根)：$3\times(1.55-0.025\times2)\times8^2\times0.00617$

$=3\times1.5\times64\times0.00617$

$=1.78\text{kg}=0.002\text{t}$

ϕ16mm(共 4 根)：$4\times(1.55-0.025\times2)\times16^2\times0.00617$

$=4\times1.5\times256\times0.00617=9.48\text{kg}=0.01\text{t}$

弯起钢筋工程量 ϕ16mm(共 2 根)：

$2\times[(1.55-0.025\times2+(1.41\times0.1-0.1)\times2+(0.1+6.25\times0.016)\times2]\times16^2\times0.00617$

$=2\times(1.5+0.082+0.2\times2)\times256\times0.00617$

$=6.26\text{kg}=0.006\text{t}$

钢筋合计：$1.2+1.78+9.48+6.26=18.72\text{kg}=0.019\text{t}$

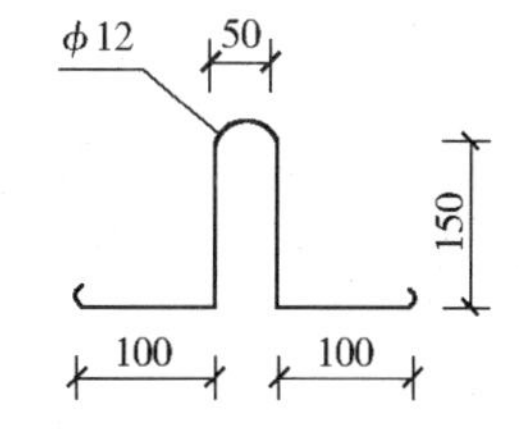

图 8-7　拉环示意图

对于装有盖板拉环的盖板，其钢筋工程量又包括拉环的工程量，拉环的计算如下例：

一个盖板装有 2 个拉环，拉环的截面尺寸如图 8-7 所示，拉环的工程量为：

$2\times[0.1\times2+6.25\times0.012\times2+(0.15-0.5\times0.05)\times2+3.14\times0.5\times0.050]\times12^2\times0.00617$

$=2\times(0.2+0.15+0.25+0.0785)\times144\times0.00617$

$=1.206\text{kg}=0.001\text{t}$

(2)清单工程量：

清单工程量同定额工程量

清单工程量计算见表 8-1。

表 8-1　清单工程量计算表

序号	项目编码	项目名称	项目特征描述	计量单位	工程量
1	040901001001	现浇构件钢筋	分布钢筋，盖板钢筋 ϕ16mm	t	0.01
2	040901001002	现浇构件钢筋	直钢筋，盖板钢筋 ϕ8mm	t	0.002
3	040901001003	现浇构件钢筋	分布钢筋，盖板钢筋 ϕ16mm	t	0.006
4	040901009001	预埋铁件	盖板拉环	t	0.001

项目编码：040901002　　项目名称：预制构件钢筋

【例 2】　某桥梁工程的人行道用预制板铺设，预制板长 3.65m、宽 0.65m、厚 0.15m，保护层为 0.02m，如图 8-8 所示，试计算预制板所需钢筋长度。

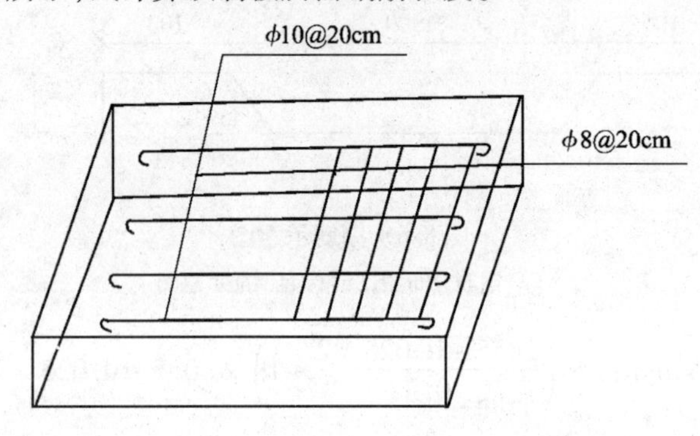

图 8-8　某桥梁工程人行道预制板配筋示意图

【解】　(1)定额工程量：

①先计算 ϕ10mm 钢筋的长度

$$\phi 10\text{mm 长度}:(3.65-0.02\times 2+0.010\times 6.25\times 2)\times\left(\frac{0.65-0.020\times 2}{0.2}+1\right)$$

$$=3.735\times 4=14.94\approx 15\text{m}$$

$15\times 0.61=9.255\text{kg}=0.009\text{t}$

②再计算 ϕ8mm 钢筋长度

$$\phi 8\text{mm 长度}:(0.65-0.02\times 2)\times\left(\frac{3.65-0.020\times 2}{0.2}+1\right)$$

$$=0.61\times 19$$

$$=11.59\text{m}$$

$11.59\times 0.395=4.58\text{kg}=0.005\text{t}$

(2)清单工程量：

清单工程量同定额工程量。

清单工程量计算见表 8-2。

表 8-2　清单工程量计算表

序号	项目编码	项目名称	项目特征描述	计量单位	工程量
1	040901002001	预制构件钢筋	预制板钢筋 ϕ10	t	0.009
2	040901002002	预制构件钢筋	预制板钢筋 ϕ8	t	0.005

项目编码:040901001　　项目名称:现浇构件钢筋

【**例3**】　如图8-9所示,在排水工程建设中,常用到钢筋混凝土预制板,图8-9所示即为一钢筋混凝土预制板,板长为4m,宽为1m,厚0.1m,保护层为2.5cm,配筋如图8-9所示,计算钢筋重量。

已知:该预制板长 $l=4m$,宽 $b=1m$,厚 $h=0.1m$,混凝土保护层厚度 $\delta=0.025m$,$\phi 14mm$、$\phi 8mm$ 钢筋的分布间距均为0.2m。

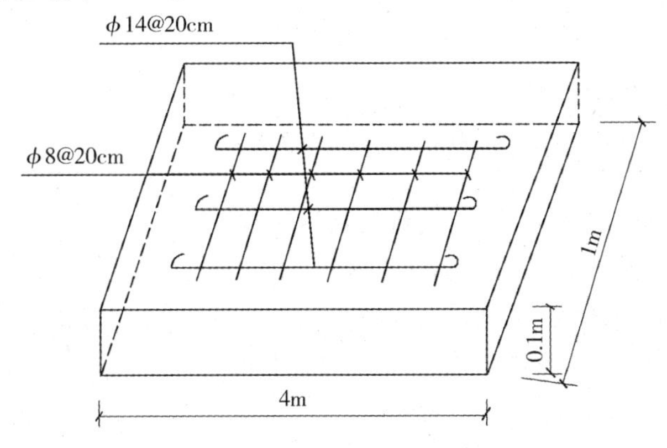

图8-9　某预制板钢筋布置图

【**解**】　(1)定额工程量:

此题中有钢筋重量及数量长度计算,钢筋重量计算前已涉及(不再介绍),现将钢筋长度计算方法介绍于下:

计算钢筋长度时,应该按照其设计施工图计算,如果通长钢筋长度超过标尺长度时,应计算钢筋搭接长度。如长度未标明的,按下列规定计算:

1)查钢筋长度:为钢筋构件长度减去总保护层厚度。

2)带弯钢筋长度:为钢筋构件长度减去总保护层厚度再加上弯钩长度。

①半圆弯钩长度为每个 $6.25d$;

②直弯钩长度为每个 $3d$(d 为钢筋直径);

③斜弯钩长度为每个 $4.9d$。

3)分布钢筋根数为配筋长度除以间距再加上1。

计算:

①$\phi 14mm$ 重量为:

$$m_1=(l-2\delta+d\times 6.25\times 2)\times\left(\frac{b-2\delta}{d_1}+1\right)\times 0.00617\times 14^2$$

$$=(4-2\times 0.025+0.014\times 6.25\times 2)\times\left(\frac{1-2\times 0.025}{0.2}+1\right)\times 0.00617\times 14^2$$

$$=28.7kg$$

②$\phi 8mm$ 重量为:

$$m_2=(b-2\delta)\times\left(\frac{4-2\delta}{0.2}+1\right)\times 0.00617\times 8^2$$

$$=(1-2\times 0.025)\times\left(\frac{4-2\times 0.025}{0.2}+1\right)\times 0.00617\times 8^2$$

$$=7.78kg$$

ϕ14mm 钢筋:28.7kg = 0.029t,定额编号:6 - 1332;

ϕ8mm 钢筋:7.78kg = 0.008t,定额编号:6 - 1331。

(2)清单工程量:

清单工程量计算同定额工程量。

清单工程量计算见表 8-3。

表 8-3　清单工程量计算表

序号	项目编码	项目名称	项目特征描述	计量单位	工程量
1	040901001001	现浇构件钢筋	钢筋混凝土预制板 ϕ14	t	0.029
2	040901001002	现浇构件钢筋	钢筋混凝土预制板 ϕ8	t	0.008

项目编码:040901001　　项目名称:现浇构件钢筋

【例 4】 某箱涵盖板钢筋中包括四种钢筋,示意图如图 8-10 所示。其中 ϕ16mm 钢筋每根长为 4.45m,每单位长度内含 9 根;ϕ14mm 钢筋每根长 4.88m,每单位长度内含 2 根;ϕ10mm 钢筋每根长 2.56m,共 26 根;ϕ8mm 钢筋每根长 1.35m,共 4 根。盖板总长为 200mm,计算各钢筋重量。

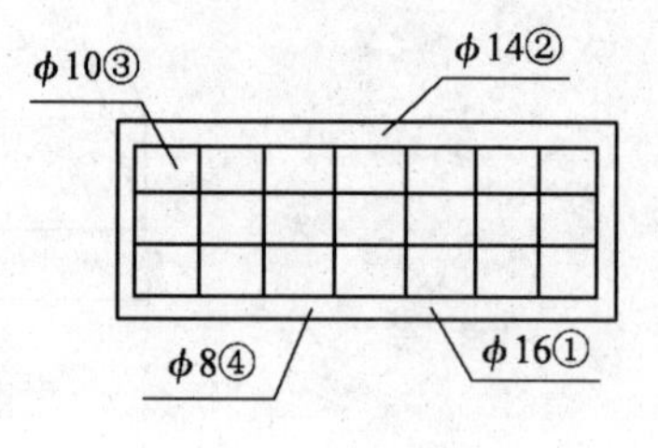

图 8-10　钢筋示意图

【解】 (1)定额工程量:

1)ϕ16mm 钢筋工程量:

单位长度钢筋的重量为 $\rho_1 = 1.58\text{kg/m}$

则总重 m_1 为钢筋总长 L_1 与单位长度钢筋重量之积

$L_0 = 4.45 \times 9 = 40.05\text{m}$,之后换算成总长 $L_1 = 40.05 \times 200 = 8010\text{m}$

$m_1 = L_1\rho_1 = 40.05 \times 1.58 \times 200\text{kg} = 12.660\text{t}$

2)ϕ14mm 钢筋工程量:

钢筋单位长度重量 $\rho_2 = 1.21\text{kg/m}$

$L_2 = 4.88 \times 2 \times 200 = 1952\text{m}$

$m_2 = L_2\rho_2 = 1952 \times 1.21\text{kg} = 2.362\text{t}$

3)ϕ10mm 钢筋工程量:

单位长度钢筋重量为 $\rho_3 = 0.617\text{kg/m}$

$L_3 = 2.56 \times 26 \times 200 = 13312\text{m}$

$m_3 = L_3\rho_3 = 8.213\text{t}$

4)ϕ8mm 钢筋工程量:

单位长度钢筋重量 $\rho_4 = 0.395\text{kg/m}$

$L_4 = 1.35 \times 4 \times 200 = 1080\text{m}$

$m_4 = L_4\rho_4 = 0.430\text{t}$

钢筋合计约为 23.660t

(2)清单工程量:

清单工程量计算同定额工程量。

清单工程量计算见表 8-4。

表 8-4　清单工程量计算表

序号	项目编码	项目名称	项目特征描述	计量单位	工程量
1	040901001001	现浇构件钢筋	箱涵盖板钢筋 ϕ16mm	t	12.660
2	040901001002	现浇构件钢筋	箱涵盖板钢筋 ϕ14mm	t	2.362
3	040901001003	现浇构件钢筋	箱涵盖板钢筋 ϕ10mm	t	8.213
4	040901001004	现浇构件钢筋	箱涵盖板钢筋 ϕ8mm	t	0.430

项目编码:040901005　　项目名称:先张法预应力钢筋(钢丝、钢绞线)

【例 5】 某排水工程有非定型检查井 6 座。其中 1.3m 深的井 2 座,每座有盖板 3 块;1.8m 深的井 3 座,每座有盖板 5 块;2.0m 深的井 1 座,每座有盖板 6 块。盖板配筋尺寸如图8-11所示,试计算盖板钢筋用量。钢筋保护层为 2.5cm,盖板预制。

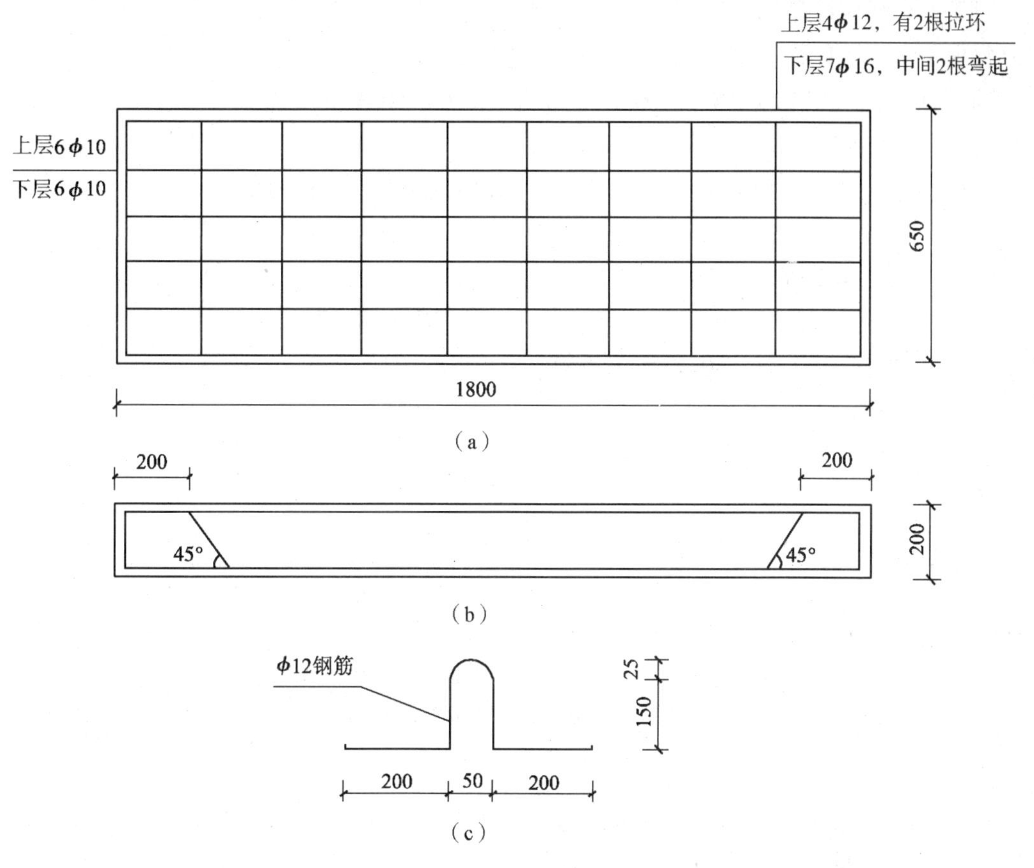

图 8-11　盖板钢筋布置图

(a)平面图;(b)下层弯起钢筋;(c)拉环钢筋

【解】 (1)定额工程量:

首先计算钢筋数量、长度,然后计算钢筋单位长度重量,三者之积即为钢筋总重量。

1)对于 ϕ10mm 钢筋,盖板上下横向分别各自为 6 根,则每块盖板为 12 根,共有 $2\times3+3\times5+1\times6=27$ 块盖板。

单根钢筋长度为 $0.65-0.025\times2=0.6$m

每米钢筋重为 $0.00617\times10^2=0.617$kg

则 $m=12\times27\times0.6\times0.617=119.95\text{kg}=0.120\text{t}$

2) ϕ12mm 钢筋，先计算盖板钢筋：

共有 4×27 根 =108 根钢筋

每根长 $L_1 = 1.8 - 0.025 \times 2 = 1.75m$

$m_1 = 108 \times 1.75 \times 0.00617 \times 12^2 = 167.9kg$

对于拉环钢筋，每块盖板上有 2 根拉环钢筋，则共有 2×27 =54 根拉环钢筋。

每根长为 $L_2 = 0.2 \times 2 + 6.25 \times 0.012 \times 2 + (0.15 - 0.012 \times 0.5) \times 2 + 3.14 \times 0.025$
$= 0.92m$

$m_2 = 54 \times 0.92 \times 0.00617 \times 144 \times 44.14 = 1948.33kg$

ϕ12mm 钢筋总重为 167.9 +1948.33 =2116.23kg =2.12t

3) ϕ16 钢筋工程量：

对于平直钢筋共有 5×27 =135 根

每根长度 $L_3 = 1.8 - 0.025 \times 2 = 1.75m$

则其质量 $m_3 = 1.75 \times 135 \times 0.00617 \times 16^2 = 373.2kg = 0.373t$

对于中间弯起钢筋，共有 2×27 =54 根

每根长度 $L_4 = [1.414 \times (0.2 - 0.025 \times 2 - 0.016)] \times 2 + [1.8 - 0.2 \times 2 - (0.2 - 0.025 \times 2 - 0.016) \times 2] + (0.2 - 0.025 + 6.25 \times 0.016) \times 2$
$= 2.06m$

则其质量 $m_4 = 54 \times 2.06 \times 0.00617 \times 16^2 = 175.71kg = 0.176t$

ϕ16 钢筋总重为 0.373 +0.176 =0.549t

(2) 清单工程量：

清单工程量计算同定额工程量。

清单工程量计算见表 8-5。

表 8-5 清单工程量计算表

序号	项目编码	项目名称	项目特征描述	计量单位	工程量
1	040901005001	先张法预应力钢筋（钢丝、钢绞线）	盖板钢筋 ϕ10	t	0.120
2	040901005002	先张法预应力钢筋（钢丝、钢绞线）	盖板钢筋，拉环，ϕ12	t	0.212
3	040901005003	先张法预应力钢筋（钢丝、钢绞线）	平直钢筋，ϕ16，弯起钢筋	t	0.549

项目编码：041001001　　项目名称：拆除路面

项目编码：041001003　　项目名称：拆除基层

项目编码：041001002　　项目名称：拆除人行道

项目编码：041001004　　项目名称：拆除侧、平（缘）石

【例 6】 某一街道位于城市的繁华市区，交通拥挤，路面损坏严重，需维修改造。原路长 586m，车行道宽 12m，每侧人行道宽 3.5m。根据原资料档案调查知此路原结构为：20cm 混凝土面层，10cm 级配碎石层；原路沿石为 200mm×200mm 混凝土条石；人行道板 8cm 厚，其底部 10cm 稳定粉质砂土层。此道路拆除的建筑垃圾须全部外运，运距 10km。计算其拆除与运输的清单工程量。

【解】 (1) 车行道混凝土路面拆除

机械拆除混凝土路面（厚 20cm）的工程量：

$586 \times 12 = 7032\text{m}^2 = 70.32(100\text{m}^2)$

装载机装拆除物的工程量：

$586 \times 12 \times 0.2 = 1406.4\text{m}^3 = 14.06(100\text{m}^3)$

自卸车运拆除物(10km)的工程量：

$586 \times 12 \times 0.2 = 1406.4\text{m}^3 = 14.06(100\text{m}^3)$

(2)车行道级配碎石层拆除

机械拆除级配碎石基层(厚10cm)的工程量：

$586 \times 12 = 7032\text{m}^2 = 70.32(100\text{m}^2)$

装载机装拆除物的工程量：

$586 \times 12 \times 0.1 = 703.2\text{m}^3 = 7.03(100\text{m}^3)$

自卸车运拆除物(10km)的工程量：

$586 \times 12 \times 0.1 = 703.2\text{m}^3 = 7.03(100\text{m}^3)$

(3)人行道稳定粉质砂土层拆除

人工拆除稳定粉质砂土基层(厚10cm)的工程量：

$586 \times (3.5 - 0.2) \times 2 = 3867.6\text{m}^2 = 38.68(100\text{m}^2)$

人力装拆除物的工程量：

$586 \times (3.5 - 0.2) \times 2 \times 0.1 = 386.8\text{m}^3 = 3.87(100\text{m}^3)$

自卸车运拆除物(10km)的工程量：

$586 \times (3.5 - 0.2) \times 2 \times 0.1 = 386.8\text{m}^3 = 3.87(100\text{m}^3)$

(4)人行道板拆除

人工拆除人行道板(厚8cm)的工程量：

$586 \times (3.5 - 0.2) \times 2 = 3867.6\text{m}^2 = 38.68(100\text{m}^2)$

装载机装拆除物的工程量：

$586 \times (3.5 - 0.2) \times 2 \times 0.08 = 309.41\text{m}^3 = 3.09(100\text{m}^3)$

自卸车运拆除物(10km)的工程量：

$586 \times (3.5 - 0.2) \times 2 \times 0.08 = 309.41\text{m}^3 = 3.09(100\text{m}^3)$

(5)路缘石拆除

拆除路缘石工程量：

$586\text{m} \times 2 = 1172\text{m} = 11.72(100\text{m})$

装载机装拆除物工程量：

$586 \times 2 \times 0.2 \times 0.2 = 46.88\text{m}^3 = 0.47(100\text{m}^3)$

自卸车运拆除物(10km)的工程量：

$586 \times 2 \times 0.2 \times 0.2 = 46.88\text{m}^3 = 0.47(100\text{m}^3)$

清单工程量计算见表8-6。

表8-6　清单工程量计算表

序号	项目编码	项目名称	项目特征描述	计量单位	工程量
1	041001001001	拆除路面	混凝土路面,厚20cm	m^2	7032.00
2	041001003001	拆除基层	级配碎石层,厚10cm	m^2	7032.00

（续）

序号	项目编码	项目名称	项目特征描述	计量单位	工程量
3	041001003002	拆除基层	稳定粉质砂土	m^2	3867.60
4	041001002001	拆除人行道	人行道板，厚 8cm	m^2	3867.60
5	041001004001	拆除侧、平（缘）石	200mm×200mm 混凝土条石	m	1172.00

项目编码:041001001　　项目名称:拆除路面

【例 7】　某埋管工程有单管沟槽排管和双管沟槽排管两种，单管管径为 DN300，排管长度为 400m，双管沟排管管径分别为 DN300 和 DN400，两管中心距为 1.00m，排管长度为 500m，求拆除面积。

【解】　(1)定额工程量：

道路路面层拆除面积 = 沟槽槽底宽度 × 排管长度，单管沟槽宽度与管径有关，通过查阅相关的表格，可以得出 DN300 的管道，沟槽底宽为 0.90m，DN400 的管道沟槽底宽为 1.20m，则对于本例中单管沟槽的拆除面积为：$0.90 \times 400 = 360m^2$

双管沟槽的沟槽宽度为：

$$\frac{0.90}{2} + \frac{1.20}{2} + 1.00 = 0.45 + 0.60 + 1.00 = 2.05m$$

则双管沟槽的拆除面积为：

$2.05 \times 500 = 1025.00m^2$

(2)清单工程量：

清单工程量计算同定额工程量。

清单工程量计算见表 8-7。

表 8-7　清单工程量计算表

项目编码	项目名称	项目特征描述	计量单位	工程量
041001001001	拆除路面	双管沟槽，DN300 和 DN400	m^2	1025.00

项目编码:040501001　　项目名称:混凝土管道

项目编码:040504001　　项目名称:砌筑井

项目编码:040101002　　项目名称:挖沟槽土方

项目编码:041001001　　项目名称:拆除路面

项目编码:041001003　　项目名称:拆除基层

【例 8】　某排水管道为钢筋混凝土管 DN500，如图 8-12 所示，钢丝网水泥砂浆抹带接口，180°混凝土基础，排水检查井为 ϕ1 000mm 圆形砖砌检查井，管道为道路下铺设，水泥混凝土路面厚 250mm，路面下为水泥石屑稳定层厚 300mm，稳定层以下为三类土。地下水位埋深为 1.2～2.5m，施工期间为 2.0m，检查井外抹灰，抹灰高度不低于最高地下水位以上 0.3m。试计算分部分项清单工程量。

【解】　(1)钢筋混凝土排水管道铺设 DN500，钢丝网水泥砂浆抹带接口，平口轻型管，180°C10 混凝土基础，混凝土最大粒径 40mm，工程量为 120m。

(2)标准图号 S231 – 28 – 6，ϕ1 000mm 砌筑检查井 3 座。

(3)挖沟槽土方量：

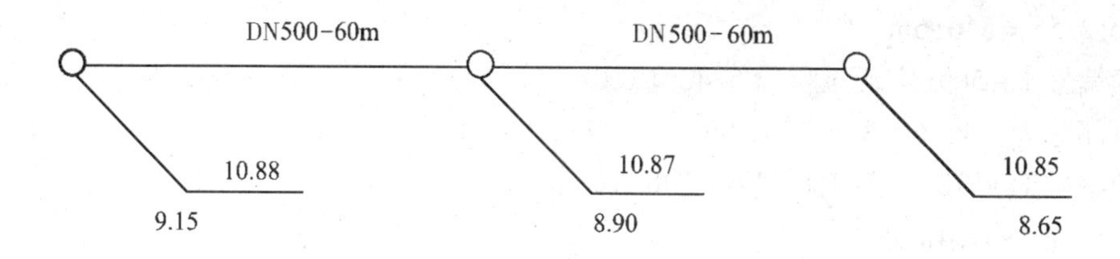

图 8-12　某排水管道示意图

$$\left(\frac{10.87-8.90+10.85-8.65}{2}+0.14\right)\times 0.744\times 60+\left(\frac{10.88-9.15+10.87-8.90}{2}+0.14\right)\times$$

$0.744\times 60=99.32+88.83=188.15\text{m}^3$

(4)拆除道路面层工程量：

$0.744\times 120\times 0.25=22.32\text{m}^3$

(5)拆除道路稳定层工程量：

$0.744\times 120\times 0.3=26.78\text{m}^3$

清单工程量计算见表 8-8。

表 8-8　清单工程量计算表

序号	项目编码	项目名称	项目特征描述	计量单位	工程量
1	040501001001	混凝土管道	钢筋混凝土排水管 DN500，钢丝网水泥砂浆抹带接口，平口轻型管，180° C10 混凝土基础，混凝土最大粒径 40mm	m	120.00
2	040504001001	砌筑井	排水检查井，ϕ1000mm，圆形，砖砌，井外抹灰高度不低于最高地下水位以上 0.3m	座	3
3	040101002001	挖沟槽土方	三类土	m^3	188.15
4	041001001001	拆除路面	水泥混凝土，厚 250mm	m^2	22.32
5	041001003001	拆除基层	水泥石屑稳定层，厚 300mm	m^2	26.78

项目编码：041001001　　项目名称：拆除路面

项目编码：041001003　　项目名称：拆除基层

项目编码：040501001　　项目名称：混凝土管

【例 9】　某工程为新建污水管道，全长 212m，ϕ400mm 混凝土管，检查井设 6 座，管线上部原地面为 10cm 厚沥青混凝土路面，50cm 厚多合土，检查井均为 ϕ1000 检查井，外径为 1.58m，试计算拆除工程量和挡土板工程量、管道铺设工程量。

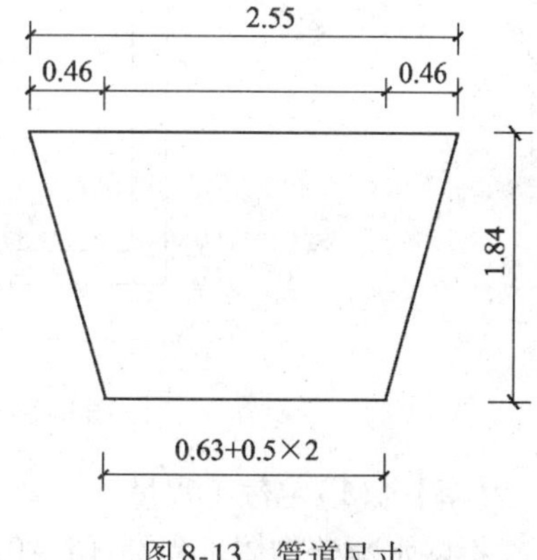

图 8-13　管道尺寸

【解】　(1)定额工程量：

1)拆除混凝土路面工程量：

$212\times 2.55=540.6\text{m}^2$

定额编号 1－549，定额工程量 5.406(100m^2)

2)拆除多合土工程量：

多合土此层厚 10cm，增厚部分 40cm，每增厚 5cm 为一层，则增厚部分为 8 层，10cm 厚的拆除量为：

$212 \times 2.55 = 540.6\text{m}^2$

定额编号1－569，定额工程量5.406（100m^2）

增厚部分为：$540.6 \times 8 = 4324.8\text{m}^2$

定额编号1－570，定额工程量43.248（100m^2）

则共计为4865.4m^2

3）支撑木挡土板工程量：

宽度为图8-13所示梯形的腰长，则其长度：$a = \sqrt{0.46^2 + 1.84^2} = 1.90\text{m}$

挡土板面积：$S = al = 1.90 \times 212 = 402.8\text{m}^2$

共两面为805.6m^2

4）浇筑混凝土管道基础和铺设混凝土管管座模板厚为0.335m，长为：

$212 - 0.7 \times 6 = 207.8\text{m}$

则模板工程量为：$207.8 \times 0.335 \times 2 = 139.23\text{m}^2$

铺设ϕ400mm混凝土管：212.00m

（2）清单工程量：

清单工程量计算同定额工程量。

清单工程量计算见表8-9。

表8-9　清单工程量计算表

序号	项目编码	项目名称	项目特征描述	计量单位	工程量
1	041001001001	拆除路面	沥青混凝土路面，厚10cm	m^2	540.60
2	041001003001	拆除基层	50cm厚多合土	m^2	4865.40
3	040501001001	混凝土管	ϕ400mm	m	212.00

项目编码：041001007　　项目名称：拆除砖石结构

项目编码：041001008　　项目名称：拆除混凝土结构

【例10】　某市政水池如图8-14所示，长7m，宽5m，240砖砌体的围护高度为900mm，水池底层是C10混凝土垫层100mm，计算该拆除工程量。

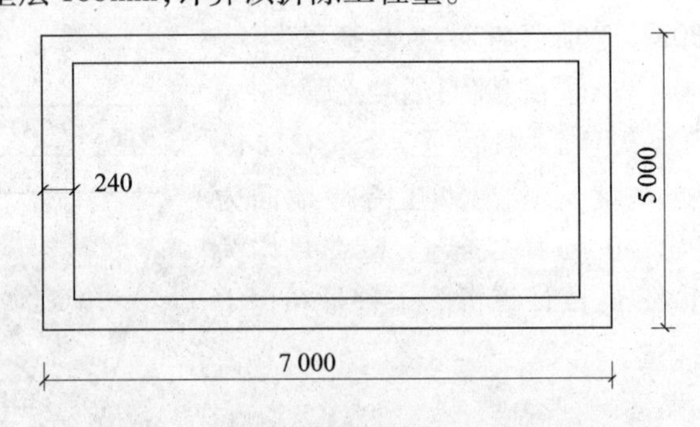

图8-14　某市政水池平面图　（单位：mm）

【解】　（1）定额工程量：

拆除水池砖砌体工程量：$(7 - 0.24 + 5 - 0.24) \times 2 \times 0.24 \times 0.9 = 4.98\text{m}^3$

拆除水池C10混凝土垫层的工程量：$(7 - 0.24 \times 2) \times (5 - 0.24 \times 2) \times 0.1 = 2.95\text{m}^3$

拆除水池砖砌体：残渣外运工程量：5.18m^3

拆除水池C10混凝土垫层，残渣外运工程量：2.95m^3

（2）清单工程量：

清单工程量计算同定额工程量。

清单工程量计算见表 8-10。

表 8-10　清单工程量计算表

序号	项目编码	项目名称	项目特征描述	计量单位	工程量
1	041001007001	拆除砖石结构	砖砌水池	m^3	5.18
2	041001008001	拆除混凝土结构	C10 混凝土垫层	m^3	2.95

第九章　生活垃圾处理工程、措施项目

第一节　生活垃圾处理工程

一、生活垃圾处理工程清单项目划分

生活垃圾处理工程在《市政工程工程量计价规范》(GB 50857—2013)中的项目可划分为两大类,具体如图所示。

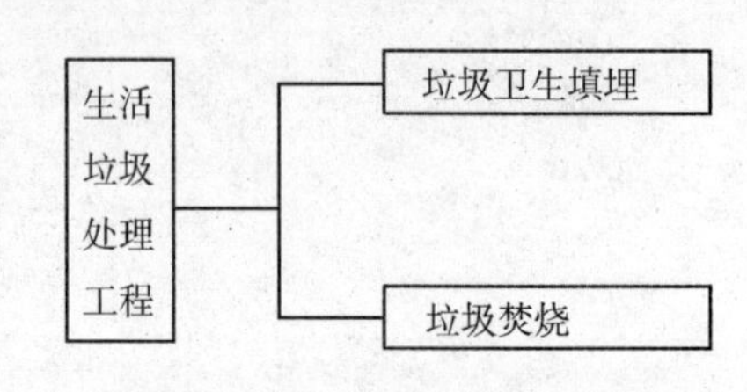

图 9-1　生活垃圾处理工程清单项目划分

(1)垃圾卫生填埋的具体清单项目划分如图9-2所示。

(2)垃圾焚烧的具体清单项目划分如图 9-3 所示。

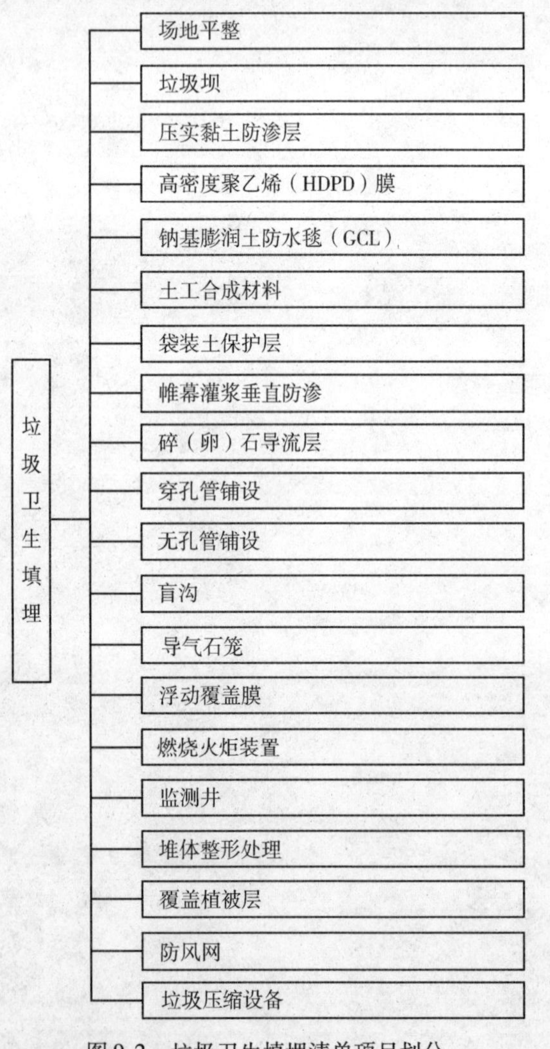

图 9-2　垃圾卫生填埋清单项目划分

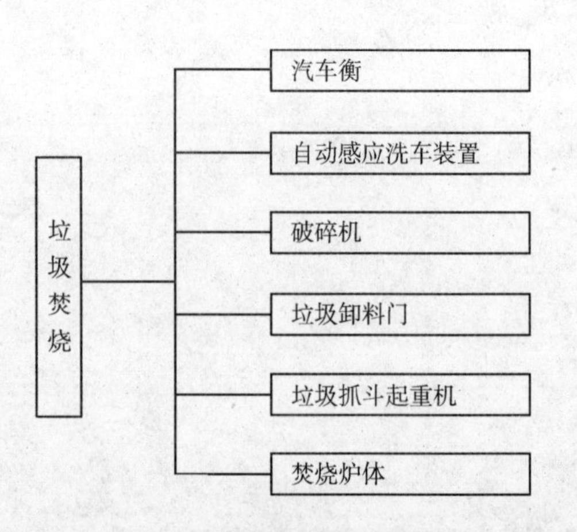

图 9-3　垃圾焚烧清单项目划分

二、生活垃圾处理工程清单工程量计算规则

1. 垃圾坝。按设计图示尺寸以体积计算。

2. 压实黏土防渗层、高密度聚乙烯(HDPD)膜、钠基膨润土防水毯(GCL)、土工合成材料、袋装土保护层。按设计图示尺寸以面积计算。

3. 帷幕灌浆垂直防渗。按设计图示尺寸以长度计算。

4. 碎(卵)石导流层。按设计图示尺寸以体积计算。

5. 穿孔管铺设、无孔管铺设、盲沟。按设计图示尺寸以长度计算。

6. 导气石笼。

(1)以米计量,按设计图示尺寸以长度计算

(2)以座计量,按设计图示数量计算。

7. 浮动覆盖膜。按设计图示尺寸以面积计算。

8. 燃烧火炬装置、监测井。按设计图示数量计算。

9. 堆体整形处理、覆盖植被层、防风网。按设计图示尺寸以面积计算。

10. 垃圾压缩设备。按设计图示数量计算。

11. 汽车衡、自动感应洗车装置、破碎机。按设计图示数量计算。

12. 垃圾卸料门。按设计图示尺寸以面积计算。

13. 垃圾抓斗起重机、焚烧炉体。按设计图示数量计算。

第二节　措 施 项 目

一、措施项目工程定额项目划分

《全国统一市政工程预算定额》中涉及到措施项目工程的有第一册通用项目、第六册排水工程。通用项目中包括脚手架及其他工程和围堰工程。

1. 措施项目工程在第一册通用项目工程的具体的定额项目划分如图 9-4 所示。

(1)措施项目在脚手架及其他工程中具体涉及到的定额项目划分如图 9-5 所示。

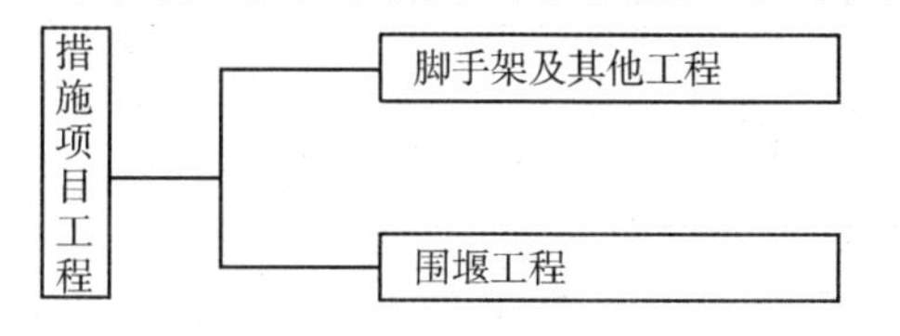

图 9-4　措施项目在通用项目工程的定额项目划分

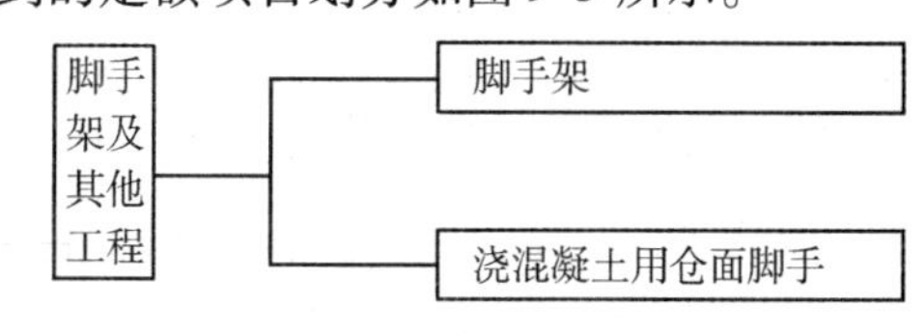

图 9-5　措施项目在脚手架及其他工程中具体涉及到的定额项目划分

(2)措施项目在围堰工程中具体涉及到的定额项目划分如图 9-6 所示。

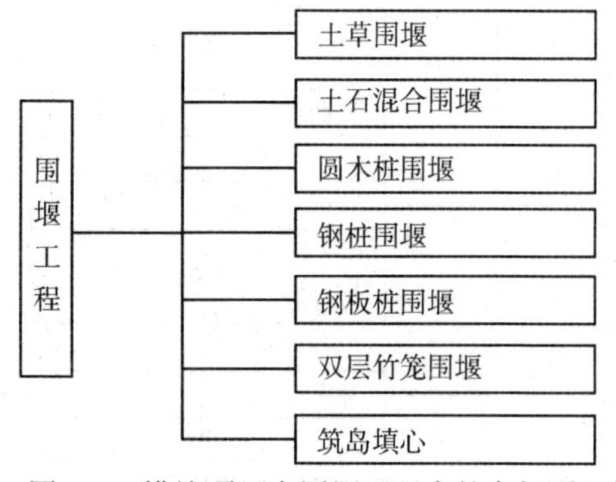

图 9-6　措施项目在围堰工程中的定额项目划分

2. 措施项目工程在第六册排水工程具体涉及到的定额项目划分如图 9-7 所示。

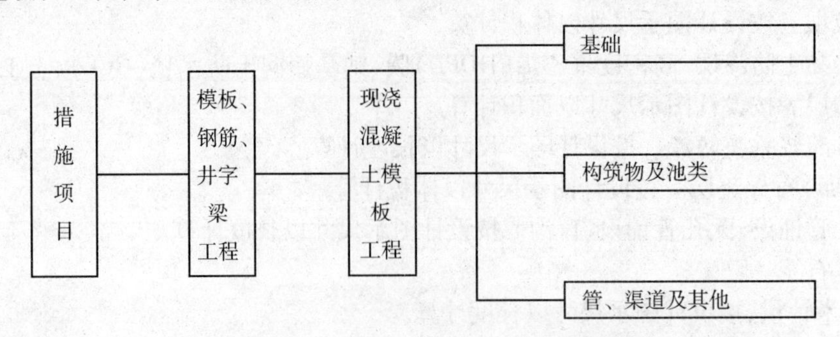

图 9-7　措施项目在围堰工程中的定额项目划分

二、措施项目工程清单项目划分

措施项目工程在《市政工程工程量计价规范》(GB 50857—2013)中的项目可划分为 9 大类,具体如图 9-8 所示。

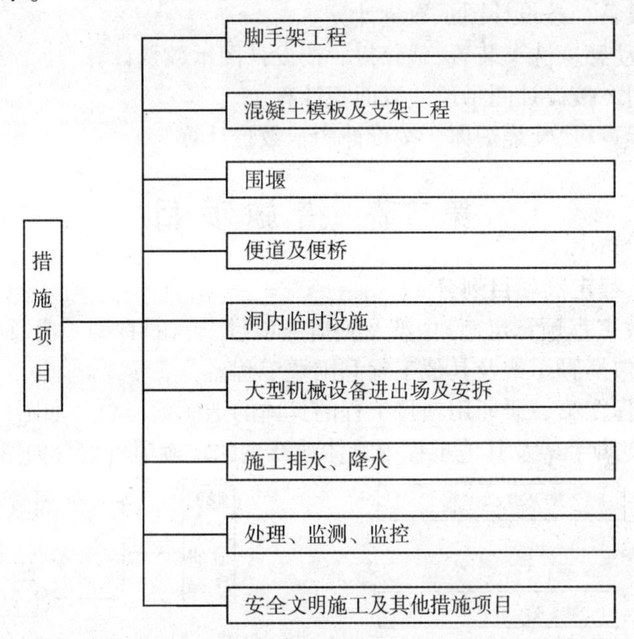

图 9-8　措施项目清单项目划分

(1)脚手架工程的具体清单项目划分如图 9-9 所示。

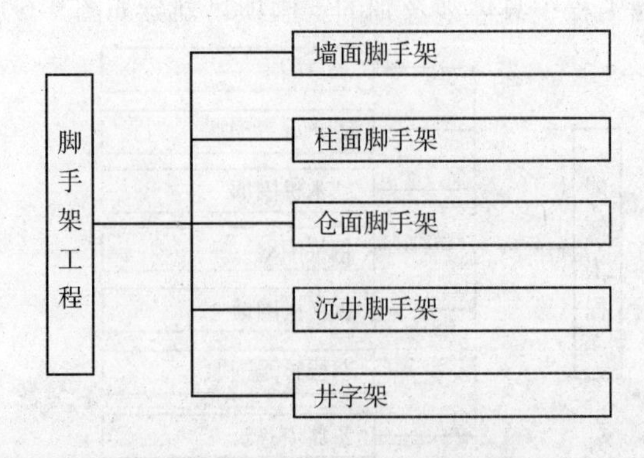

图 9-9　脚手架工程清单项目划分

(2)混凝土模板及支架工程的具体清单项目划分如图 9-10 所示。

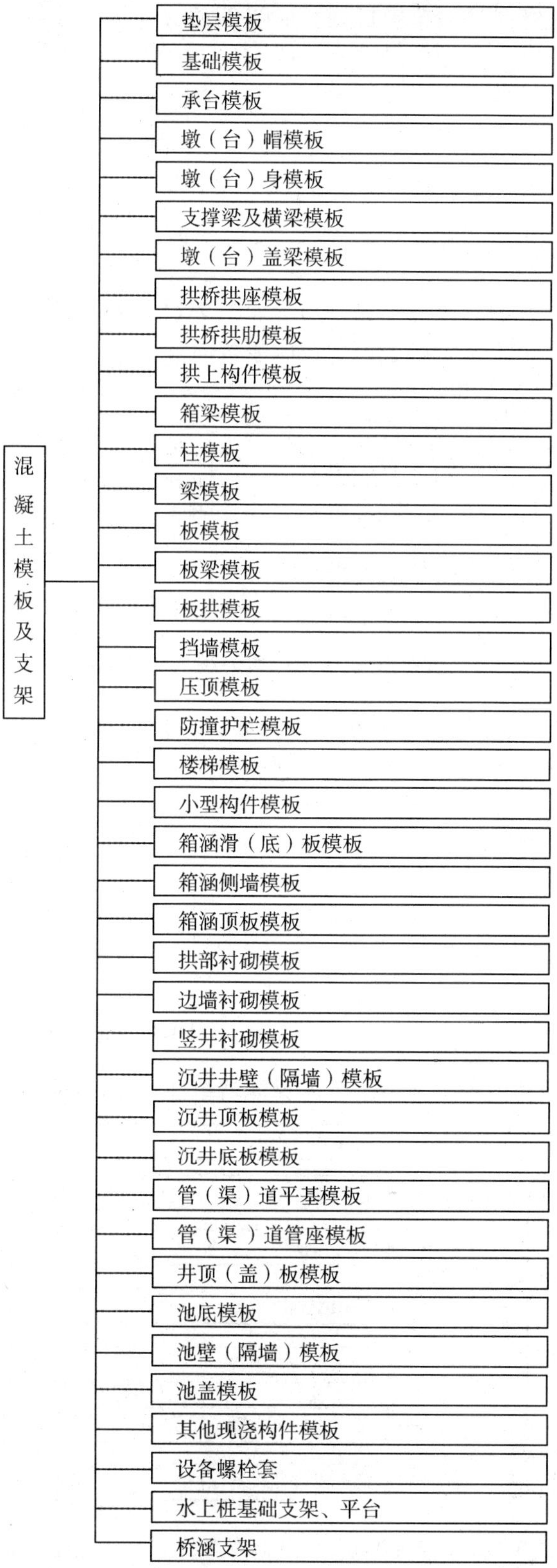

混凝土模板及支架
- 垫层模板
- 基础模板
- 承台模板
- 墩（台）帽模板
- 墩（台）身模板
- 支撑梁及横梁模板
- 墩（台）盖梁模板
- 拱桥拱座模板
- 拱桥拱肋模板
- 拱上构件模板
- 箱梁模板
- 柱模板
- 梁模板
- 板模板
- 板梁模板
- 板拱模板
- 挡墙模板
- 压顶模板
- 防撞护栏模板
- 楼梯模板
- 小型构件模板
- 箱涵滑（底）板模板
- 箱涵侧墙模板
- 箱涵顶板模板
- 拱部衬砌模板
- 边墙衬砌模板
- 竖井衬砌模板
- 沉井井壁（隔墙）模板
- 沉井顶板模板
- 沉井底板模板
- 管（渠）道平基模板
- 管（渠）道管座模板
- 井顶（盖）板模板
- 池底模板
- 池壁（隔墙）模板
- 池盖模板
- 其他现浇构件模板
- 设备螺栓套
- 水上桩基础支架、平台
- 桥涵支架

图 9-10　混凝土模板及支架清单项目划分

(3)围堰工程的具体清单项目划分如图 9-11 所示。

(4)便道及便桥工程的具体清单项目划分如图 9-12 所示。

图 9-11　围堰清单项目划分

图 9-12　便道及便桥清单项目划分

(5)洞内临时设施工程的具体清单项目划分如图 9-13 所示。

(6)大型机械设备进出场及安拆工程的具体清单项目划分如图 9-14 所示。

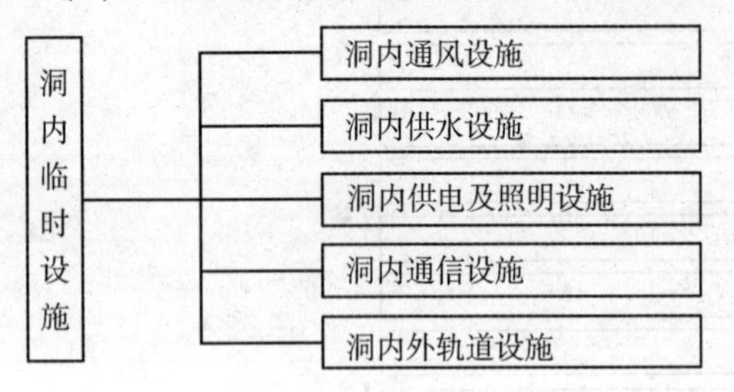

图 9-13　洞内临时设施清单项目划分

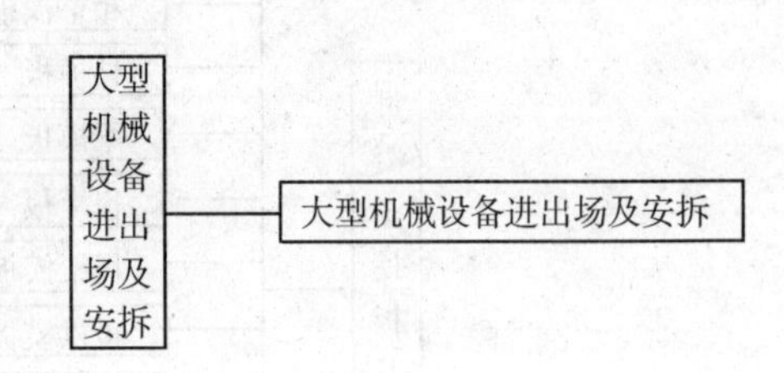

图 9-14　大型机械设备进出场及安拆清单项目划分

(7)施工排水、降水工程的具体清单项目划分如图 9-15 所示。

(8)处理、监测、监控工程的具体清单项目划分如图 9-16 所示。

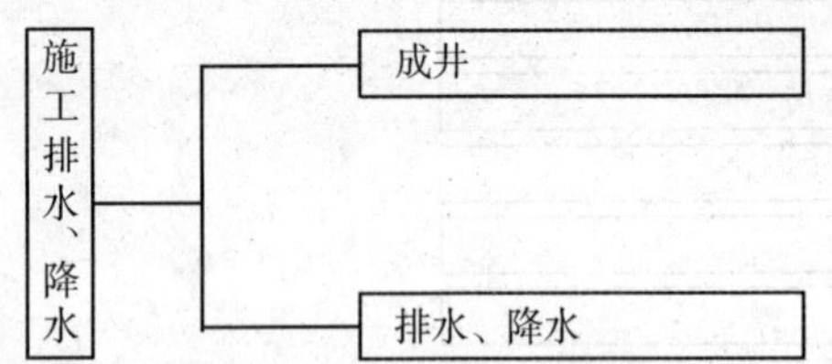

图 9-15　施工排水、降水清单项目划分

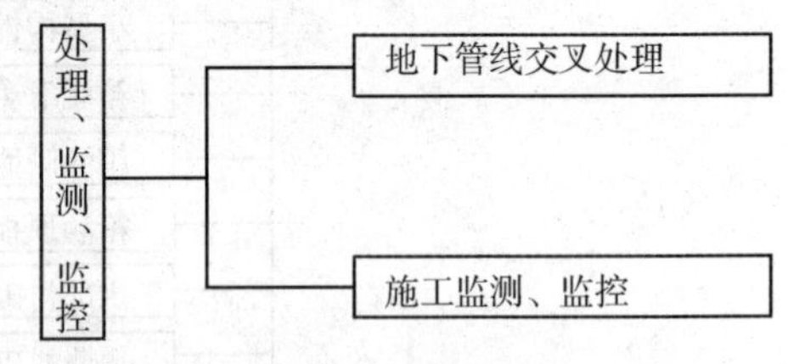

图 9-16　处理、监测、监控清单项目划分

(9)安全文明施工及其他措施项目工程的具体清单项目划分如图 9-17 所示。

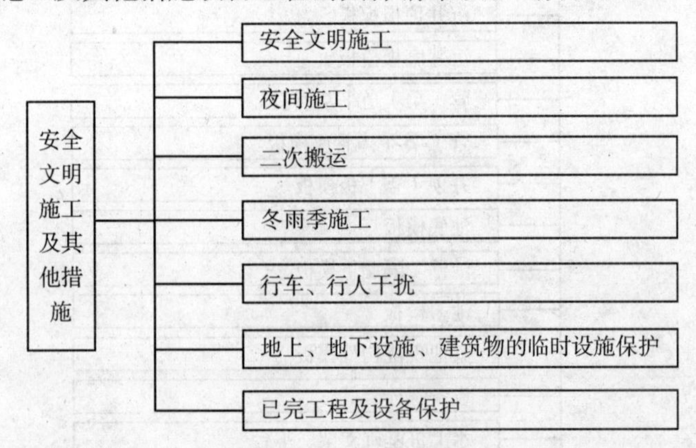

图 9-17　安全文明施工及其他措施项目清单项目划分

三、措施项目工程定额与清单工程量计算规则对照

（一）措施项目工程定额工程量计算规则

1. 脚手架工程量按墙面水平边线长度乘以墙面砌筑高度以 m^2 计算。柱形砌体按图示柱结构外围周长另加 3.6m 乘以砌筑高度以 m^2 计算。浇混凝土用仓面脚手按仓面的水平面积以 m^2 计算。

2. 围堰工程分别采用立方米和延长米计量。

3. 用立方米计算的围堰工程按围堰的施工断面乘以围堰中心线的长度。

4. 以延长米计算的围堰工程按围堰中心线的长度计算。

5. 围堰高度按施工期内的最高临水面加 0.5m 计算。

6. 草袋围堰如使用麻袋、尼龙袋装土其定额消耗量应乘以调整系数，调整系数为：装 $1m^3$ 土需用麻袋或尼龙袋数除以 17.86。

7. 现浇混凝土构件模板按构件与模板的接触面积以“m^2”计算。

预制混凝土构件模板，按构件的实体积以“m^3”计算。

（二）措施项目工程清单工程量计算规则

1. 墙面脚手架。按墙面水平边线长度乘以墙面砌筑高度计算。

2. 柱面脚手架。按柱结构外围周长乘以柱砌筑高度计算。

3. 仓面脚手架。按仓面水平面积计算。

4. 沉井脚手架。按井壁中心线周长乘以井高计算。

5. 井字架。按设计图示数量计算。

6. 垫层模板、基础模板、承台模板、墩（台）帽模板、墩（台）身模板。按混凝土与模板接触面的面积计算。

7. 墩（台）盖梁模板、拱桥拱座模板、拱桥拱肋模板、拱上构件模板、箱梁模板、柱模板、梁模板、板模板、板梁模板、板拱模板、挡墙模板、压顶模板、防撞护栏模板、楼梯模板、小型构件模板、箱涵滑（底）板模板、箱涵侧墙模板、箱涵顶板模板、拱部衬砌模板、边墙衬砌模板、竖井衬砌模板。按混凝土与模板接触面的面积计算。

8. 沉井井壁（隔墙）模板、沉井顶板模板、沉井底板模板、管（渠）道平基模板、管（渠）道管座模板、井顶（盖）板模板、池底模板、池壁（隔墙）模板、池盖模板、其他现浇构件模板。按混凝土与模板接触面的面积计算。

9. 设备螺栓套。按设计图示数量计算。

10. 水上桩基础支架、平台。按支架、平台搭设的面积计算。

11. 桥梁支架。按支架搭设的空间体积计算。

12. 围堰。

（1）以立方米计量，按设计图示围堰体积计算。

（2）以米计量，按设计图示围堰中心线长度计算。

13. 筑岛。按设计图示筑岛体积计算。

14. 便道。按设计图示尺寸以面积计算。

15. 便桥。按设计图示数量计算。

16. 洞内通风设施、洞内供水设施、洞内供电及照明设施、洞内通信设施。按设计图示隧道

长度以延长米计算。

17. 洞内外轨道铺设。按设计图示轨道铺设长度以延长米计算。

18. 大型机械设备进出场及安拆。按使用机械设备的数量计算。

19. 成井。按设计图示尺寸以钻孔深度计算。

20. 排水、降水。按排、降水日历天数计算。

第十章　市政管网工程实例讲解

【例】　某市新建排水工程，采用雨污分流制，其中污水管道中的污水排入污水处理厂，雨水则沿管道就近排入河流。其中，污水管道采用平接式钢筋混凝土管，180°基础，钢丝网水泥砂浆抹带接口，雨水管道采用平接式钢筋混凝土管，180°基础，水泥砂浆抹带接口，排水管道布置如图10-1所示。其中管段A4～A5，B4～B5，C4～C5部分在已建道路下铺设，为减少对路面的破坏，该段采用支密撑木挡土板开挖，该段道路宽24m，结构为：混凝土路面厚为22cm，无骨料多合土基础厚为35cm，污水干管在分隔带下铺设，不需要开挖路面，但为减少对道路影响，采用支密撑木挡土板开挖。雨水管道中靠近河流处每段有15m需要挖淤泥和流砂，该处采用0.5m^3抓铲挖掘机采挖，之后人工运至100m处弃置，其余部分均为人工开挖，雨水管放坡，其余不放坡，弃土采用人工装土，自卸汽车运土，运距1km。该工程中所有土质均为三类土质，检查井、雨水进水井均为定型井。铺筑管道所需材料均可就近取用。在该工程中，管理费按人工费的10%计算，利润按人工费的25%计算（该工程相关图表参见下列图表）。

（1）管道布置平面示意图（图10-1）；

（2）污水干管剖面示意图（图10-2）；

（3）污水支管剖面示意图（图10-3）；

（4）雨水管道剖面示意图（图10-4）；

（5）砖砌圆形污水检查井示意图（图10-5）；

（6）砖砌圆形雨水检查井示意图（图10-6）；

（7）砖砌雨水进水井（单平箅）示意图（图10-7）；

（8）门字式排水管道出水口（砖砌）示意图（图10-8）；

（9）180°混凝土管基础断面示意图（图10-9）；

（10）180°混凝土管基材料用量表（表10-1）。

表10-1　180°混凝土管基材料用量表

管径	管壁厚	管肩宽	管基宽	管基厚		基础混凝土
D	*t*	*a*	*B*	平基 C_1	管座 C_2	m^3/m
300	30	80	520	100	180	0.0947
400	35	80	630	100	235	0.1243
500	42	80	744	100	292	0.1577
600	50	100	900	100	350	0.2126

【解】　因为清单工程量计算规则与定额工程量计算规则有所不同，故分别计算。

一、清单工程量：

1. 主要工程材料：

（1）钢筋混凝土管：$d300\times2000\times30$，762m

（2）钢筋混凝土管：$d400\times2000\times35$，210m

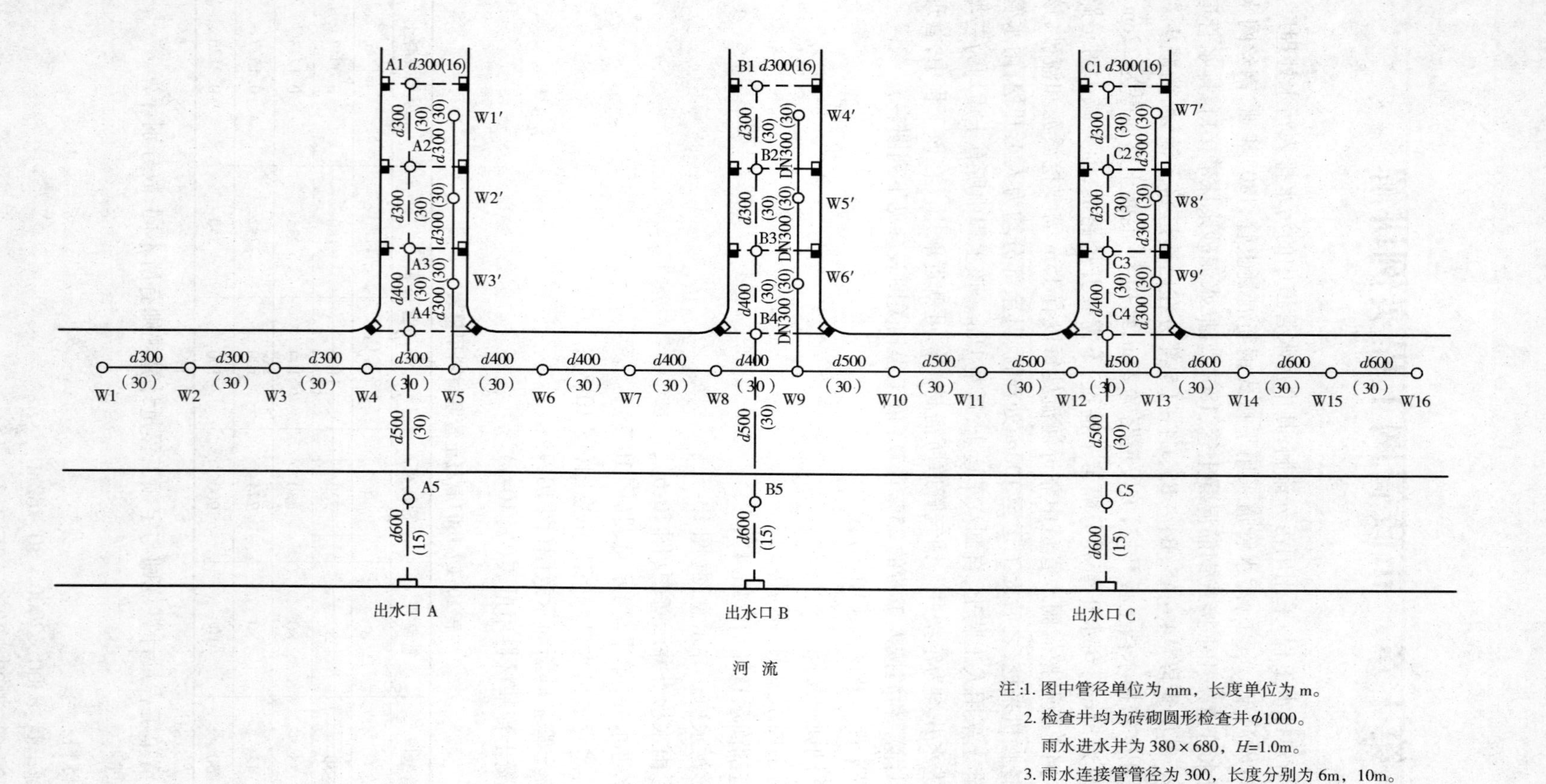

注：1. 图中管径单位为 mm，长度单位为 m。

2. 检查井均为砖砌圆形检查井 $\phi1000$。

雨水进水井为 380×680，H=1.0m。

3. 雨水连接管管径为 300，长度分别为 6m，10m。

4. 雨水管起点埋深 1.2m，坡度 5‰，污水管起点埋深 1.5m，坡度 2‰。

图 10-1 管道布置平面示意图

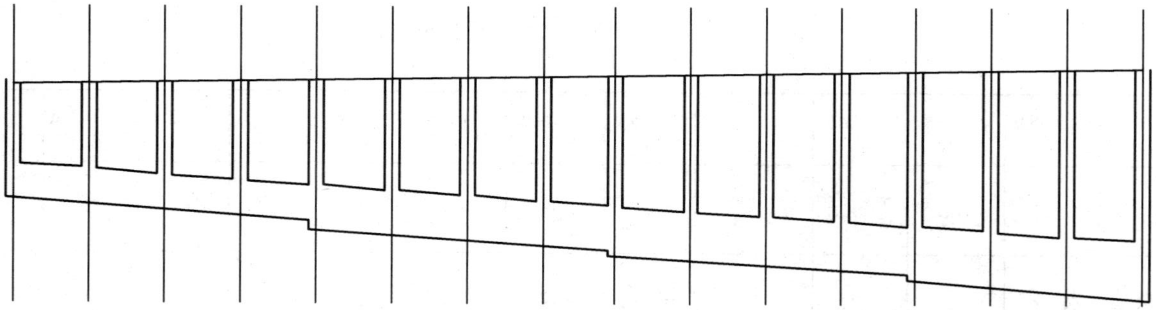

地面标高/m	15.68	15.64	15.58	15.55	15.50	15.43	15.38	15.31	15.27	15.22	15.19	15.14	15.08	15.03	14.96	14.91
管内底标高/m	14.18	14.12	14.06	13.94 14.00	13.84	13.78	13.72	13.60 13.66	13.50	13.44	13.38	13.26 13.32	13.16	13.10	13.04	12.98
埋设深度/m	1.50	1.52	1.52	1.56 1.55	1.66	1.65	1.66	1.67 1.65	1.77	1.78	1.81	1.82 1.82	1.92	1.93	1.92	1.93
管道长度/m	30	30	30	30	30	30	30	30	30	30	30	30	30	30	30	
检查井编号	W1	W2	W3	W4	W5	W6	W7	W8	W9	W10	W11	W12	W13	W14	W15	W16

图10-2　污水干管剖面示意图

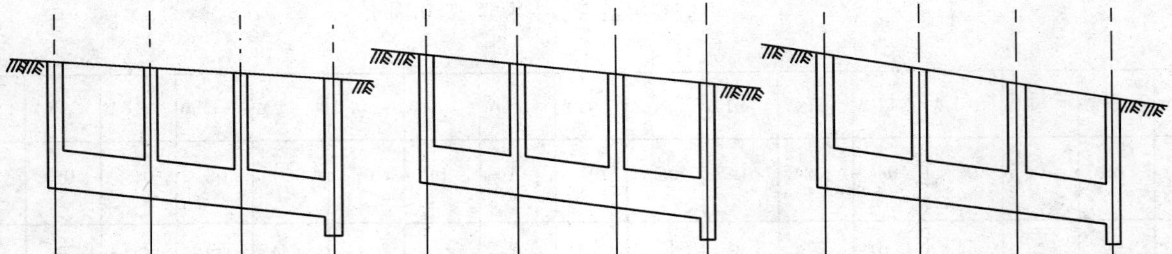

地面标高/m	管内底标高/m	埋设深度/m	管道长度/m	检查井编号
15.96	14.46	1.50	30	W1′
15.81	14.40	1.41	30	W2′
15.68	14.28 14.34	1.34 1.22	30	W3′
15.50	13.84	1.66		W5
15.80	14.30	1.50	30	W4′
15.65	14.24	1.41	30	W5′
15.51	14.12 14.18	1.15 1.33	30	W6′
15.27	13.50	1.77		W9
15.50	14.00	1.50	30	W7′
15.37	13.94	1.43	30	W8′
15.24	13.82 13.88	1.26 1.36	30	W9′
15.08	13.16	1.92		W13

图10-3　污水支管剖面示意图

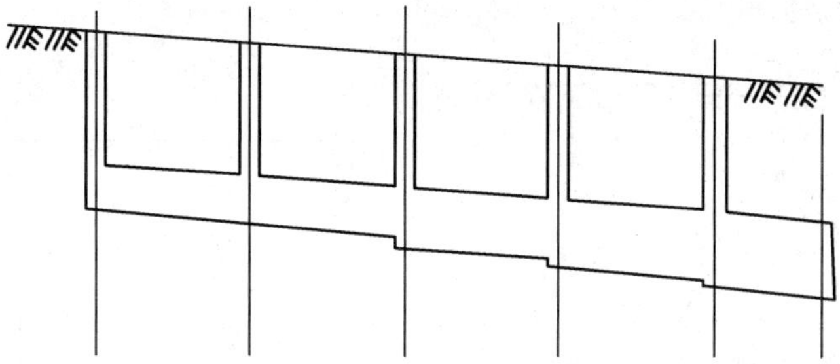

项目						
A线 地面标高/m	16.02	15.89	15.74	15.60	15.37	15.20
B线 地面标高/m	15.87	15.73	15.58	15.46	15.31	15.13
C线 地面标高/m	15.56	15.43	15.31	15.18	15.02	14.81
A线 管内底标高/m	14.82	14.67 14.52	14.42 14.27	14.17 14.02	13.92	13.845
B线 管内底标高/m	14.67	14.52 14.37	14.27 14.12	14.02 13.87	13.77	13.695
C线 管内底标高/m	14.36	14.21 14.06	13.96 13.81	13.71 13.56	13.46	13.385
A线 埋设深度/m	1.20	1.22 1.22	1.32 1.33	1.43 1.35	1.45	1.355
B线 埋设深度/m	1.20	1.21 1.21	1.31 1.34	1.44 1.44	1.54	1.435
C线 埋设深度/m	1.20	1.22 1.25	1.35 1.37	1.47 1.46	1.56	1.425
管道长度/m	30	30	30	30	15	
检查井编号	1	2	3	4	5	出水口

图 10-4　雨水管道剖面示意图

(3)钢筋混凝土管：$d500 \times 2000 \times 42$，210m

(4)钢筋混凝土管：$d600 \times 2000 \times 50$，135m

(5)污水检查井：$\phi 1000$mm，25 座

(6)雨水检查井：$\phi 1000$mm，15 座

(7)雨水进水井单平箅：680×380，$H = 1.0$m，24 座

(8)门字式排水管道出水口：1.5×1.06，3 处

2. 管道铺设及基础，基础均为 180°混凝土。

(1)雨水管道：

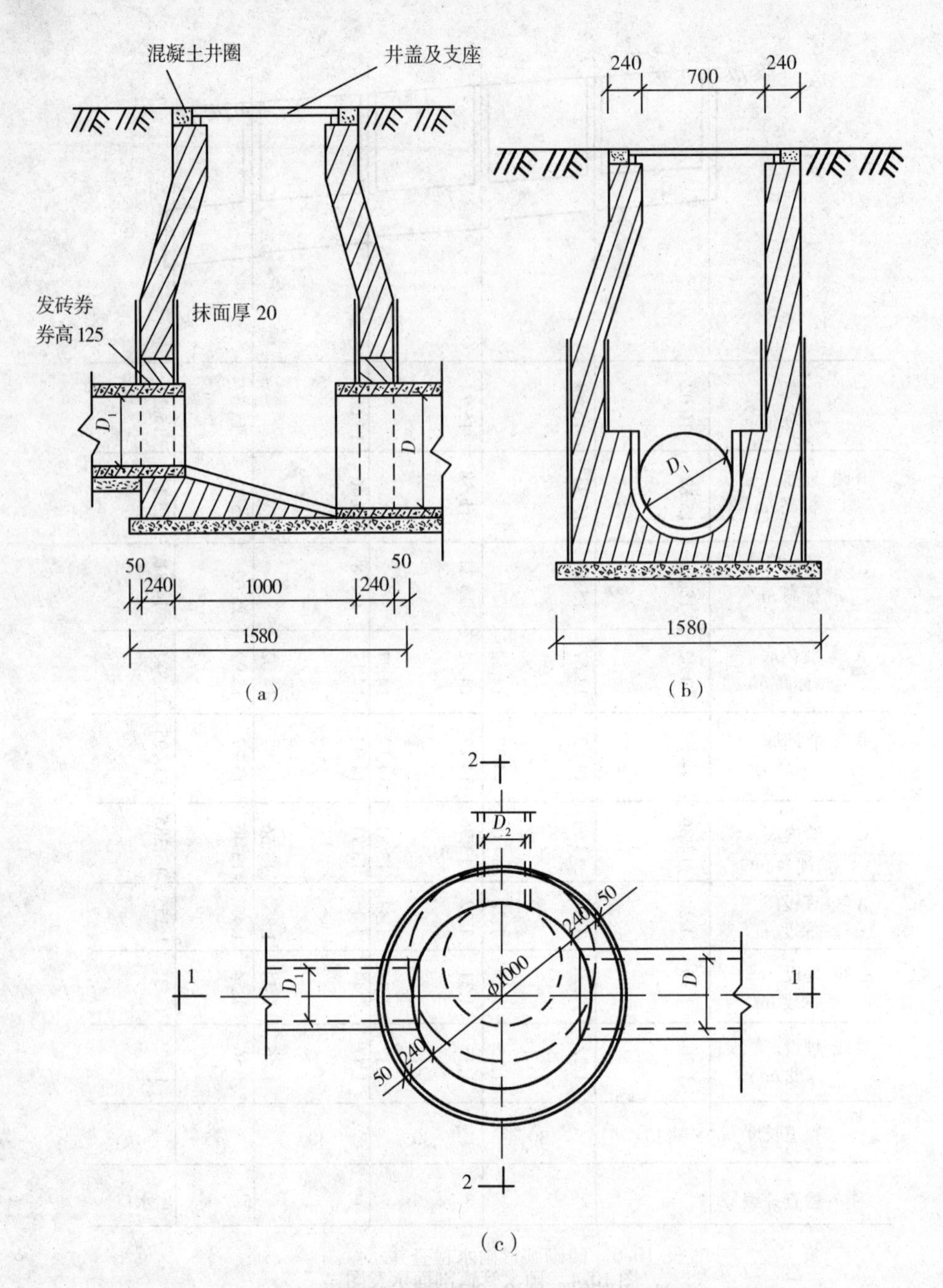

图 10-5 砖砌圆形污水检查井示意图

(a)1－1 剖面图;(b)2－2 剖面图;(c)平面图

d300:372m,d400:90m,d500:90m, d600:45m

(2)污水管道:

d300:390m,d400:120m,d500:120m,d600,90m

(3)检查井、进水井数量:

污水检查井,平均井深为 1.836m,25 座

雨水检查井,平均井深为 1.34m,15 座

雨水进水井,平均井深为 1.0m,24 座

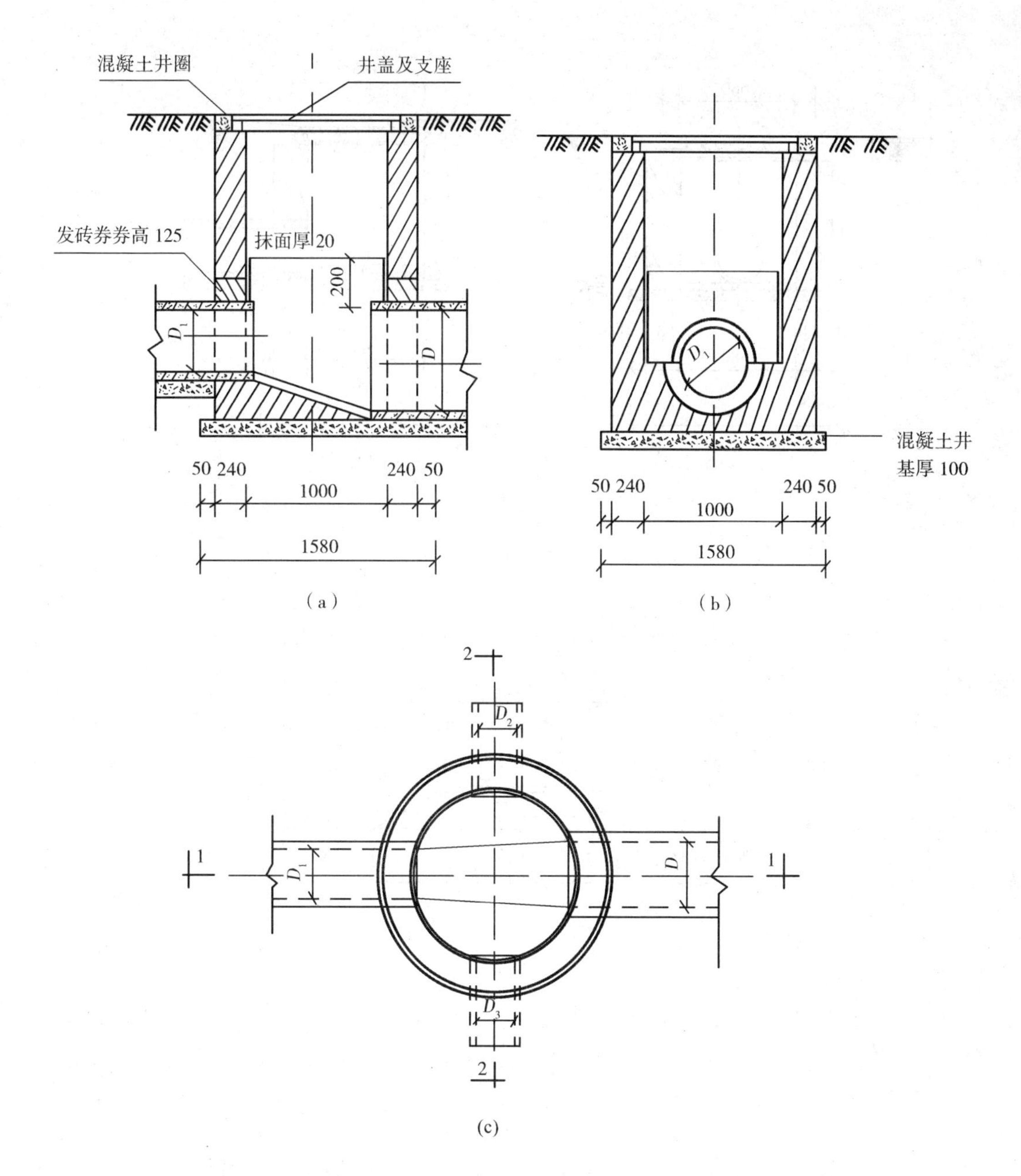

图 10-6　砖砌圆形雨水检查井示意图

(a)1－1 剖面图;(b)2－2 剖面图;(c)平面图

排水管出水口,平均深为 1.405m,3 处

3. 挖污水管土方:

$$V = LbH$$

式中　L—管道长度,清单计算规则中不扣除阀门、井所占长度;

b—沟底宽度;

H—沟槽挖深。沟槽挖深 = 管道埋深 + 基础加深;

基础加深 = 管壁厚度 + 基础厚度。

(1) W1′～W2′～W3′～W5 管段:

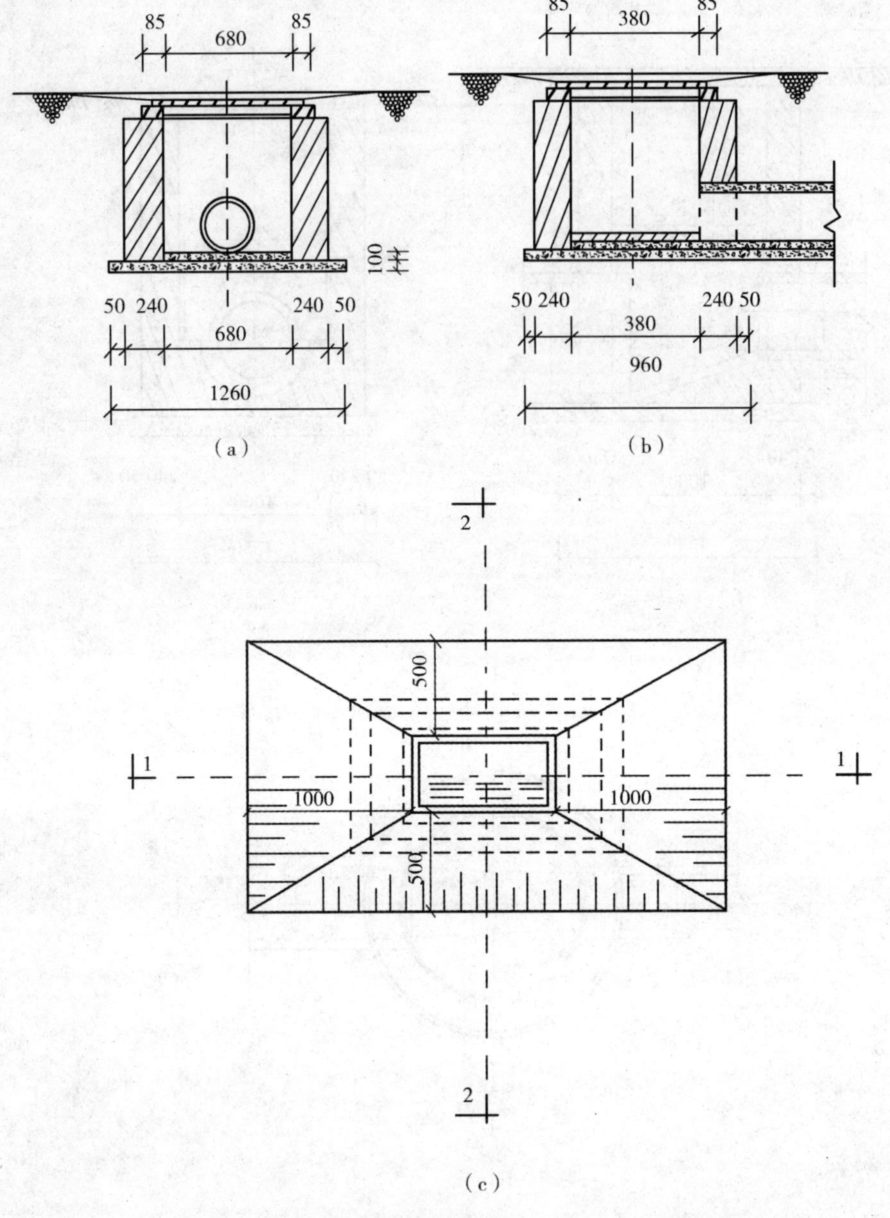

图 10-7　砖砌雨水进水井(单平箅)示意图

(a)1-1 剖面图;(b)2-2 剖面图;(c)平面图

$L_1 = 90\text{m}, b_1 = 0.52\text{m}, H_1 = (1.50 + 1.41 + 1.34 + 1.22)/4 + 0.13 = 1.50\text{m}$

$V_1 = L_1 b_1 H_1 = 90 \times 0.52 \times 1.50 = 70.20\text{m}^3$

(2) W4′~W5′~W6′~W9 管段:

$L_2 = 90\text{m}, b_2 = 0.52\text{m}, H_2 = (1.50 + 1.41 + 1.33 + 1.15)/4 + 0.13 = 1.48\text{m}$

$V_2 = L_2 b_2 H_2 = 90 \times 0.52 \times 1.48 = 69.26\text{m}^3$

(3) W7~W8′~W9′~W13 管段:

$L_3 = 90\text{m}, b_3 = 0.52\text{m}, H_3 = (1.50 + 1.43 + 1.36 + 1.26)/4 + 0.13 = 1.52\text{m}$

$V_3 = L_3 b_3 H_3 = 90 \times 0.52 \times 1.52 = 71.14\text{m}^3$

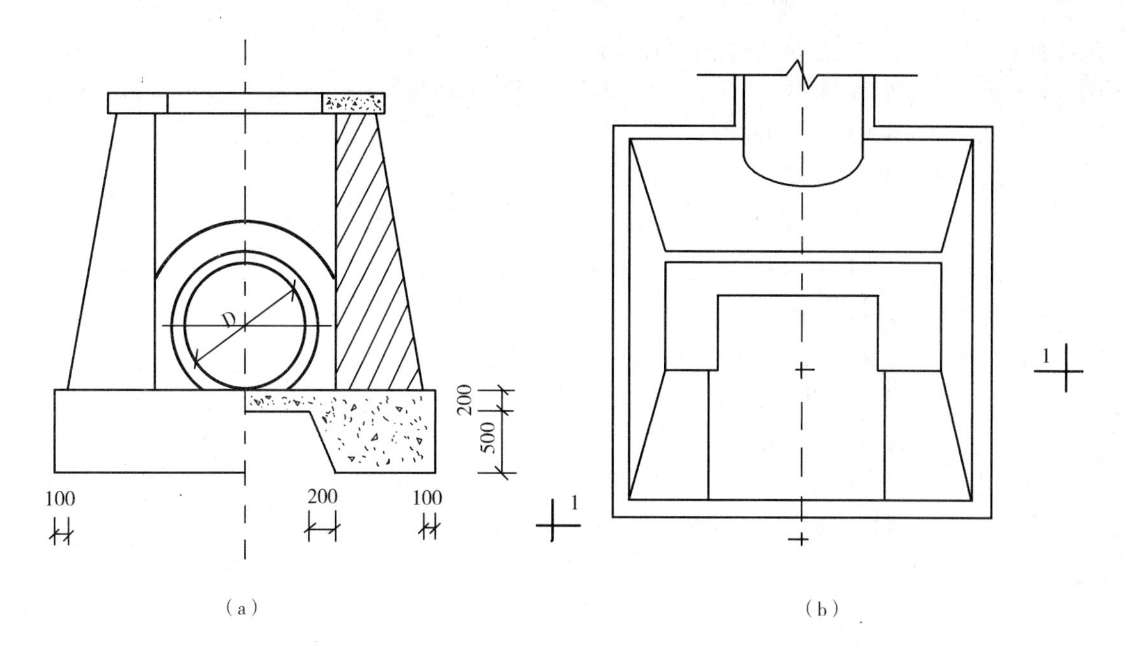

图 10-8 门字式排水管道出水口(砖砌)示意图

(a)1－1 剖面图;(b)平面图

(4)W1－W5 管段:

$L_4=120\text{m}, b_4=0.52\text{m}, H_4=(1.50+1.52+1.52+1.55+1.56)/5+0.13=1.66\text{m}$

$V_4=120\times0.52\times1.66=103.58\text{m}^3$

(5)W5～W9 管段:

$L_5=120\text{m}, b_5=0.63\text{m}, H_5=(1.66+1.65+1.66+1.65+1.67)/5+0.135=1.79\text{m}$

$V_5=120\times0.63\times1.79=135.32\text{m}^3$

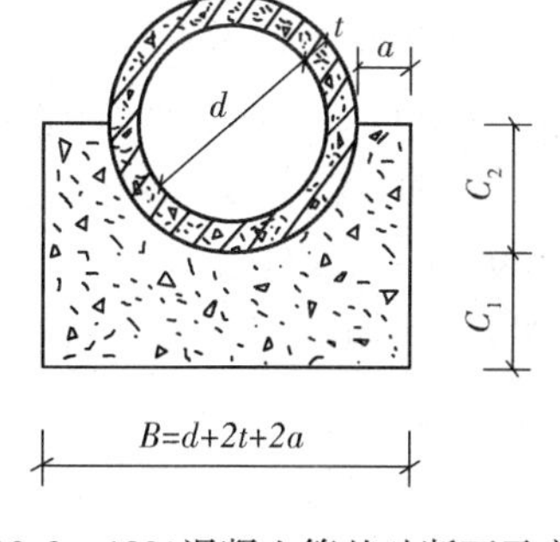

图 10-9 180°混凝土管基础断面示意图

(6)W9～W13 管段:

$L_6=120\text{m}, b_6=0.744\text{m}, H_6=(1.77+1.78+1.81+1.82+1.82)/5+0.142=1.94\text{m}$

$V_6=120\times0.744\times1.94=173.20\text{m}^3$

(7)W13～W16 管段:

$L_7=90\text{m}, b_7=0.90\text{m}, H_7=(1.92+1.93+1.92+1.93)/4+0.15=2.08\text{m}$

$V_7=90\times0.90\times2.08=168.48\text{m}^3$

4. 挖雨水管土方:

(1)A1～A2～A3 管段:

$L_8=60\text{m}, b_8=0.52\text{m}, H_8=(1.20+1.22+1.22)/3+0.13=1.34\text{m}$

$V_8=60\times0.52\times1.34=41.81\text{m}^3$

(2)A3～A4 管段:

$L_9=30\text{m}, b_9=0.63\text{m}, H_9=(1.32+1.33)/2+0.135=1.46\text{m}$

$V_9=30\times0.63\times1.46=27.59\text{m}^3$

(3)A4～A5 管段:

A4～A5 管段分为两部分。其中有 24m 是在已建道路下开挖,故挖土高度应扣除道路面层和基础层的厚度，其余 6m 是在正常情况下开挖。

$V_{10} = 24 \times 0.744 \times [(1.43 + 1.35)/2 + 0.142 - 0.57] + 6 \times 0.744 \times [(1.43 + 1.35)/2 + 0.142]$

$= 17.14 + 6.83 = 23.97\text{m}^3$

(4) B1 ~ B2 ~ B3 管段：

$L_{11} = 60\text{m}, b_{11} = 0.52\text{m}, H_{11} = (1.20 + 1.21 + 1.21)/3 + 0.13 = 1.34\text{m}$

$V_{11} = 60 \times 0.52 \times 1.34 = 41.81\text{m}^3$

(5) B3 ~ B4 管段：

$L_{12} = 30\text{m}, b_{12} = 0.63\text{m}, H_{12} = (1.31 + 1.34)/2 + 0.135 = 1.46\text{m}$

$V_{12} = 30 \times 0.63 \times 1.46 = 27.59\text{m}^3$

(6) B4 ~ B5 管段：

B4 ~ B5 管段分为两部分，情况同 A4 ~ A5 管段。

$V_{13} = 24 \times 0.744 \times [(1.44 + 1.44)/2 + 0.142 - 0.57)] + 6 \times 0.744 \times [(1.44 + 1.44)/2 + 0.142)]$

$= 18.07 + 7.06 = 25.13\text{m}^3$

(7) C1 ~ C2 ~ C_3 管段：

$L_{14} = 60\text{m}, b_{14} = 0.52\text{m}, H_{14} = (1.20 + 1.22 + 1.25)/3 + 0.13 = 1.35\text{m}$

$V_{14} = 60 \times 0.52 \times 1.35 = 42.12\text{m}^3$

(8) C3 ~ C4 管段：

$L_{15} = 30\text{m}, b_{15} = 0.63\text{m}, H_{15} = (1.35 + 1.37)/2 + 0.135 = 1.495\text{m}$

$V_{15} = 30 \times 0.63 \times 1.495 = 28.26\text{m}^3$

(9) C4 ~ C5 管段：

C4 ~ C5 管段分为两个部分，情况同 A4 ~ A5 管段。

$V_{16} = 24 \times 0.744 \times [(1.47 + 1.46)/2 + 0.142 - 0.57)] + 6 \times 0.744 \times [(1.47 + 1.46)/2 + 0.142)]$

$= 18.52 + 7.17 = 25.69\text{m}^3$

5. 挖淤泥、流砂工程量：

(1) A5 ~ A 管段：

$L_1 = 15\text{m}, b_1 = 0.90\text{m}, H_1 = (1.45 + 1.355)/2 + 0.15 = 1.55\text{m}$

$V_1 = 15 \times 0.90 \times 1.55 = 20.93\text{m}^3$

(2) B5 ~ B 管段：

$L_2 = 15\text{m}, b_2 = 0.90\text{m}, H_2 = (1.54 + 1.435)/2 + 0.15 = 1.64\text{m}$

$V_2 = 15 \times 0.90 \times 1.64 = 22.14\text{m}^3$

(3) C5 ~ C 管段：

$L_3 = 15\text{m}, b_3 = 0.90\text{m}, H_3 = (1.56 + 1.425)/2 + 0.15 = 1.64\text{m}$

$V_3 = 15 \times 0.90 \times 1.64 = 22.14\text{m}^3$

6. 挖雨水支管土方：

雨水进水井深为 1.0m，基础加深为 0.13m，故雨水连接管挖深取 1.13m。

$L = 192\text{m}, b = 0.52\text{m}$

$V = 192 \times 0.52 \times 1.13 = 112.82\text{m}^3$

7. 挖井位土方：

挖井位土方等于弓形面积乘以检查井的挖深：

W1 号井土方量：$1.15\times(1.50+0.13)=1.87m^3$

W2 号井土方量：$1.15\times(1.52+0.13)=1.90m^3$

W3 号井土方量：$1.15\times(1.52+0.13)=1.90m^3$

W4 号井土方量：$1.15\times(1.55+0.13)=1.93m^3$

W5 号井土方量：$0.99\times(1.66+0.135)=1.78m^3$

W6 号井土方量：$0.99\times(1.65+0.135)=1.77m^3$

W7 号井土方量：$0.99\times(1.66+0.135)=1.78m^3$

W8 号井土方量：$0.99\times(1.65+0.135)=1.77m^3$

W9 号井土方量：$0.83\times(1.77+0.142)=1.59m^3$

W10 号井土方量：$0.83\times(1.78+0.142)=1.60m^3$

W11 号井土方量：$0.83\times(1.81+0.142)=1.62m^3$

W12 号井土方量：$0.83\times(1.82+0.142)=1.63m^3$

W13 号井土方量：$0.62\times(1.92+0.15)=1.28m^3$

W14 号井土方量：$0.62\times(1.93+0.15)=1.29m^3$

W15 号井土方量：$0.62\times(1.92+0.15)=1.28m^3$

W16 号井土方量：$0.62\times(1.93+0.15)=1.29m^3$

W1′号井土方量：$1.15\times(1.50+0.13)=1.87m^3$

W2′号井土方量：$1.15\times(1.41+0.13)=1.77m^3$

W3′号井土方量：$1.15\times(1.34+0.13)=1.69m^3$

W4′号井土方量：$1.15\times(1.50+0.13)=1.87m^3$

W5′号井土方量：$1.15\times(1.41+0.13)=1.77m^3$

W6′号井土方量：$1.15\times(1.33+0.13)=1.68m^3$

W7′号井土方量：$1.15\times(1.50+0.13)=1.87m^3$

W8′号井土方量：$1.15\times(1.43+0.13)=1.79m^3$

W9′号井土方量：$1.15\times(1.36+0.13)=1.71m^3$

A1 号井土方量：$1.15\times(1.20+0.13)=1.53m^3$

A2 号井土方量：$1.15\times(1.22+0.13)=1.55m^3$

A3 号井土方量：$0.99\times(1.32+0.135)=1.44m^3$

A4 号井土方量：$0.83\times(1.43+0.142)=1.30m^3$

A5 号井土方量：$0.62\times(1.45+0.15)=0.99m^3$

B1 号井土方量：$1.15\times(1.20+0.13)=1.53m^3$

B2 号井土方量：$1.15\times(1.21+0.13)=1.54m^3$

B3 号井土方量：$0.99\times(1.31+0.135)=1.43m^3$

B4 号井土方量：$0.83\times(1.44+0.142)=1.31m^3$

B5 号井土方量：$0.62\times(1.54+0.15)=1.05m^3$

C1 号井土方量：$1.15\times(1.20+0.13)=1.53m^3$

C2 号井土方量：$1.15\times(1.22+0.13)=1.55m^3$

C3 号井土方量：$0.99\times(1.35+0.135)=1.47m^3$

C4 号井土方量：$0.83\times(1.47+0.142)=1.34m^3$

C5 号井土方量：$0.62\times(1.56+0.15)=1.06m^3$

雨水进水井井位土方：

各井平均深度为 1.0m，基础加深为 0.13m，井外壁规格尺寸为 $1.26m\times0.96m$。则各井挖方量为：$1.26\times0.96\times(1.0+0.13)=1.37m^3$

则 24 座雨水井挖方量共计为：$1.37\times24=32.88m^3$

8. 接口

污水管道采用钢丝网水泥砂浆抹带接口，雨水管道采用水泥砂浆抹带接口。

(1) 污水管道，钢丝网水泥砂浆抹带接口。

$d300$：$390/2-1=194$ 个

$d400$：$120/2-1=59$ 个

$d500$：$120/2-1=59$ 个

$d600$：$90/2-1=44$ 个

(2) 雨水管道，水泥砂浆抹带接口。

$d300$：$372/2-1=185$ 个

$d400$：$90/2-1=44$ 个

$d500$：$90/2-1=44$ 个

$d600$：$45/2-1=22$ 个

9. 管道及基础所占体积。

(1) $d300$ 管道与基础所占体积为：

$[0.52\times(0.1+0.18)+1/2\times3.14\times0.18^2]\times762=149.71m^3$

(2) $d400$ 管道与基础所占体积为：

$[0.63\times(0.1+0.235)+1/2\times3.14\times0.235^2]\times210=62.53m^3$

(3) $d500$ 管道与基础所占体积为：

$[0.744\times(0.1+0.292)+1/2\times3.14\times0.292^2]\times210=89.36m^3$

(4) $d600$ 管道与基础所占体积为：

$[0.90\times(0.1+0.35)+1/2\times3.14\times0.35^2]\times135=80.64m^3$

10. 土方工程量汇总：

(1) 挖沟槽土方，三类土，2m 内，无挡土板。

$70.20+69.26+71.14+41.81+27.59+41.81+27.59+42.12+28.26+112.82+1.87+1.77+1.69+1.87+1.77+1.68+1.87+1.79+1.71+1.53+1.55+1.44+1.30+0.99+1.53+1.54+1.43+1.31+1.05+1.53+1.55+1.47+1.34+1.06+32.88=602.12m^3$

(2) 挖沟槽土方，三类土，2m 内，支密撑木挡土板。

$103.58+135.32+173.20+23.97+25.13+25.69+1.87+1.90+1.90+1.93+1.78+1.77+1.78+1.77+1.59+1.60+1.62+1.63=508.03m^3$

(3) 挖沟槽土方，三类土，4m 内，支密撑木挡土板。

$168.48+1.28+1.29+1.28+1.29=173.62m^3$

(4) 挖淤泥、流砂，6m 以内。

$20.93+22.14+22.14=65.21m^3$

(5) 就地弃土：

①三类土：

$149.71+62.53+89.36+80.64+1.87+1.90+1.90+1.93+1.78+1.77+1.78+1.77+1.59+1.60+1.62+1.63+1.28+1.29+1.28+1.29+1.87+1.77+1.69+1.87+1.77+1.68+1.87+1.79+1.71+1.53+1.55+1.44+1.30+0.99+1.53+1.54+1.43+1.31+1.05+1.53+1.55+1.47+1.34+1.06+32.88-[0.90\times(0.1+0.35)+1/2\times3.14\times0.35^2]\times45-\{65.21-[0.90\times(0.1+0.35)+1/2\times3.14\times0.35^2]\times45\}=412.83m^3$

②淤泥流砂：$20.93+22.14+22.14=65.21m^3$

(6)管沟回填方：

$602.12+508.03+173.62-412.83=870.94m^3$

11. 拆除道路工程量：

①拆除混凝土路面

$S_1=3\times24\times0.744=53.57m^2$

②拆除道路基础

$S_2=3\times24\times0.744=53.57m^2$

清单工程量计算见表10-2。

表10-2 清单工程量计算表

工程名称：某市新建排水工程　　　　标段：　　　　第　页　共　页

序号	项目编码	项目名称	项目特征描述	计量单位	工程量
1	040501001001	混凝土管	钢筋混凝土管，180°基础，钢丝网水泥砂浆抹带接口，d300	m	390.00
2	040501001002	混凝土管	钢筋混凝土管，180°基础，钢丝网水泥砂浆抹带接口，d400	m	120.00
3	040501001003	混凝土管	钢筋混凝土管，180°基础，钢丝网水泥砂浆抹带接口，d500	m	120.00
4	040501001004	混凝土管	钢筋混凝土管，180°基础，钢丝网水泥砂浆抹带接口，d600	m	90.00
5	040501001005	混凝土管	钢筋混凝土管，180°基础，水泥砂浆抹带接口，d300	m	372.00
6	040501001006	混凝土管	钢筋混凝土管，180°基础，水泥砂浆抹带接口，d400	m	90.00
7	040501001007	混凝土管	钢筋混凝土管，180°基础，水泥砂浆抹带接口，d500	m	90.00
8	040501001008	混凝土管	钢筋混凝土管，180°基础，水泥砂浆抹带接口，d600	m	45.00
9	040504001001	砌筑井	污水检查井，φ1000平均井深1.76m	座	25
10	040504001002	砌筑井	雨水检查井，φ1000平均井深1.34m	座	15
11	040504009001	雨水口	平箅单箅680×380，深1.0m	座	24
12	040504006001	砖砌出水口	砖砌门子式出水口1.5×1.06	处	3
13	040101002001	挖沟槽土方	三类土，2m内，无挡土板	m^3	602.12
14	040101002002	挖沟槽土方	三类土，2m内，支密撑木挡土板	m^3	508.03
15	040101002003	挖沟槽土方	三类土，4m内，支密撑木挡土板	m^3	173.62

（续）

序号	项目编码	项目名称	项目特征描述	计量单位	工程量
16	040101005001	挖淤泥	淤泥、流砂6m内	m^3	65.21
17	040103001001	回填方	原土回填	m^3	870.94
18	040103001001	回填方	三类土,1km处弃置	m^3	412.83
19	040103001002	回填方	淤泥流砂100m处弃置	m^3	65.21
20	041001001001	拆除路面	混凝土路面厚22cm	m^2	53.57
21	041001003001	拆除基层	无骨料多合土基础厚35 cm	m^2	53.57

二、定额工程量(采用《浙江省市政工程预算定额》)

1.挖管沟土方。

在该工程中,雨水管放坡,污水干管采用支密撑木挡土板开挖,雨水连接管和污水支管不放坡。

(1)雨水连接管土方:

雨水进水井深为1.0m,基础加深为0.13m。故雨水连接管挖深取1.13m,工作面宽度为0.5m,故 $b_1=2\times0.5+0.52=1.52\text{m}$, $L_1=192\text{m}$。

$V_1=L_1b_1H_1=192\times1.52\times1.13=329.78\text{m}^3$

(2)污水支管土方:

1)W1′~W2′~W3′~W5管段:

$L_2=90\text{m}, b_2=1.0+0.52=1.52\text{m}, H_2=(1.50+1.41+1.34+1.22)/4+0.13=1.50\text{m}$

$V_2=90\times1.52\times1.50=205.20\text{m}^3$

2)W4′~W5′~W6′~W9管段:

$L_3=90\text{m}, b_3=1.52\text{m}, H_3=(1.50+1.41+1.33+1.15)/4+0.13=1.48\text{m}$

$V_3=90\times1.52\times1.48=202.46\text{m}^3$

3)W7′~W8′~W9′~W13管段:

$L_4=90\text{m}, b_4=1.52\text{m}, H_4=(1.50+1.43+1.36+1.26)/4+0.13=1.52\text{m}$

$V_4=90\times1.52\times1.52=207.94\text{m}^3$

(3)污水干管土方:

污水干管采用支密撑木挡土板开挖,工作面宽度为0.5m,挡土板厚度为0.1m。

1)W1~W5管段:

$L_5=120\text{m}, b_5=0.5\times2+0.1\times2+0.52=1.72\text{m}$

$H_5=(1.50+1.52+1.52+1.55+1.56)/5+0.13=1.66\text{m}$

$V_5=120\times1.72\times1.66=342.62\text{m}^3$

2)W5~W9管段:

$L_6=120\text{m}, b_6=1.2+0.63=1.83\text{m}$

$H_6=(1.66+1.65+1.66+1.65+1.67)/5+0.135=1.79\text{m}$

$V_6=120\times1.83\times1.79=393.08\text{m}^3$

3)W9~W13管段:

$L_7=120\text{m}, b_7=1.2+0.744=1.944\text{m}$

$H_7=(1.77+1.78+1.81+1.82+1.82)/5+0.142=1.94\text{m}$

$V_7 = 120 \times 1.944 \times 1.94 = 452.56\text{m}^3$

4) W13 ~ W16 管段：

$L_8 = 90\text{m}, b_8 = 1.2 + 0.90 = 2.10\text{m}$

$H_8 = (1.92 + 1.93 + 1.92 + 1.93)/4 + 0.15 = 2.08\text{m}$

$V_8 = 90 \times 2.10 \times 2.08 = 393.12\text{m}^3$

(4) 雨水管：

在雨水管中，A4 ~ A5，B4 ~ B5，C4 ~ C5 管段采用支密撑木挡土板开挖，其余管段均放坡，因土质为三类土，采用人工开挖，故放坡系数为 1∶0.33，工作面宽度为 0.5m。

$$V = HL(b + Hk)$$

1) A1 ~ A2 ~ A3 管段：

$L_9 = 60\text{m}, b_9 = 1.52\text{m}, H_9 = (1.20 + 1.22 + 1.22)/3 + 0.13 = 1.34\text{m}$

$V_9 = 1.34 \times 60 \times (1.52 + 1.34 \times 0.33) = 157.76\text{m}^3$

2) A3 ~ A4 管段：

$L_{10} = 30\text{m}, b_{10} = 1.63\text{m}, H_{10} = (1.32 + 1.33)/2 + 0.135 = 1.46\text{m}$

$V_{10} = 1.46 \times 30 \times (1.63 + 1.46 \times 0.33) = 92.50\text{m}^3$

3) B1 ~ B2 ~ B3 管段：

$L_{11} = 60\text{m}, b_{11} = 1.52\text{m}, H_{11} = (1.20 + 1.21 + 1.21)/3 + 0.13 = 1.34\text{m}$

$V_{11} = 1.34 \times 60 \times (1.52 + 1.34 \times 0.33) = 157.76\text{m}^3$

4) B3 ~ B4 管段：

$L_{12} = 30\text{m}, b_{12} = 1.63\text{m}, H_{12} = (1.31 + 1.34)/2 + 0.135 = 1.46\text{m}$

$V_{12} = 1.46 \times 30 \times (1.63 + 1.46 \times 0.33) = 92.50\text{m}^3$

5) C1 ~ C2 ~ C3 管段：

$L_{13} = 60\text{m}, b_{13} = 1.52\text{m}, H_{13} = (1.20 + 1.22 + 1.25)/3 + 0.13 = 1.35\text{m}$

$V_{13} = 1.35 \times 60 \times (1.52 + 1.35 \times 0.33) = 159.21\text{m}^3$

6) C3 ~ C4 管段：

$L_{14} = 30\text{m}, b_{14} = 1.63\text{m}, H_{14} = (1.35 + 1.37)/2 + 0.135 = 1.495\text{m}$

$V_{14} = 1.495 \times 30 \times (1.63 + 1.495 \times 0.33) = 95.23\text{m}^3$

7) A4 ~ A5 管段：

$$V_{15} = 24 \times (1.2 + 0.744) \times [(1.43 + 1.35)/2 + 0.142 - 0.57] + 6 \times (1.2 + 0.744) \times [(1.43 + 1.35)/2 + 0.142]$$
$$= 44.88 + 17.87 = 62.75\text{m}^3$$

8) B4 ~ B5 管段：

$$V_{16} = 24 \times (1.2 + 0.744) \times [(1.44 + 1.44)/2 + 0.142 - 0.57] + 6 \times (1.2 + 0.744) \times [(1.44 + 1.44)/2 + 0.142]$$
$$= 47.22 + 18.45 = 65.67\text{m}^3$$

9) C4 ~ C5 管段：

$$V_{17} = 24 \times (1.2 + 0.744) \times [(1.47 + 1.46)/2 + 0.142 - 0.57] + 6 \times (1.2 + 0.744) \times [(1.47 + 1.46)/2 + 0.142]$$
$$= 48.38 + 18.74 = 67.12\text{m}^3$$

在挖土方时，污水管与雨水干管沟槽有交叉的地方，按照定额计算规则：挖土交接处产生的重复工程量不扣除，所以此例中挖方量不扣除交接处的工程量。

2. 挖井位土方及管道与基础所占体积井位土方计算，因为施工工程量计算采取放坡，井位土方不需另行计算。

管道及基础所占体积与清单工程量计算一致。

3. 挖淤泥流砂工程量。

(1) A5 ~ A 管段：

$L_1 = 15\text{m}, b_1 = 1.90\text{m}, H_1 = (1.45 + 1.355)/2 + 0.15 = 1.55\text{m}$

$V_1 = 1.55 \times 15 \times (1.90 + 1.55 \times 0.33) = 56.07\text{m}^3$

(2) B5 ~ B 管段：

$L_2 = 15\text{m}, b_2 = 1.90\text{m}, H_2 = (1.54 + 1.435)/2 + 0.15 = 1.64\text{m}$

$V_2 = 1.64 \times 15 \times (1.90 + 1.64 \times 0.33) = 60.05\text{m}^3$

(3) C5 ~ C 管段：

$L_3 = 15\text{m}, b_3 = 1.90\text{m}, H_3 = (1.56 + 1.425)/2 + 0.15 = 1.64\text{m}$

$V_3 = 1.64 \times 15 \times (1.90 + 1.64 \times 0.33) = 60.05\text{m}^3$

4. 挡土板工程量：

(1) W1 ~ W5 管段：

$S_1 = 2 \times 120 \times 1.66 = 398.40\text{m}^2$

(2) W5 ~ W9 管段：

$S_2 = 2 \times 120 \times 1.79 = 429.60\text{m}^2$

(3) W9 ~ W13 管段：

$S_3 = 2 \times 120 \times 1.94 = 465.60\text{m}^2$

(4) W13 ~ W16 管段：

$S_4 = 2 \times 90 \times 2.06 = 370.8\text{m}^2$

(5) A4 ~ A5 管段：

$S_5 = 2 \times 24 \times [(1.43 + 1.35)/2 + 0.142 - 0.57] + 2 \times 6 \times [(1.43 + 1.35)/2 + 0.142)]$

$= 46.176 + 18.384 = 64.56\text{m}^2$

(6) B4 ~ B5 管段：

$S_6 = 2 \times 24 \times [(1.44 + 1.44)/2 + 0.142 - 0.57] + 2 \times 6 \times [(1.44 + 1.44)/2 + 0.142]$

$= 48.576 + 18.984 = 67.56\text{m}^2$

(7) C4 ~ C5 管段：

$S_7 = 2 \times 24 \times [(1.47 + 1.46)/2 + 0.142 - 0.57] + 2 \times 6 \times [(1.47 + 1.46)/2 + 0.142]$

$= 49.776 + 19.284 = 69.06\text{m}^2$

5. 土方量汇总：

(1) 挖沟槽土方，三类土，2m 内，无挡土板。

$329.78 + 205.20 + 202.46 + 207.94 + 157.76 + 92.50 + 157.76 + 92.50 + 159.21 + 95.23 = 1700.34\text{m}^3$

(2) 挖沟槽土方，三类土，2m 内，支密撑木挡土板。

$342.62 + 393.08 + 452.56 + 62.75 + 65.67 + 67.12 = 1383.80\text{m}^3$

支撑面积:398.40 + 429.60 + 465.60 + 64.56 + 67.56 + 69.06 = 1494.78m^2

(3)挖沟槽土方,三类土,4m 内,支密撑木挡土板。

393.12m^3

支撑面积:370.80m^2

(4)挖淤泥、流砂工程量:

56.07 + 60.05 + 60.05 = 176.17m^3

(5)就地弃土:

三类土:149.71 + 62.53 + 89.36 + 80.64 − 176.17 = 206.07m^3

淤泥、流砂:56.07 + 60.05 + 60.05 = 176.17m^3

(6)管沟回填方:

1700.34 + 1383.80 + 393.12 − 206.07 = 3271.19m^3

6. 拆除道路工程量:

(1)拆除混凝土路面

$S_1 = 3 \times 24 \times 1.944 = 139.97\text{m}^2$

(2)拆除道路基础

$S_2 = 3 \times 24 \times 1.944 = 139.97\text{m}^2$

7. 管道及基础铺筑

定额计算中管段长度要扣除检查井长度,查表知 $\phi1000$ 的检查井应扣除长度为 0.7m,则实铺管道及基础长度为井中至井中长度扣除检查井长度。

$d300$ 钢筋混凝土污水管实铺长度:390 − 13 × 0.7 = 380.9m

$d400$ 钢筋混凝土污水管实铺长度:120 − 4 × 0.7 = 117.2m

$d500$ 钢筋混凝土污水管实铺长度:120 − 4 × 0.7 = 117.2m

$d600$ 钢筋混凝土污水管实铺长度:90 − 4 × 0.7 = 87.2m

$d300$ 钢筋混凝土雨水管实铺长度:372 − 18 × 0.7 = 359.4m

$d400$ 钢筋混凝土雨水管实铺长度:90 − 3 × 0.7 = 87.9m

$d500$ 钢筋混凝土雨水管实铺长度:90 − 3 × 0.7 = 87.9m

$d600$ 钢筋混凝土雨水管实铺长度:45 − 3 × 0.7 = 42.9m

该市新建排水工程施工图预算见表 10-3,分部分项工程量清单与计价见表 10-4,工程量清单综合单价分析见表 10-5 ~ 表 10-25。

表 10-3　某市新建排水工程施工图预算表

工程名称:某市新建排水工程　　　　标段:　　　　第　页　共　页

序号	定额编号	分项工程名称	计量单位	工程量	基价/元	其中/元			合价/元
						人工费	材料费	机械费	
1	1 − 8	人工挖沟槽土方,三类土,2m 以内,无挡土板	100m^3	17.0034	1383	1382.88	—	—	23515.70
2	1 − 8	人工挖沟槽土方,三类土,2m 以内,木支撑密挡土板	100m^3	13.838	1383	1382.88	—	—	19137.95
3	1 − 239	木支撑密挡土板	100m^2	14.9478	1288	556.14	731.47	—	19252.77

（续）

序号	定额编号	分项工程名称	计量单位	工程量	基价/元	其中/元			合价/元
						人工费	材料费	机械费	
4	1-9	人工挖沟槽土方，三类土，4m以内	100m^3	3.9312	1648	1647.84	—	—	6478.62
5	1-239	木支撑密挡土板	100m^2	3.708	1288	556.14	731.47	—	4775.90
6	1-97	抓铲挖掘机挖淤泥流砂斗容0.5m^3，深6m以内	1000m^3	0.17617	2000	291.60	—	1708.21	352.34
7	1-56	人工填土夯实坑槽	100m^3	32.7119	955	952.32	3.02	—	31239.86
8	1-49	人工装汽车土方	100m^3	2.0607	396	396.00	—	—	816.04
9	1-83	自卸汽车运土1km以内	1000m^3	0.2267	4982	—	23.40	4958.86	1129.42
10	1-51	人工运淤泥流砂20m	100m^3	1.7617	746	745.68	—	—	1314.23
11	+(1-52)×4	人工运淤泥流砂每增运20m	100m^3	1.7617	1442	1441.92	—	—	2540.37
12	1-257	人工拆除混凝土路面15cm厚	100m^2	1.3997	452	452.40	—	—	632.66
13	+(1-258)×7	人工拆除混凝土路面每增加1cm厚	100m^2	1.3997	209.0	209.3	—	—	292.54
14	1-281	人工拆除无骨料多合土基层厚10cm	100m^2	1.3997	203	202.54	—	—	284.14
15	+(1-282)×5	人工拆除无骨料多合土基层每增加5cm厚	100m^2	1.3997	507	507	—	—	709.65
16	6-18	平接式管道基础*d*300	100m	3.809	2252	694.43	1443.85	113.35	8577.87
17	6-52	混凝土管道铺设*d*300	100m	3.809	485	485.04	—	—	1241.73
18	6-162	钢丝网水泥砂浆抹带接口*d*300	10个口	19.4	67	42.57	24.37	—	1105.80
19	6-19	平接式管道基础180°*d*400	100m	1.172	2954	911.53	1893.71	148.96	3462.09
20	6-53	混凝土管道铺设*d*400	100m	1.172	383	383.40	—	—	448.88
21	6-163	钢丝网水泥砂浆抹带接口*d*400	10个口	5.9	78	43.11	35.24	—	460.20
22	6-20	平接式管道基础180°*d*500	100m	1.172	3747	1156.56	2401.36	189.14	4391.48
23	6-54	混凝土管道铺设*d*500	100m	1.172	506	505.65	—	—	593.03
24	6-164	钢丝网水泥砂浆抹带接口*d*500	10个口	5.9	96	53.87	42.56	—	566.40

（续）

序号	定额编号	分项工程名称	计量单位	工程量	基价/元	其中/元			合价/元
						人工费	材料费	机械费	
25	6-21	平接式管道基础180°d600	100m	0.872	4842	1325.14	3260.31	256.19	4222.22
26	6-55	混凝土管道铺设d600	100m	0.872	637	637.21	—	—	555.46
27	6-165	钢丝网水泥砂浆抹带接口d600	10个口	4.4	117	67.08	49.79	—	514.80
28	6-18	平接式管道基础180°d300	100m	3.594	2252	694.43	1443.85	113.35	8093.69
29	6-52	混凝土管道铺设d300	100m	3.594	326	325.91	—	—	1171.64
30	6-137	水泥砂浆抹带接口d300	10个口	18.5	32	22.88	9.32	—	592.00
31	6-19	平接式管道基础180°d400	100m	0.879	2954	911.53	1893.71	148.96	2596.57
32	6-53	混凝土管道铺设d400	100m	0.879	383	383.40	—	—	336.66
33	6-138	水泥砂浆抹带接口d400	10个口	4.4	37	24.83	11.69	—	162.80
34	6-20	平接式管道基础180°d500	100m	0.879	3747	1156.56	2401.36	189.14	3293.61
35	6-54	混凝土管道铺设d500	100m	0.879	506	505.65	—	—	444.77
36	6-139	水泥砂浆抹带接口d500	10个口	4.4	42	27.04	14.86	—	184.80
37	6-21	平接式管道基础180°d600	100m	0.429	4842	1325.14	3260.31	256.19	2077.22
38	6-55	混凝土管道铺设d600	100m	0.429	637	637.21	—	—	273.27
39	6-140	水泥砂浆抹带接口d600	10个口	2.2	47	29.67	17.48	—	103.40
40	6-445	砖砌圆形污水检查井ϕ1000mm,平均深1.76m	座	25	1058	204.28	851.33	2.32	26450.00
41	6-439	砖砌圆形雨水检查井ϕ1000mm，平均深1.34m	座	15	911	211.82	696.61	2.40	13665.00
42	6-570	砖砌雨水进水井680×380,深1.0m	座	24	398	80.57	316.27	1.57	9552.00
43	6-373	砖砌门子式出水口1.5×1.06,d600	处	3	1356	373.39	934.91	47.54	4068.00

注:以11为例,"+(1-52)×4"表示的是常用定额1-52,"+"表示增加,"×4"表示增加4个增运20m。

表 10-4　分部分项工程量清单与计价表

工程名称:某市新建排水工程　　　　　　　　　　标段:　　　　　　　　　　　　第　页　共　页

序号	项目编码	项目名称	项目特征描述	计量单位	工程量	金额/元		
						综合单价	合价	其中:暂估价
1	040501001001	混凝土管	钢筋混凝土管,180°基础,钢丝网水泥砂浆抹带接口,*d*300	m	390.00	75.45	29425.50	
2	040501001002	混凝土管	钢筋混凝土管,180°基础,钢丝网水泥砂浆抹带接口,*d*400	m	120.00	100.86	12103.20	
3	040501001003	混凝土管	钢筋混凝土管,180°基础,钢丝网水泥砂浆抹带接口,*d*500	m	120.00	138.77	16652.40	
4	040501001004	混凝土管	钢筋混凝土管,180°基础,钢丝网水泥砂浆抹带接口,*d*600	m	90.00	178.16	16034.40	
5	040501001005	混凝土管	钢筋混凝土管,180°基础,水泥砂浆抹带接口,*d*300	m	372.00	73.29	27263.88	
6	040501001006	混凝土管	钢筋混凝土管,180°基础,水泥砂浆抹带接口,*d*400	m	90.00	98.46	8861.40	
7	040501001007	混凝土管	钢筋混凝土管,180°基础,水泥砂浆抹带接口,*d*500	m	90.00	135.59	12203.10	
8	040501001008	混凝土管	钢筋混凝土管,180°基础,水泥砂浆抹带接口,*d*600	m	45	171.30	7708.50	
9	040504001001	砌筑井	污水检查井,ϕ1000 平均井深 1.76m	座	25	1129.43	28235.75	
10	040504001002	砌筑井	雨水检查井,ϕ11000 平均井深 1.34m	座	15	984.97	14774.55	
11	040504009001	雨水口	平箅单箅 680×380,深 1.0m	座	24	426.61	10238.64	
12	040504006001	砖砌出水口	砖砌门子式出水口 1.5×1.06	处	3	1486.53	4459.59	
13	040101002001	挖沟槽土方	三类土,2m 内,无挡板	m^3	602.12	52.65	31701.62	
14	040101002002	挖沟槽土方	三类土,2m 内,木支撑密挡土板	m^3	508.03	94.36	47937.71	
15	040101002003	挖沟槽土方	三类土,4m 内,木支撑密挡土板	m^3	173.62	82.23	14276.77	
16	040101005001	挖淤泥	淤泥流砂 6m 内	m^3	65.21	5.68	370.39	
17	040103001001	回填方	原土回填	m^3	870.94	48.40	42153.50	

（续）

序号	项目编码	项目名称	项目特征描述	计量单位	工程量	金额/元		
						综合单价	合价	其中：暂估价
18	040103001001	回填方	三类土，1km 处弃置	m^3	412.83	5.17	2134.33	
19	040103001002	回填方	淤泥流砂 100m 处弃置	m^3	65.21	79.74	5199.85	
20	041001001001	拆除路面	混凝土路面厚 22cm	m^2	53.57	23.22	1243.90	
21	041001003001	拆除基层	无骨料多合土基础厚 35cm	m^2	53.57	24.90	1333.89	
合计							332545.42	

表 10-5　工程量清单综合单价分析表

工程名称：某市新建排水工程　　　　标段：　　　　第　页　共　页

项目编码	040501001001	项目名称	混凝土管	计量单位	m

定额编号	定额名称	定额单位	数量	单价				合价			
				人工费	材料费	机械费	管理费和利润	人工费	材料费	机械费	管理费和利润
6－18	平接式管道基础 180°ϕ300mm	100m	0.00977	694.43	1443.85	113.35	243.05	6.78	14.11	1.11	2.37
6－52	混凝土管道铺设 ϕ300mm	100m	0.00977	325.91	—	—	114.07	3.18	—	—	1.11
6－162	钢丝网水泥砂浆抹带接口 ϕ300mm	10个口	0.0497	28.7	28.77	—	10.05	1.43	1.43	—	0.50
人工单价		小计						11.39	15.54	1.11	3.98
26.00 元/工日		未计价材料费						43.43			
清单项目综合单价								75.45			

材料费明细	主要材料名称、规格、型号	单位	数量	单价/元	合价/元	暂估单价/元	暂估合价/元
	钢筋混凝土管 d300	m^3	0.987	44.00	43.43		
	其他材料费			—		—	
	材料费小计			—	43.43	—	

表 10-6　工程量清单综合单价分析表

工程名称：某市新建排水工程　　　　标段：　　　　第　页　共　页

项目编码	040501001002	项目名称	混凝土管	计量单位	m

定额编号	定额名称	定额单位	数量	单价				合价			
				人工费	材料费	机械费	管理费和利润	人工费	材料费	机械费	管理费和利润
6－19	平接式管道基础 180°ϕ400mm	100m	0.00977	911.53	1893.71	148.96	319.04	8.91	18.50	1.46	3.12

（续）

定额编号	定额名称	定额单位	数量	单价				合价			
				人工费	材料费	机械费	管理费和利润	人工费	材料费	机械费	管理费和利润
6-53	混凝土管道铺设 ϕ400mm	100m	0.00977	383.40	—	—	134.19	3.75	—	—	1.31
6-163	钢丝网水泥砂浆抹带接口 ϕ400mm	10个口	0.04917	43.11	35.24	—	15.09	2.12	1.73	—	0.74
人工单价		小计						14.78	20.23	1.46	5.17
26.00元/工日		未计价材料费						59.16			
清单项目综合单价								100.86			

材料费明细	主要材料名称、规格、型号	单位	数量	单价/元	合价/元	暂估单价/元	暂估合价/元
	钢筋混凝土管 d400	m^3	0.987	60.00.	59.22		
	其他材料费			—		—	
	材料费小计			—	59.22	—	

表 10-7 工程量清单综合单价分析表

工程名称：某市新建排水工程　　标段：　　第　页　共　页

项目编码	040501001003	项目名称	混凝土管	计量单位	m

定额编号	定额名称	定额单位	数量	单价				合价			
清单综合单价组成明细											
				人工费	材料费	机械费	管理费和利润	人工费	材料费	机械费	管理费和利润
6-20	平接式管道基础180° ϕ500mm	100m	0.00977	1156.56	2401.36	189.14	404.80	11.30	23.46	1.85	3.95
6-54	混凝土管道铺设 ϕ500mm	100m	0.00977	505.65	—	—	176.98	4.94	—	—	1.73
6-164	钢丝网水泥砂浆抹带接口 ϕ500mm	10个口	0.04917	53.87	42.56	—	18.85	2.65	2.09	—	0.93
人工单价		小计						18.89	25.55	1.85	6.61
26.00元/工日		未计价材料费						85.87			
清单项目综合单价								138.77			

材料费明细	主要材料名称、规格、型号	单位	数量	单价/元	合价/元	暂估单价/元	暂估合价/元
	钢筋混凝土管 d500	m^3	0.987	87.00	85.87		
	其他材料费			—		—	
	材料费小计			—	85.87	—	

表 10-8　工程量清单综合单价分析表

工程名称:某市新建排水工程　　　　标段:　　　　第　页　共　页

项目编码	040501001004		项目名称		混凝土管		计量单位		m	
清单综合单价组成明细										
定额编号	定额名称	定额单位	数量	单价				合价		
				人工费	材料费	机械费	管理费和利润	人工费	材料费	机械费	管理费和利润
6-21	平接式管道基础 180°ϕ600mm	100m	0.00969	1325.14	3260.31	256.19	463.80	12.84	31.59	2.48	4.49
6-55	混凝土管道铺设 ϕ600mm	100m	0.00969	637.21	—	—	223.02	6.17	—	—	2.16
6-165	钢丝网水泥砂浆抹带接口 ϕ600mm	10个口	0.04889	67.08	49.79	—	23.48	3.28	2.43	—	1.15
人工单价		小计						22.29	34.02	2.48	7.80
26.00元/工日		未计价材料费						111.57			
清单项目综合单价								178.16			
材料费明细	主要材料名称、规格、型号					单位	数量	单价/元	合价/元	暂估单价/元	暂估合价/元
	钢筋混凝土管 d600					m^3	0.9787	114.00	111.57		
	其他材料费							—		—	
	材料费小计							—	111.57	—	

表 10-9　工程量清单综合单价分析表

工程名称:某市新建排水工程　　　　标段:　　　　第　页　共　页

项目编码	040501001005		项目名称		混凝土管		计量单位		m		
清单综合单价组成明细											
定额编号	定额名称	定额单位	数量	单价				合价			
				人工费	材料费	机械费	管理费和利润	人工费	材料费	机械费	管理费和利润
6-18	平接式管道基础 180°ϕ300mm	100m	0.0096	694.43	1443.85	113.35	243.05	6.71	13.95	1.09	2.35
6-52	混凝土管道铺设 ϕ300mm	100m	0.0096	325.91	—	—	114.07	3.15	—	—	1.10
6-137	水泥砂浆抹带接口ϕ300mm	10个口	0.04973	24.88	9.32	—	8.01	1.14	0.47	—	0.40
人工单价		小计						11.00	14.42	1.09	3.85
26.00元/工日		未计价材料费						42.93			
清单项目综合单价								73.29			
材料费明细	主要材料名称、规格、型号					单位	数量	单价/元	合价/元	暂估单价/元	暂估合价/元
	钢筋混凝土管 d300					m^3	0.9757	44.00	42.93		
	其他材料费							—		—	
	材料费小计							—	42.93	—	

表 10-10 工程量清单综合单价分析表

工程名称:某市新建排水工程　　　　　　　　标段:　　　　　　　　第　页　共　页

项目编码	040501001006	项目名称	混凝土管	计量单位	m

清单综合单价组成明细

定额编号	定额名称	定额单位	数量	单价				合价			
				人工费	材料费	机械费	管理费和利润	人工费	材料费	机械费	管理费和利润
6－19	平接式管道基础 180°ϕ400mm	100m	0.00977	911.53	1893.71	148.96	319.04	8.91	18.50	1.46	3.12
6－53	混凝土管道铺设 ϕ400mm	100m	0.00977	383.4	—	—	134.19	3.75	—	—	1.31
6－138	水泥砂浆抹带接口ϕ400mm	10个口	0.04889	24.83	11.69	—	8.69	1.21	0.57	—	0.42
人工单价		小　计						13.87	19.07	1.46	4.85
26.00 元/工日		未计价材料费						59.21			
清单项目综合单价								98.46			

材料费明细	主要材料名称、规格、型号	单位	数量	单价/元	合价/元	暂估单价/元	暂估合价/元
	钢筋混凝土管 *d*400	m^3	0.9868	60.00	59.21		
	其他材料费			—		—	
	材料费小计			—	59.21	—	

表 10-11 工程量清单综合单价分析表

工程名称:某市新建排水工程　　　　　　　　标段:　　　　　　　　第　页　共　页

项目编码	040501001007	项目名称	混凝土管	计量单位	m

清单综合单价组成明细

定额编号	定额名称	定额单位	数量	单价				合价			
				人工费	材料费	机械费	管理费和利润	人工费	材料费	机械费	管理费和利润
6－20	平接式管道基础 180°ϕ500mm	100m	0.00977	1156.56	2401.36	189.14	404.80	11.30	23.46	1.85	3.95
6－54	混凝土管道铺设 ϕ500mm	100m	0.00977	505.65	—	—	176.98	4.94	—	—	1.73
6－139	水泥砂浆抹带接口ϕ500mm	10个口	0.04889	27.04	14.86	—	9.46	1.32	0.73	—	0.46
人工单价		小　计						17.56	24.19	1.85	6.15
26.00 元/工日		未计价材料费						85.85			
清单项目综合单价								135.59			

材料费明细	主要材料名称、规格、型号	单位	数量	单价/元	合价/元	暂估单价/元	暂估合价/元
	钢筋混凝土管 *d*500	m^3	0.9868	87.00	85.85		
	其他材料费			—		—	
	材料费小计			—	85.85	—	

表 10-12　工程量清单综合单价分析表

工程名称:某市新建排水工程　　　　　　　　　　标段:　　　　　　　　　　　　第　页　共　页

项目编码	040501001008			项目名称		混凝土管		计量单位		m	
清单综合单价组成明细											
定额编号	定额名称	定额单位	数量	单价				合价			
				人工费	材料费	机械费	管理费和利润	人工费	材料费	机械费	管理费和利润
6-21	平接式管道基础 180°ϕ600mm	100m	0.00953	1325.14	3260.31	256.19	463.80	12.63	31.07	2.44	4.42
6-55	混凝土管道铺设 ϕ600mm	100m	0.00953	637.21	—	—	223.02	6.07	—	—	2.13
6-140	水泥砂浆抹带接口ϕ600mm	10个口	0.04889	29.67	17.48	—	10.38	1.45	0.85	—	0.51
人工单价		小计						20.15	31.92	2.44	7.06
26.00 元/工日		未计价材料费						109.73			
清单项目综合单价								171.30			
材料费明细	主要材料名称、规格、型号					单位	数量	单价/元	合价/元	暂估单价/元	暂估合价/元
	钢筋混凝土管 d600					m^3	0.9625	114.00	109.73		
	其他材料费							—		—	
	材料费小计							—	109.73	—	

表 10-13　工程量清单综合单价分析表

工程名称:某市新建排水工程　　　　　　　　　　标段:　　　　　　　　　　　　第　页　共　页

项目编码	040504001001			项目名称		砌筑井		计量单位		座	
清单综合单价组成明细											
定额编号	定额名称	定额单位	数量	单价				合价			
				人工费	材料费	机械费	管理费和利润	人工费	材料费	机械费	管理费和利润
6-445	砖砌圆形污水检查井 d1000,平均深 1.76m	座	1	204.28	851.33	2.32	71.50	204.28	851.33	2.32	71.50
人工单价		小计						204.28	851.33	2.32	71.50
26.00 元/工日		未计价材料费						—			
清单项目综合单价								1129.43			
材料费明细	主要材料名称、规格、型号					单位	数量	单价/元	合价/元	暂估单价/元	暂估合价/元
	混凝土 C10					m^3	0.206	129.11	26.597		
	水泥砂浆 1:2					m^3	0.162	207.70	33.647		
	水泥砂浆 M7.5					m^3	0.926	128.51	119.000		
	标准砖 240×115×53					千块	1.481	211.00	312.491		
	煤焦沥青漆 L01-17					kg	1.461	2.63	3.842		
	草袋					个	2.423	2.15	5.209		
	水					m^3	0.735	1.95	1.433		

（续）

材料费明细	主要材料名称、规格、型号	单位	数量	单价/元	合价/元	暂估单价/元	暂估合价/元
	铸铁井盖井座 d700	套	1.000	227.00	227.000		
	铸铁爬梯	kg	26.159	4.20	109.868		
	其他材料费			—	12.240	—	
	材料费小计			—	851.33	—	

表 10-14　工程量清单综合单价分析表

工程名称：某市新建排水工程　　　　标段：　　　　第　页　共　页

项目编码	040504001002	项目名称	砌筑井	计量单位	座

定额编号	定额名称	定额单位	数量	单价				合价			
				人工费	材料费	机械费	管理费和利润	人工费	材料费	机械费	管理费和利润
6-439	砖砌圆形雨水检查井 d1000，平均深 1.34m	座	1	211.82	696.61	2.40	74.14	211.82	696.61	2.40	74.14
人工单价		小　计						211.82	696.61	2.40	74.14
26.00 元/工日		未计价材料费						—			
清单项目综合单价								984.97			

材料费明细	主要材料名称、规格、型号	单位	数量	单价/元	合价/元	暂估单价/元	暂估合价/元
	混凝土 C10	m^3	0.212	129.11	27.371		
	水泥砂浆 1:2	m^3	0.063	207.70	13.085		
	水泥砂浆 M7.5	m^3	0.712	128.51	91.499		
	标准砖 240×115×53	千块	1.139	211.00	240.329		
	煤焦沥青漆 L01-17	kg	1.184	2.63	3.114		
	草袋	个	2.423	2.15	5.209		
	水	m^3	0.672	1.95	1.310		
	铸铁井盖井座 φ700	套	1.000	227.00	227.000		
	铸铁爬梯	kg	18.685	4.20	78.477		
	其他材料费			—	9.210	—	
	材料费小计			—	696.61	—	

表 10-15　工程量清单综合单价分析表

工程名称：某市新建排水工程　　　　标段：　　　　第　页　共　页

项目编码	040504009001	项目名称	雨水口	计量单位	座

定额编号	定额名称	定额单位	数量	单价				合价			
				人工费	材料费	机械费	管理费和利润	人工费	材料费	机械费	管理费和利润
6-570	砖砌雨水进水井 680×380，深 1.0m	座	1	80.57	316.27	1.57	28.20	80.57	316.27	1.57	28.20
人工单价		小　计						80.57	316.27	1.57	28.20
26.00 元/工日		未计价材料费						—			
清单项目综合单价								426.61			

（续）

	主要材料名称、规格、型号	单位	数量	单价/元	合价/元	暂估单价/元	暂估合价/元
材料费明细	混凝土 C10	m^3	0.137	129.11	17.688		
	水泥砂浆 1:2	m^3	0.004	207.70	0.831		
	水泥砂浆 1:3	m^3	0.004	173.92	0.696		
	水泥砂浆 M10	m^3	0.178	133.93	23.840		
	标准砖 240×115×53	千块	0.379	211.00	79.969		
	煤焦沥青漆 L01－17	kg	0.40	2.63	1.052		
	草袋	个	1.82	2.15	3.913		
	水	m^3	0.557	1.95	1.086		
	铸铁平箅 390×510	套	1.0	181.00	181.000		
	其他材料费			—	6.200	—	
	材料费小计			—	316.27	—	

表 10-16　工程量清单综合单价分析表

工程名称：某市新建排水工程　　　　标段：　　　　第　页　共　页

项目编码	040504006001	项目名称	砖砌出水口	计量单位	处					
清单综合单价组成明细										
定额编号	定额名称	定额单位	数量	单价				合价		
				人工费	材料费	机械费	管理费和利润	人工费	材料费	机械费	管理费和利润
6－373	砖砌门子式出水口 1.5×1.06d600	处	1	373.39	934.91	47.54	130.69	373.39	934.91	47.54	130.69
人工单价		小计						373.39	934.91	47.54	130.69
26.00 元/工日		未计价材料费						—			
清单项目综合单价								1486.53			

	主要材料名称、规格、型号	单位	数量	单价/元	合价/元	暂估单价/元	暂估合价/元
材料费明细	混凝土 C15	m^3	1.387	144.24	200.061		
	混凝土 C20	m^3	2.030	158.96	322.689		
	水泥砂浆 1:2	m^3	0.013	207.70	2.700		
	水泥砂浆 M7.5	m^3	0.636	128.51	81.732		
	标准砖 240×115×53	千块	1.371	211.00	289.281		
	草袋	个	6.282	2.15	13.506		
	水	m^3	3.392	1.95	6.614		
	其他材料费			—	18.33	—	
	材料费小计			—	934.91	—	

表 10-17　工程量清单综合单价分析表

工程名称:某市新建排水工程　　　　标段:　　　　第　页　共　页

项目编码	040101002001	项目名称	挖沟槽土方	计量单位	m^3

定额编号	定额名称	定额单位	数量	单价				合价			
				人工费	材料费	机械费	管理费和利润	人工费	材料费	机械费	管理费和利润
1-8	人工挖沟槽土方,三类土,2m 内	$100m^3$	0.0282	1382.88	—	—	484.01	39.00	—	—	13.65
人工单价		小　计						39.00	—	—	13.65
24.00 元/工日		未计价材料费						—			
清单项目综合单价								52.65			

材料费明细	主要材料名称、规格、型号	单位	数量	单价/元	合价/元	暂估单价/元	暂估合价/元
	其他材料费						
	材料费小计						

表 10-18　工程量清单综合单价分析表

工程名称:某市新建排水工程　　　　标段:　　　　第　页　共　页

项目编码	040101002002	项目名称	挖沟槽土方	计量单位	m^3

定额编号	定额名称	定额单位	数量	单价				合价			
				人工费	材料费	机械费	管理费和利润	人工费	材料费	机械费	管理费和利润
1-8	人工挖沟槽土方,三类土,2m 内	$100m^3$	0.0272	1382.88	—	—	484.01	37.61	—	—	13.17
1-239	木支撑密挡土板	$100m^2$	0.0294	556.14	731.47	—	194.65	16.35	21.51	—	5.72
人工单价		小　计						53.96	21.51	—	18.89
24.00 元/工日(1-8) 26.00 元/工日(1-239)		未计价材料费						43.38			
清单项目综合单价								94.36			

材料费明细	主要材料名称、规格、型号	单位	数量	单价/元	合价/元	暂估单价/元	暂估合价/元
	圆木	m^3	0.006644	1017.00	6.757		
	板方材	m^3	0.001911	1139.00	2.177		
	木挡土板	m^3	0.011613	915.00	10.626		
	铁丝 10#	kg	0.21168	4.62	0.978		
	扒钉	kg	0.26872	3.60	0.967		
	其他材料费						
	材料费小计				21.51		

表 10-19　工程量清单综合单价分析表

工程名称：某市新建排水工程　　　　　　　　标段：　　　　　　　　第　页　共　页

项目编码		040101002003		项目名称		挖沟槽土方		计量单位		m³	
清单综合单价组成明细											
定额编号	定额名称	定额单位	数量	单价				合价			
				人工费	材料费	机械费	管理费和利润	人工费	材料费	机械费	管理费和利润
1-9	人工挖沟槽土方，三类土，4m 内	100m³	0.0226	1647.84	—	—	576.74	37.24	—	—	13.03
1-239	木支撑密挡土板	100m²	0.02156	556.14	731.47	—	194.65	11.99	15.77	—	4.20
人工单价		小　计						49.23	15.77	—	17.23
24.00 元/工日(1-8) 26.00 元/工日(1-239)		未计价材料费						—			
清单项目综合单价								82.23			
材料费明细	主要材料名称、规格、型号					单位	数量	单价/元	合价/元	暂估单价/元	暂估合价/元
	圆木					m³	0.004873	1017.00	4.955		
	板方材					m³	0.0014	1139.00	1.596		
	木挡土板					m³	0.008516	915.00	7.792		
	铁丝 10#					kg	0.1552	4.62	0.717		
	扒钉					kg	0.19706	3.60	0.709		
	其他材料费							—		—	
	材料费小计							—	15.770	—	

表 10-20　工程量清单综合单价分析表

工程名称：某市新建排水工程　　　　　　　　标段：　　　　　　　　第　页　共　页

项目编码		040101005001		项目名称		挖淤泥		计量单位		m³	
清单综合单价组成明细											
定额编号	定额名称	定额单位	数量	单价				合价			
				人工费	材料费	机械费	管理费和利润	人工费	材料费	机械费	管理费和利润
1-97	抓铲挖掘机挖淤泥流砂斗容 0.5m³，深 6m 内	1000m³	0.0027	291.6	—	1708.21	102.06	0.79	—	4.61	0.28
人工单价		小　计						0.79	—	4.61	0.28
24.00 元/工日		未计价材料费						—			
清单项目综合单价								5.68			
材料费明细	主要材料名称、规格、型号					单位	数量	单价/元	合价/元	暂估单价/元	暂估合价/元
	其他材料费										
	材料费小计										

表 10-21　工程量清单综合单价分析表

工程名称:某市新建排水工程　　标段:　　第 页 共 页

项目编码	040103001001	项目名称	回填方	计量单位	m^3

定额编号	定额名称	定额单位	数量	单价				合价			
				人工费	材料费	机械费	管理费和利润	人工费	材料费	机械费	管理费和利润
1-56	人工填土夯实坑槽	100m^3	0.03756	952.32	3.02	—	333.31	35.77	0.11	—	12.52
人工单价		小计						35.77	0.11	—	12.52
24.00 元/工日		未计价材料费						—			
清单项目综合单价								48.40			

	主要材料名称、规格、型号	单位	数量	单价/元	合价/元	暂估单价/元	暂估合价/元
材料费明细	水	m^3	0.058	1.95	0.11		
	其他材料费						
	材料费小计				0.11		

表 10-22　工程量清单综合单价分析表

工程名称:某市新建排水工程　　标段:　　第 页 共 页

项目编码	040103001001	项目名称	回填方	计量单位	m^3

定额编号	定额名称	定额单位	数量	单价				合价			
				人工费	材料费	机械费	管理费和利润	人工费	材料费	机械费	管理费和利润
1-49	人工装汽车土方	100m^3	0.00499	396.00	—	—	138.60	1.98	—	—	0.69
1-83	自卸汽车运土1km 内 1.7617	1000m^3	0.0005	—	23.40	4958.86	—	—	0.01	2.48	—
人工单价		小计						1.98	0.01	2.48	0.69
24.00 元/工日		未计价材料费						—			
清单项目综合单价								5.17			

	主要材料名称、规格、型号	单位	数量	单价/元	合价/元	暂估单价/元	暂估合价/元
材料费明细	水	m^3	0.006	1.95	0.01		
	其他材料费						
	材料费小计				0.01		

表 10-23　工程量清单综合单价分析表

工程名称：某市新建排水工程　　　　　　　　标段：　　　　　　　　第　页　共　页

项目编码	040103001002		项目名称		回填方			计量单位		m^3	
清单综合单价组成明细											
定额编号	定额名称	定额单位	数量	单价				合价			
				人工费	材料费	机械费	管理费和利润	人工费	材料费	机械费	管理费和利润
1－51	人工运淤泥流砂 20m	100m^3	0.027	745.68	—	—	260.99	20.13	—	—	7.05
+(1－52)×4	人工运淤泥流砂每增运 20m	100m^3	0.027	1441.92	—	—	504.67	38.93	—	—	13.63
人工单价		小　计						59.06	—	—	20.68
24.00 元/工日		未计价材料费						—			
清单项目综合单价								79.74			
材料费明细	主要材料名称、规格、型号					单位	数量	单价/元	合价/元	暂估单价/元	暂估合价/元
	其他材料费										
	材料费小计										

表 10-24　工程量清单综合单价分析表

工程名称：某市新建排水工程　　　　　　　　标段：　　　　　　　　第　页　共　页

项目编码	041001001001		项目名称		拆除路面			计量单位		m^2	
清单综合单价组成明细											
定额编号	定额名称	定额单位	数量	单价				合价			
				人工费	材料费	机械费	管理费和利润	人工费	材料费	机械费	管理费和利润
1－257	人工拆除混凝土路面 15cm 厚	100m^2	0.026	452.4	—	—	158.34	11.76	—	—	4.12
+(258)×7	人工拆除混凝土路面每增加 1cm 厚	100m^2	0.026	209.3	—	—	73.26	5.44	—	—	1.90
人工单价		小　计						17.20	—	—	6.02
26.00 元/工日		未计价材料费						—			
清单项目综合单价								23.22			
材料费明细	主要材料名称、规格、型号					单位	数量	单价/元	合价/元	暂估单价/元	暂估合价/元
	其他材料费										
	材料费小计										

表 10-25 工程量清单综合单价分析表

工程名称:某市新建排水工程　　　　　　　　　　标段:　　　　　　　　　　第 页 共 页

<table>
<tr><td>项目编码</td><td colspan="3">041001003001</td><td colspan="2">项目名称</td><td colspan="2">拆除基层</td><td colspan="2">计量单位</td><td colspan="2">m²</td></tr>
<tr><td colspan="12">清单综合单价组成明细</td></tr>
<tr><td rowspan="2">定额编号</td><td rowspan="2">定额名称</td><td rowspan="2">定额单位</td><td rowspan="2">数量</td><td colspan="4">单　价</td><td colspan="4">合　价</td></tr>
<tr><td>人工费</td><td>材料费</td><td>机械费</td><td>管理费和利润</td><td>人工费</td><td>材料费</td><td>机械费</td><td>管理费和利润</td></tr>
<tr><td>1-281</td><td>人工拆除无骨料多合土基层厚10cm</td><td>100m²</td><td>0.026</td><td>202.54</td><td>—</td><td>—</td><td>70.89</td><td>5.27</td><td>—</td><td>—</td><td>1.84</td></tr>
<tr><td>+(282)×5</td><td>人工拆除无骨料多合土基层每增加5cm厚</td><td>100m²</td><td>0.026</td><td>507</td><td>—</td><td>—</td><td>177.45</td><td>13.18</td><td>—</td><td>—</td><td>4.61</td></tr>
<tr><td colspan="2">人工单价</td><td colspan="6">小　计</td><td>18.45</td><td>—</td><td>—</td><td>6.45</td></tr>
<tr><td colspan="2">26.00 元/工日</td><td colspan="6">未计价材料费</td><td colspan="4">—</td></tr>
<tr><td colspan="8">清单项目综合单价</td><td colspan="4">24.90</td></tr>
<tr><td rowspan="6">材料费明细</td><td colspan="5">主要材料名称、规格、型号</td><td>单位</td><td>数量</td><td>单价/元</td><td>合价/元</td><td>暂估单价/元</td><td>暂估合价/元</td></tr>
<tr><td colspan="5"></td><td></td><td></td><td></td><td></td><td></td><td></td></tr>
<tr><td colspan="5"></td><td></td><td></td><td></td><td></td><td></td><td></td></tr>
<tr><td colspan="5"></td><td></td><td></td><td></td><td></td><td></td><td></td></tr>
<tr><td colspan="7">其他材料费</td><td></td><td></td><td></td><td></td></tr>
<tr><td colspan="7">材料费小计</td><td></td><td></td><td></td><td></td></tr>
</table>